JN044433

これ1冊で
最短合格

得点
アップ講義で
理解度up!

第3種 冷凍機械責任者 標準テキスト&問題集

過去問付き

赤シート対応

鈴木輝明 著

秀和システム

はじめに

物を冷却したり、冷凍したりすることは、現代社会では日常生活のあらゆる場面や産業分野で広く活用されています。

その技術の多くが本書で学ぶ冷凍技術であり、この技術を活用し仕事に活かすようにするために、所定の資格を取得することが必要となります。

本書は、主に以下の人々に役立つようにつくりました。

- **高圧ガス製造保安責任者（第三種冷凍機械責任者）免状の取得を目指す人**
- **蒸気圧縮式冷凍装置の技術を初めて学ぶ人**
- **冷凍装置の運転、管理、メンテナンスに携わっている人**

本書は、冷凍設備の設計、施工、品質管理の実務経験を経て、高圧ガス製造保安責任者資格検定講習会（「高圧ガス保安協会」で実施）の講師、技術専門学校の講師の経験を活かし、以下を特徴としています。

- **図、イラスト、表、グラフを多く取り入れ、視覚的に理解しやすいようにした。**
- **説明文は、長い文章ではなく、箇条書きを極力多くした。**
- **冷凍装置の構造や作動の理由、原因を明示した。**
- **説明文のまとめとして、同じ内容を簡略化した表やイラストで示した。**

特に、類書にないものとして、「第２編　法令」の最後に、**高圧ガス保安法に基づく「冷凍関係法規体系」及び「過去問題出題年度表（5年間）」（3種冷凍）**を表でまとめました。**「法令」の全容の理解と、過去問題を集中的に勉強できるようにしました。ぜひ、ご活用ください。**

なお、**太字**は**理解するための重要項目、重要説明**であり、特に**赤字**は**試験問題に関連する重要項目、重要説明であるため、集中的に学習してください。**……1編、2編とも同じ。

試験について（試験概要）

1.冷凍機械責任者

冷凍装置は、冷媒ガス（液化ガス）を圧縮、液化、膨張、蒸発させて空気や水などを冷却する装置であり、高圧ガスを製造しています。

このため、高圧ガスによる災害を防止する目的で、高圧ガスの製造、貯蔵、販売、移動などの取扱いおよび消費の他、容器の製造と取扱いの規制が「高圧ガス保安法」に定められています。一定以上の規模の冷凍装置を運転する場合に、有資格者（冷凍機械責任者免状取得者）が行わなければならないと規定されています。

冷凍装置の規模により、第三種冷凍機械責任者資格、第二種冷凍機械責任者資格、第一種冷凍機械責任者資格の制度があります（以下**「第三種」**を**「3種」**と**略記**）。

3種冷凍機械責任者の選任者になるためには、①**保安管理技術**（冷凍装置の技術）**試験（筆記）**と②**法令**（高圧ガス保安法、冷凍保安規則などの法令規定）**試験（筆記）**と③**高圧ガスの製造（冷凍装置の運転）経験年数**が必要となります。

なお、保安管理技術試験と法令試験を受験するには、経験年数は不要で、**冷凍保安責任者**として選任される場合に、規定の経験年数が必要となります。

本書は、3種冷凍機械責任者免状の取得試験の①保安管理技術試験と②法令試験を受験するための対策書として作成してあります。

この免状取得試験は、**国家試験**（年に1回実施する**保安管理技術試験**と**法令試験**を受験）と**検定講習会（2022年度よりWEB）受講後の検定試験**（各都道府県の協会が年に1回または2回講習会を実施し、講習会の2～3週間後に保安管理技術試験があり、その合格者は、法令試験のみを国家試験で受験）のいずれかで取得できます。本講習会の内容（WEB）は、法令（7時間以上）、保安管理技術（14時間以上）となっています。

- **国家試験**………通常毎年11月第2日曜日
- **検定講習会**……毎年2月と6月（都道府県により開催月と開催日は異なる）

試験に関する情報は、すべて「高圧ガス保安協会」のホームページで確認できます（URL：http://www.khk.or.jp）。

2. 受験資格

受験資格は特に定められていないため、学歴、年齢、性別、国籍、他の資格などによる制限はなく、誰でも受験できます。

3. 試験の実施内容

○試験問題数、試験時間

・**保安管理技術**…………15問（試験時間90分）

・**法令**……………………20問（試験時間60分）

○**合格基準**：両試験（2科目）ともおおむね60％以上の正解で合格。

○**出題形式**：

・**保安管理技術**…………イ、ロ、ハ、ニの4つの記述に関し（1）～（5）の5つの選択肢の中から正しい組み合せを1つ選ぶ5肢択一式のマークシート方式。

・**法令**……………………イ、ロ、ハの3つの記述に関し（1）～（5）の5つの選択肢の中から正しい組み合せを1つ選ぶ5肢択一式のマークシート方式。

○**合格発表**：

・**国家試験**………………翌年の1月頃発表

・**検定試験**………………「保安管理技術」の試験後、約1ヶ月後発表

○**受験手数料**：

・**国家試験**………………¥10,300（インターネット申込は¥9,800）

・**検定講習**（検定試験含む）…¥20,000（インターネット申込は¥19,500）

冷凍機械責任者合格への効率学習ロードマップ

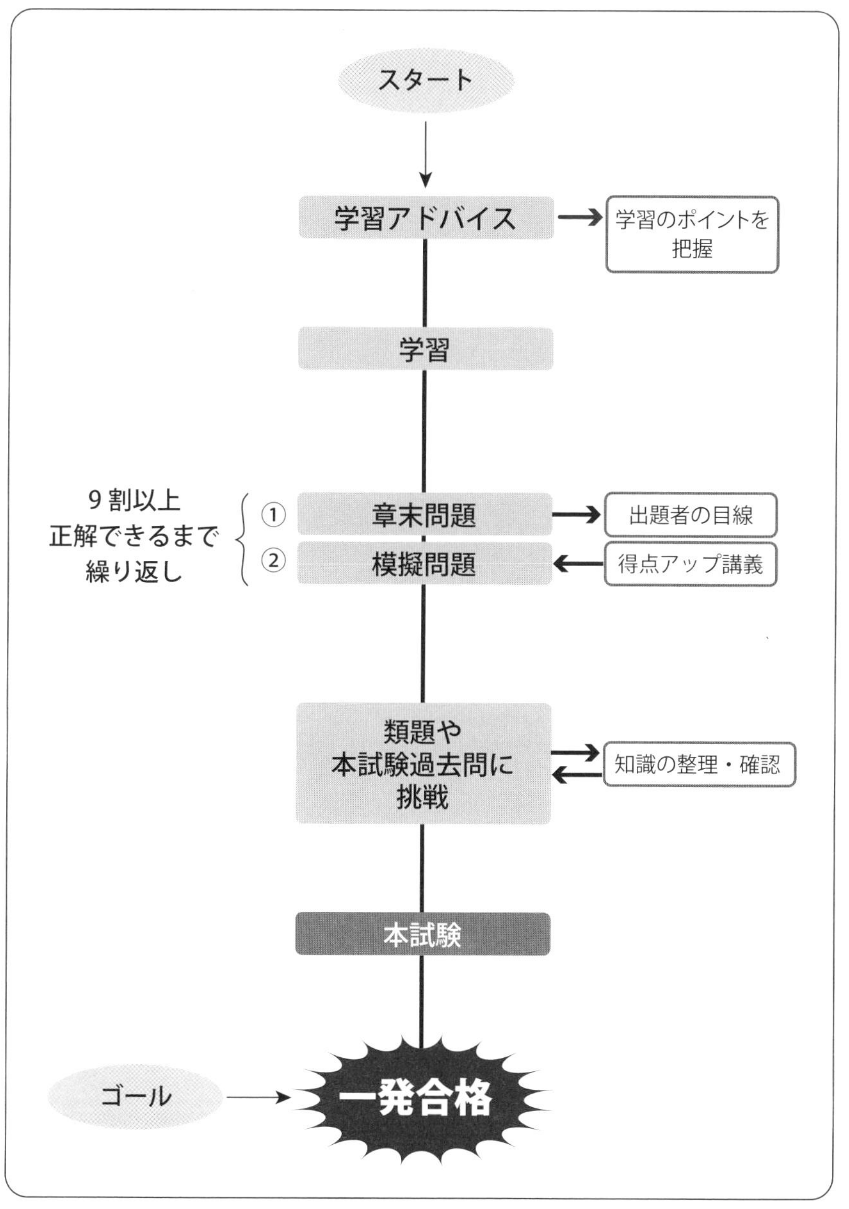

本書の7つの工夫！

本書は、第3種冷凍機械責任者試験に最短で合格できるよう、下記のような紙面構成と様々な工夫を盛り込んでいます。これらの特徴を活かし、ぜひ確実に合格の栄誉を勝ち取ってください。

ポイントその1
学習のアドバイスで要点が把握できる！

学習内容の概略、学習上の要点です。

ポイントその2
赤シートにも対応！

重要語句や重要数値などは、赤フィルターを使って学習できます。

ポイントその3
出題の意図や傾向がわかる！

出題傾向を分析し、出題者側の観点から問題を解くカギをわかりやすく解説します。

ポイントその4
章末問題で応用力が身につく！

各章で学習した知識の定着を図ります。章末問題を解くことで、応用力が身につきます。

ポイントその5
出題年度表で必須法令項目を確認！

法令試験で問われる重要項目が一目で把握できます。

Theme 1
冷媒

冷凍装置やヒートポンプ装置において、熱を移動させる流体であり、多くの特性の違う冷媒があります。

重要度：★★★

●冷媒の分類、特性比較、アンモニア冷媒とフルオロカーボン冷媒の特性の違いを理解しておくこと。

1 冷媒の分類と性質

1 冷媒の分類（表4-1）（表4-3）

冷媒は大別して、フルオロカーボン冷媒とフルオロカーボン以外の冷媒（自然冷媒）に分類されます。その内容をまとめて表にしました。

1) フルオロカーボン冷媒

フルオロカーボン冷媒は単一成分冷媒と混合冷媒に分けられます。

さらに、混合冷媒は、共沸混合冷媒と非共沸混合冷媒に分けられます。

混合冷媒とは、何種類（2～3種類）かの単一成分冷媒（オゾン層を破壊しない冷媒）をある割合で混合して特性を改善した冷媒です。

・単一成分冷媒……R22、R134a、R32、R1234yf、R1234zeなど
・共沸混合冷媒……R507A、R508Bなど
・非共沸混合冷媒……R407C、R410A、R404Aなど

● 「冷媒の分類」と「フルオロカーボン冷媒の分類」と「冷媒名」。
● 「冷媒の性質の違い（体積能力、吐出しガス温度、毒性・燃焼性、理論成績係数など）」。
● 「フルオロカーボン冷媒」と「アンモニア冷媒」の比較。
以上の内容に関して多く出題されています。

82

2 熱伝達と伝熱量

熱伝達とは、固体壁面（伝熱…
に接している流体（空気、水、…
る現象です。……一般的な熱…

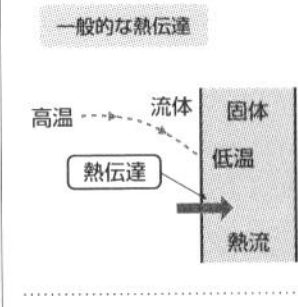

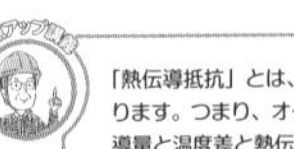

「熱伝導抵抗」とは、電気に…
ります。つまり、オームの…
導量と温度差と熱伝導抵抗…

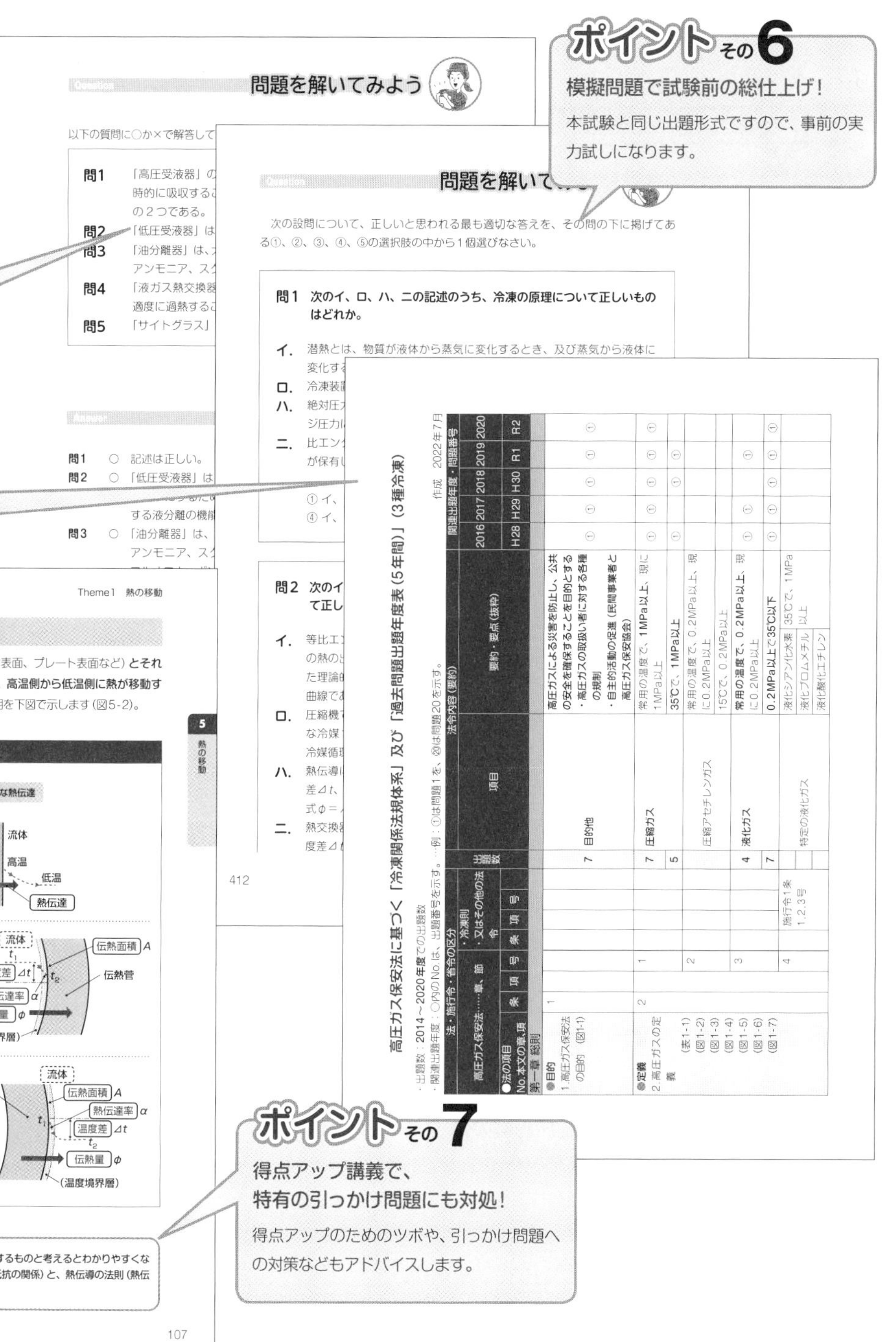
ポイントその6
模擬問題で試験前の総仕上げ！
本試験と同じ出題形式ですので、事前の実力試しになります。
ポイントその7
得点アップ講義で、
特有の引っかけ問題にも対処！
得点アップのためのツボや、引っかけ問題への対策などもアドバイスします。

第1編　保安管理技術

第1章　蒸気圧縮式冷凍装置の基礎

第2章　*p-h*線図と冷凍サイクル、ヒートポンプサイクル

第3章　圧縮機

第4章　冷媒、ブライン

第5章　熱の移動

第6章　凝縮器

第7章　蒸発器

第8章　附属機器

第9章　自動制御機器

第2編　法令

第1章　総則…（法　第一章 総則）

第2章　事業…（法　第二章 事業）

第3章　保安…（法　第三章 保安）

第4章　容器等・雑則（法　第四章 容器等）

第一節 容器及び容器の附属品

第三節 指定設備

第四節 冷凍機器

（法　第五章 雑則）

模擬問題と解説

●索引

第1編

保安管理技術

保安管理技術とは

1　保安管理技術

冷凍機械責任者資格の保安管理技術試験は、主に、**蒸気圧縮式冷凍装置**に関する内容となっています。

本資格は、冷凍装置の運転者、管理者を主体にしたものですが、冷凍能力や動力の算出、冷媒の特性、圧力容器の製作、圧力試験、現地施工などに関しても広く理解することが求められています。

3種冷凍機械責任者資格の保安管理技術試験は、**単段圧縮冷凍装置**を構成している**4つの機器を主体に、内容を理解する必要があります。**

なお、**アンモニア吸収冷凍装置**も対象になりますが、概要の理解で十分です。

2　本書の内容・活用の仕方

本書は、3種冷凍機械責任者資格取得を目的とし、内容を具体的に、極力箇条書きの説明をするようにしました。

(1) 第三種冷凍機械責任者試験（保安管理技術）の対象の最新テキスト『初級 冷凍受験テキスト』（第8次改訂）に対応して作成しました。

(2) 本文中に「……参考」と表記した箇所は、保安管理技術試験の直接の対象とはなりませんので、参考知識としてください。

(3) 受験対策として、丸暗記して覚えるのではなく、意味を理解してください。

3　冷凍装置の原理

■1　冷却の原理（熱と温度）

冷凍装置は、各種の方式がありますが、ここでは、高圧ガス保安法で規定されている**蒸気圧縮式冷凍装置**（冷凍機械責任者資格取得の際に理解しておくべき冷凍装置）の冷却原理を考えてみます。

ある物質を冷却するとは、「ある物質をその温度より低くすることです」といえます。ある物質の温度を低くするには、その温度よりも低い物質を用意して、その2つの物質を接触させます。そうすることで**高い温度の物質から低い温度の物質に熱が移動するという自然現象により、高い温度の物質から移動した熱量だけ温度が下がります**（図1）。

この自然現象は、水が高いところから低いところに流れ、流れた水量だけ高いところの水位が下がることと似ています。ここでいう「温度が高い」と「水位が高い」、あるいは「温度が低い」と「水位が低い」とは別の現象ですが、同じ「高い、低い」という言葉を使用しているのは、偶然の一致でしょうか。いいえ、冷却するという熱の移動も自然現象であることの証拠であるともいえます。

図1　熱と温度

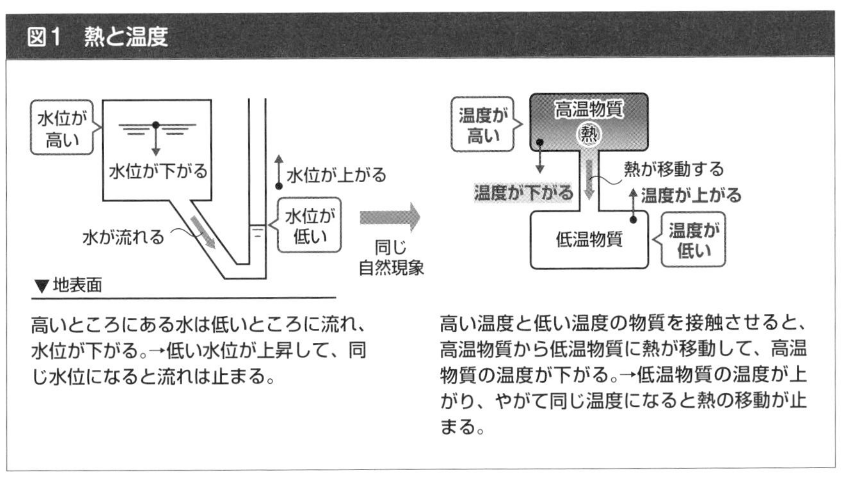

■2　冷凍装置の原理

空気や水などを冷却するのに、それよりも低い物質を用意して高い温度の空気や水などを冷却できますが、低温物質の温度が上昇して、やがて、同じ温度になると冷却が止まってしまいます。これでは、連続して冷却することができなくなり、冷却する機械（冷凍装置）とはいえません（図1）。

そこで、**ある物質を蒸発**（液体が蒸気に変化する現象）**させると、ある一定の温度を保持しますので、高温物質から熱を取り続けることができます。**

このように、**ある物質を蒸発させ続けて、低温のままに保持することが冷却の原理となります。**

■3　水を蒸発させる吸収式冷凍装置

水は大気圧（地上）では、100℃で蒸発（一般に**沸騰**という）しますが、**富士山頂では約86℃、エベレスト山頂では約71℃で蒸発**します。これは、それぞれ気圧が低いためです。逆に、**家庭用の圧力釜は、圧力が高いために内部の水が約120℃で蒸発**します。水を含む**すべての流体は、圧力が低くなればなるほど蒸発する温度は低く**なります（図2）。

図2　水の圧力と蒸発温度

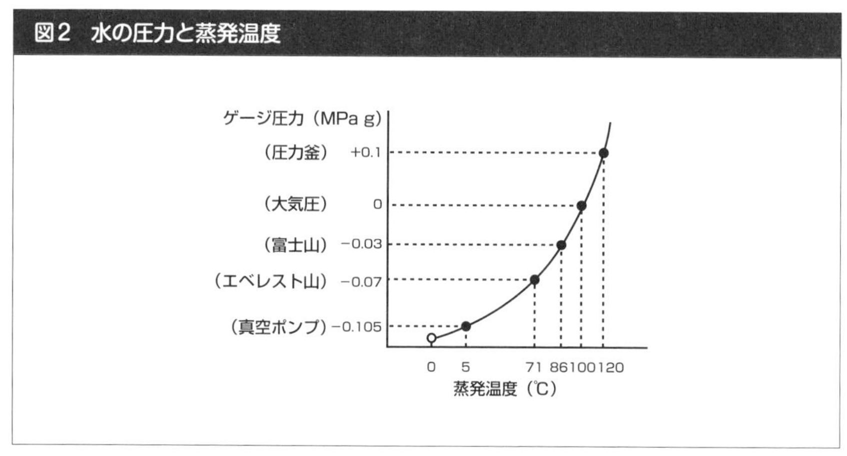

ある密閉した容器に水を入れて、**真空ポンプで真空近くまで圧力を下げると水は5℃程度で蒸発**します。そこで、低圧にした密閉容器の内部で20℃程度の水を冷却管（熱交換器）内に流すと出口では10℃程度に冷却されます。これは、先の冷却の原理を使って冷却したことになります（図3）。

つまり、温度の高い水（20℃）から温度の低い水（5℃）に熱が移動し、しかも、5℃の水は蒸発して一定の温度（5℃）になっているために、冷却し続けます（図3）。

この原理を応用した冷凍装置は、**吸収式冷凍装置**といい、ビル空調のための冷水冷却装置などが該当します。なお、この装置で、真空ポンプの代わりに、別の圧力容器に**吸収剤**（**臭化リチウムなど**）を用意して2つの容器を配管でつなぐと、**吸収剤は水蒸気を吸収**し続けて、水側の容器が真空近くになるため、真空ポンプなしで冷水（10℃程度）を製造できます。この装置は、安全性が高く、運転資格、設備の設置届などが不要です（図3）。

図3　水を蒸発させる吸収式冷凍装置

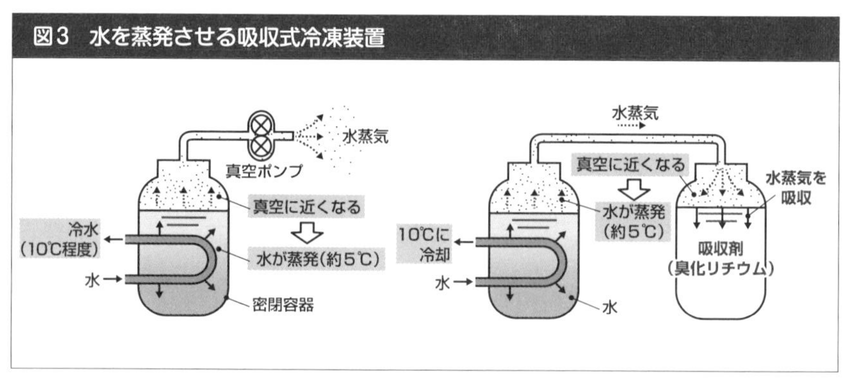

■4　冷媒を蒸発させる蒸気圧縮式冷凍装置

先の吸収式冷凍装置では、冷却温度が約10℃程度であれば水を蒸発させる方法ですみますが、0℃以下の低温では水が凍ってしまい成り立ちません。**冷媒の蒸発を利用した冷凍装置は、産業用や家庭用で空調、冷却、冷凍などの冷凍装置で最も広く使われています。**そこで、蒸発する水の代わりに、**低温で蒸発しやすい媒体（冷媒）**が発明されました。例えば、この冷媒をボンベに入れて大気中で開放すると激しく蒸発し、**温度は-20～-50℃程度の低温**（大気圧での蒸発温度）になります。そこで、熱交換器（液熱交換器や空気熱交換器など）を設置すると、液や空気を低温度に冷却できます。ただし、ここで問題があります。**蒸発した冷媒蒸気は、大気に放出してしまい、地球環境に悪影響を及ぼします。**また、**蒸発した冷媒を補充しなければならず、経済的に成り立ちません**（図4）。

図4　冷媒の蒸発による冷却の原理

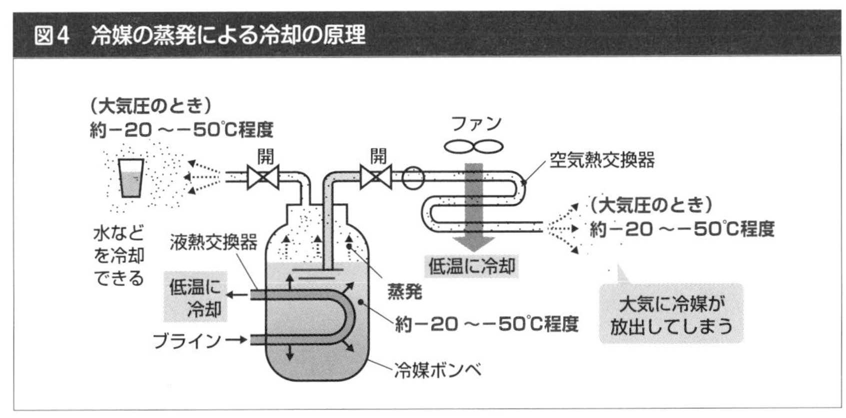

そこで、**蒸発器**で蒸発した冷媒蒸気を**圧縮機**が吸い込み、圧縮して高圧・高温のガスにして**凝縮器**に送り、外気や冷却水などで冷却すると、元の冷媒液に戻ります。その冷媒液を**膨張弁**から圧力の低い先の**蒸発器**に少しずつ調整しながら送ると、蒸発器では、一定の低温のまま、蒸気となって出ていきます。冷媒を繰り返して循環させるために、**冷凍サイクル**といい、これにより、連続して冷却ができます。また、**蒸発した蒸気は大気への放出もなく、冷媒は循環して使用しますので、経済的にも無駄がないようになります。**

上記の**冷凍サイクルを構成している4つの機器を冷媒配管でつないだ冷凍装置**のことを、冷媒蒸気を圧縮することから、**蒸気圧縮式冷凍装置**といいます（図5）。

冷凍装置を理解するには、この蒸気圧縮式冷凍装置の原理と各機器、配管などを正しく理解する必要があります。

すべての冷媒は、蒸発するときの圧力が低いほど蒸発温度は低くなりますので、**必要な冷却温度に合わせて蒸発する圧力を変えればよい**ことになります。

図5 蒸気圧縮式冷凍装置

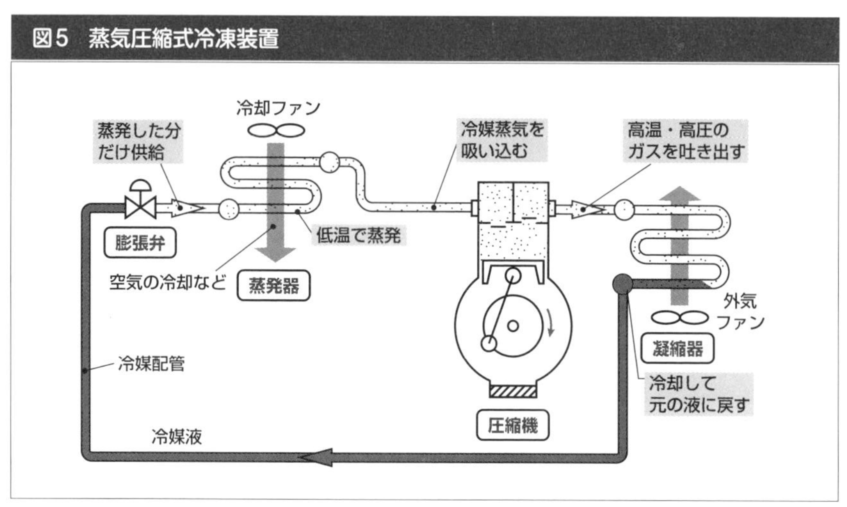

4 冷却方式

実用的な冷凍装置としての蒸気圧縮式冷凍装置には、冷却する方式として**直接冷却方式**と**間接冷却方式**があります。

①直接冷却方式

蒸発する冷媒で物質を直接に冷却する方式です。

一般に、冷蔵倉庫（空気冷却）、ルームエアコン（空気冷却）、冷凍食品冷却装置（空気冷却）、製氷（氷冷却）などに利用されています。

②間接冷却方式

蒸発する冷媒で冷水、ブライン、二酸化炭素などの中間媒体を冷却し、その中間媒体で間接的に物質を冷却する方式です。

この方式では、冷凍装置は中間媒体を冷却する装置であり、その中間媒体を扱うポンプ、タンク、水配管、ブライン配管などの設備が必要になります。

一般に、冷水冷却装置（冷水）、ブライン冷却装置（ブライン）、CO_2冷却（CO_2液）などに利用されます。

蒸気圧縮式冷凍装置の基礎

冷凍装置とは、空気や水などを連続して冷却する機械装置です。

Theme

冷却の原理と仕組み

空気や水などを冷却するのに、どんな方法や熱が使われているのでしょうか。

●熱には、顕熱と潜熱があり、冷凍装置では、潜熱（正しくは蒸発潜熱）を利用するために、潜熱をよく理解しておく。

1　物質（空気や水など）を冷却する原理と冷凍装置

ある物質を冷却するには、その物質の温度よりも低い温度の物質を用意し、その2つを接触させます。そうすることで、冷却したい高い温度の物質から低い物質に熱が移動して、温度が低下します。

これは、自然現象（熱交換現象）であり、水が高いところから低いところに流れるように、**温度の高い物質から低い物質に熱が移動します。**よって、ある物質（空気や水など）を冷却するには、それよりも低い温度の物質を用意すればよいのですが、しかし**低い温度の物質に熱が移動すると、一般の物質では、その温度が上昇してしまい、やがては高い温度の物質と同じ温度になり、そこで、冷却が停止してしまいます。**これでは、連続して冷却ができなくなり、冷却する機械（冷凍装置）とはいえません。そこで、この低温物質（**冷媒**：熱媒体の意）を蒸発させると、温度は低温のまま一定温度で吸熱することができます。

なお、熱には**顕熱**と**潜熱**の2つがあります。

顕熱：**温度が変化するときに出入りして関係する熱**です。

潜熱：物質が①**液体から蒸気に状態変化**（**蒸発**するという）するとき、および②**蒸気から液体に状態変化**（**凝縮**するという）**するときに出入りして関係する熱**です。

- 「顕熱」と「潜熱」の定義の違い。
- 冷凍装置のサイクルと各機器の役割。
- 「冷凍装置の熱収支」として、「凝縮負荷」と「冷凍能力」と「圧縮動力」の関係の説明文。

以上の内容に関して多く出題されています。

ここで、冷媒液と冷媒蒸気が状態変化するときの熱は、以下となります。

①**冷媒液が蒸発するときの熱**を**蒸発潜熱**といいます。
②**冷媒蒸気が凝縮するときの熱**を**凝縮潜熱**といいます。

ここで、蒸発とは、液体から蒸気に状態変化することです。よって、冷凍装置とは、冷媒の**蒸発潜熱**（冷媒が吸熱する熱）を利用して周囲の物質（空気や水など）を冷却する装置であるといえます。

一例として、**水**が蒸発するときには、**約2,500kJ/kg**（正確には、大気圧、0℃の水）の**蒸発潜熱**があります。

通常の冷媒では、**100～1,000kJ/kg**程度であり、水と比べてかなり小さい値です。

なお、**顕熱量**は、以下で算出します。

質量m**kg、物質の比熱** c **(kJ/(kg・K))、温度**t_1**℃**の物質が熱を吸収して温度t_2**℃**になったとすれば、**物質が吸収した熱量（移動した熱量）QkJ**は、以下で算出できます。

$$Q = mc(t_2 - t_1) \text{ (kJ)} \quad \cdots\cdots (1.1)$$

2　冷凍装置の構造と仕組み

周囲の物質（空気や水など）を冷却するには、冷媒液が蒸発するときの**潜熱**（**蒸発潜熱**）として、周囲の物質から熱を取り入れればよいのですが、その蒸発した冷媒が外部に放出してしまうと、冷媒の損失や大気の汚染など環境に悪い影響を与えてしまいます。

そこで、本書で主に扱う**冷凍装置**は、蒸発器で蒸発した冷媒蒸気を**圧縮機**が吸い込み、圧縮して高温・高圧となった冷媒ガスを**凝縮器**に送り、冷却して**液化**（蒸気が液になること）した常温・常圧の冷媒液を**膨張弁**を通して**蒸発器**に送り、その蒸発潜熱で、空気や水などを冷却します。先の**4つの機器**を配管でつなぎ、冷媒は外部に放出しないで循環するようにした、**連続して物質を冷却する装置**について説明します。

冷媒が装置内を循環することを**冷凍サイクル**といいます。

本冷凍装置は、冷媒蒸気を圧縮して使用するために、**蒸気圧縮式冷凍装置**（以下、単に**冷凍装置**という）といいます。

3 蒸気圧縮式冷凍装置の仕組み

冷凍装置は以下の4つの機器で構成され、それぞれの役割があります(図1-1)。

■1 圧縮機

蒸発器から連続して冷媒蒸気を吸い込んで、その蒸気を圧縮して**高温・高圧ガス**にして吐き出すものです。

そのときに圧縮するための動力を**圧縮動力** P (kW)とします。

「圧縮機」と命名(英語の和訳)したのは、やや誤りといえます。
「圧縮機」といえば「圧縮する機械」と解釈してしまいますが、蒸発器の冷媒蒸気を「吸い込み」、その蒸気を「圧縮する」という2つの役割を持つため、本来は、「吸込み・圧縮機」と命名したほうがよいです。この考え方は、圧縮機の吸込み圧力の変化を考える際に役立ちますので、覚えておきましょう。

■2 凝縮器

圧縮機からの高温・高圧ガスを空気や水などで冷却し、冷媒から熱を放出して**液化**(凝縮して液になること)**する機器(熱交換器)**です。

そのときの**冷却熱量(放出熱量)**を**凝縮負荷** ϕ_K (kW)といいます。

■3 膨張弁

高圧の凝縮液を、狭い通路(絞り弁)を通すことで圧力を下げて(**絞り膨張**という)**低温・低圧**の混合冷媒(**湿り蒸気**という)を蒸発器に送液する弁(供給する弁)です。

■4 蒸発器(冷却器ともいう)

冷媒液が蒸発するときの**蒸発潜熱で空気や冷水などを冷却する機器(熱交換器)**です。なお、冷媒液は周囲の空気や冷水から熱を吸熱して蒸発するともいえます。蒸発器内では、**冷媒は蒸発**している間は、**ほぼ一定の低温度**のままでいますので、冷却が連続して行えます。

そのときの**周囲の物質(空気や水など)から奪う熱量(冷却熱量)**を**冷凍能力** ϕ_o (kW)といいます。

図1-1　蒸気圧縮式冷凍装置の仕組み

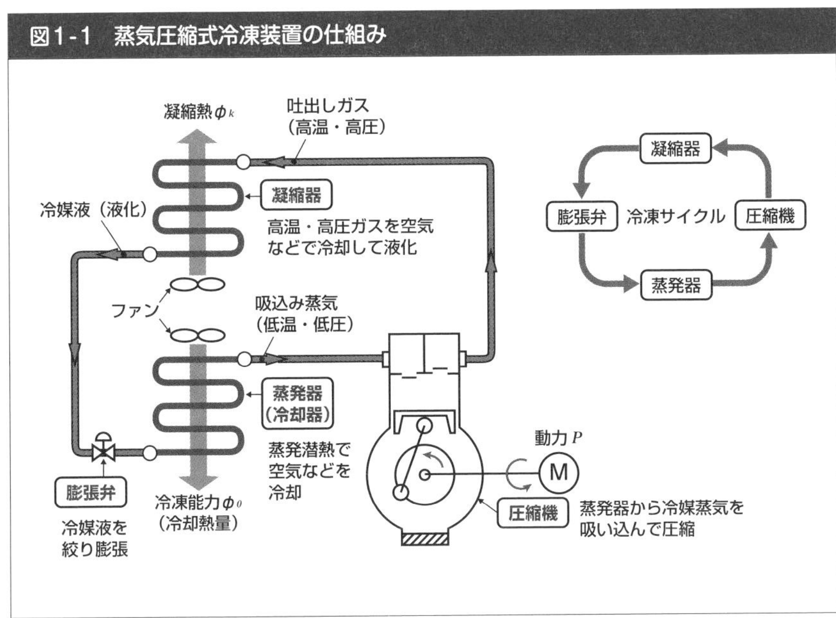

4　冷凍能力の表示

冷凍装置で冷却する熱量を**冷凍能力ϕ_o**といい、**単位はkW**で表示します。

日本では、kW以外に**冷凍トン（表示はRt）**も使用します。

これは、**0℃の水1トン（1,000kg）を、1日（24時間）で、0℃の氷に冷却するための冷却熱量（冷凍能力）を1日本冷凍トン（1JRt）**とします。

1JRt＝333.6（kJ/kg）×1,000（kg）／（24（H）×3,600）≒3.861
（kJ/s又はkW）

ここに、・333.6（kJ/kg）……0℃の水の凝固熱（氷になる熱）

・3,600……1時間＝3,600（60分×60秒）秒

よって、日本冷凍トンJRt＝ϕ_o／3.861（JRt）……**参考**

なお、**日本冷凍トンは、製氷用の冷凍装置（蒸発温度－15℃を基準とした）**を想定して冷凍能力を表示する場合に、冷凍装置の大きさを表す単位として使用することがありましたが、現在では、ほとんど使用されていません。……**参考**

5　蒸気圧縮式冷凍装置の熱収支（熱の出入りのバランス）

冷凍装置は、一定の運転状態では、**凝縮負荷 ϕ_K は冷凍能力 ϕ_O と圧縮動力 P の和**となります。つまり、以下の式が必ず成り立ちます（図1-2）。

凝縮負荷 ϕ_K ＝冷凍能力 ϕ_O ＋圧縮動力 P

$$\phi_K = \phi_O + P \quad \cdots\cdots (1.2)$$

「凝縮負荷＝冷凍能力＋圧縮動力」の式は、必ず成り立つ関係があり、この式を説明文として理解できるようにしておきましょう。なお、この式を展開した説明文で出題されることもあります。

図1-2　蒸気圧縮式冷凍装置の熱収支（熱バランス）の例

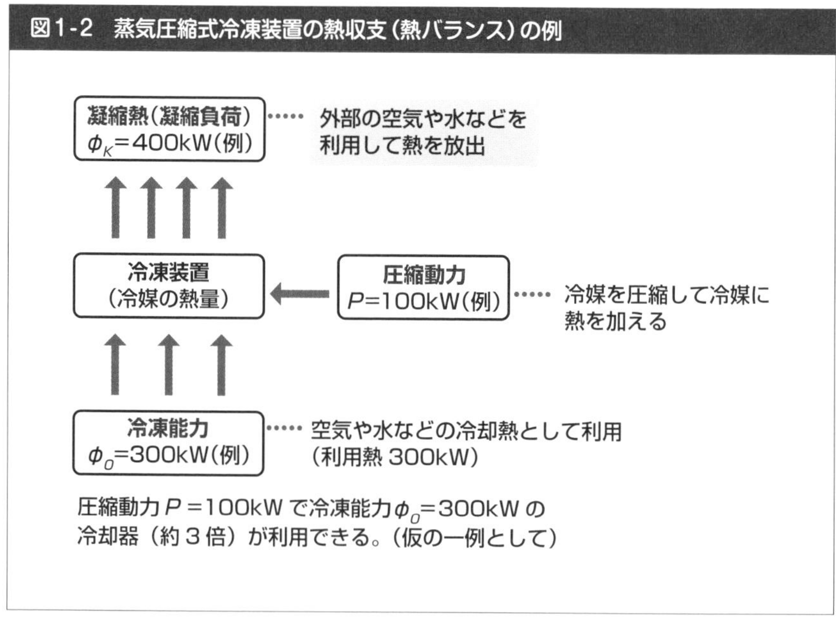

6 ヒートポンプ装置の仕組み

ヒートポンプ装置とは、冷凍装置の4つの機器は同じで、圧縮機から吐き出された**高温（60～100℃程度）・高圧（1～2MPa程度）のガス**を空気暖房器や温水熱交換器に送り、**その高温ガスの熱**を**加熱器**として利用する装置です。利用できる熱量は、冷凍装置の**凝縮負荷**（凝縮器の放出熱）と等しくなります（図1-3）。

図1-2の例では、圧縮動力P＝100kWでϕ_K＝400kWの加熱能力（約4倍）が利用できます。（仮の一例として）

冷凍装置と**ヒートポンプ装置**では、**蒸発器**が**加熱器**になり、**凝縮器**が**蒸発器**になるという役割の変更があるものの、**4つの機器**はほぼ同じものです。

冷暖房兼用のヒートポンプエアコンディショナ（ルームエアコンやパッケージエアコンなど）では、**蒸発器**と**凝縮器**を**切換弁（四方切換弁）**によって夏と冬で切り換えて使用します。

図1-3 ヒートポンプ装置の仕組み

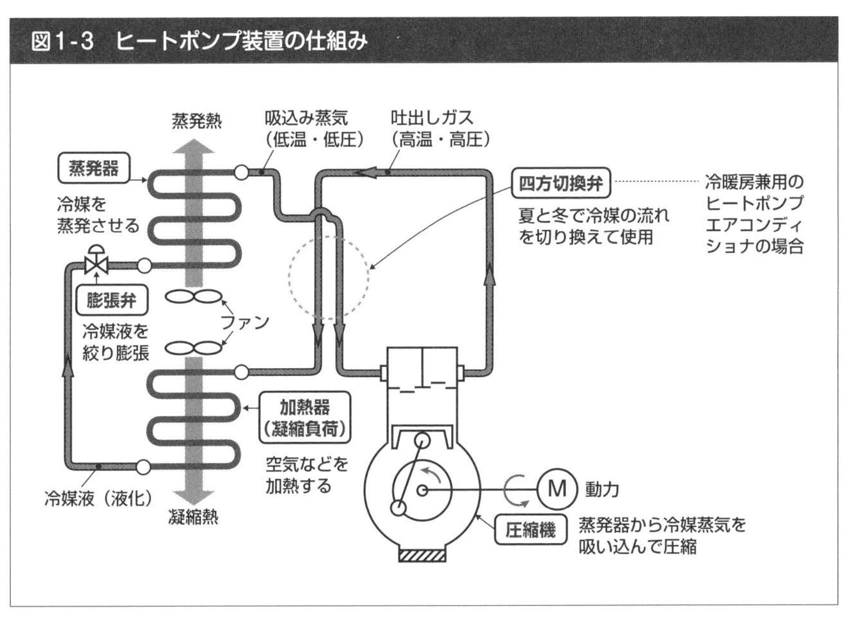

Theme
2 冷媒の状態と圧力、温度、比体積

重要度：★★★

冷凍装置内では、冷媒は循環しながら、周囲から熱を吸収して蒸気になったり、外部に熱を放出して液体になったり、圧縮機ではガスが圧縮されて圧力・温度が変化したり、たえず状態変化を繰り返しながら熱が出入りしています。

●冷凍装置内の冷媒が循環する際の物性値（圧力、温度、比体積、比エンタルピーなど）の意味と使い方を理解しておく。

1 冷媒の状態と圧力p、温度T、比体積v

熱の出入り量は、**冷媒の圧力p、温度T、比体積v、比エンタルピーhなど**により、**p-h線図**や**熱力学性質表（飽和表）**から算出できます。

■1　圧力p（MPa）

冷媒は高い圧力から低い圧力（真空）まで使用するために、圧力単位として一般に、**MPa**（メガパスカル）を使用します。基本単位は**Pa**（パスカル）ですが、この圧力は小さい単位なので、Pa の10^6倍の大きな単位MPa を使用します（$1\,\mathrm{MPa}=10^3\,\mathrm{kPa}=10^6\,\mathrm{Pa}$）。

冷媒圧力の測定には、一般に**ブルドン管圧力計**（図1-4）を使用します。断面がだ円形をした**ブルドン管**に圧力が加わると、管は変形する（真直ぐに伸びる）ように作動して、その変形量がレバーや歯車を介して伝わり圧力指針が動くという構造です。

- 冷凍装置では、原則として冷媒圧力は「絶対圧力」を使用するため、「ゲージ圧力」からの換算方法。
- 凝縮器、蒸発器での熱交換量は、「比エンタルピーの変化量（出入り口の差）」と「流量」で算出できること。

以上の内容に関して多く出題されています。

図1-4　ブルドン管圧力計（C字形）の構造

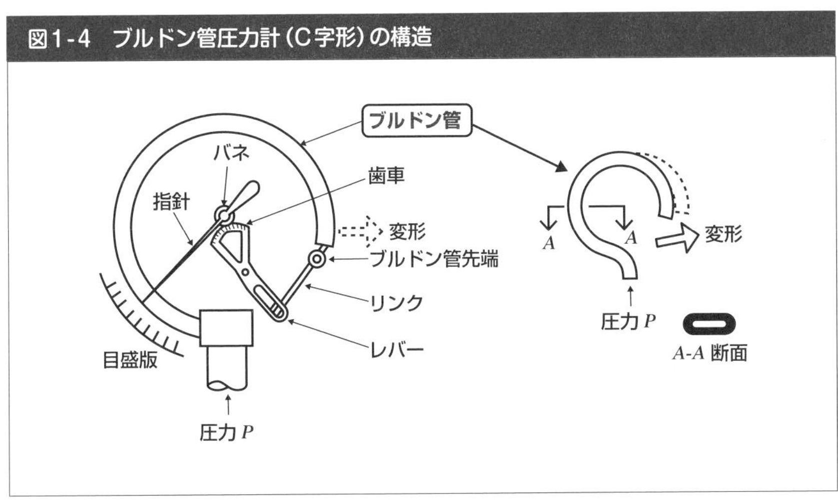

圧力は、**ゲージ圧力**と**絶対圧力**の表示方法があります（図1-5）。

①**ゲージ圧力**：**大気圧をゼロ圧として表示する圧力**です。ブルドン管は、管外の大気圧と管内の冷媒圧力との差圧により作動して指示する圧力です。圧力表示の単位は、**MPa g**とします。

②**絶対圧力**　：**絶対真空をゼロ圧として表示する圧力**です。**大気圧は絶対圧力では約0.1**MPaとなるため、ゲージ圧力と絶対圧力の関係（換算）は以下となります。圧力表示は、**MPa abs**とします。

絶対圧力（MPa abs）＝ゲージ圧力（MPa g）＋大気圧（≒0.1MPa abs）・・・・（1.3）

なお、**大気圧**は、場所、天候、時間などによって多少変わりますが、**ほぼ0.1MPa** abs です。また、**圧力計**（大気圧以上を測定する圧力計）と**真空計**（大気圧以下（真空圧）を測定する圧力計）が合体（両方を測定可能）した圧力計は、**連成計**といい、冷凍装置に取り付ける圧力計は、ほとんどが**連成計**です（図1-6）。…真空運転があるため。

■2　温度 *T*（K）

実用的に使用している温度は**摂氏温度** ***t*（℃：セルシウス）**ですが、冷媒の熱物性値などでは、**絶対温度** ***T*（K：ケルビン）**を使うことがあります。

①**摂氏温度**：**水の氷結（凍る）温度**を**0（℃）**、**沸点（沸騰する）温度**を**100（℃）**とした温度です。……**参考**

図1-5　ゲージ圧力と絶対圧力の関係

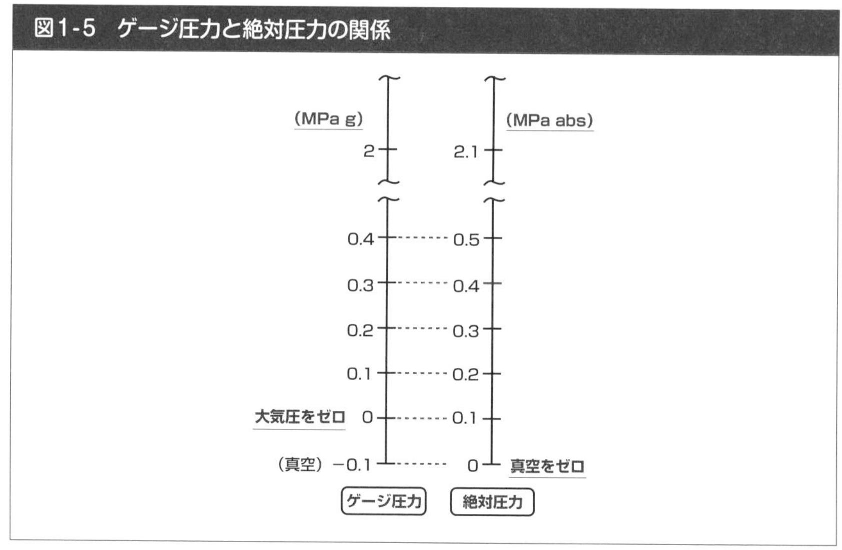

②**絶対温度**：すべての物質の分子運動が停止し、理論的に物質の温度がこの温度以下にはならない温度**−273.15℃をゼロKとした温度**です。……**参考**
よって、摂氏温度と絶対温度の関係（換算）は以下となります。

絶対温度 T(K)＝セルシウス温度 t(℃)＋273.15(K)・・・・・・・・・・・(1.4)

なお、温度計や***p-h***線図、熱物性値表ではセルシウス温度で表示してありますが、実用的には、**温度差1℃＝1K**であり、換算して使用することはありません。

図1-6　圧力計、連成計、真空計（例）

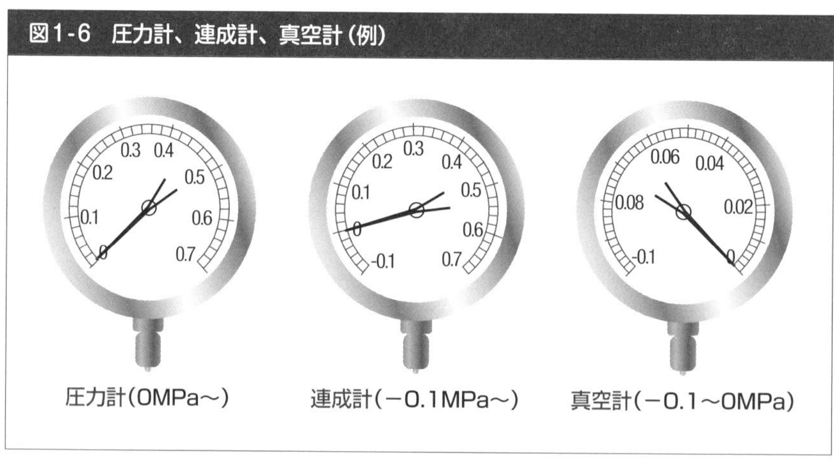

■3　比体積 v (m³/kg)

冷凍装置で、**圧縮機の吸込み蒸気量（重量）を算出するために、単位重量当たりの体積（m³/kg）**である**比体積 v** を使います。……一般的に使用する**密度（kg/m³）**の逆数です。

この値は、測定できるものではなく、測定圧力、測定温度から *p-h* 線図を使用して読み込んだ数値です。

圧縮機の吸込み蒸気の比体積は、圧力が低く、温度が高いほど比体積は大きくなり、薄い蒸気（密度は小さい）となります。

参考として、高度の高い場所（エベレストの山頂など）の空気も圧力（気圧）が低く、温度が高いほど空気の比体積が大きくなり、薄い空気（密度は小さい）となります。

■4　比エンタルピー h (kJ/kg)

比エンタルピーとは、冷凍装置内を循環する冷媒は各機器の出入り口で熱量（エネルギー）の変化があり、その**各状態での冷媒1kgが保有している熱量（エネルギー量）**をいいます。

具体的には、**蒸発器の入口と出口、圧縮機の入口と出口、凝縮器の入口と出口**の**比エンタルピー値**の差 $\varDelta h$（kJ/kg）と**流量（kg/s）**がわかれば、その**2つの積により各機器での熱の変化量（熱の出入り量）（kJ/s）**が算出できます（図1-7）。

図1-7　比エンタルピー値の変化量と熱量

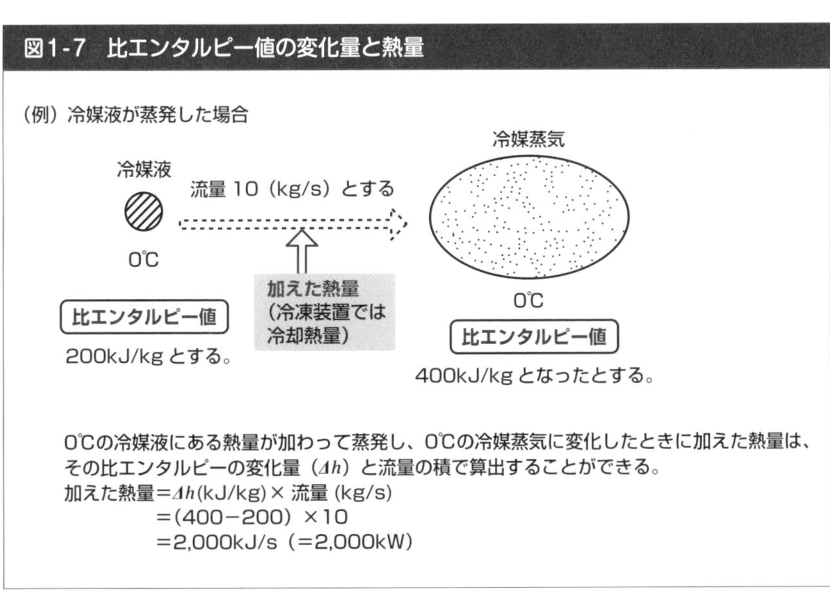

（例）冷媒液が蒸発した場合
冷媒液
0℃
比エンタルピー値
200kJ/kg とする。
流量 10（kg/s）とする
加えた熱量
（冷凍装置では
冷却熱量）
冷媒蒸気
0℃
比エンタルピー値
400kJ/kg となったとする。
0℃の冷媒液にある熱量が加わって蒸発し、0℃の冷媒蒸気に変化したときに加えた熱量は、
その比エンタルピーの変化量（$\varDelta h$）と流量の積で算出することができる。
加えた熱量＝$\varDelta h$(kJ/kg)× 流量 (kg/s)
＝(400−200) ×10
＝2,000kJ/s（＝2,000kW）

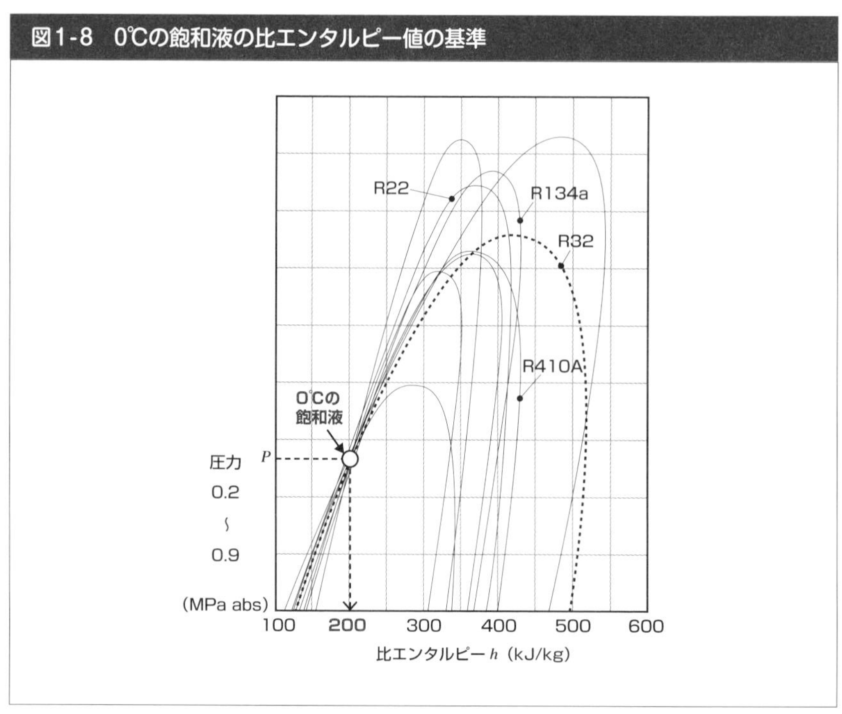

図1-8　0℃の飽和液の比エンタルピー値の基準

比エンタルピー値の絶対値は、必要としないために、**すべての冷媒について、0℃の飽和液の比エンタルピー値を200(kJ/kg)として基準値**を決めました(図1-8)。

この値は、すべての冷媒について、全世界的に統一して使用されています。

Theme

3 冷凍方式

ここでは、空調用や産業用の冷凍設備で多く採用されている冷凍方式について説明します。冷凍方式としては蒸気圧縮式と吸収式があります。

●蒸気圧縮式冷凍装置では、冷却温度の高低による冷凍装置の違いを理解しておく。
吸収式冷凍装置では、使用冷媒による冷凍方式を理解しておく。

1 蒸気圧縮式冷凍装置

冷凍方式を大きく分類すると、**蒸気圧縮式**と**吸収式**があります。3種冷凍機械責任者試験は、ほとんどが蒸気圧縮式に関する内容です。

蒸気圧縮式冷凍装置と**アンモニア吸収式冷凍機**（装置）は、**高圧ガス保安法**が適用され、**冷凍機械責任者（規定の1日の冷凍能力トン以上）の取扱い資格免許が必要**となりますが、**臭化リチウム吸収式冷凍機**（装置）は、**法規適用外であり、取扱い資格は不要**です。

よって、冷凍機械責任者試験は、ほとんどが蒸気圧縮式に関する内容で、アンモニア吸収式冷凍機（装置）は、概要のみとなります。

蒸気圧縮式冷凍装置は実用上、一般に使用する冷却温度により以下の2種類の冷凍装置（圧縮方式）があります。……超低温冷凍装置として、それ以外に二元冷凍装置があります。

■1 単段圧縮冷凍装置（単段圧縮方式）

蒸発温度が約**－30℃以上**の**一般的な冷凍装置**で使用されます。

蒸発器の低圧・低温ガスを**1台の圧縮機で圧縮する方式**です。

3種冷凍機械責任者試験で出題されるのは、ほぼすべてが「単段圧縮方式の冷凍装置」であり、「二段圧縮方式の冷凍装置」と「アンモニア吸収式冷凍機」は、概要のみの理解で十分です。

空調用の商品として、ルームエアコン、パッケージエアコン、マルチエアコンなどに使用されます。その他に、冷水製造装置、冷蔵・冷凍倉庫、製氷、各種の食品冷却分野などの一般的な冷却装置に使用されます。……**参考**

■2　二段圧縮冷凍装置（二段圧縮方式）（図1-9）

蒸発温度が約**−30℃以下**の**低温冷凍装置**で使用されます。

高段圧縮機と**低段圧縮機**の2台を使用し、低段圧縮機の吐出しガスを**中間冷却器**で冷却後、高段圧縮機が吸い込み、高圧・高温ガスとして吐き出します。

2段階で圧縮するのは、蒸発温度が約−30℃以下となると①**吐出しガス温度が異常高温になることを防止**するため、及び②**圧縮機の効率の低下を防止**するためです。

用途としては、冷凍マグロの冷凍倉庫（室温−30～−50℃程度）、冷食品フリーザなどの低温分野に使用されます。……**参考**

図1-9　二段圧縮冷凍装置と*p-h*線図（例）……*p-h*線図は参考

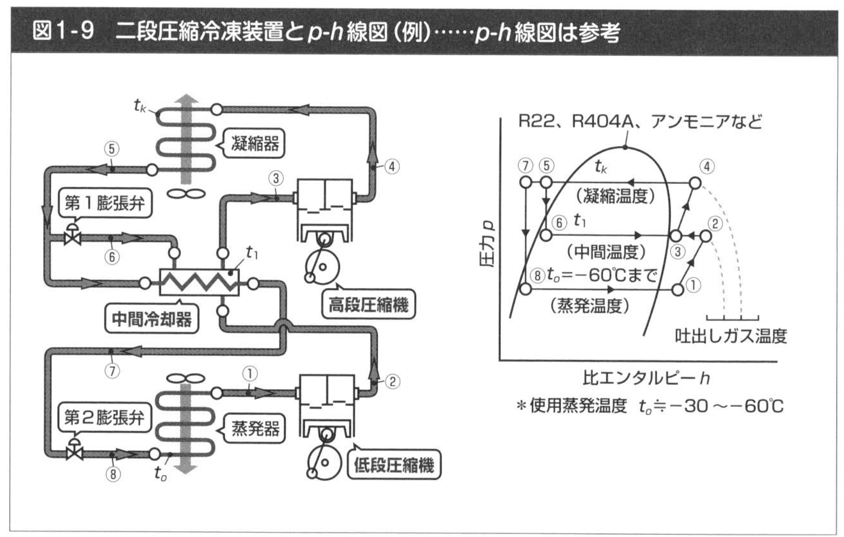

2　吸収式冷凍機（装置）

吸収式冷凍機（装置）は、**圧縮機が不要**で動力を必要としないというメリット（利点）があり、加熱源としてボイラー熱や工場排熱などを利用して水やブラインなどを冷却する装置です。

■1　臭化リチウム吸収式冷凍機（装置）

冷媒に**水**、吸収剤に**臭化リチウム**を使用して主に**ビル空調用の冷水冷却装置**に使用されます。

なお、本冷凍装置は作動圧力が低く、冷媒が水であり、安全なため、**高圧ガス保安法の適用を受けず、運転資格は不要**です。

■2　アンモニア吸収式冷凍機（装置）（図1-10）

冷媒に**アンモニア**、吸収剤に**水**を使用し、**低温ブライン冷却装置**に使用されます。約−60℃までの冷却ができます。……**参考**

なお、冷媒がアンモニアのため、**高圧ガス保安法の適用を受け、運転資格が必要**であるほか**各種の規制**を受けます。

図1-10　アンモニア吸収式冷凍機（装置）（例）

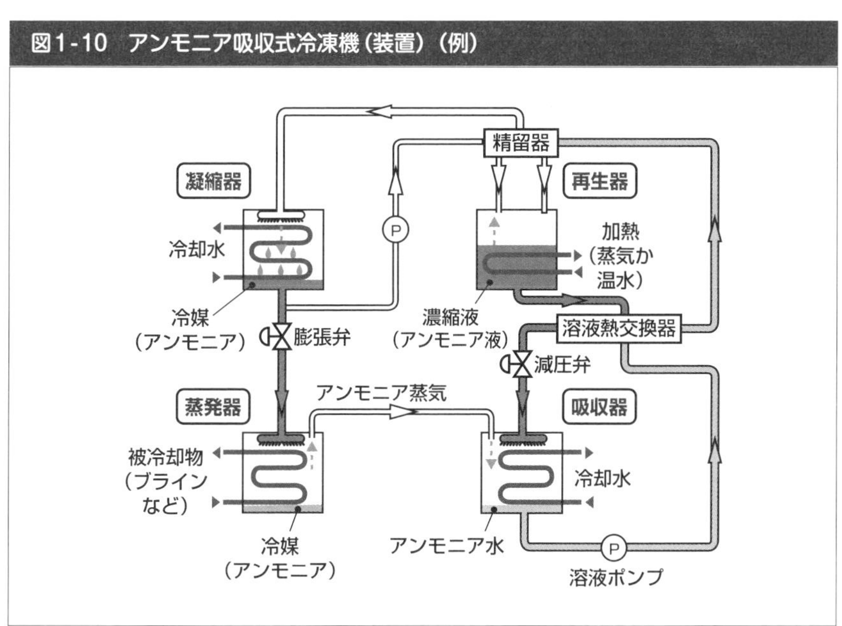

●冷媒の流れ

凝縮器からの**冷媒（アンモニア）**は、**蒸発器**で蒸発して、その蒸発潜熱でブラインなどを冷却します。蒸発した冷媒は**吸収器**に送られ、**水（吸収剤）**に吸収されてアンモニア水となり、そのアンモニア液を溶液ポンプで**再生器**（**発生器**ともいう）に送ります。再生器で加熱されたアンモニア水から分離されたアンモニア蒸気は精留器で高純度に精製され、凝縮器で再び凝縮します。

Question 問題を解いてみよう

以下の質問に○か×で解答してください。

問1　冷凍装置の「圧縮機」は、蒸発器から蒸気を吸い込み、圧縮し、高温・高圧の蒸気にして吐き出すもので、そのときに圧縮するための動力を「圧縮動力」という。

問2　冷凍装置の「凝縮器」は、圧縮機から吐き出された高温・高圧ガスを空気や水などで冷却し、液化するもので、そのときに冷却する熱量を「凝縮負荷」という。

問3　0℃の水１トンを、１日で0℃の氷に冷却するための冷却熱量を「1日本冷凍トン」という。

問4　「ヒートポンプ装置」が、冷凍装置と異なるのは、冷凍装置の凝縮器で放出する熱を加熱や暖房熱として利用するところである。

問5　「比体積」とは、圧縮機の吸込み蒸気の単位重量当たりの体積である。比体積は、圧力が低く、温度が高い（過熱度が高い）ほど大きく（薄い蒸気に）なる。

問6　「アンモニア吸収式冷凍機」は、冷媒にアンモニア、吸収剤に水を使用する冷凍装置であり、圧縮機はなく、安全性が高いため、「高圧ガス保安法」の適用を受けない。

問7　「二段圧縮冷凍装置」は、蒸発温度に関係なく使用するのが一般的である。

Answer 答え合わせ

問1　○　記述は正しい。

問2　○　記述は正しい。

問3　○　記述は正しい。

問4　○　記述は正しい。

問5　○　記述は正しい。

問6　×　圧縮機はないが、冷媒がアンモニアで、危険なガスであるため、「高圧ガス保安法」の適用を受ける。

問7　×　「二段圧縮冷凍装置」は、一般的に蒸発温度が約－30℃以下で使用する。

第2章

p-h線図と冷凍サイクル、ヒートポンプサイクル

冷凍装置の各機器の出入り口の圧力、温度などの値から、冷媒の状態や熱量の変化量などがわかるようにすることが必要です。

Theme

1 *p-h*線図

重要度：★★★

*p-h*線図（*p*：冷媒圧力、*h*：比エンタルピー）とは、冷凍サイクル上の４つの機器（蒸発器、圧縮機、凝縮器、膨張弁）の入口と出口の状態や定量的な数値がわかり、熱の出入り量を計算できるように作成した線図です。

●*p-h*線図上の冷凍サイクルの読み方、使い方を理解して、冷凍装置内の冷媒の状態や数値の意味を理解できるようにしておく。

1 *p-h*線図

*p-h*線図は、**縦軸**は**圧力**（一般に、**絶対圧力*p***（MPa abs））を**対数目盛**で、**横軸**は**比エンタルピー*h***（kJ/ kg）を**等間隔目盛**で、その他に、**温度**、**比体積**、**比エントロピー**が表示されています（図2-1）。

圧力は**絶対圧力**で表示してありますので、測定した**ゲージ圧力（MPa g）**に**0.1MPa（大気圧）**をプラスした値にして線図を使用します。

この***p-h***線図上の冷凍サイクル図の圧力と温度の値（測定値）がわかれば、比体積や比エンタルピーや冷媒状態（過冷却液、過熱蒸気、湿り蒸気など）がわかり、能力計算や冷凍サイクルの運転状態など、あらゆることがわかるようになっています。

2 *p-h*線図の用語

①**飽和液線**：**完全な飽和液状態**を表す曲線（右肩上がりの曲線）。

ここで、**「飽和」**とは、**液と蒸気が存在している状態**です。

②**飽和蒸気線**（**乾き飽和蒸気線**ともいう）

：**完全な飽和蒸気状態**を表す曲線（左肩下がりの曲線）。

③**等圧線**：**圧力が一定**の線で、縦軸（圧力軸）に垂直な線。

④**等温線**：**温度が一定**の線で、**各冷媒状態（域）で温度一定の線が変わります。**

「*p-h*線図上の用語」そのものを問題とすることは少ないですが、冷凍装置の全体を理解する上で非常に重要なことであり、各用語の意味、定義を理解することが必要です。

図2-1 *p-h* 線図

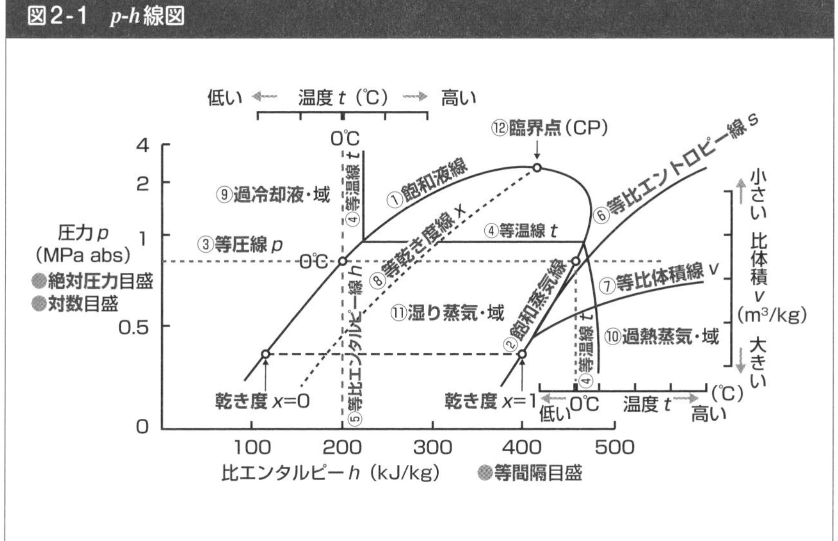

・**過冷却液・域**：縦軸（圧力軸）にほぼ平行な垂直線で温度が一定。

・**湿り蒸気・域**：横軸（比エンタルピー軸）に平行な水平線で温度が一定。
ただし**非共沸混合冷媒**（後述）では温度が変化。

・**過熱蒸気・域**：右肩下がりの緩やかな曲線で温度が一定。

⑤**等比エンタルピー線**……**比エンタルピーが一定**の線で、横軸に垂直な線。
ここで、**比エンタルピー*h***とは、**冷媒1kgが保有するエネルギー（冷媒の保有する熱量（kJ/kg））**です（詳細は第1章）。

⑥**等比エントロピー線**（**断熱圧縮線**ともいう）……**圧縮行程で外部との熱の出入りがないと仮定した理論的な圧縮変化**（**断熱圧縮変化**という）をするときに、**たどって（沿って）変化する曲線**（右肩上がりの曲線）。

「等温線」は、冷媒状態（「過冷却液・域」、「湿り蒸気・域」、「過熱蒸気・域」）によって、変化することを理解し、等温線の読み方がわかるようにしておきましょう。

「比エンタルピー」と「比エントロピー」はまったく違う用語、意味であり、使い方の違いに注意が必要です。引っかけ問題に注意しましょう。

ここで、**比エントロピー**とは、冷媒1kg、温度変化1K当たりのエネルギー(kJ/kg・K)であり、便宜上、**すべての冷媒の0℃の飽和液は、1.0 (kJ/kg・K)** としています。……**参考**

⑦**等比体積線**：**圧縮機の吸込み蒸気の比体積が一定**の曲線（なめらかで右肩上がりの曲線）。

ここで、**比体積*v***とは、**蒸気1kg当たりの体積**で**密度kg/m³の逆数**で、**単位はm³/kg**で表示します。なお、比体積が大きいほど密度の薄い蒸気となります（詳細は第1章）。

⑧**等乾き度線**：**乾き度が一定**の曲線（臨界点より左肩下がりの曲線）。

ここで、**乾き度*x***とは、湿り蒸気（液と蒸気の混合冷媒）において、**蒸気の割合**（重量割合）をx＝**0**～**1**で表示した値で単位はありません。

x＝**0**はすべてが**飽和液**で、*x*＝**1**はすべてが**飽和蒸気**であることを表します。

例として、**乾き度x＝0.2**は、**蒸気が20%、液が80%の混合状態（湿り蒸気）の冷媒**です。

一般的には、蒸発器の入口冷媒の乾き度は、x＝0.2～0.3程度です。

⑨**過冷却液**：**飽和液が冷却されて温度が低下した液**。その**温度低下分**を**過冷却度**という。

⑩**過熱蒸気**：**飽和蒸気が加熱されて温度が上昇した蒸気**。その**温度上昇分**を**過熱度**という。

⑪**湿り蒸気**：**液と蒸気**が**混合**している**混合冷媒**。

凝縮器内や蒸発器内ではほとんどが、**湿り蒸気（混合冷媒）**の状態となっています。

⑫**臨界点**（CP：クリティカルポイント）：**飽和液線と飽和蒸気線**の**交点**。

・**臨界圧力**：**臨界点での圧力**（表4-3）。

・**臨界温度**：**臨界点の温度**（表4-3）。

一般の**冷凍装置**では、**臨界点（臨界圧力、臨界温度）以上で使用することはなく、それ以下の*p-h*線図上で使用します。**

3　飽和表と*p-h*線図

冷媒の「飽和表」（温度、飽和圧力、比体積、密度、比エンタルピー、比エントロピー）と「*p-h*線図」を参考までに添付します（参考冷媒としてR134a、R407C）。……**参考**

試験で実際に使用することはありませんが、冷凍装置を設計する際や、運転中のデータから運転状態の良否や、性能（能力など）を算出する場合に使用されます。

■R134a

温度	飽和圧力	比体積		密度		比エンタルピー			比エントロピー	
℃	MPa	m³/kg		kg/m³		kJ/kg			kJ/(kg･K)	
		液体	蒸気	液体	蒸気	液体	蒸気	潜熱	液体	蒸気
t	p	v'	v''	ρ'	ρ''	h'	h''	$h''-h'$	s'	s''
-60	0.016280	0.00068360	1.0585	1462.8	0.94925	127.50	360.92	233.42	0.7030	1.7980
-58	0.018479	0.00068571	0.93579	1458.4	1.0686	129.39	362.17	232.78	0.7118	1.7937
-56	0.020918	0.00068789	0.83337	1453.7	1.2000	131.35	363.43	282.08	0.7209	1.7895
-54	0.023618	0.00069015	0.74396	1449.0	1.3442	133.37	364.69	231.32	0.7302	1.7856
-52	0.026599	0.00069248	0.66573	1444.1	1.5021	135.46	365.95	280.49	0.7396	1.7818
-50	0.029882	0.00069488	0.59708	1439.1	1.6748	137.60	367.21	229.61	0.7493	1.7781
-48	0.037492	0.00069734	0.53671	1434.0	1.8632	139.79	368.48	228.69	0.7590	1.7747
-46	0.037450	0.00069986	0.48347	1428.9	2.0684	142.03	369.74	227.71	0.7689	1.7714
-44	0.041783	0.00070244	0.43643	1423.6	2.2913	142.00	371.01	226.71	0.7789	1.7682
-42	0.046515	0.00070507	0.39477	1418.3	2.5332	146.62	372.28	225.66	0.7889	1.7652
-40	0.051673	0.00070776	0.35776	1412.9	2.7952	148.97	373.54	224.57	0.7990	1.7623
-38	0.057285	0.00071050	0.32484	1407.5	3.0784	151.34	374.81	223.47	0.8091	1.7595
-36	0.063379	0.00071329	0.29550	1402.0	3.3841	153.75	376.08	222.33	0.8193	1.7569
-34	0.069984	0.00071614	0.26928	1396.4	3.7136	156.18	377.34	221.16	0.8295	1.7544
-32	0.077132	0.00071903	0.24581	1390.8	4.0681	158.63	378.61	219.98	0.8397	1.7520
-30	0.084853	0.00072198	0.22476	1385.1	4.4491	161.10	379.87	218.77	0.8499	1.7497
-28	0.093180	0.00072499	0.20585	1379.3	4.8579	163.60	381.13	217.53	0.8601	1.7475
-26.177	0.101325	0.00072777	0.19026	1874.1	5.2560	165.88	382.28	216.40	0.8693	1.7457
-26	0.10215	0.00072804	0.18882	1373.6	5.2960	166.11	382.39	216.28	0.8702	1.7455
-24	0.11178	0.00073115	0.17346	1367.7	5.7649	168.63	383.65	215.02	0.8804	1.7435
-22	0.12213	0.00073431	0.15959	1361.8	6.2662	171.18	384.90	213.72	0.8905	1.7417
-20	0.13322	0.00073753	0.14703	1355.9	6.8013	173.73	386.16	212.43	0.9006	1.7399
-18	0.14508	0.00074080	0.13565	1349.9	7.3721	176.30	387.41	211.11	0.9107	1.7382
-16	0.15777	0.00074413	0.12531	1343.8	7.9802	178.89	388.65	209.76	0.9208	1.7366
-14	0.17130	0.00074752	0.11591	1337.8	8.6273	181.48	389.89	208.41	0.9308	1.7351
-12	0.18573	0.00075098	0.10735	1331.6	9.3154	184.09	391.13	207.04	0.9408	1.7337
-10	0.20110	0.00075449	0.099540	1325.4	10.046	186.71	392.36	205.65	0.9507	1.8323
-8	0.21743	0.00075807	0.092406	1319.1	10.822	189.35	393.59	204.24	0.9606	1.7311
-6	0.23478	0.00076172	0.085879	1312.8	11.644	191.99	394.81	202.82	0.9705	1.7298
-4	0.25318	0.00076544	0.079899	1306.4	12.516	194.65	396.03	201.38	0.9804	1.7287
-2	0.27268	0.00076923	0.074414	1300.0	13.438	197.32	397.23	199.91	0.9902	1.7276
0	0.29332	0.00077310	0.069375	1293.5	14.414	200.00	398.44	198.44	1.0000	1.7266
2	0.31514	0.00077704	0.064740	1286.9	15.446	202.69	399.63	196.94	1.0098	1.7256
4	0.33819	0.00078107	0.060471	1280.3	16.537	205.39	400.81	195.42	1.0195	1.7246
6	0.36251	0.00078517	0.056535	1273.6	17.688	208.11	401.99	193.88	1.0292	1.7238
8	0.38815	0.00078937	0.052901	1266.8	18.903	210.84	403.16	192.32	1.0388	1.7229
10	0.41515	0.00079366	0.049542	1260.0	20.185	213.58	404.31	190.73	1.0485	1.7221
12	0.44356	0.00079805	0.046433	1253.1	21.536	216.34	405.46	189.12	1.0581	1.7214
14	0.47342	0.00080253	0.043553	1246.1	22.961	219.11	406.59	187.48	1.0677	1.7206
16	0.50479	0.00080713	0.040881	1239.0	24.461	221.89	407.71	185.82	1.0773	1.7199
18	0.53771	0.00081183	0.038401	1231.8	26.041	224.69	408.82	184.13	1.0868	1.7193
20	0.57223	0.00081664	0.036095	1224.5	27.705	227.50	409.92	182.41	1.0964	1.7186
22	0.60840	0.00082158	0.033949	1217.2	29.456	230.33	410.99	180.66	1.1059	1.7180
24	0.64627	0.00082665	0.031951	1209.7	31.298	223.17	412.06	178.89	1.1154	1.7173
26	0.68590	0.00083184	0.030087	1202.2	33.236	236.03	413.11	177.08	1.1248	1.7167
28	0.72733	0.00083718	0.028348	1194.5	35.276	238.91	414.14	175.23	1.1343	1.7161
30	0.77061	0.00084267	0.026723	1186.7	37.420	241.80	415.15	178.35	1.1438	1.7156
32	0.81580	0.00084831	0.025204	1178.8	39.676	244.72	416.14	171.42	1.1532	1.7150

（続き）

34	0.86296	0.00085412	0.023782	1170.8	42.049	247.65	417.11	169.46	1.1627	1.7144
36	0.91214	0.00086010	0.022449	1162.7	44.545	250.60	418.06	167.46	1.1721	1.7138
38	0.96339	0.00086627	0.021199	1154.4	47.171	253.57	418.99	165.42	1.1815	1.7131
40	1.0168	0.00087264	0.020027	1146.0	49.934	256.56	419.89	163.33	1.1910	1.7125
42	1.0723	0.00087921	0.018925	1137.4	52.841	259.57	420.77	161.20	1.2004	1.7119
44	1.1302	0.00088600	0.017889	1128.7	55.901	262.60	421.62	159.02	1.2098	1.7112
46	1.1903	0.00089304	0.016914	1119.8	59.124	265.66	422.44	156.78	1.2193	1.7105
48	1.2528	0.00090032	0.015995	1110.7	62.519	268.75	423.23	154.48	1.2287	1.7097
50	1.3177	0.00090788	0.015129	1101.5	66.097	271.85	423.99	152.14	1.2882	1.7090
52	1.3851	0.00091573	0.014312	1092.0	69.871	274.99	424.71	149.72	1.2477	1.7081
54	1.4551	0.00092390	0.013540	1082.4	73.853	278.15	425.40	147.25	1.2572	1.7072
56	1.5278	0.00002241	0.012811	1072.5	78.058	281.34	426.05	144.71	1.2667	1.7063
58	1.6031	0.00094128	0.012121	1062.4	82.503	284.57	426.65	142.08	1.2763	1.7053
60	1.6812	0.00095056	0.011467	1052.0	87.206	287.82	427.21	139.39	1.2858	1.7042
62	1.7622	0.00096028	0.010847	1041.4	92.189	291.11	427.73	136.62	1.2954	1.7030
64	1.8460	0.00097049	0.010259	1030.4	97.473	294.44	428.19	133.75	1.3051	1.7018
66	1.9329	0.00098122	0.0097005	1019.1	103.09	297.81	428.59	130.78	1.3148	1.7004
68	2.0229	0.00099255	0.0091692	1007.5	109.06	301.22	428.93	127.71	1.3246	1.6989
70	2.1160	0.0010045	0.0086632	995.48	115.43	304.68	429.21	124.53	1.3344	1.6973
72	2.2125	0.0010173	0.0081807	983.02	122.24	308.18	429.41	121.23	1.3443	1.6955
74	2.3122	0.0010308	0.0077299	970.08	129.53	311.75	429.53	117.78	1.3543	1.6936
76	2.4155	0.0010454	0.0072792	956.59	137.38	315.37	429.56	114.19	1.3644	1.6914
78	2.5223	0.0010610	0.0068567	942.49	145.84	319.06	429.48	110.42	1.3746	1.6891
80	2.6327	0.0010780	0.0064508	927.68	155.02	322.83	429.29	106.46	1.3850	1.6864

■R407C

温度	飽和圧力		比体積		密度		比エンタルピー		比エントロピー	
℃	kPa		m^3/kg		kg/m^3		kJ/kg		kJ/(kg·K)	
t	沸点 p'	露点 p''	液体 v'	蒸気 v''	液体 ρ'	蒸気 ρ''	液体 h'	蒸気 h''	液体 s'	蒸気 s''
-58	48.01	31.30	0.00070215	0.65104	1424.2	1.5360	122.06	377.09	0.6815	1.8881
-56	53.61	35.35	0.00070507	0.58086	1418.3	1.7216	124.63	378.31	0.6933	1.8822
-54	59.72	39.81	0.00070801	0.51956	1412.4	1.9247	127.20	379.52	0.7051	1.8766
-52	66.39	44.72	0.00071098	0.46585	1406.5	2.1466	129.79	380.73	0.7168	1.8710
-50	73.63	50.12	0.00071403	0.41869	1400.5	2.3884	132.37	381.93	0.7285	1.8657
-48	81.50	56.02	0.00071710	0.37713	1394.5	2.6516	134.97	383.13	0.7400	1.8606
-46	90.02	62.48	0.00072020	0.34045	1388.5	2.9373	137.57	384.33	0.7515	1.8557
-44	99.24	69.51	0.00072338	0.30798	1382.4	3.2470	140.19	385.52	0.7629	1.8509
-42	109.19	77.17	0.00072659	0.27917	1376.3	3.5821	142.80	386.70	0.7743	1.8463
-40	119.91	85.49	0.00072987	0.25355	1370.1	3.9440	145.43	387.88	0.7856	1.8419
-38	131.45	94.51	0.00073319	0.23071	1363.9	4.3344	148.07	389.06	0.7968	1.8376
-36	143.84	104.26	0.00073654	0.21032	1357.7	4.7547	150.71	390.23	0.8079	1.8334
-34	157.13	114.80	0.00073997	0.19206	1351.4	5.2066	153.36	391.39	0.8190	1.9294
-32	171.36	126.17	0.00074344	0.17569	1345.1	5.6919	156.02	392.54	0.8301	1.8225
-30	186.58	138.41	0.00074699	0.16097	1338.7	6.2122	158.69	393.69	0.8410	1.8218
-28	202.84	151.56	0.00075058	0.14773	1332.3	6.7694	161.37	394.83	0.8520	1.8182
-26	220.17	165.67	0.00075420	0.13577	1325.9	7.3653	164.06	395.96	0.8628	1.8146
-24	238.63	180.79	0.00075792	0.12497	1319.4	8.0020	166.76	397.08	0.8737	1.8112
-22	258.27	196.97	0.00076173	0.11519	1312.8	8.6814	169.47	398.19	0.8844	1.8079
-20	279.13	214.26	0.00076558	0.10632	1306.2	9.4057	172.19	399.30	0.8951	1.8047
-18	301.26	232.71	0.00076947	0.098261	1299.6	10.177	174.92	400.39	0.9058	1.8016

（続き）

-16	324.72	252.37	0.00077346	0.090926	1292.9	10.998	177.66	401.47	0.9164	1.7985
-14	349.55	273.30	0.00077754	0.084246	1286.1	11.870	180.41	402.54	0.9270	1.7956
-12	375.81	295.55	0.00078174	0.078149	1279.2	12.796	183.17	403.60	0.9376	1.7927
-10	403.54	319.16	0.00078598	0.072569	1272.3	13.780	185.94	404.65	0.9481	1.7899
-8	432.82	344.21	0.00079026	0.067467	1265.4	14.822	188.73	405.69	0.9585	1.7872
-6	463.67	370.75	0.00079472	0.062786	1258.3	15.927	191.53	406.71	0.9689	1.7846
-4	496.17	398.83	0.00079923	0.058490	1251.2	17.097	194.34	407.72	0.9897	1.7820
-2	530.36	428.51	0.00080380	0.054540	1244.1	18.335	197.16	408.71	0.9793	1.7795
0	566.31	459.86	0.00080854	0.050904	1236.8	19.645	200.00	409.69	1.0000	1.7770
2	604.06	492.94	0.00081334	0.047553	1229.5	21.029	202.85	410.65	1.0103	1.7746
4	643.68	527.80	0.00081263	0.044460	1222.1	22.492	205.72	411.60	1.0206	1.7722
6	685.22	564.51	0.00082338	0.041603	1214.5	24.037	208.60	412.53	1.0308	1.7699
8	728.74	603.14	0.00022850	0.038959	1207.0	25.668	211.50	413.44	1.0410	1.7676
10	774.30	643.75	0.00083382	0.036510	1199.3	27.390	214.41	414.33	1.0512	1.7653
12	821.96	686.40	0.00083928	0.034238	1191.5	29.270	217.34	415.21	1.0614	1.7631
14	871.78	731.18	0.00084488	0.032131	1183.6	31.123	220.28	416.06	1.0715	1.7609
16	923.82	778.13	0.00085063	0.030171	1175.6	33.144	223.25	416.90	1.0816	1.7587
18	978.14	827.34	0.00085660	0.028349	1167.4	35.275	226.23	417.71	1.0918	1.7565
20	1034.8	878.87	0.00086266	0.026651	1159.2	37.522	229.23	418.49	1.1019	1.7544
22	1093.9	932.80	0.00086896	0.025068	1150.8	39.892	232.25	419.25	1.1120	1.7522
24	1155.4	989.21	0.00087543	0.023590	1142.3	42.390	235.29	419.99	1.1220	1.7501
26	1219.5	1048.2	0.00088207	0.022210	1133.7	45.025	238.36	420.70	1.1321	1.7479
28	1286.1	1109.7	0.00088697	0.020919	1124.9	47.804	241.44	421.38	1.1422	1.7458
30	1355.5	1174.0	0.00089614	0.019710	1115.9	50.735	244.55	422.03	1.1523	1.7436
32	1427.5	1241.1	0.00090351	0.018578	1106.8	53.828	247.69	422.64	1.1624	1.7414
34	1502.4	1311.1	0.00091116	0.017515	1097.5	57.093	250.85	423.23	1.1725	1.7392
36	1580.1	1348.0	0.00091912	0.016518	1188.0	60.541	254.04	423.77	1.1826	1.7369
38	1660.7	1459.9	0.00092739	0.015580	1178.3	64.185	257.26	424.28	1.1928	1.7347
40	1744.4	1539.0	0.00093598	0.014698	1068.4	68.037	260.50	424.75	1.2029	1.7323
42	1831.1	1621.3	0.00094500	0.013867	1058.2	72.114	263.79	425.17	1.2131	1.7299
44	1921.0	1707.0	0.00095438	0.013084	1047.8	76.431	267.10	425.55	1.2233	1.7275
46	2014.1	1796.1	0.00096413	0.012344	1037.2	81.008	270.46	425.87	1.2336	1.7249
48	2110.5	1888.7	0.00097447	0.011646	1026.2	85.865	273.85	426.15	1.2439	1.7223
50	2210.3	1984.9	0.00098532	0.010986	1014.9	91.028	277.28	426.36	1.2542	1.7196
52	2313.5	2085.0	0.00099681	0.010360	1003.2	96.523	280.77	426.51	1.2647	1.7168
54	2420.3	2188.9	0.0010089	0.0097675	991.20	102.38	284.30	426.59	1.2752	1.7138
56	2530.7	2296.9	0.0010217	0.0092047	978.74	108.64	287.89	426.59	1.2858	1.7107
58	2644.8	2409.0	0.0010354	0.0086693	965.80	115.35	291.53	426.51	1.2965	1.7074
60	2762.6	2525.4	0.0010501	0.0081599	952.33	122.55	295.25	426.34	1.3073	1.7039
62	2884.4	2646.3	0.0010658	0.0076740	938.25	130.31	299.04	426.06	1.3182	1.7003
64	3010.0	2771.8	0.0010828	0.0072098	923.50	138.70	302.91	425.66	1.3293	1.6983
66	3139.8	2902.2	0.0011014	0.0067650	907.95	147.82	306.88	425.13	1.3407	1.6920
68	3273.6	3037.7	0.0011217	0.0063379	891.49	157.78	310.95	424.45	1.3522	1.6874
70	3411.7	3178.5	0.0011443	0.0059266	873.93	168.73	315.16	423.58	1.3640	1.6824
72	3554.1	3325.0	0.0011695	0.0055288	855.06	180.87	319.52	422.50	1.3762	1.6768
74	3700.9	3477.4	0.0011982	0.0051519	834.56	194.48	324.07	421.16	1.3889	1.6706

p'、v'、ρ'、 h'及びs'は沸点における値、又p''、v''、ρ''、h''及びs''は露点における値を示す。

R134a

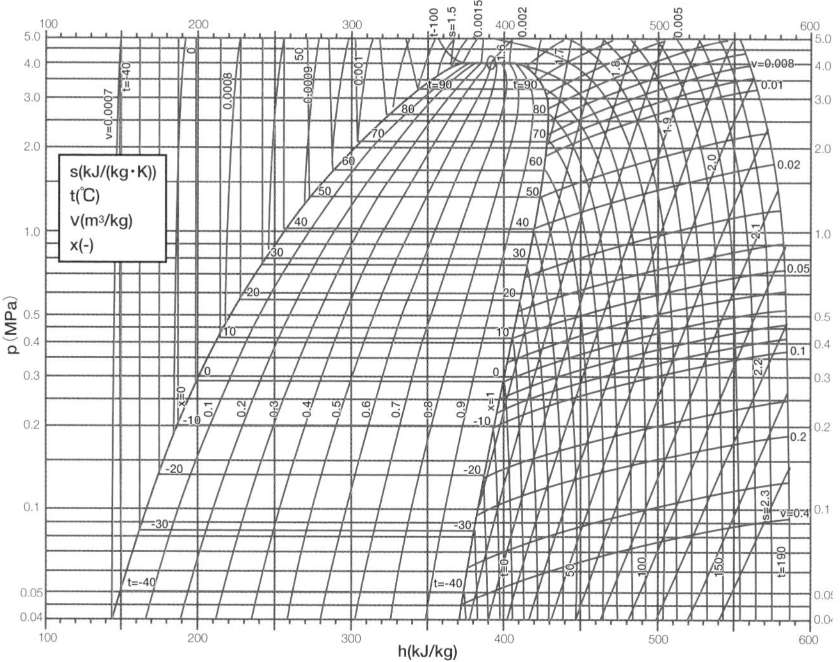

s(kJ/(kg・K))
t(℃)
v(m3/kg)
x(-)
p (MPa)
h(kJ/kg)

R407C

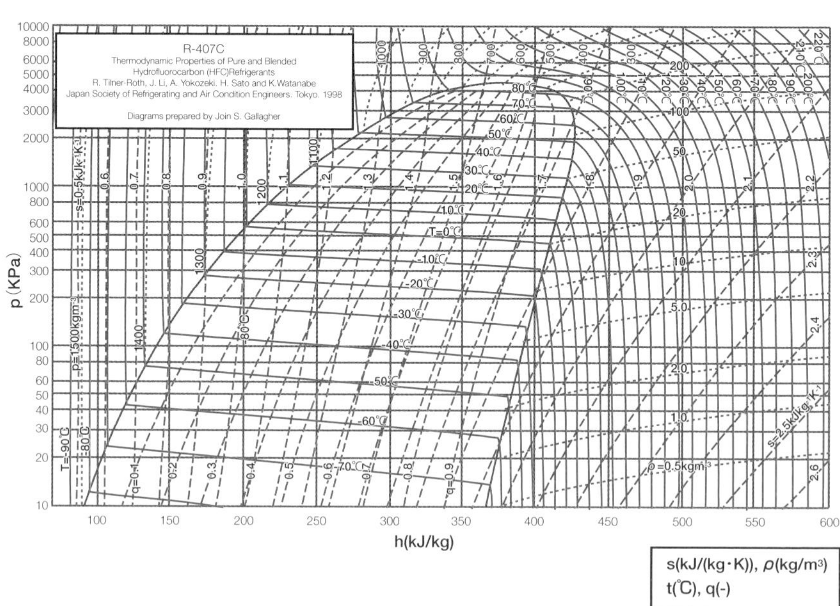

R-407C
Thermodynamic Properties of Pure and Blended Hydrofluorocarbon (HFC)Refrigerants
R. Tilner-Roth, J. Li, A. Yokozeki. H. Sato and K.Watanabe
Japan Society of Refrigerating and Air Condition Engineers. Tokyo. 1998
Diagrams prepared by Join S. Gallagher
p (KPa)
h(kJ/kg)
s(kJ/(kg・K)), ρ(kg/m3)
t(℃), q(-)

Theme

p-*h*線図と理論冷凍サイクル

重要度：★★★

冷凍サイクルを*p*-*h*線図上に描くと、冷媒の状態がわかり、出入りの熱量が算出できます。

●冷凍サイクルの変化（圧縮、凝縮、膨張、蒸発）を正確に読み取り、各機器の熱量の変化を算出できるようにしておく。

1 理論冷凍サイクルと状態変化

理論冷凍サイクルとは、圧縮機の吸込みから吐出しまでの間に、圧縮機内での**熱損失（熱変化）**がなく、また凝縮器内、蒸発器内、冷媒配管内での流れ抵抗による**圧力降下**や**熱損失**がないと仮定した**理想的、理論的な冷凍サイクル**です。

理論冷凍サイクルを冷凍装置図で示した**理論冷凍サイクルのモデル図**（図2-2）に示します。サイクル上の各機器（4つ）の変化を以下で説明します（図2-3）。

■1 圧縮機での変化（*p*-*h*線図上の冷凍サイクルで点①➡②の変化）（図2-2）（図2-3）

この変化は、**圧縮機を断熱したと仮定**しているために、**断熱圧縮変化**といいます（図2-3）（図2-4）。

- 「理論冷凍サイクル」での各機器の状態変化の説明。
- 「理論冷凍サイクル」、「理論ヒートポンプサイクル」の計算式とその説明。
- 「実際の冷凍サイクル」、「実際のヒートポンプサイクル」の計算式とその説明。
- 「理論冷凍サイクル」で、運転状態が変化したときのその他の性能などへの影響。

以上の内容に関して多く出題されています。

図2-2　理論冷凍サイクルのモデル図

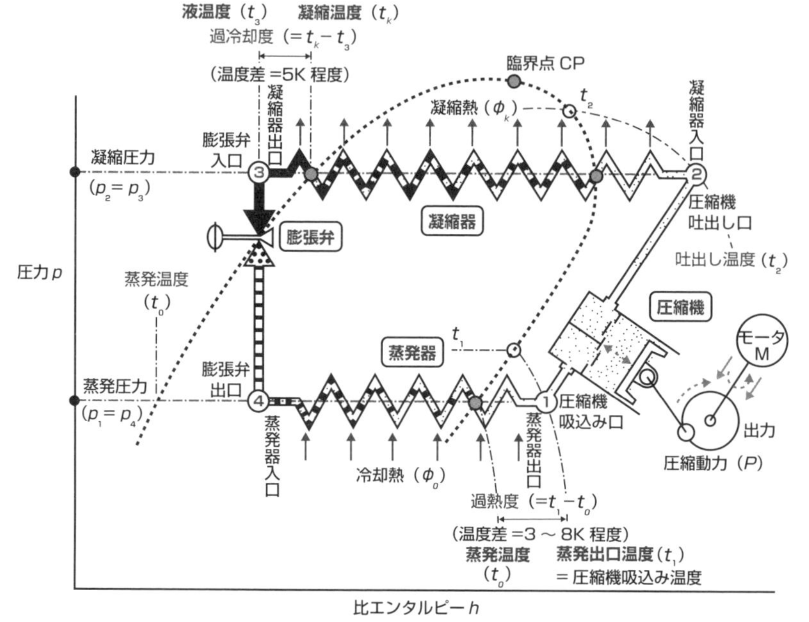

液温度（t_3）　凝縮温度（t_k）
過冷却度（$=t_k-t_3$）
（温度差 =5K 程度）
臨界点 CP
凝縮熱（ϕ_k）
t_2
凝縮器出口
凝縮器入口
膨張弁入口
凝縮圧力
（$p_2=p_3$）
③
②
圧縮機吐出し口
吐出し温度（t_2）
凝縮器
膨張弁
圧力 p
蒸発温度（t_0）
圧縮機
t_1
モータ M
蒸発器
膨張弁出口
蒸発圧力
（$p_1=p_4$）
④
①
圧縮機吸込み口
出力
蒸発器入口
蒸発器出口
圧縮動力（P）
冷却熱（ϕ_0）
過熱度（$=t_1-t_0$）
（温度差 =3 ～ 8K 程度）
蒸発温度（t_0）
蒸発出口温度（t_1）
= 圧縮機吸込み温度
比エンタルピー h

図2-3　理論冷凍サイクル上の変化

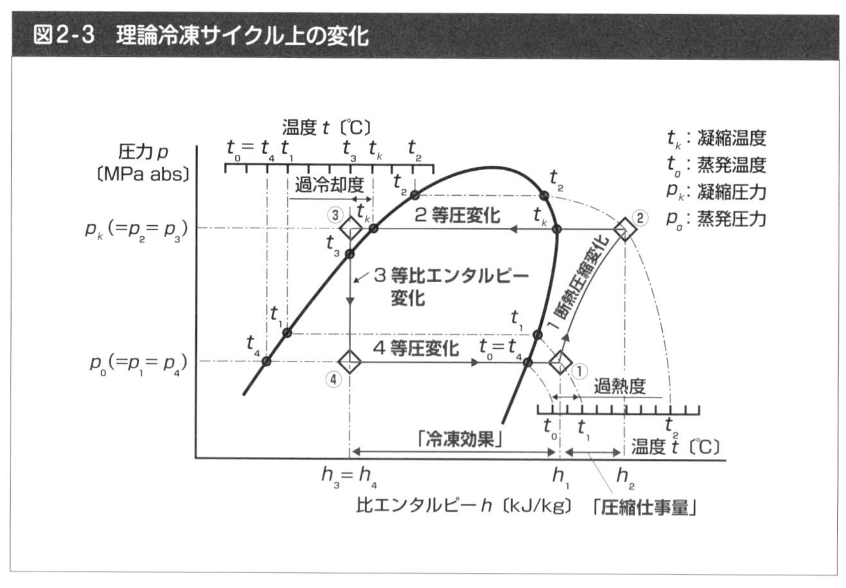

図2-4　断熱圧縮

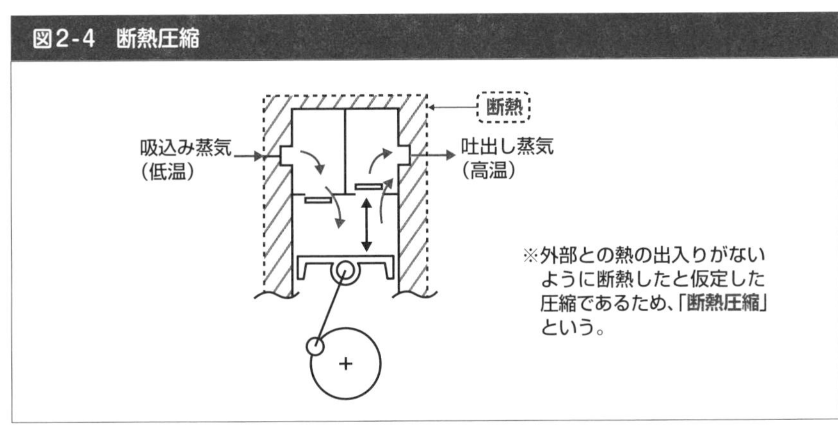

断熱圧縮とは、**圧縮機の周囲を断熱して外部との熱の出入りがないと仮定した理論的(理想的)な圧縮**をいい、断熱した状態での圧縮を表しています(図2-4)。

実際の圧縮機では、外部(外気)との温度差により冷媒ガスの温度が変化しますが、その圧縮については後述します。

●**状態変化のポイント**

・**圧力変化**：p_1からp_2(p_0からp_k)に**上昇**します。

・**温度変化**：t_1からt_2に**上昇**します。

・**比エンタルピー**：h_1からh_2に**増加**します(圧縮動力(エネルギー)が冷媒に加わるため)。

なお、ここで、吸込み蒸気の状態による圧縮運転の種類(区分)を説明します。

●**圧縮運転の違い**……以下の3つの圧縮があります。

①**乾き圧縮**：飽和蒸気を吸い込んで圧縮することで、**正常な圧縮運転**です。
……**参考**

②**過熱圧縮**：過熱蒸気を吸い込んで圧縮することで、**正常な圧縮運転**です。
ただし、吸込み蒸気の**過熱度**が大きすぎる場合は、各種の問題が発生することがあります。……**参考**

③**湿り圧縮**：湿り蒸気を吸い込んで圧縮することで、**異常な圧縮運転**となります。
液圧縮ともいい、大変に危険な圧縮です。

■2　凝縮器での変化（p-h線図上の冷凍サイクルで点②➡③の変化）（図2-2）（図2-3）

この変化は**圧力が一定**であるために**「等圧変化」**といいます（図2-3）。

凝縮器内では、以下の状態変化をします。

②過熱蒸気➡飽和蒸気➡湿り蒸気（凝縮中）➡飽和液➡③過冷却液の順序で変化します。

●過冷却液と過冷却度

過冷却液の過冷却度とは、**飽和液から冷却した温度分**です（図2-2）（図2-3）。

過冷却度（**＝飽和液温度t_k－冷却液温度t_3**）は一般に**約5K**にします。

過冷却する目的は、**飽和液**では、膨張弁の手前で**フラッシュガス**（瞬間的なガス化の意）（膨張弁までの液管内で気化により発生した気泡）**の発生を防止**するためです（詳細は第10章）。

●状態変化のポイント

- **圧力変化**：p_2からp_3の変化はないと仮定します（**一定圧**）。
- **温度変化**：t_2からt_3に**低下**します（**凝縮中の温度は一定**）。
- **比エンタルピー変化**：h_2からh_3に**減少**します。……空気や冷却水で冷却するため。

■3　膨張弁での変化（p-h線図上の冷凍サイクルで点③➡④の変化）（図2-2）（図2-3）

この変化は、**比エンタルピーが一定**であるために**「等比エンタルピー変化」**といいます。

高圧液から低圧液に変化する際に、**液の一部が蒸発**（**自己蒸発**）**してその蒸発潜熱で冷媒自身が冷却され、外部との熱交換はないため比エンタルピーの変化はなく、**出口では**湿り蒸気**（液と蒸気の**混合冷媒**）となり、**乾き度**は約**0.2**～**0.3程度**（飽和蒸気が約20～30%）になります。

●状態変化のポイント

- **圧力変化**：p_3からp_4（p_kからp_0）に**低下（減圧）**します。
- **温度変化**：t_3からt_4に低下します。……液の一部の蒸発潜熱で自己冷却するため。
- **比エンタルピー変化**：h_3からh_4の変化はありません。よって、$h_3=h_4$となります。……熱の出入りはないため。

■4 蒸発器での変化（p-h 線図上の冷凍サイクルで点④➡①の変化）

この変化は圧力が一定であるために**「等圧変化」**といいます（図2-2）（図2-3）。

蒸発器内では、以下の変化をします。

④湿り蒸気➡飽和蒸気➡①過熱蒸気（第7章「乾式蒸発器」の場合）の順に変化します。ただし、第7章「満液式蒸発器など」の場合では、①の蒸気が**ほぼ飽和蒸気**となります。

●状態変化のポイント

- **圧力変化**：p_4 から p_1 では変化はないと仮定します（**一定圧**）。
- **温度変化**：t_4 から t_1 では、過熱度上昇を除くと、**ほぼ一定温度**で蒸発します（**蒸発中の温度は一定**）。
- **比エンタルピー変化**：h_4 から h_1 に増加します。……空気や水などから冷媒に熱が入ってくるため。

●過熱蒸気の過熱度

過熱蒸気の過熱度とは、飽和蒸気から温度上昇した温度分であり、**過熱度（＝過熱蒸気温度 t_1 －飽和蒸気温度 t_0）**は一般に**約3～8K**（第7章「乾式蒸発器」の場合）になります。

乾式蒸発器で過熱蒸気にする目的は特にありませんが、熱負荷の変動や膨張弁の開度変動などで、**湿り圧縮**や**液圧縮**にならないように**蒸発器の出口の少し手前**ですべて蒸発させて**飽和蒸気**にすることにより、結果的に蒸発器出口では**いくらか（若干（じゃっかん））過熱した過熱蒸気**となります。

2 理論冷凍サイクルの熱量

■1 冷凍能力 ϕ_0

蒸発器で冷媒1kgが蒸発したときに空気や水などから取り去る熱量を**冷凍効果** w_r といい、**蒸発器入口と出口の比エンタルピーの差（h_1-h_4）**となります（図2-3）。

蒸発器内の**冷媒循環量**を q_{mr}（kg/s）とすると、冷凍能力 ϕ_0 は、以下となります。

$$\phi_0 = q_{mr} \cdot w_r = q_m (h_1 - h_4) \text{ (kJ/s) または (kW)} \quad \cdots\cdots (2.1)$$

ここで、**1kJ/s=1kW**なので、どちらの単位でも同じですが、以降は（kW）で表示します。

■2　理論断熱圧縮動力P_{th}

理論断熱圧縮動力P_{th}とは、圧縮機内で何の損失もない**理論的な動力**をいいます。冷媒1kgに加えた熱量（動力）を**圧縮仕事量**といい、**圧縮機の入口（吸込み口）と出口（吐出し口）の比エンタルピーの差**$(h_2 - h_1)$となります（図2-3）。

なお、記号P_{th}の添え字$_{th}$ですが、theory（理論）から取ったものです。

ここで、冷媒循環量をq_{mr}(kg/s)とすると理論断熱圧縮動力P_{th}は、以下となります。

$$P_{th} = q_{mr}(h_2 - h_1)\ \text{(kW)} \cdots\cdots (2.2)$$

■3　理論冷凍サイクルの成績係数$(COP)_{th\cdot R}$

理論冷凍サイクルの成績係数とは、**理論断熱圧縮動力**P_{th}で**冷凍能力**ϕ_oがどれだけ得られるかを示す値であり、一般的に**冷凍装置の効率**を表す尺度となります。

$$(COP)_{th\cdot R} = 冷凍能力\phi_o / 理論断熱圧縮動力P_{th}$$

$$= \frac{\phi_o}{P_{th}} \cdots\cdots (2.3)$$

$$= \frac{q_{mr}(h_1 - h_4)}{q_{mr}(h_2 - h_1)}$$

$$= \frac{(h_2 - h_4)}{(h_2 - h_1)} \cdots\cdots (2.4)$$

3　理論ヒートポンプサイクルの熱量

■1　加熱能力ϕ_k

加熱器内の冷媒循環量をq_{mr}(kg/s)とすると

$$\phi_k = q_{mr}(h_2 - h_3)\ \text{(kW)} \cdots\cdots (2.5)$$

また、第1章の$\boldsymbol{\Phi_k = \Phi_0 + P_{th}}$（式1.2）からでも算出できます。……ここで$P = P_{th}$。

■2　理論断熱圧縮動力P_{th}

$$P_{th} = q_{mr}(h_2 - h_1)\ \text{(kW)} \cdots\cdots (2.6)$$

■3 理論ヒートポンプサイクルの成績係数$(COP)_{th \cdot H}$

理論ヒートポンプサイクルの**成績係数**とは、**理論断熱圧縮動力P_{th}**で**加熱能力ϕ_k**がどれだけ得られるかを示す値で、**ヒートポンプ装置の効率**を表す尺度となります。

$$(COP)_{th \cdot H} = \text{加熱能力}\phi_k / \text{理論断熱圧縮動力}P_{th}$$

$$= \frac{\phi_k}{P_{th}} \cdots\cdots (2.7)$$

$$= \frac{(\phi_0 + P_{th})}{P_{th}}$$

$$= \frac{\phi_0}{P_{th}} + \frac{P_{th}}{P_{th}}$$

$$= (COP)_{th \cdot R} + 1 \cdots\cdots (2.8)$$

上式より、**理論ヒートポンプサイクル**の**成績係数**$(COP)_{th \cdot H}$は、**理論冷凍サイクル**の**成績係数**$(COP)_{th \cdot R}$に**1を加えた値**となります（**1だけ大きい**）。

4 実際の冷凍サイクル

■1 実際の冷凍能力ϕ_0

ここでは、レシプロ式圧縮機を例として説明します。

圧縮機が**1秒間当たりに理論的に押しのける量**を**ピストン押しのけ量V**（m³/s）といい、以下の式で算出できます（図2-5）。

$$V = \frac{\pi D^2}{4} \times L \times N \times \frac{n}{60} \ (\mathrm{m^3/s}) \cdots\cdots (2.9)$$

ここで、D：気筒径（m）　L：ピストン行程（m）　N：気筒数
n：毎分の回転数（rpm）　$\pi D^2/4$：ピストン面積（$\mathrm{m^2}$）
π：円周率（＝3.14）

よって、**ピストン押しのけ量**は、**ピストン行程容積**（全ピストンの合計容積）と**回転数**によって算出できます。

レシプロ圧縮機以外のピストン押しのけ量は算出式が異なります。……**参考**

図2-5 ピストン押しのけ量

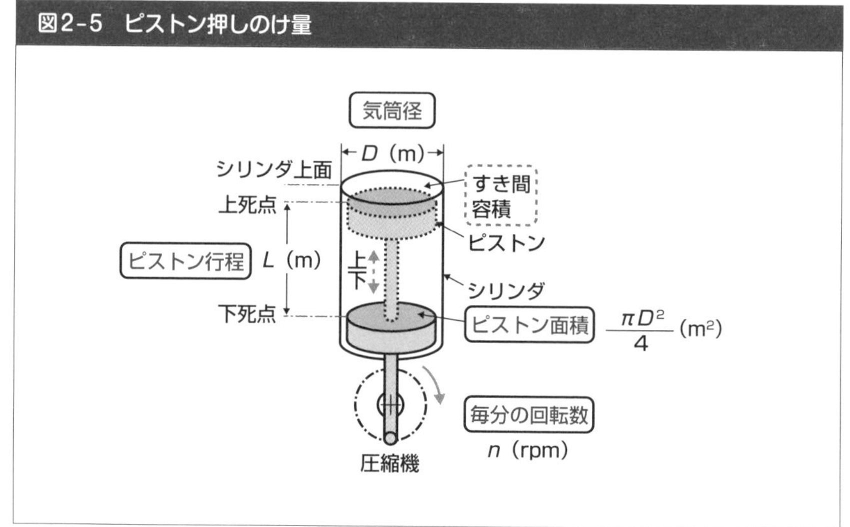

●実際の吐き出される量

実際の運転では、上記のピストン押しのけ量Vが全部吸い込まれるわけではありません。

実際に吸い込まれる量は、下記の理由によって**ピストン押しのけ量**より少なくなります。以下が主な理由です。

●理由 ①**ピストンとシリンダとのすき間からの漏れ**

②**すき間容積**（クリアランスボリューム）**内の圧縮ガスの再膨張による吸込み量の減少**…すき間容積は、圧縮後の吐出しガスの残り容積

③**吸込み（板）弁、吐出し（板）弁からの漏れ**　など

■2 体積効率η_v

この減少量を算出するためには体積効率を考えます。

体積効率η_vとは、**ピストン押しのけ量**Vと**実際の吸込み蒸気量**q_{vr}の**比**であり、**有効に吸い込む率（割合）**（η_v＝0～1）を表します。

以下の式で表せます。

η_v＝実際の吸込み蒸気量q_{vr}/ピストン押しのけ量V

$$=\frac{q_{vr}}{V} \quad \cdots\cdots (2.10)$$

この**実際の吸込み蒸気量** q_{vr} は、メーカーが実際に空気などのガスで運転してその流量を精密に測定して求めて、その圧縮機の体積効率を算出し、そのデータを提示します。

図2-6　圧力比と体積効率（例）

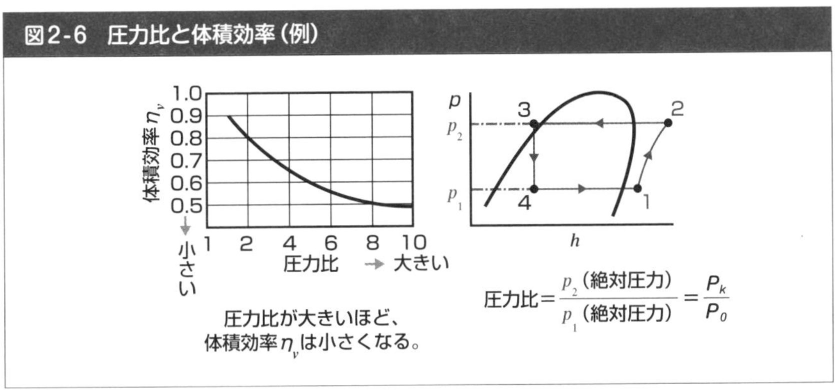

図2-7　すき間容積比

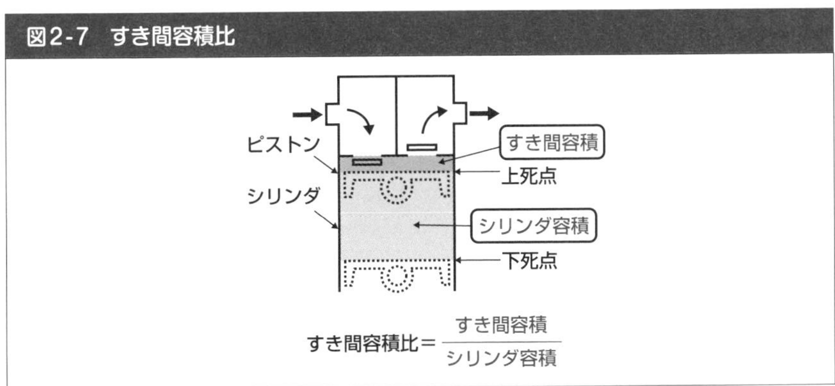

この**体積効率**は、以下の条件などで決まります。

①**圧縮機の構造、大きさ、メーカー**など

②**圧力比**……**圧力比が大きいほど、体積効率は小さくなります**（図2-6）。

ここで、**圧力比**とは、**吐出し圧力**（**絶対圧力**）と**吸込み圧力**（**絶対圧力**）との**比**で、**圧縮比**ともいいます（図2-6）。

圧力比＝吐出しガスの絶対圧力 p_k **/ 吸込み蒸気の絶対圧力** p_0

$$=\frac{P_k}{P_0}$$

③**すき間容積比**（すき間容積／シリンダ容積）……**すき間容積比**が大きいほど、**体積効率**は小さくなります（図2-7）。

一般に、**すき間容積**（吐き出せない圧縮ガスの残り量）が大きいほど、**すき間容積比**が大きくなります。

式2.10より

q_{vr} = **ピストン押しのけ量** V × **体積効率** η_v (m³/s)

$= V \times \eta_v \ (\mathrm{m^3/s}) \cdots\cdots (2.11)$

●冷媒循環量

ここで、**吸込み蒸気の比体積** v (m³/kg) とすれば、**冷媒循環量** q_{mr} (kg/s) は、以下となります。

q_{mr} = **実際の吐き出される量** q_{vr} / **吸込み蒸気の比体積** v

＝ピストン押しのけ量 V × 体積効率 η_v ／吸込み蒸気の比体積 v

$= \dfrac{q_{vr}}{v}$

$= \dfrac{V \times \eta_v}{v} \ (\mathrm{kg/s}) \cdots\cdots (2.12)$

キーポイント

1 **圧力比**が大きくなるほど**体積効率は小さくなり**、その結果、**冷媒循環量が少なくなり**、**冷凍能力が低下**します（図2-6）。

2 吸込み蒸気の**比体積**は、①**吸込み蒸気圧力が低い**ほど、および②**吸込み蒸気の過熱度が大きい**ほど、**大きくなり**ますので、**冷媒循環量が減少**します（図2-8）。

結局、**実際の冷凍能力** ϕ_o は、以下で算出できます。

$\phi_o = q_{mr}(h_1 - h_4) \ (\mathrm{kW}) \cdots\cdots (2.13)$

$= \dfrac{V \times \eta_v}{v} \times (h_1 - h_4) \ (\mathrm{kW}) \cdots\cdots (2.14)$

図2-8　吸込み蒸気の比体積（1'と1"の蒸気）

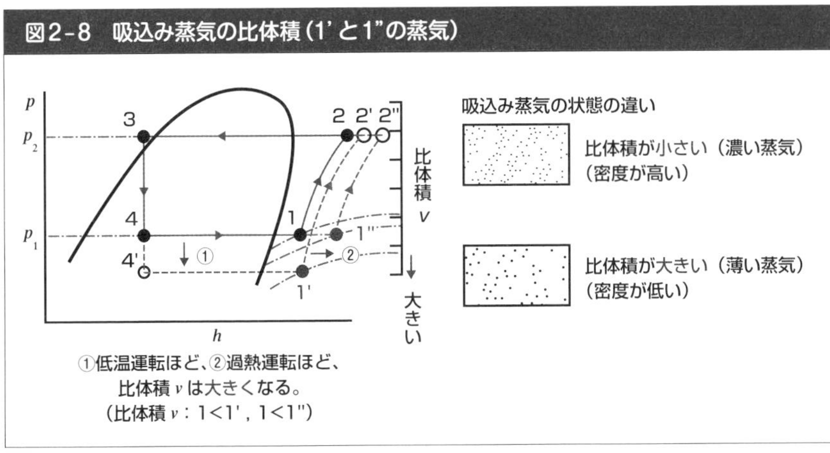

■3　実際の圧縮機軸動力 P

実際の圧縮機軸動力は、理論断熱圧縮動力に以下の2つの動力損失分の効率を見込んで算出します。

実際の圧縮機軸動力 P は、**蒸気の圧縮に必要な圧縮動力** P_c と**機械摩擦損失動力** P_m の**和**となります。すなわち、

P ＝蒸気の圧縮に必要な圧縮動力 P_c ＋機械摩擦損失動力 P_m

$$= P_c + P_m \text{(kW)} \quad \cdots\cdots (2.15)$$

1) 断熱効率 η_c

断熱効率とは、**圧縮効率**ともいい、**圧縮機内部のガス通過時の流れ抵抗などによる動力損失の効率**であり、**圧力比が大きくなると断熱効率が低下**します（図2-9）。

ここで、**断熱効率** $\eta_c = \dfrac{P_{th}}{P_c}$ と定義します。……**理論断熱圧縮動力** P_{th} **と圧縮動力** P_c **の比**

2) 機械効率 η_m

機械効率とは、**圧縮機内部のメタル、軸受、摺動（しゅうどう）部などの摩擦による動力損失の効率**です。運転状態による変化は少ないですが、**圧力比が大きくなると機械効率が若干（じゃっかん）低下**します（η_m ≒0.8～0.9）（図2-10）。

ここで、**機械効率** $\eta_m = \dfrac{P_c}{P}$ と定義します。……**圧縮動力** P_c **と実際の圧縮機軸動力** P **の比**

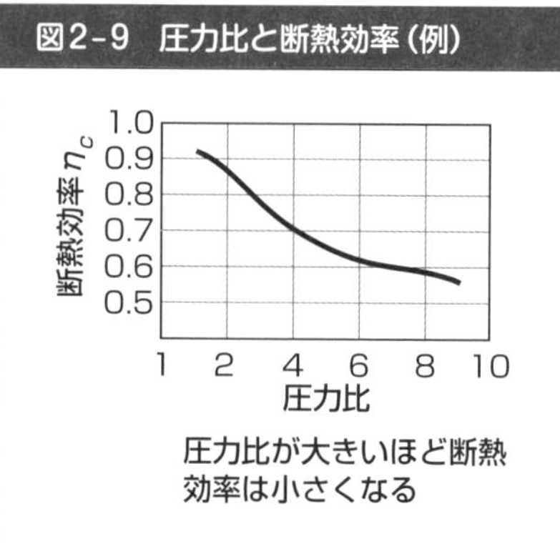

図2-9　圧力比と断熱効率（例）

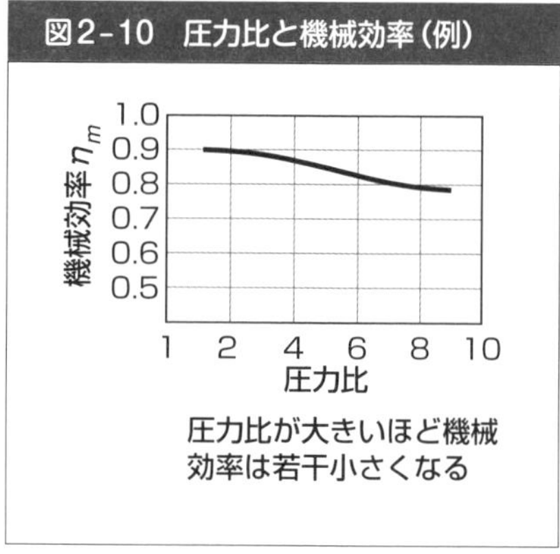

図2-10　圧力比と機械効率（例）

3) 全断熱効率 η_{tad}

圧縮機内部では、前記の2つの効率が同時に作用し、動力損失が発生します。そこで、**断熱効率 η_c と機械効率 η_m の積**が**総合効率**となります（図2-11）。この**総合効率**を**全断熱効率 η_{tad}** といい、**2つの効率の積**となります。

つまり、

$$\eta_{tad} = \eta_c \times \eta_m = \frac{P_{th}}{P_C} \times \frac{P_C}{P} = \frac{P_{th}}{P} \quad \cdots\cdots (2.16)$$

よって、**実際の圧縮機軸動力 P** は以下となります。

$$P = \text{理論断熱圧縮動力} P_{th} / \text{全断熱効率} \eta_{tad}$$

$$= \text{理論断熱圧縮動力} P_{th} / (\text{断熱効率} \eta_c \times \text{機械効率} \eta_m)$$

$$= \frac{P_{th}}{(\eta_c \times \eta_m)} \ (\text{kW}) \quad \cdots\cdots (2.17)$$

$$= \frac{q_{mr}(h_2 - h_1)}{(\eta_c \times \eta_m)}$$

$$= \left(\frac{V \times \eta_v}{v}\right) \frac{(h_2 - h_1)}{(\eta_c \times \eta_m)} \ (\text{kW}) \quad \cdots\cdots (2.18)$$

キーポイント

1 **圧力比**が大きくなると**全断熱効率**（断熱効率、機械効率の積）は大幅に小さく（悪く）なり、実際の**軸動力**は大きくなります（図2-11）。

図2-11　圧力比と全断熱効率（例）

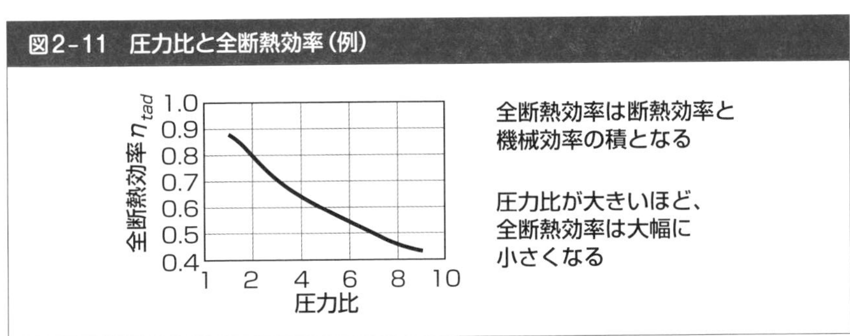

■4　実際の冷凍サイクルの成績係数（COP）$_R$

実際の冷凍サイクルの成績係数（COP）$_R$は以下の式で算出できます。

$$(COP)_R = \text{冷凍能力}\,\phi_0 / \text{実際の軸動力}\,P$$

$$= \frac{\Phi_0}{P} \quad \cdots\cdots (2.19)$$

■5　実際の圧縮の比エンタルピーの変化（図2-12）

図2-12　実際の圧縮の変化

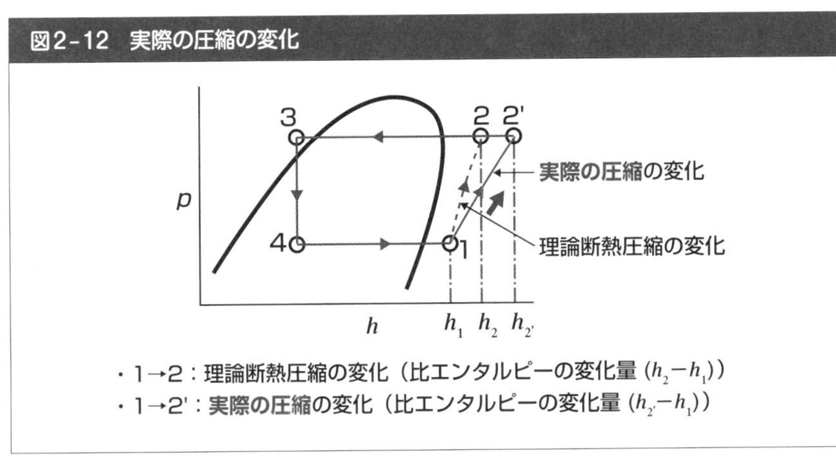

・1→2：理論断熱圧縮の変化（比エンタルピーの変化量（$h_2 - h_1$））
・1→2'：**実際の圧縮**の変化（比エンタルピーの変化量（$h_{2'} - h_1$））

実際の圧縮変化は、1→2'となり以下の関係となります(図2-12)。

$$h_{2'}-h_1=\frac{(h_2-h_1)}{(\eta_c\times\eta_m)}$$

$$h_{2'}=h_1+\frac{(h_2-h_1)}{(\eta_c\times\eta_m)} \quad \cdots\cdots (2.20)$$

5 実際のヒートポンプサイクル

■1 実際の加熱能力ϕ_k

$$\phi_k=q_{mr}(h_2-h_3)\ \text{(kW)}$$

$$=\left(\frac{V\times\eta_v}{v}\right)(h_2-h_3)\ \text{(kW)} \quad \cdots\cdots (2.21)$$

■2 実際の圧縮機軸動力P

P=理論断熱圧縮動力P_{th}/全断熱効率η_{tad}

=理論断熱圧縮動力P_{th}/(断熱効率η_c×機械効率η_m)

$$=\frac{P_{th}}{(\eta_c\times\eta_m)}\ \text{(kW)} \quad \cdots\cdots (2.22)$$

$$=\frac{q_{mr}(h_2-h_1)}{(\eta_c\times\eta_m)}$$

$$=\left(\frac{V\times\eta_v}{v}\right)\frac{(h_2-h_1)}{\eta_c\times\eta_m}\ \text{(kW)} \quad \cdots\cdots (2.23)$$

■3 実際のヒートポンプサイクルの成績係数$(COP)_H$

$(COP)_H$=実際の加熱能力ϕ_k/実際の軸動力P

$$=\frac{\phi_k}{P} \quad \cdots\cdots (2.24)$$

なお、圧縮機内の機械摩擦損失が熱となって加えられる(熱となって冷媒を加熱する)場合と加えられない場合の2つのケースがあります。

●圧縮機内の機械摩擦損失が**熱になって冷媒に加えられる場合**

$$\phi_k = \phi_0 + P$$

上式のPが$P = P_{th}/(\eta_c \times \eta_m)$になりますので、結果的に以下となります。

$$(COP)_H = \frac{\phi_k}{P}$$

$$= \frac{(\phi_0 + P)}{P} = \frac{\left(\phi_0 + \dfrac{P_{th}}{\eta_c \times \eta_m}\right)}{\dfrac{P_{th}}{\eta_c \times \eta_m}} = \frac{\phi_0}{\dfrac{P_{th}}{\eta_c \times \eta_m}} + \frac{\dfrac{P_{th}}{\eta_c \times \eta_m}}{\dfrac{P_{th}}{\eta_c \times \eta_m}}$$

$$= \frac{\phi_0}{P} + 1$$

$$= (COP)_R + 1 \quad \cdots\cdots (2.25)$$

ヒートポンプ装置の実際の成績係数$(COP)_H$は、**実際の冷凍装置**の成績係数$(COP)_R$より**1だけ大きな値**となります。

●圧縮機内の機械摩擦損失が**熱になって冷媒に加えられない場合**

$$\phi_k = \phi_0 + P$$

上式のPが$P = P_{th}/\eta_c$になりますので、結果的に以下となります。

$$(COP)_H = \frac{\phi_k}{P}$$

$$= \frac{(\phi_0 + P)}{P} = \frac{\left(\phi_0 + \dfrac{P_{th}}{\eta_c}\right)}{\dfrac{P_{th}}{\eta_c \times \eta_m}} = \frac{\phi_0}{\left(\dfrac{P_{th}}{\eta_c \times \eta_m}\right)} + \frac{\left(\dfrac{P_{th}}{\eta_c}\right)}{\left(\dfrac{P_{th}}{\eta_c \times \eta_m}\right)}$$

$$= \frac{\phi_0}{P} + \eta_m$$

$$= (COP)_R + \eta_m \quad \cdots\cdots (2.26)$$

ヒートポンプ装置の実際の成績係数$(COP)_H$は、実際の**冷凍装置**の成績係数$(COP)_R$より$\boldsymbol{\eta_m}$**だけ大きな値**となります。

6　運転状態の変化（冷凍サイクル時）

運転状態が変化したときの、各種の変化（4つの変化）を考えてみます（図2-13）。

■1　凝縮温度 t_k（圧力 p_k）が上昇した場合（蒸発温度は同じとして）（図2-13、①）

①**冷凍能力**は、**小さくなる。**……冷凍効果（$h_1 - h_4$）が小さくなるため。
②**圧縮動力（モータ電流）**は、**大きくなる。**……圧縮仕事量（$h_2 - h_1$）が大きくなるため。
③**凝縮負荷**は、**大きな変化はない。**……p-h線図より。
④**成績係数**は、**下がる。**……冷凍能力が小さく、圧縮動力が大きくなるため。

凝縮負荷には大きな変化はなく、その他は悪くなるため、凝縮温度は低いほうがよい。

■2　蒸発温度 t_o（圧力 p_o）が低下した場合（凝縮温度は同じとして）（図2-13、②）

圧縮機吸込み蒸気の比体積が大幅に大きくなるために、**冷媒循環量が大幅に小さくなる**ので、以下となります。

①**冷凍能力**は、**大幅に小さくなる。**
……冷媒循環量と冷凍効果（$h_1 - h_4$）が小さくなるため。
②**圧縮動力（モータ電流）**は、**小さくなる。**
……圧縮仕事量（$h_2 - h_1$）は大きくなるが、冷媒循環量が大幅に小さくなるため。
③**凝縮負荷**は、**小さくなる。**
……比エンタルピー差（$h_2 - h_3$）は大きくなるが、冷媒循環量が大幅に小さくなるため。
④**成績係数**は、**下がる。**
……圧縮動力は小さくなるが、冷凍能力が大幅に小さくなるため。

冷凍能力や成績係数が小さくなるために、蒸発温度は高いほうがよい。

■3　過冷却度が大きくなった場合（蒸発温度と凝縮温度は同じとして）（図2-13、③）

①**冷凍能力**は**大きくなる。**……冷凍効果（$h_1 - h_4$）が大きくなるため。

②**圧縮動力（モータ電流）**は**変化しない。**……圧縮仕事量（$h_2 - h_1$）が変化しないため。

③**凝縮負荷**は**大きくなる。**……p-h 線図より。

④**成績係数**は**上がる。**……冷凍能力が大きくなり、圧縮動力が変化しないため。

凝縮負荷は大きくなるが、その他はよくなるために、過冷却度は大きいほうがよい。

図2-13　運転状態の変化（実線から点線に変化したときの変化）……①，②，③，④

①凝縮温度 t_k（凝縮圧力 p_k）が上昇した場合

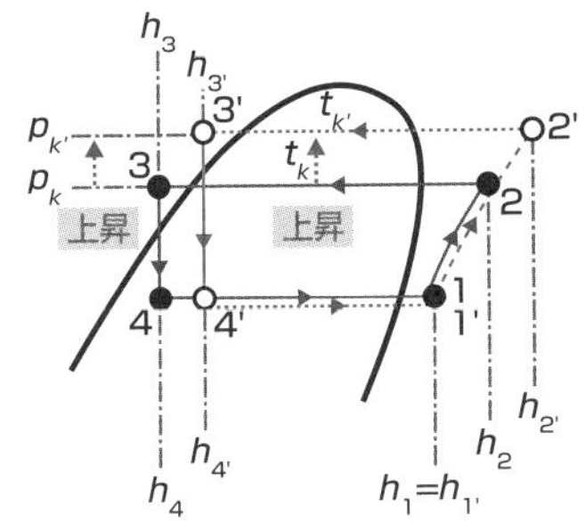

②蒸発温度 t_0（蒸発圧力 p_0）が低下した場合

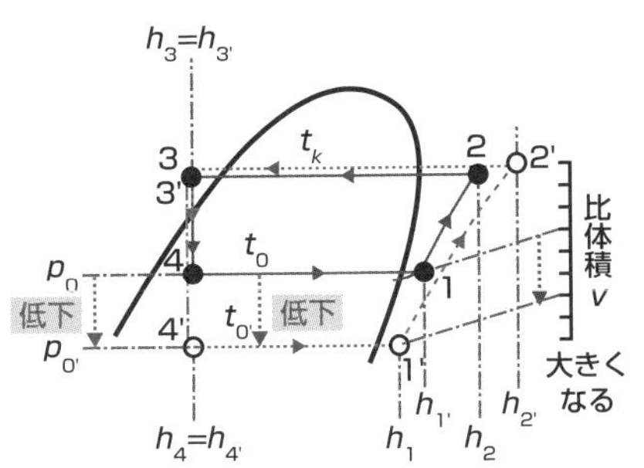

③過冷却度が大きくなった場合

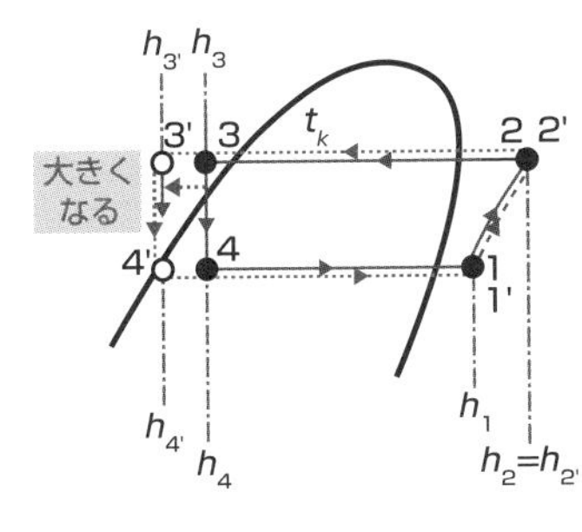

④過熱度が大きくなった場合

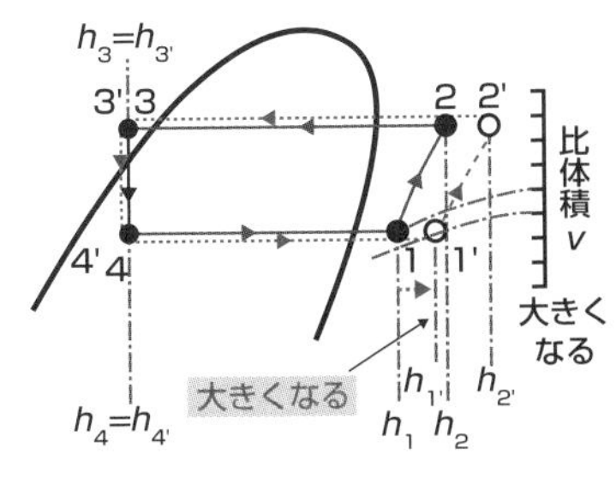

■4　過熱度が大きくなった場合（蒸発温度と凝縮温度は同じとして）（図2-13、④）

圧縮機吸込み蒸気の比体積が大きくなるために**冷媒循環量が小さくなるので**、以下となります。

①**冷凍能力**は**小さくなる。**

……冷凍効果は少し大きくなるが、冷媒循環量が小さくなるため。

②**圧縮動力（モータ電流）**は**小さくなる。**

……圧縮仕事量はほとんど変化しないが、冷媒循環量が小さくなるため。

③**凝縮負荷**は**小さくなる。**

……$(h_2 - h_3)$は少し大きくなるが、冷媒循環量が小さくなるため。

④**吐出しガス温度**は**高くなる。**……p-h線図より。

⑤**成績係数の変化**は**冷媒種類により異なる。**

……R134aは、上がる。R22、アンモニア冷媒は、下がる。……**参考**

冷凍能力、凝縮負荷が小さくなり、成績係数の変化は冷媒により異なります。また過熱度が大きいほど吐出しガス温度が高くなるために、適度な過熱度が必要となります。

Question

問題を解いてみよう

以下の質問に○か×で解答してください。

問1 「等エントロピー線」は「断熱圧縮線」ともいう。圧縮行程で、外部との熱の出入りや圧縮機内部での熱（エネルギー）の変化がないと仮定した理論的な圧縮変化（断熱圧縮変化）するときに、たどって変化する曲線である。

問2 凝縮での変化は「等圧変化」であり、圧力は一定（同じ）のまま、状態は、一般的な冷凍サイクルでは、「過熱蒸気」➡「乾き飽和蒸気」➡「湿り蒸気」➡「飽和液」➡「過冷却液」へと変化していく。

問3 膨張弁での変化は「等エンタルピー変化」で、膨張弁の通過時に圧力が低下し、温度は一定である。

問4 「過熱度」とは、蒸発器の出口での蒸気温度が、飽和蒸気の温度から温度上昇した分の温度をいい、一般的には乾式蒸発器で、10K程度にするとよい。

問5 圧縮機での圧縮過程で、内部で何の動力損失もないと仮定した場合の理論的な冷媒1kg当たりの動力を「圧縮仕事量」といい、「理論断熱圧縮動力」は、「冷媒循環量」と「圧縮仕事量」の積で算出できる。

問6 「ピストン押しのけ量」とは、圧縮機が1秒間当たりで理論的に押しのける量であり、レシプロ（往復）式圧縮機では、「ピストン面積」、「ピストン行程」、「気筒数」、「回転数」から算出できる。

問7 「体積効率」とは、有効に吐き出せる率で、「実際に吐き出される量」を「ピストン押しのけ量」で除した値となる。

問8 「体積効率」は、圧縮機の構造、大きさ、メーカーなどの他、「圧力比」（圧縮比）、「すき間容積比」（すき間容積／シリンダ容積）などで決まる値である。

問9 「実際の圧縮機軸動力」は、「蒸気の圧縮に必要な圧縮動力」と「機械摩擦損失動力」の和である。

問10 「断熱効率」とは、圧縮効率ともいい、圧縮機内部のガス通過時の抵抗などによる動力損失の効率であり、「圧力比」が大きくなると断熱効率は低下する。

問11 「機械効率」とは、圧縮機内部のメタル、軸受、摺動部などの摩擦による動力損失の効率であり、「圧力比」が大きくなると機械効率は若干低下する。

問12 「実際の圧縮機軸動力」は、「理論断熱圧縮動力」を「全断熱効率」で除した値である。

問13 凝縮圧力が上昇（蒸発温度は同じとして）すると、冷凍能力は小さく、圧縮機動力は大きくなり、成績係数は下がる。

問14 蒸発温度が低下（凝縮温度は同じとして）すると、冷凍能力も圧縮機動力も小さくなるが、冷凍能力が大幅に小さくなるため、成績係数は下がる。

問15 「過熱度」（蒸発温度と凝縮温度は同じとして）が大きくなると、圧縮機吸込み蒸気の比体積が大きくなるため、一般に、冷凍能力、圧縮機動力、凝縮負荷は、小さくなる。

Answer 答え合わせ

問1 ○ 記述は正しい。

問2 ○ 記述は正しい。

問3 × 液の一部（20～30%程度）が蒸発（自己蒸発）し、その蒸発潜熱で液を冷却し、低温混合冷媒となって出ていく。

問4 × 一般的には乾式蒸発器で、3～8K程度にするとよい。

問5 ○ 記述は正しい。

問6 ○ 記述は正しい。

問7 ○ 記述は正しい。

問8 ○ 「体積効率」は、「圧力比」、「すき間容積比」が大きくなるほど、小さくなる。

問9 ○ 記述は正しい。

問10 ○ 記述は正しい。

問11 ○ 記述は正しい。

問12 ○ 記述は正しい。

問13 ○ 記述は正しい。

問14 ○ 記述は正しい。

問15 ○ 記述は正しい。

圧縮機

圧縮機には各種の種類があり、用途、性能、目的、メンテナンス性などにより、適正な機種を選定します。
また運転管理するためのポイントを理解することが重要です。

Theme 1

圧縮機

圧縮機にはいくつかの種類がありますが、冷媒蒸気の圧縮方法で分けると、容積式と遠心式があります。それぞれ特徴、用途、目的などにより、最適なものが選定されます。

重要度：★★★

●圧縮方式による分類と駆動方式による分類の名称、構造、用途、特徴などの概要を整理して理解しておく。
●圧縮機の容量制御装置は、圧縮機の種類、方式によって異なる方式のものが使われるので、整理して理解しておく。

1 圧縮方式

圧縮の方法により**容積式**と**遠心式**に大別されます（図3-1）（表3-1）。

・**容積式**とは、一定の容積の冷媒蒸気を吸い込み、閉じ込めて圧縮する方式です。
・**遠心式**とは、高速で回転する**羽根車（インペラー）**で吸い込んだ蒸気を、**遠心力**による速度エネルギーを圧力エネルギーに変えて圧縮する方式です。

図3-1　圧縮方式による分類

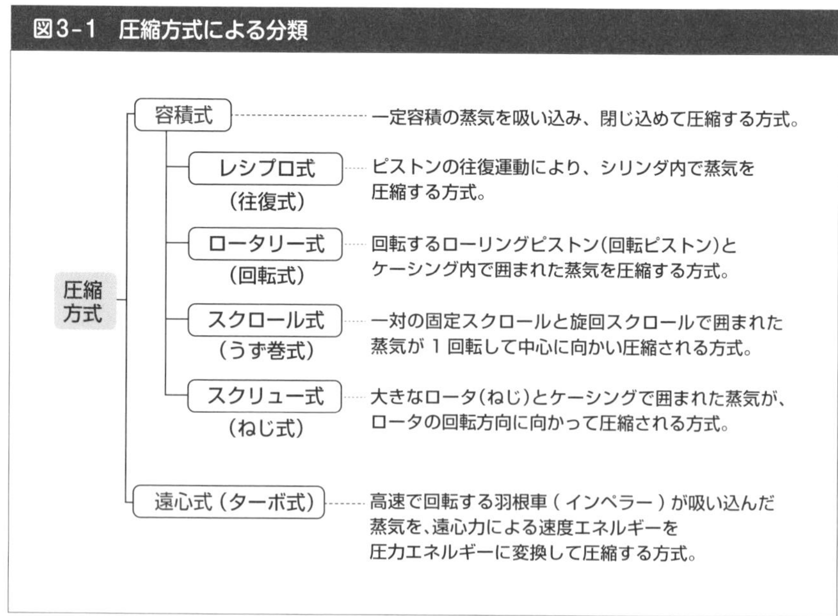

圧縮方式
容積式
一定容積の蒸気を吸い込み、閉じ込めて圧縮する方式。
レシプロ式（往復式）
ピストンの往復運動により、シリンダ内で蒸気を圧縮する方式。
ロータリー式（回転式）
回転するローリングピストン(回転ピストン)とケーシング内で囲まれた蒸気を圧縮する方式。
スクロール式（うず巻式）
一対の固定スクロールと旋回スクロールで囲まれた蒸気が１回転して中心に向かい圧縮される方式。
スクリュー式（ねじ式）
大きなロータ(ねじ)とケーシングで囲まれた蒸気が、ロータの回転方向に向かって圧縮される方式。
遠心式（ターボ式）
高速で回転する羽根車（インペラー）が吸い込んだ蒸気を、遠心力による速度エネルギーを圧力エネルギーに変換して圧縮する方式。

表3-1　圧縮方式の種類……駆動方式、動力、適用、特徴は参考

	名称	形状・構造	振動方式	動力	適用	特徴
容積式	**レシプロ式** (往復式)		開放型	0.4～ 120kW	小、 中型	①使いやすく、機種が多い。 ②小型から中型に適し、大型・大容量には適さない。 ③**吸込み弁と吐出し弁が必要。**
			半密閉型	0.75～ 45kW	中型	
			全密閉型	0.1～ 15kW	小型	
	ロータリー式 (回転式)		開放型	0.75～ 2.2kW	小型	①小型・小容量が主体。 ②高速回転使用が可能。 ③**液分離器が必要。** ④吐出し弁が必要。
			全密閉型	0.1～ 5.5kW	小型	
	スクロール式 (うず巻式)		開放型	0.75～ 2.2kW	小型	①小型・小容量が主体。 ②高速回転使用が可能。 ③部品点数が少ない。 ④吐出し側に逆止弁が必要。 ⑤各種の効率が高い。
			全密閉型	0.75～ 7.5kW	小型	
	スクリュー式 (ねじ式)		開放型	30～ 1,600kW	大型	①中型から大型に適している。 ②**高圧力比に適している。** ③振動が少ない。 ④逆止弁が必要(吸込み側、吐出し側とも)。 ⑤各種の効率が高い。 ⑥**内部に油を噴射**して、油膜でガスの逆流を防ぐ。
			半密閉型	22～ 300kW	中型	
遠心式	ターボ式		開放型	300～ 10,000kW	大型	①大型・大容量に適している。 ②**高圧力比に適さない。**
			半密閉型	100～ 300kW	中型	

- 圧縮機の分類、動力駆動方式などを、圧縮機の図をイメージして整理しておくことは必要です。
- 圧縮機の「容量制御方式」(レシプロ式多気筒圧縮機とスクリュー式圧縮機の違い)と特徴に関して、多く出題されています。

■1 容積式

1) レシプロ式（往復式）圧縮機（図3-2）

シリンダ内のピストンの往復運動により、蒸気の吸込みと吐出しを繰り返す方式です。**気筒径**、**気筒数**（シリンダ数）、**ピストン行程**、**回転数**などの違いにより、多数の機種があります。

★ 特徴

1 **使いやすく、多くの機種があります。**

2 古くからつくられているもので、電気冷蔵庫、カーエアコン、各種冷凍装置など、**中型から小型**（120kW程度まで）の**開放（型）、半密閉（型）、全密閉（型）**（後述）に多く使用されますが、**大型・大容量には適しません。**

3 **吸込み弁**と**吐出し弁**が必要です。

図3-2　レシプロ式（往復式）圧縮機と駆動方式（例）

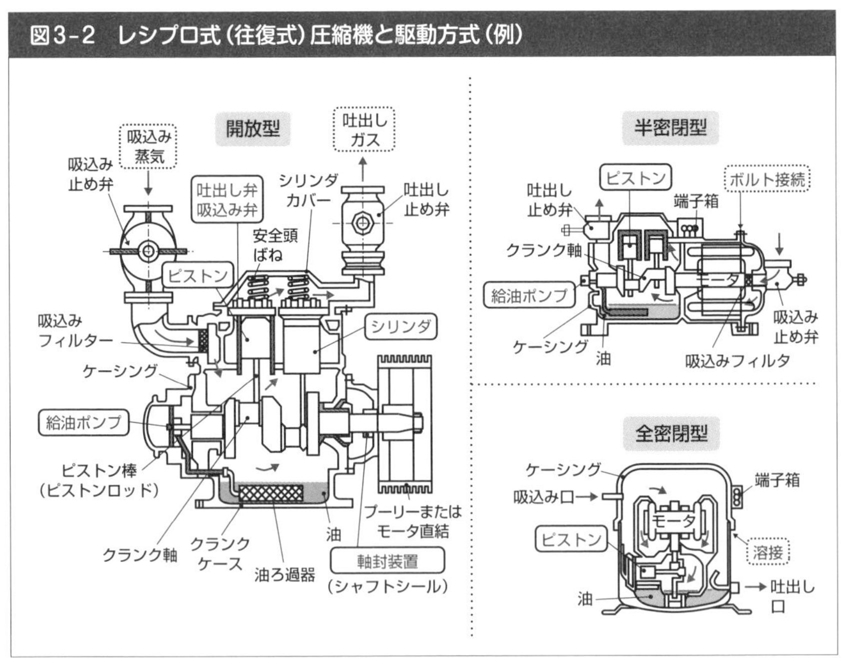

2) ロータリー式（回転式）圧縮機（図3-3）

偏心して回転する**ロータ、シリンダ、ベーン（羽根）**によって囲まれた吸込み口から吸い込まれた蒸気をロータが1回転して圧縮する方式です。

★ 特徴

1 電気冷蔵庫、ルームエアコン、カーエアコンなど、**小型・小容量の全密閉（型）**（数kW程度以下）に多く使用されます。

2 圧縮機の**吐出しガス**でモーターを冷却します。

3 一般的に**液分離器**を設置します。

図3-3　ロータリー式圧縮機の構造（例）

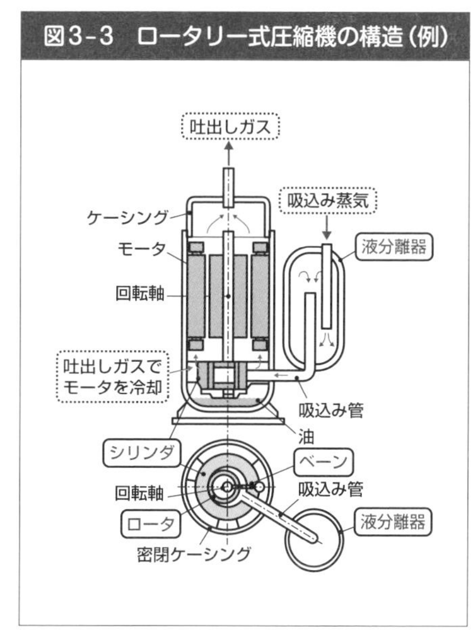

3) スクロール式（うず巻式）圧縮機（図3-4）

うず巻状の**固定スクロール**と**旋回スクロール**が組み合わさった構造で、**外周部**から吸い込んだ蒸気が回転しながら**中心部**で圧縮される方式です。

図3-4　スクロール式圧縮機の構造（例）

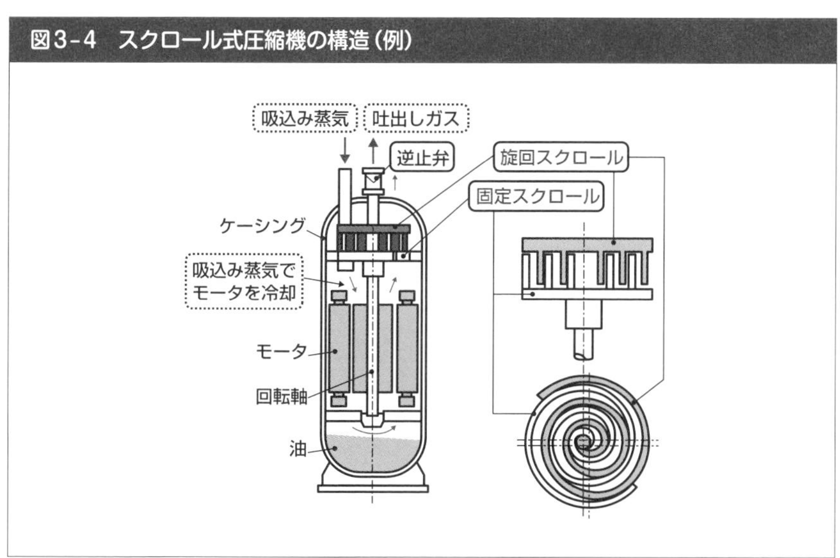

★ 特徴

1 電気冷蔵庫、ルームエアコン、カーエアコンなど、**小型・小容量の全密閉(型)**(数kW程度以下)に多く使用されます。

4) スクリュー式(ねじ式)圧縮機(図3-5)

ねじ状の**ロータ**と**ケーシング**内に吸い込まれた蒸気を、ロータが回転しながら圧縮する方式です。ロータが**2本**(**オスロータ、メスロータ**)ある**ツインロータ式**と、ロータが**1本**の**シングルロータ式**があります。

★ 特徴

1 各種冷凍装置、ヒートポンプ装置など、**中型から大型**(千数百kW程度まで)の**半密閉(型)・開放(型)**に多く使用されます。
2 **高圧力比**に適しています。
3 **圧縮機内部に多量の油を噴射して、油膜で内部のガスの逆流を防止**しています。
4 **吸込み弁、吐出し弁が不要**。ただし、**逆止弁**(吐出し側、吸込み側共)が必要です(図3-5)。

図3-5 スクリュー式(ツインロータ)圧縮機の構造(例)

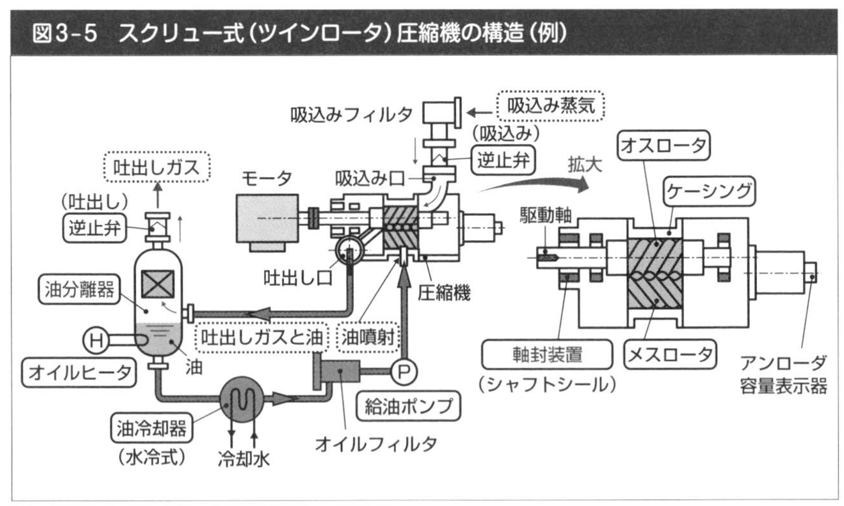

■2 遠心式

1) ターボ式圧縮機(図3-6)

羽根車(インペラー)により吸い込まれた蒸気が**遠心力により圧力上昇する方式**です。

★ 特徴

1 主に冷水冷却用で、**大容量・大型**（1万kW程度まで）の**半密閉（型）・開放（型）**に多く使用されます。

2 **高圧力比**には適しません。

3 工場にて**ユニット製作（ユニット型設備）**ができるために、**「指定設備」**申請が可能であり、**冷凍機械責任者が不要**で運転できます。

図3-6　遠心式冷凍装置と遠心式（ターボ式）圧縮機（半密閉型）の構造（例）

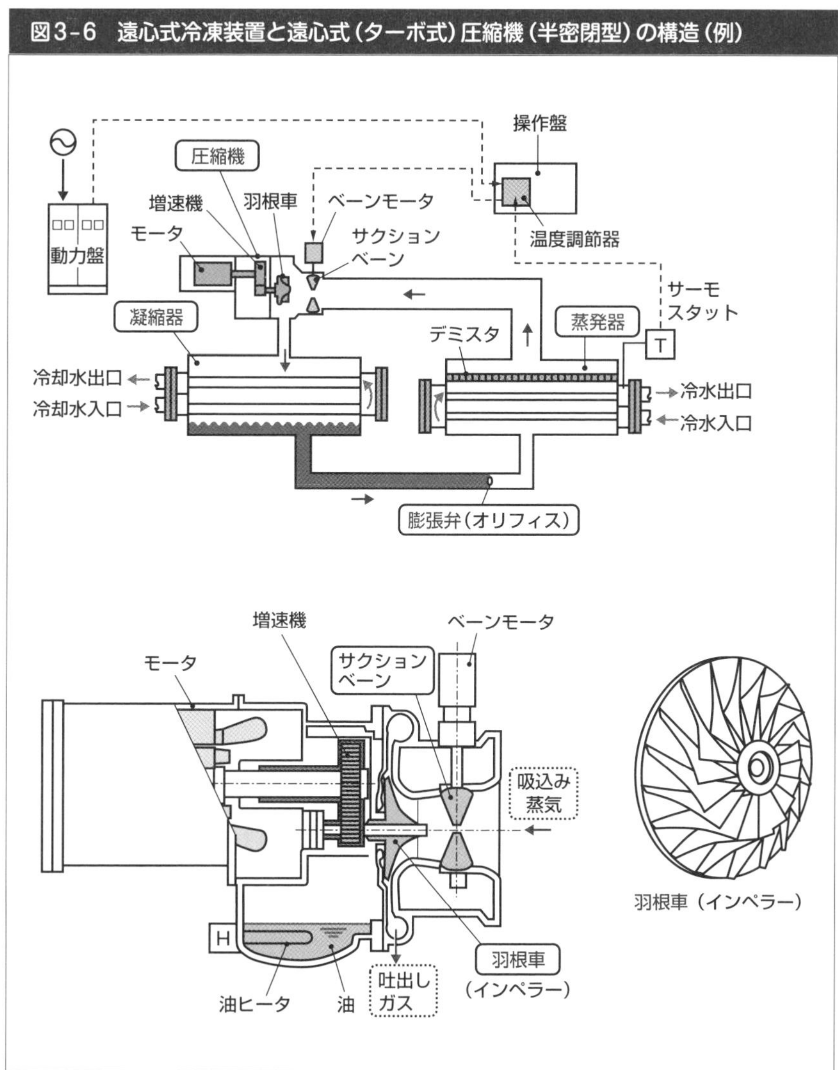

2 駆動方式

圧縮機本体に駆動動力（モータなど）がどのように組み込まれているかによって、**開放（型）圧縮機**と、**密閉（型）圧縮機**に分類されています（図3-7）。

図3-7 駆動方式による分類

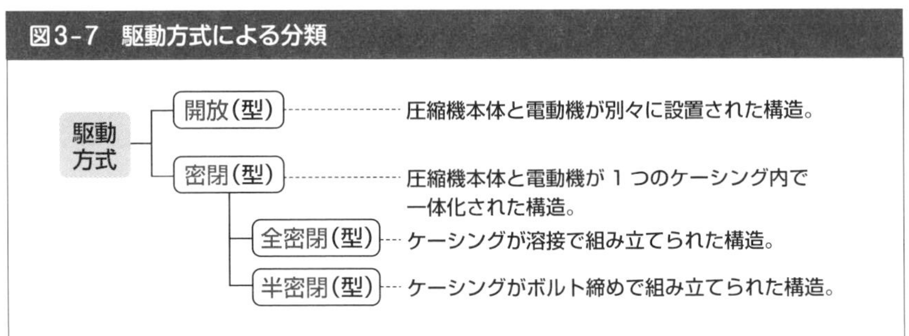

駆動方式
開放（型）
圧縮機本体と電動機が別々に設置された構造。
密閉（型）
圧縮機本体と電動機が1つのケーシング内で一体化された構造。
全密閉（型）
ケーシングが溶接で組み立てられた構造。
半密閉（型）
ケーシングがボルト締めで組み立てられた構造。

■1 開放（型）圧縮機

開放（型）圧縮機とは、**圧縮機の駆動動力（モータやエンジン等）が圧縮機本体とは別に設置**されているもので、**直結駆動**又は**ベルト掛け駆動**されます（図3-2）。

★ 特徴

1 駆動軸が圧縮機ケーシングを貫通しているので、冷媒漏れを防止するために**軸封装置**（シャフトシール）が必要です。

■2 密閉（型）圧縮機

密閉（型）圧縮機とは、**モータが圧縮機本体と一体**になっていて、直結駆動するものです。

なお、**内部のモータ冷却**は、**冷媒蒸気**で行います。

組込み構造により、以下の2種類があります。

1) **全密閉（型）圧縮機**とは、**ケーシングを溶接密閉**したものであり、**内部の修理や部品交換**ができず、故障時は本体ごと交換する必要がありますが、量産ができて、安価にできます（図3-2）。

2) **半密閉（型）圧縮機**とは、**ケーシングをボルトで組み立て**てあり、**ボルトを外すことにより分解でき、内部の点検、修理などができる**ものです（図3-2）。

★ 特徴

1 **小型から中型**（50kW程度まで）に使用されます。

2 **アンモニア圧縮機**では、**モータ巻線**（銅線コイル）がアンモニアで腐食してしまうために使用できません。

ただし、近年は腐食しない**モータ巻線（アルミコイルなど）**を使用したり、モータ巻線を冷媒に接触しないように容器内に密閉したものがあり、その場合はアンモニア冷媒でも使用できます。

3 容量制御装置の構造・方式

冷凍装置の冷却負荷は時間的、季節的、使用状態などにより一定ではなく、常に変化します。**容量制御装置**とは、冷凍負荷が大きく減少や増加した場合に、圧縮機の容量（能力）を調整できる装置をいいます。

冷凍負荷が大きく減少した場合に、圧縮機が100%のままで運転すると、冷却しすぎたり、省エネルギーに反するだけではなく、吸込み圧力が低下しすぎて、その結果、吐出しガスの高温化などの不具合が発生します。

そのため、**中型から大型の圧縮機**では、**容量制御装置（アンローダ）**が一般的に設置されていますが、レシプロ式、スクリュー式、遠心式、その他の圧縮式ではその構造が異なります。

■1　レシプロ式圧縮機

1）吸込み板弁方式（図3-8）

多気筒圧縮機（2気筒以上の4、6、8、10、12気筒数などのレシプロ圧縮機）は、**2気筒を1ブロック（セット）**にして作動するようにしています。

具体的には、**吸込み弁**（**吸込み板弁**ともいう）を**カムリング**と**押上げ棒**で押し上げて、**開放**して圧縮しないようにします。つまり、吸込み板弁が閉まらないようになり、圧縮しない状態になります。

例えば、8気筒の多気筒圧縮機では、一般に**2気筒セットで作動**するため、**段階的**な調整（ステップ的：**100、75、50、25％など**）となります。

容量制御時の所要動力は、機械摩擦などの動力ロスがあるために容量に完全には比例しません。能力50％では実際の動力は約60～65％程度の動力となります。……参考この**容量制御装置**は、一般には**給油ポンプ（強制給油式）**による油圧で作動させます。そこで、圧縮器の始動時（起動直後）では油圧が低く、正常の油圧になるまでは、吸込み板弁が開放されていて最小容量（2気筒のみ圧縮される状態）で始動します。

その結果、モータにかかるモータ負荷が大幅に少ない電流で起動できます。そして、徐々に運転気筒数を上げていくようにします。

つまり、全気筒（定格）で起動する場合にはモータに大きな**起動電流**（定格電流の約5倍程度の大電流）が発生します。

そこで、最小2気筒で起動すると、例えば8気筒の場合では、定格電流の約1.5倍程度（約5倍×2気筒/8気筒≒1.25倍の20％増として約1.5倍）に低く抑えることができます。……**参考**

そのために、この**容量制御装置**は、起動時のモータの**負荷軽減装置（起動電流を軽減するための装置）**としても活用されています。

図3-8　多気筒圧縮機の容量制御装置（吸込み板弁方式）（例）……詳細図は参考

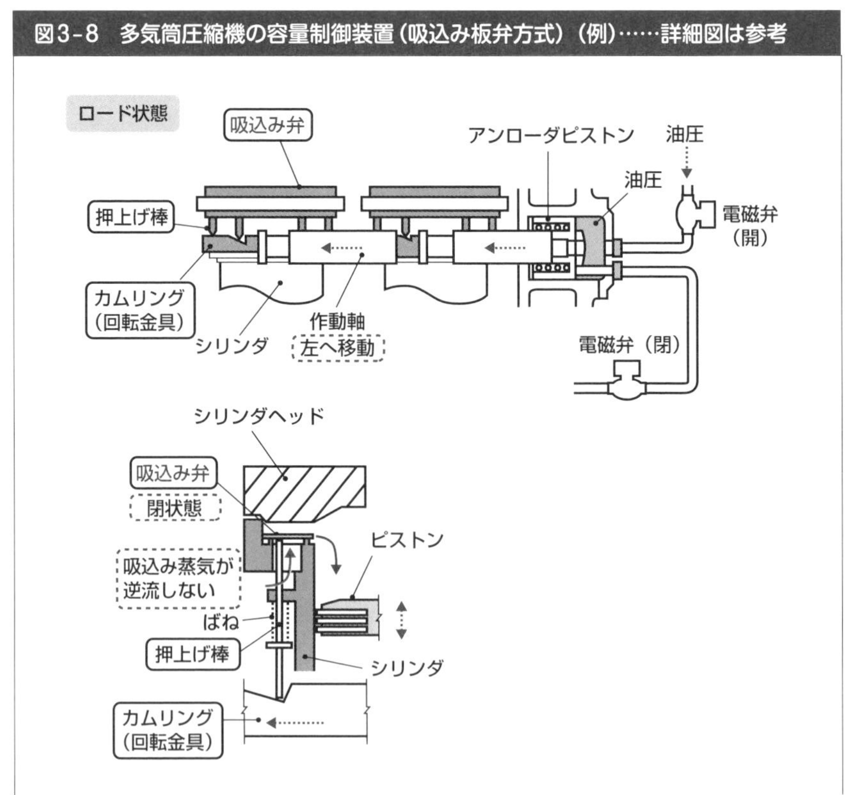

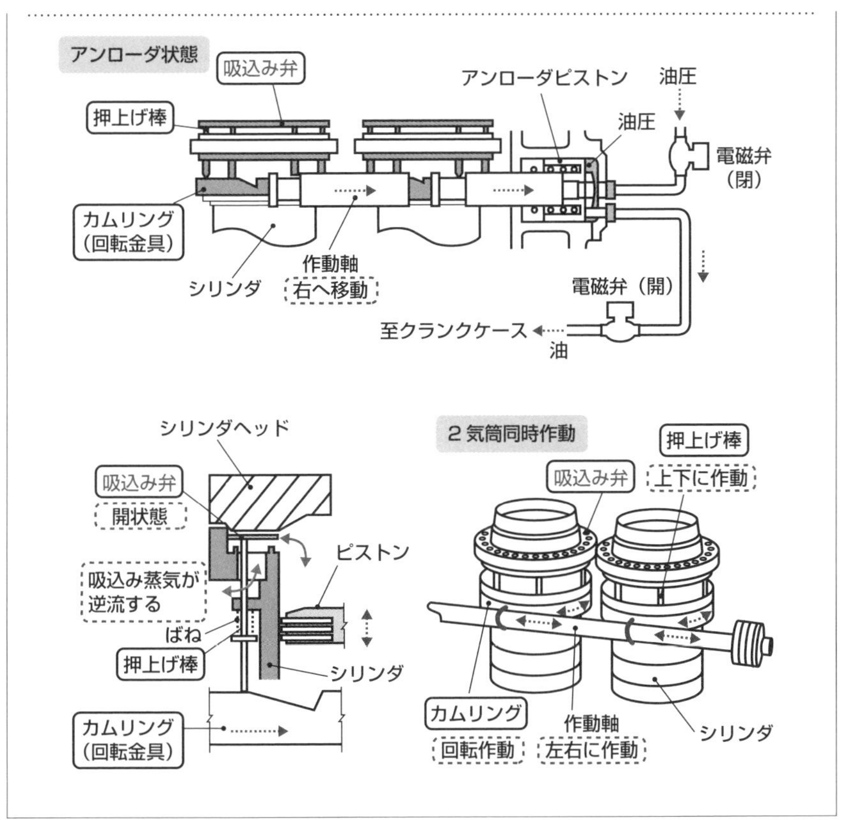

2) 回転数制御（インバータ制御）方式

回転速度（回転数）によって圧縮機の容量は変わります。**ある限定された範囲では回転速度とほぼ正比例**しますが、**回転速度が大きく変化（増減）すると体積効率が低下し、比例しなく**なります。

回転速度を変える方法として、モータの**インバータ制御**を利用します。インバータ制御とは、一般に**電源**の**周波数**を変えて圧縮機の回転を制御するものです。

無段階（約100～10%）に調整できますが、油ポンプを内蔵した圧縮機では、あまり低速で運転すると給油圧力が得られず、給油量が不足して十分な潤滑性を確保できなくなることがありますので、ある限定した範囲内で使用します。

■2　スクリュー式圧縮機

1) スライド弁方式（図3-9）

ロータの下部に設置された**スライド弁（軸方向にスライド作動する機構）**が動き、圧縮する途中で圧縮機内のガスを吸込み側に**バイパス**（迂回路）させて逃がす構造にしています。

そのため、容量制御が**無段階（約100～15%）**で調整でき、しかも熱負荷変動量に対する追従性もよい。（連続的に制御できるため）。

この**容量制御装置**も、レシプロ式における吸込み板弁方式と同じく起動時の**負荷軽減装置**として活用できます。

図3-9　スクリュー式圧縮機の容量制御装置（スライド弁方式）（例）

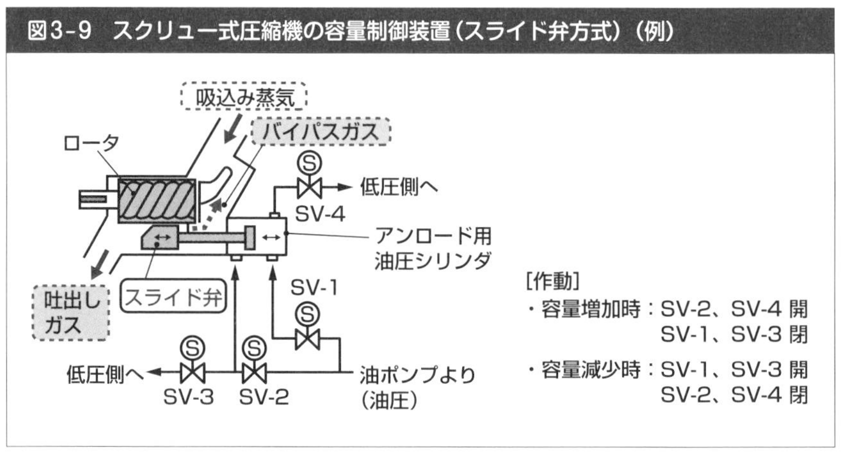

■3　その他のすべての圧縮機

その他のすべての圧縮機の容量制御には、**回転数制御方式（インバータ方式）**が多く採用されています。

近年のルームエアコン、パッケージエアコンなどの圧縮機（ロータリー式、スクロール式など）の容量制御装置は、多くが**インバータ方式**を採用しています。

Theme

2 レシプロ（往復）式圧縮機の保守

重要度：★★☆

レシプロ（往復）式圧縮機の運転時における不具合とその影響はいろいろあります。

●レシプロ式圧縮機の運転時における不具合とその影響はいろいろあります。

1 頻繁な始動、停止の影響

圧縮機の始動と停止を繰り返すと、駆動用電動機は始動時に大きな電流が流れ、モータのコイルを加熱します。ある時間だけ連続運転しないと冷却できなくなります。よって、**始動と停止を頻繁に繰り返すとモータ巻線が異常な温度上昇**を起こし、やがては焼損することがあります。

2 吸込み弁と吐出し弁の漏れの影響

吸込み弁と**吐出し弁**は、通常使用では1秒間に約20～30回（1時間運転すると約72,000～108,000回）の作動を繰り返す（振動的作動）ために、**弁板の割れや変形、弁座（弁が閉まる際の弁受け台）の割れや傷、弁バネの破損、弁接触部の異物などによってガス漏れ**が発生することがあります（図3-10）。

■1 吸込み弁からの漏れ発生時の不具合

①**体積効率の低下**……圧縮機の吸込み量が減少するため。

②**冷凍能力の低下**……同上。

「レシプロ式圧縮機の不具合（吸込み弁・吐出し弁の漏れ、ピストンリングの摩耗、給油圧力不良、オイルフォーミング）」の原因、影響、対策に関して多く出題されています。

■2　吐出し弁からの漏れ発生時の不具合

①**体積効率の低下**……圧縮機の吸込み量が減少するため。

②**冷凍能力の低下**……同上。

③**吐出しガス温度の上昇**

……圧縮された高温ガスが戻り、再び圧縮されることで、温度が上昇するため。

④**潤滑油の劣化**……吐出しガスが高温になるため。

⑤**吸込み蒸気の過熱度の上昇**

……吐出し高温ガスと吸込みガスが混合するため。

3　ピストンリングの漏れの影響

一般のレシプロ式圧縮機では、ピストンとシリンダのすき間からの漏れと油上がり（吐出しガスと一緒にオイルが出ていく現象）の量を抑えるために、以下の2種類の**ピストンリング**が付いています（図3-10）。

■1　コンプレッションリング

コンプレッションリングとは**ピストンとシリンダのすき間からの漏れを防止**するために、**ピストンの上部に2～3本のリングを設置**して、リング外周とシリンダ内面が接触しながら上下作動するようにします。

接触するリング外周が著しく摩耗などすると、再び漏れが増加して**体積効率の低下**や**冷凍能力の低下**を招きます。

■2　オイルリング

オイルリングとは、ピストンが上昇するときに、ピストンとシリンダのすき間にある潤滑油の**油上がりを防止**するために、**ピストンの下部に1～2本のリングを設置**して、シリンダの内面に付着している潤滑油を下方のクランク室に掻(か)き落とすようにしています。そのため、**油掻(あぶらか)きリング**ともいいます。

このオイルリングが摩耗などすると、再び油上がりが増加して凝縮器や蒸発器内の油量が増加して**伝熱性能の低下**や、**冷凍能力の低下**を招きます。

図3-10 吸込み弁・吐出し弁とピストンリング（例）

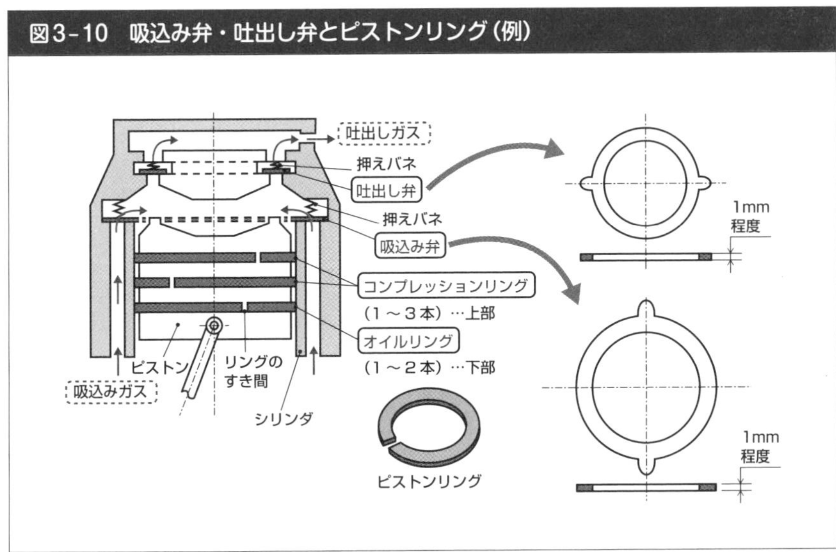

4 潤滑、給油方式

■1 レシプロ式圧縮機の給油方式

圧縮機内部の摺動部（軸メタル、ピストン部など）には常時、各種の方式で給油して焼き付けなどを防止しています。

中型以上のレシプロ式圧縮機は、**給油ポンプ**（**油圧ポンプ**）で強制的に高くした油圧で各部に給油する**強制給油式**を採用しています（図3-11）。

小型圧縮機では、**遠心形給油式**や**はねかけ給油式**が採用されています。……**参考**

キーポイント

1 強制給油式の**給油圧力は、油圧指示圧力からクランクケース圧力を引いた圧力**になります（図3-11）。

つまり、**給油圧力＝油圧指示圧力－クランクケース圧力**となります。

なお、この給油圧力は、給油ポンプ後の**油圧調整弁**で調整します。

一般に、**給油圧力は、クランクケース圧力（圧縮機吸込み圧力）**より、**約0.15～0.4MPa程度高い**状態にします。

つまり、**給油圧力＝クランクケース圧力＋約0.15～0.4MPa**となります。

2 圧縮機に**液戻り**が生じると、油中に冷媒が溶け込んで**油の粘度が低下**し、給油ポンプが正常に作動しなくなり、**潤滑不良**となります。

図3-11　レシプロ（往復）式圧縮機の強制給油方式（例）

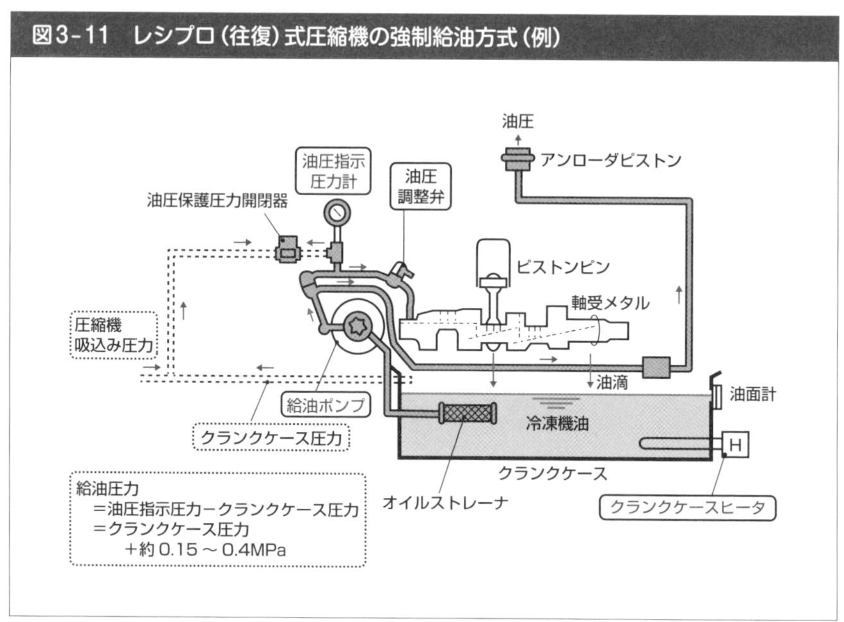

5　オイルフォーミング

オイルフォーミングとは、**油の泡立ち現象**をいいます。特に**油温が低いほどクランクケース内の冷媒ガスは、油に多く溶け込む性質**があります（図3-12）。

その油が溶け込んだまま**再起動すると油中の冷媒が激しく蒸発**し、それに伴い「**油が泡立つようになる現象**」をいいます。また、**液戻り運転**時にも、クランクケース内の油中に飛び込んでくる液滴が蒸発した場合にも発生します。それに伴い、以下の不具合が発生します。

①泡立った油が吸込み蒸気と一緒に吸い込まれ、吐出しガスとともに、吐き出されてしまい、いわゆる**油上がり**（あぶら）が多くなります（図3-12）。

②油上がりが多くなると、**オイルハンマ**（油を圧縮する現象）を起こし、オイル圧縮による異常音が発生します。

キーポイント

1 冷媒が油に溶け込む割合は、①**油温が低いほど**（冬季の圧縮機停止時など）、②**圧力が高いときほど**、大きくなります。

図3-12　レシプロ（往復）式圧縮機のオイルフォーミング

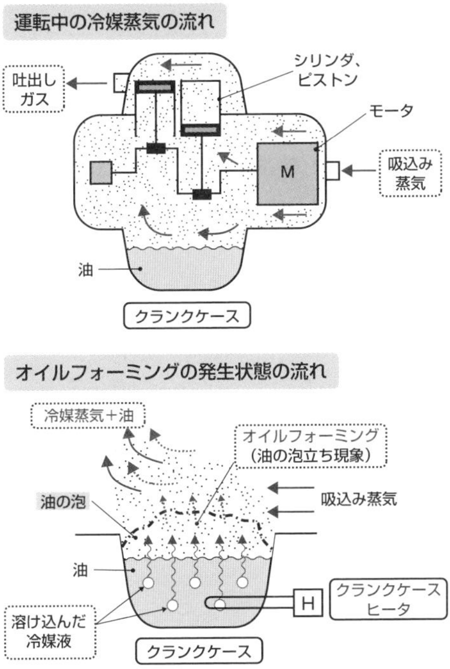

■1　オイルフォーミングの防止策

オイルフォーミングを防止する方法は、圧縮機の種類により以下となります。

①**フルオロカーボン冷媒の圧縮機**（レシプロ、ロータリー式、スクロール式など）（図3-11）

クランクケース部分に**クランクケースヒータ**（一般的に電気ヒータ）を設けて停止中の**油温を30～40℃程度に加温して冷媒ガスの溶け込みを防止**したり、運転前に**溶け込んだ冷媒をヒータで加熱し蒸発させて溶け込み冷媒ガスを放出**します。

②**スクリュー式圧縮機**（図3-5）

油分離器内に**オイルヒータ**（一般的に電気ヒータ）を設置して、運転前や停止中に油温を上げて、**油中に溶け込まないようにします。**

③**アンモニア冷媒の圧縮機**

アンモニアガスの溶け込み量は少ないですが、液戻り運転時などの対策として、フルオロカーボン冷媒の圧縮機と同様に、**クランクケースヒータ**を設置します。

Question 問題を解いてみよう

以下の質問に○か×で解答してください。

問1 圧縮機は、冷媒蒸気の圧縮の方法により、「容積式」と「遠心式」に大別される。「容積式」には、「レシプロ」、「ロータリー式」、「スクロール式」があり、「遠心式」には、「スクリュー式」がある。

問2 「スクリュー式」は、高圧力比に適し、「遠心式」は、高圧力比に不向きであるが、大型・大容量に適している。

問3 「開放（型）圧縮機」は、駆動軸（シャフト）からの冷媒漏れを防止するために、「軸封装置（シャフトシール）」が必要である。

問4 多気筒のレシプロ（往復）式圧縮機の「容量制御装置」は、「吐出し板弁」を押上げ棒で開放して圧縮しないようにするものである。2、4、6…気筒ずつ「吐出し板弁」を開放して、圧縮しないようにするため、段階的な容量制御となる。

問5 モータの回転数を制御する「回転数制御方式」の容量制御は、一般的にインバータモータにより電源の電圧を変更する方式である。

問6 レシプロ（往復）式圧縮機の「強制給油式」の「給油圧力」は、「油圧指示圧力」から「クランクケース圧力」を引いた値となり、一般的に、「クランクケース圧力」より約 0.5 ～ 0.7MPa 高い。

Answer 答え合わせ

問1 × 「スクリュー式」は容積式である。

問2 ○ 記述は正しい。

問3 ○ 記述は正しい。

問4 × 多気筒のレシプロ（往復）式圧縮機の容量制御装置は、吸込み板弁を開放して圧縮しないようにしている。

問5 × インバータモータは電源の周波数を変更する方式である。

問6 × 給油圧力はクランクケース圧力より約 0.15 ～ 0.4MPa 高い圧力である。

第4章 冷媒、ブライン

冷媒には、現在使われている冷媒の他に新しい冷媒の性質、特性、取扱い上の注意点などを理解しておくことが必要です。

また、ブラインの種類と性質などを理解しておくことも必要です。

Theme

冷媒

冷凍装置やヒートポンプ装置において、熱を移動させる流体であり、多くの特性の違う冷媒があります。

重要度：★★★

●冷媒の分類、特性比較、アンモニア冷媒とフルオロカーボン冷媒の特性の違いを理解しておくこと。

1 冷媒の分類と性質

■1 冷媒の分類（表4-1）（表4-3）

大きく分けて、**フルオロカーボン冷媒**と**フルオロカーボン以外の冷媒**（自然冷媒）に分類されます。その内容をまとめて表にしました。

1) フルオロカーボン冷媒

フルオロカーボン冷媒は**単一成分冷媒**（たんいつ）と**混合冷媒**に分けられます。

さらに、混合冷媒は、**共沸混合冷媒**（きょうふつ）と**非共沸混合冷媒**（ひきょうふつ）に分けられます。

混合冷媒とは、**何種類（2～3種類）かの単一成分冷媒（オゾン層を破壊しない冷媒）をある割合で混合して特性を改善した冷媒**です。

- **単一成分冷媒**……R22、R134a、R32、R1234yf、R1234zeなど
- **共沸混合冷媒**……R507A、R508Bなど
- **非共沸混合冷媒**……R407C、R410A、R404Aなど

- 「冷媒の分類」と「フルオロカーボン冷媒の分類」と「冷媒名」。
- 「冷媒の性質の違い（体積能力、吐出しガス温度、毒性・燃焼性、理論成績係数など）」。
- 「フルオロカーボン冷媒」と「アンモニア冷媒」の比較。

以上の内容に関して多く出題されています。

2) フルオロカーボン冷媒以外の冷媒（自然冷媒）

・**HC（ハイドロカーボン）**……R290（プロパン）、R600a（イソブタン）など

・**無機化合物**……R717（アンモニア）、R744（二酸化炭素）など

表4-1　冷媒の分類

分類①	分類②	分類③	主な冷媒
フルオロカーボン冷媒	**単一成分冷媒**		R22、R134a、R32、R1234yf、R1234zeなど
	混合冷媒	**共沸混合冷媒**	R507A、R508Bなど
		非共沸混合冷媒	R407C、R404A、R410Aなど
フルオロカーボン冷媒以外（自然冷媒）	HC（ハイドロカーボン）		炭化水素ガス（プロパン、イソブタンなど）…炭素と水素の化合物
	無機化合物		アンモニア（NH_3）、二酸化炭素（CO_2）など

■2　フルオロカーボン冷媒の分類（表4-2）（表4-3）

フルオロカーボン冷媒は、**ふっ素（F）、炭素（C）、水素（H）、塩素（Cl）の原子化合物**であり、その元素成分記号で**CFC（クロロフルオロカーボン）冷媒**、**HCFC（ハイドロクロロフルオロカーボン）冷媒**、**HFC（ハイドロフルオロカーボン）冷媒**、**HFO（ハイドロフルオロオレフィン）冷媒**の4種類に分類されます。その内容をまとめて表にしました。

■3　混合冷媒

1) **共沸混合冷媒**とは、混合前の単一成分冷媒の**標準沸点**（**沸点**ともいう）が同じ温度の冷媒を混合した冷媒で、**各冷媒が同時に蒸発、凝縮**するために、**すべての状態（液・蒸気・混合状態）で、液と蒸気の割合が常に一定**となります（図4-1上図）。

2) **非共沸混合冷媒**とは、**標準沸点が違う冷媒を混合**したものであり、**蒸発するときに多く（早く）蒸発する冷媒と凝縮するときに多く（早く）凝縮する冷媒**が混合しています。

　蒸発するときは、**標準沸点の低い冷媒が多く蒸発**し、**凝縮するとき**は、**標準沸点の高い冷媒が多く凝縮**します。

　沸点温度（蒸発し始めと**凝縮終わり**の温度）と**露点温度（蒸発の終わりと凝縮し始め**の温度）**の温度差**を**温度勾配**（こうばい）（**約5～6K**と大きい冷媒あり）といいます。

……温度勾配の大小に関係なくその温度差がある混合冷媒を**非共沸混合冷媒**といいます(図4-1下図)。

なお、この**温度勾配**が約**0.2〜0.3K**と**小さい冷媒**を**擬似共沸混合冷媒**といいます(図4-1下図)。

必ず、**露点温度**のほうが、**沸点温度よりも高く**なります(図4-1下図)。

実用的には、**蒸発時や凝縮時(気液二相状態)**では、**液と蒸気の成分割合**が異なってしまうために、**追加充填作業などで取り扱う際に注意が必要**となります。

表4-2 フルオロカーボン冷媒の分類……元素成分、主な特徴は参考

分類(読み方)	元素成分	主な冷媒	主な特徴
CFC冷媒 **(クロロフルオロカーボン)** (特定フロン)※	**塩素(Cl)** ふっ素(F) 炭素(C)	R11、R12など	塩素を含んでいるため、オゾン層を破壊する。 1996年に製造中止。
HCFC冷媒 **(ハイドロクロロフルオロカーボン)** (指定フロン)※	水素(H) **塩素(Cl)** ふっ素(F) 炭素(C)	R22、R123など	塩素をわずかに含んでいるため、長期的にはオゾン層を破壊する。 2020年に製造中止。
HFC冷媒 **(ハイドロフルオロカーボン)** (代替フロン)※	水素(H) ふっ素(F) 炭素(C)	R134a、R32、R407C、R404A、R410A、R507A、R508Bなど	塩素を含まないため、オゾン層を破壊しない。 CFC、HCFC冷媒の代替冷媒。
HFO冷媒 **(ハイドロフルオロオレフィン)** (代替フロン)※	水素(H) ふっ素(F) 炭素(C)	R1234yf、R1234ze	HFC冷媒と同じ。

※( )内は別名を表す。……参考

■4　冷媒による冷凍サイクルの違い

単一成分冷媒と**共沸混合冷媒**での理論冷凍サイクルは、*p-h*線図上で**蒸発時と凝縮時は常に一定の温度（水平線）で変化**しますが、**非共沸混合冷媒**では、**温度は一定でなく変化**します。

*p-h*線図上の冷凍サイクル時で説明します（図4-1）。

図4-1　単一成分・共沸混合冷媒と非共沸混合冷媒の温度勾配

単一成分冷媒と共沸混合冷媒

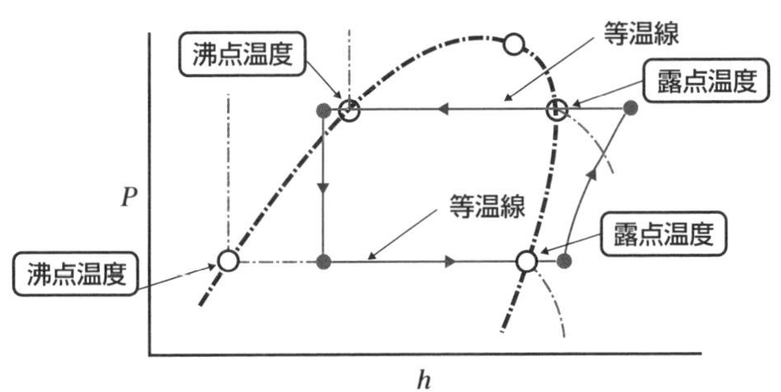

・**温度勾配はない**……露点温度と沸点温度が同じ。

非共沸混合冷媒

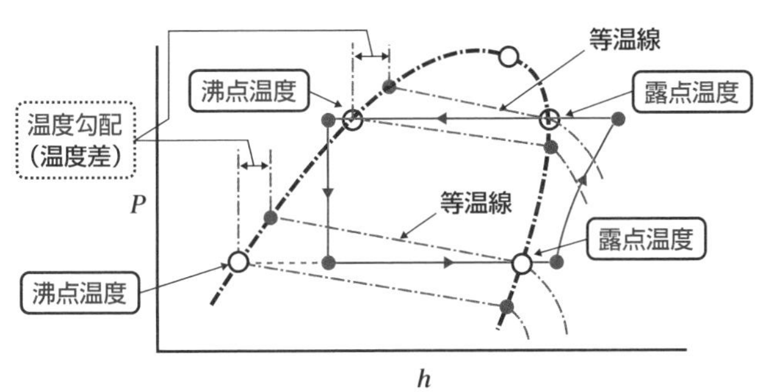

・R407C の温度勾配は約 5 ～ 6K と大きい。
・R404A、R410A の温度勾配は約 0.2 ～ 0.3K と
小さい（擬似共沸混合冷媒ともいう）。

■5　冷媒の記号、名称

冷媒の種類を表す記号は、世界的に統一されており、R○○○□（○は数値番号、□はローマ字表記）で下記の規定により表記します。

①**単一成分冷媒**（フルオロカーボン）（RⒶⒷⒸ□）

上記の番号は、**原子数（Ⓐ炭素の原子数－1、Ⓑ水素の原子数＋1、Ⓒふっ素の原子数）で規定**されています。ただし、Ⓐが「0」の場合は、省略します（R32は、R032を表す）。□は異性体を表します。

②**非共沸混合冷媒**（擬似共沸混合冷媒も同じ）……**400番台**

③**共沸混合冷媒**……**500番台**

④**有機化合物冷媒**（**炭化水素系**）……**600番台**

⑤**無機化合物冷媒**……**700番台**

■6　冷媒の基本性質

1）圧力と温度（図4-2）

冷媒の圧力（飽和圧力）とその**温度は一定の関係（ある曲線上の関係）**があります。ここで、「**飽和**（飽和圧力と飽和温度など）」とは、**冷媒液と蒸気（ガス）が両方とも存在している状態**を表します。冷凍装置内の多くの状態が**飽和状態**となっています。

すべての冷媒は**右肩上がり曲線**となり、**温度**（又は圧力）**が高くなると、圧力**（又は温度）**が高くなります。**それを図に示しました（図4-2）（図4-3）。

……**温度上昇**に伴い、**圧力上昇**が**指数関数**的に**上昇**（変化）します（図4-2）。

飽和状態以外（液、過冷却液、蒸気、過熱蒸気）では、圧力と温度の関係は、ある一定の関係（ある曲線上の関係）とは異なります。……**参考**

2）標準沸点（沸点）

標準沸点（沸点ともいう）とは、**飽和圧力が大気圧**（約**0.1**MPa abs）での**飽和温度**をいいます。具体的には、**大気圧で蒸発する温度**となります。

例えば、R22は**約－41℃**、R134 aは**約－26℃**、R32は**約－52℃**、アンモニアは**約－33℃**、水は**約100℃**などで、すべての冷媒は沸点が決まっています（表4-3）。

一般的性質として、**標準沸点（沸点）が低い冷媒ほど同じ温度での圧力が高くなります。**

図4-2　冷媒の圧力（飽和圧力）と温度（飽和温度）の関係（圧力：等目盛）

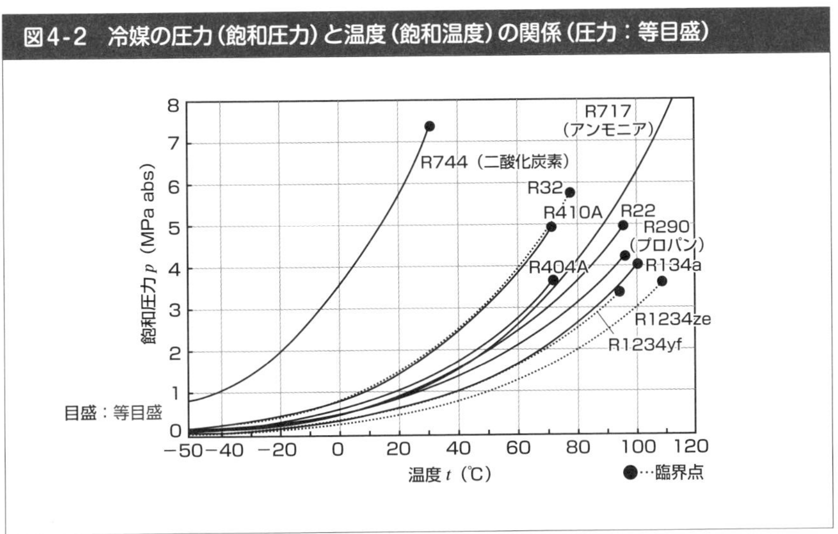

図4-3　冷媒の圧力（飽和圧力）と温度（飽和温度）の関係（圧力：対数目盛）

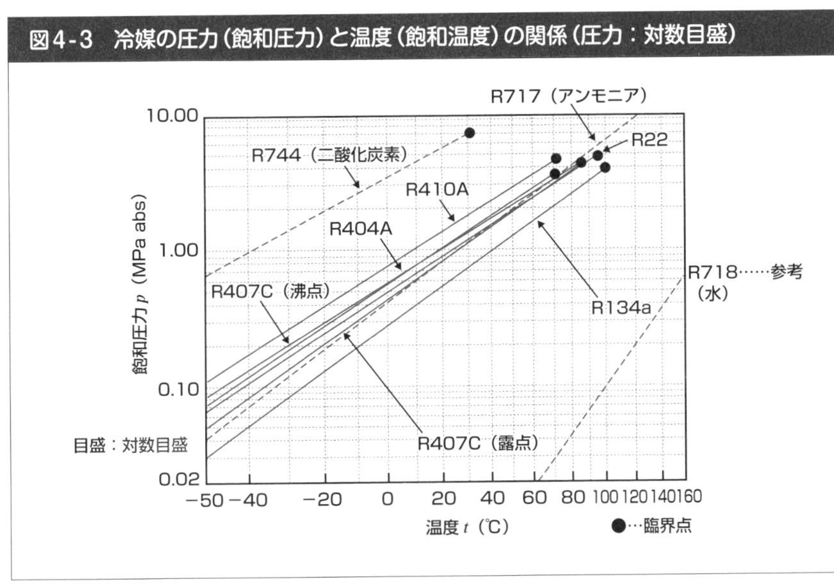

3) 臨界温度、臨界圧力、臨界点（図4-2）（図4-3）（表4-3）

臨界温度、**臨界圧力**とは、**その温度、圧力以上では凝縮ができません。**一般の冷凍装置では、凝縮は臨界温度、臨界圧力よりかなり低い温度、圧力で使用します。

なお、**気体と液体の区別がなくなる点**を**臨界点**といいます。

ただし、**二酸化炭素冷媒**は、臨界温度以上の高い温度で使用することがあります(**超臨界サイクル**という)。……主に、給湯装置やヒートポンプ装置など。

表4-3 冷媒の分類と性質……参考

冷媒区分				成分	沸点(露点/沸点)(℃)	臨界温度(℃)	臨界圧力(MPa)	オゾン層破壊係数(ODP)	地球温暖化係数(GWP)	安全性		代替対象冷媒(参考)	備考
										毒性	燃焼性		
フルオロカーボン冷媒	CFC	単一成分	R11	CCl_3F	23.74	198.0	4.41	1.0	4,750	弱	不燃	R134a	1996年製造中止
フルオロカーボン冷媒	CFC	単一成分	R12	CCl_2F_2	-29.786	112.0	4.13	1.0	10,900	弱	不燃	R134a	1996年製造中止
フルオロカーボン冷媒	CFC	単一成分	R13	$CClF_3$	-79.94	28.9	3.88	1.0	14,400	弱	不燃	R23、R508B	1996年製造中止
フルオロカーボン冷媒	CFC	共沸混合	R502	R22/R115 (48.0/51.2mass%)	-45.9 (-40.81/-38.9)	82.2	4.02	0.334	4,660	弱	不燃	R410A	1996年製造中止
フルオロカーボン冷媒	HCFC	単一成分	R22	$CHClF_2$	-40.81	96.2	4.99	0.055	1,810	弱	不燃	R407C、R410A、R404A	2020年製造中止
フルオロカーボン冷媒	HCFC	単一成分	R123	$CHCl_2CF_3$	27.69	183.7	3.67	0.02	77	強	不燃	R134a	2020年製造中止
フルオロカーボン冷媒	HFC HFO	単一成分	R23	CHF_3	-82.15	125.9	4.81	0	14,800	弱	不燃	–	
フルオロカーボン冷媒	HFC HFO	単一成分	R32	CH_2F_2	-51.65	78.1	5.78	0	675	弱	微燃	–	
フルオロカーボン冷媒	HFC HFO	単一成分	R134a	CH_2FCF_3	-26.07	100.9	4.05	0	1,430	弱	不燃	–	
フルオロカーボン冷媒	HFC HFO	単一成分	R1234yf	$CF_3CF=CH_2$	-29	94.7	3.40	0	4	弱	微燃	–	
フルオロカーボン冷媒	HFC HFO	単一成分	R1234ze	$CF_3CH=CHF$	-19	109	4.9	0	<1	弱	微燃	–	
フルオロカーボン冷媒	HFC HFO	非共沸混合	R404A	R125/R134a/R143a(44/4/52mass%)	-46.5 (-45.40/-46.13)	71.6	3.70	0	3,920	弱	不燃	–	
フルオロカーボン冷媒	HFC HFO	非共沸混合	R407C	R32/R25/R134a (23/25/52mass%)	-43.7 (-36.59/-43.57)	86.0	4.68	0	1,770	弱	不燃	–	
フルオロカーボン冷媒	HFC HFO	非共沸混合	R410A	R32/R125 (50/50 mass%)	-51.4 (-51.37/-51.46)	71.4	4.90	0	2,090	弱	不燃	–	
フルオロカーボン冷媒	HFC HFO	共沸混合	R507A	R125/R143a (50/50 mass%)	-46.7 (-46.65/-46.65)	70.2	3.70	0	3,990	弱	不燃	–	
フルオロカーボン冷媒	HFC HFO	共沸混合	R508B	R23/R116 (39/61 mass%)	-85.7	13.2	3.9	0	13,210	弱	微燃	–	
フルオロカーボン冷媒以外の冷媒	炭化水素(HC)		R290	プロパン	-42.13	96.7	4.25	0	3	弱	強燃	–	
フルオロカーボン冷媒以外の冷媒	炭化水素(HC)		R600a	イソブタン	-11.81	134.6	3.63	0	0	弱	強燃	–	
フルオロカーボン冷媒以外の冷媒	無機化合物		R717	NH_3(アンモニア)	-33.33	132.7	11.40	0	0	強	微燃	–	
フルオロカーボン冷媒以外の冷媒	無機化合物		R718	H_2O(水)	99.974	374.0	22.10	0	0	弱	不燃	–	高圧ガス法適用外
フルオロカーボン冷媒以外の冷媒	無機化合物		R729	Air(空気)	-194.35	-141.2	3.70	0	0	弱	不燃	–	高圧ガス法適用外
フルオロカーボン冷媒以外の冷媒	無機化合物		R744	CO_2(二酸化炭素)	-78.45	31.0	7.35	0	1	弱	不燃	–	

■7　冷媒の性質

1) 理論成績係数：$(COP)_{th \cdot R}$

理論冷凍サイクルの成績係数とは**冷凍効果を理論圧縮仕事量で除した値**で、**冷凍装置の効率**を表し、重要な値です（詳細は第2章Therme 2）。

冷媒の種類や運転の圧力・温度により大きく変わります。

キーポイント

1 **アンモニアは最も大きく、**性能のよい冷媒といえます。

2 **蒸発温度・圧力により、同じ冷媒でも大きく変化**します。

……蒸発温度が10℃と－30℃で比較すると、$(COP)_{th \cdot R}$は、約6～7から約2程度へと大幅に低下（約1/3）します。

2) 体積能力（図4-4）

体積能力とは、圧縮機の**吸込み蒸気1 m³当たりの冷凍能力（冷凍効果）**をいいます。冷媒の種類と運転状態によって異なりますが、図4-4の中の表はある一定の条件で比較しています（概略値）。……冷凍効果 $(h_1$-$h_4)$ / 吸込み蒸気の体積 v_1 の値。

体積能力が大きな冷媒はピストン押しのけ量を小さくできるので、性能のよい冷媒といえます。……小さな圧縮機で冷凍能力が確保できます。

図4-4　体積能力（例）……各冷媒の体積能力値は参考

凝縮温度 45℃、蒸発温度 +10℃で運転したときの理論冷凍サイクル

$$体積能力 = \frac{冷凍効果}{吸込み蒸気の比体積}$$

$$= \frac{h_1 - h_4}{v_1} (KJ/m^3)$$

冷媒名	体積能力（kJ/m³）
R22	4,400
R32	7,000　**（大きい）**
R134a	2,800　（小さい）
R407C	4,500
R404A	4,300
R410A	6,200　**（大きい）**
R1234yf	2,600　（小さい）
R1234ze	2,100　（小さい）
R290	3,600
アンモニア	5,100　（やや大きい）

キーポイント

1 **R32、R410Aは、体積能力が大きく**、アンモニアが次に大きく、**R134a、R1234yf、R1234zeは小さい。**……大きい冷媒は小さい冷媒の約2倍。

2 一般に標準沸点（沸点）の低い冷媒（R32、R410Aなど）は、体積能力が大きい。……**参考**

3) 圧縮機の吐出しガス温度（図4-5）

吐出しガス温度は、**高すぎると油の劣化やパッキン材の損傷など不具合の原因**となりますので、低いほうがよいです。一般には、**120～130℃以下**にする必要があります。

吐出しガス温度は、運転温度や冷媒により変化しますが、ある一定の条件で比較しています（概略値）。

なお、**実用的な運転では**過熱度を取る（下表は過熱度はゼロ）ために**下表より高くなります。**

また、**密閉圧縮機**では、吸込み蒸気や吐出しガスでモータ発熱を冷却するために、そのぶん下表より高くなります。

図4-5　圧縮機の吐出しガス温度（例）……各冷媒の温度は参考

凝縮温度45℃、蒸発温度+10℃で運転したときの理論冷凍サイクル

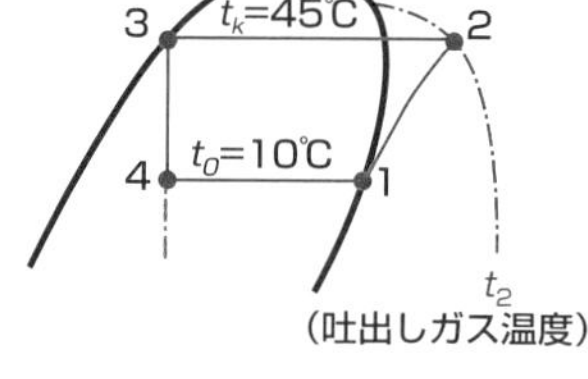

冷媒名	吐出しガス温度（℃）
R22	60
R32	70
R134a	49
R407C	50
R404A	50
R410A	60
R1234yf	45
R1234ze	45
R290	48
アンモニア	88　**（高い）**

キーポイント

1 R134a、R407C、R404A、R1234yf、R1234ze、R290などは、吐出しガス温度が低く、**アンモニアは最も高く、他の冷媒より約40～60℃も高い。**

4) 毒性、燃焼性（表4-3）

冷媒が漏れた場合に、人、生物などに対して安全性の高いことが望まれます。

・**フルオロカーボン冷媒**及び**二酸化炭素**は、**毒性がほとんどなく、燃焼性がない**安全な冷媒です。
・**アンモニア冷媒**は、冷凍保安規則では**毒性ガス**、**可燃性ガス**の両方に指定されています。
・**R32**、**R1234yf**、**R1234ze**（**特定不活性ガス**という）は、毒性は弱いが、**微燃性**があります。

キーポイント

1 フルオロカーボン冷媒でも、長時間、多量の冷媒ガスが機械室内や冷蔵庫内などで漏れると、酸素濃度低下から**酸素欠乏**（**酸欠**：酸素濃度は18%以下で発生）になる可能性があるので、注意が必要となります。
2 **特定不活性ガス**は**微燃性**であるため、取扱い時にはある程度の注意が必要です。

5) 化学安定性

フルオロカーボン冷媒は、それ自体では化学的に安定性が高い冷媒です。

ただし、冷媒中に油や水分などが存在又は混入した状態で、温度が高くなると、油の劣化、金属の腐食、モータ巻線（密閉圧縮機）の絶縁低下などの不具合が生じます。

なお、漏れた**フルオロカーボン冷媒**が**高温や火炎に触れると**化学反応で**有毒のガス**（ホスゲンガス）が発生しますので注意が必要です。

また、冷媒自体は**300℃**から分解が始まりますが、長時間、安定して使用するには、**圧縮機吐出しガス温度**が**120～130℃を超えないように**します。
……油の劣化が進むため。

6) 電気的性質

密閉圧縮機では、電気絶縁性が良好な冷媒が適しています。**フルオロカーボン冷媒は電気抵抗が大きく、電気絶縁性も良好**ですが、**HFC冷媒**は、HCFC冷媒より**誘電率が大きく、電気絶縁性がやや劣る**ため漏れ電流には注意が必要です。

■8　冷媒と地球環境

1) オゾン層破壊（図4-6）

塩素を含んだフルオロカーボン冷媒が大気中に放出されると、成層圏（上空約20〜40km）で塩素成分が**オゾン（O_3）を分解（破壊）**してオゾンホール（オゾンの穴）を増加させます。この現象を**オゾン層破壊**といいます。

この**オゾン層**を破壊する割合（強さ）を表した数値を**オゾン層破壊係数（ODP）**（**R11冷媒のODP＝1を基準とした値**）といいます（表4-3）。

オゾン層破壊により生じたオゾンホールを通して太陽光に含まれる**強い紫外線**が直接に地球に到達すると、皮膚がんなどの悪影響が出ます。……**参考**

図4-6　オゾン層破壊の仕組み……詳細は参考

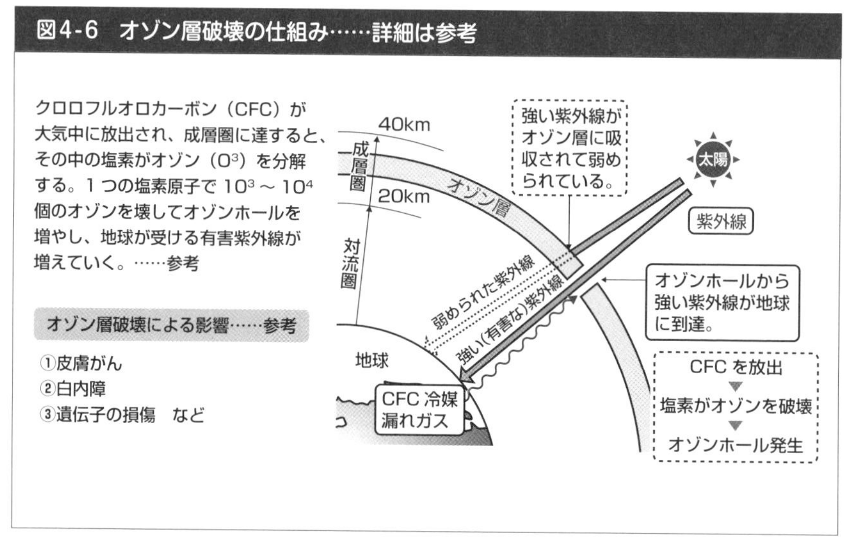

キーポイント

1 **R11**、**R12**などの**特定フロン**（CFC冷媒）

塩素成分**が多く**、水素原子を含まないCFC冷媒は、**オゾン層破壊係数（ODP）が大きい**（**ODP＝1**）ため、国際的規制の対象になっており、**1996年**に**製造中止**（20数年前）となっています（表4-3）。

2 **R22**、**R123**などの**指定フロン**（HCFC冷媒）

塩素成分が**微量**で、水素原子を含むHCFC冷媒は、オゾン層破壊係数（ODP）が小さい（1例としてR22:**ODP＝0.055**）が、国際的規制の対象になっており、**2020年**に**製造中止**となっています（表4-3）。

③ **R134a**、**R404A**、**R407C**、**R410A**、**R32**、**R1234yf**、**R1234ze**などの**代替フロン**（HFC冷媒、HFO冷媒）
現在、フルオロカーボン冷媒では、**塩素原子を含まない**（**ODP＝ゼロ**）冷媒が使用されています。

④ **自然冷媒**（**アンモニア、二酸化炭素、プロパン、イソブタン**など）は、すべて、**ODP＝ゼロ**です。

2）地球温暖化（図4-7）

太陽からの**赤外線（熱線）**は、地表での反射により放出（約34%程度）されています。ところが近年、大気中に多量に放出されている**温室効果ガス（二酸化炭素、CO、メタン、フルオロカーボン冷媒など）**が地表を取り巻き、濃度が高く（現状の二酸化炭素濃度350～400PPM程度）なってくると地表からの反射が少なくなり、**地球温度**（現在の全世界年間平均温度は約15℃）**が上昇**します。この現象を**地球温暖化**といいます。この地球温暖化への影響度を表した数値を**地球温暖化係数**（**GWP**）（**CO_2のGWP＝1を基準とした値**）といいます（表4-3）。

図4-7 地球温暖化の仕組み……詳細は参考

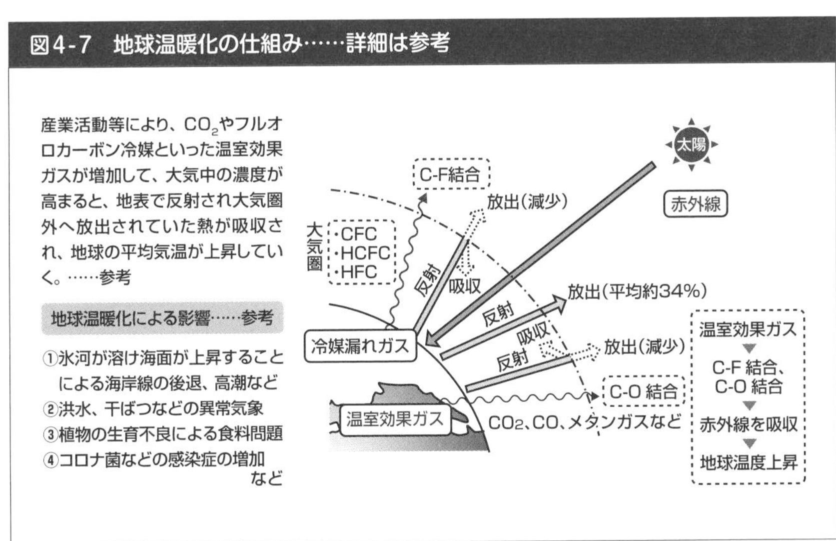

産業活動等により、CO_2やフルオロカーボン冷媒といった温室効果ガスが増加して、大気中の濃度が高まると、地表で反射され大気圏外へ放出されていた熱が吸収され、地球の平均気温が上昇していく。……参考
地球温暖化による影響……参考
①氷河が溶け海面が上昇することによる海岸線の後退、高潮など
②洪水、干ばつなどの異常気象
③植物の生育不良による食料問題
④コロナ菌などの感染症の増加
など
C-F結合
放出（減少）
太陽
赤外線
大気圏
・CFC
・HCFC
・HFC
反射
吸収
放出（平均約34%）
反射
吸収
反射
放出（減少）
冷媒漏れガス
C-O結合
温室効果ガス
CO_2、CO、メタンガスなど
温室効果ガス
C-F結合、C-O結合
赤外線を吸収
地球温度上昇

キーポイント

① **フルオロカーボン冷媒**（CFC冷媒、HCFC冷媒、HFC冷媒）で多く使用されているものは、GWPが二酸化炭素と同じ放出量で比較すると**約1,400～4,000倍**と冷媒が漏れると悪影響が大きい（表4-3）。

②**特定不活性ガス**（R32、R1234yf、R1234ze）は、**GWPがかなり少ない冷媒**であり、地球温暖化に優しい冷媒として注目され、実用化され始めています。
③**自然冷媒**（アンモニア、プロパン、イソブタンなど）の**GWPはほとんどゼロ**です。

■9　フルオロカーボン冷媒とアンモニア冷媒の比較（図4-8）（図4-9）（表4-4）

以下の内容をまとめたものを表にしました（表4-4）。

1）比重（液比重、ガス比重）

以下の特性を理解するために図4-8、図4-9を参照ください。

①**液比重**：主に満液式蒸発器内や低圧受液器内で**冷凍機油の比重**（約0.9）と比較して比重の重い冷媒では油が蒸発面（上面）に溜まり、軽い冷媒では油が底面に溜まります（図4-8）。

●**フルオロカーボン冷媒液**（図4-8左図）（表4-4）

・**すべて重い**（比重約1.1〜1.3）ために、**油**は、冷媒液の**上面**に溜まります。よって、油の抜き取りは、**上部（液表面）**から行います。**抜き取り油**は、装置内に戻して**再使用**します。

●**アンモニア冷媒**（図4-8右図）（表4-4）

・**軽い**（比重約0.6）ために、**油**は**底面**に溜まります。よって、油の抜き取りは、**下部（底部）**から行います。**抜き取り油（鉱油の場合）**は一般に**廃油**します。

②**ガス比重**（空気に対する比重）：冷媒が漏れた場合に空気より重い冷媒は床部（面）に溜まり、空気より軽い冷媒は天井部（面）に溜まります（図4-9）。

●**フルオロカーボン冷媒**（図4-9左図）（表4-4）

・**すべて重い**（比重約1.8〜4.0）ために、**床部（面）**に溜まります。よって、漏れた冷媒は低い位置（地下室やピット内など）や機械室などに溜まり、**酸素欠乏（酸欠）**になることがあり、注意が必要です。

●**アンモニア冷媒**（図4-9右図）（表4-4）

・**軽い**（比重約0.6）ために、室内で漏れた冷媒蒸気は**天井部（面）**に溜まります。なお、濡れた冷媒は**除外設備**を使って、無害にしてから排気します。

図4-8　液比重（蒸発器内の油との関係）

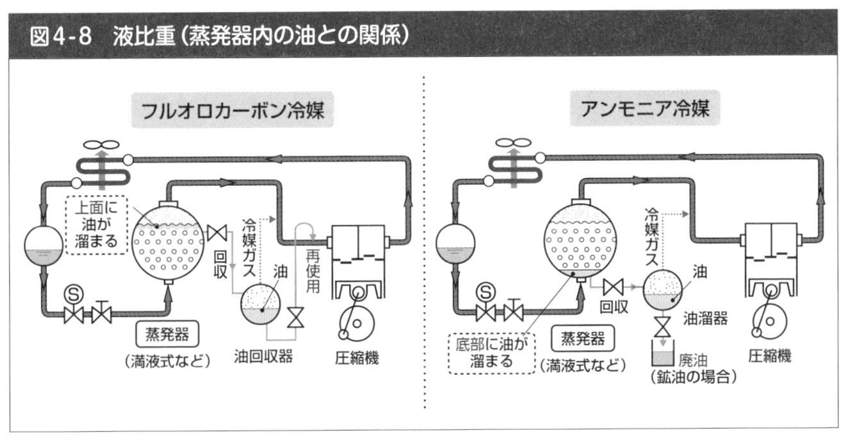

図4-9　ガス比重（冷媒が漏れた場合）

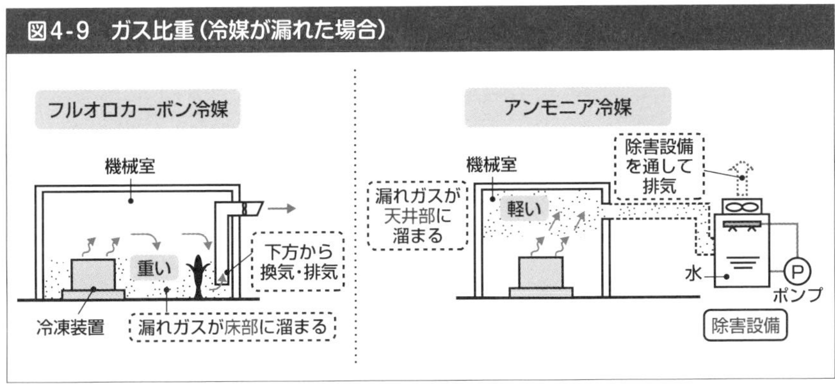

2) 金属の腐食性（表4-4）

金属（圧縮機内の各種の金属、伝熱管、配管など）に冷媒が接触すると、金属腐食を発生させるために、以下の金属は使用できません（法規でも定められている）。

●フルオロカーボン冷媒

- **2%を超えるマグネシウムを含有するアルミニウム合金は使用できません。**
- 銅伝熱管、銅配管、鉄管（鋼管）、ステンレス管など、すべて使用できます。

●アンモニア冷媒

- **銅、銅合金は使用できません。**
- **銅伝熱管、銅配管**は使用できないために、鉄管（鋼管）、ステンレス管などを使用します。

3) 水（水分）混入時（図4-10）（表4-4）

冷媒系内に水分（主に空気が侵入することによる空気中の水分）が混入すると、各種の不具合が発生します。その現象を下図で示しました（図4-10）。

●フルオロカーボン冷媒

水分はほとんど溶け込まないために、少量の水分でも**遊離水分**となり、以下の不具合が発生します（図4-10）。

・低温冷凍装置では、水分により**膨張弁部での水分凍結（氷結）**などで冷媒の流れが止まり、**冷却不能**になります。

・冷媒の分解（**加水分解**）により酸性物質をつくり、**金属を腐食**させます。

●アンモニア冷媒

水分が溶け込む性質があり、多少の水分が混入しても**アンモニア水**となり不具合はほとんどありません。ただし、**多量に混入すると不具合が発生します。**

図4-10　水分混入時（水分による不具合）

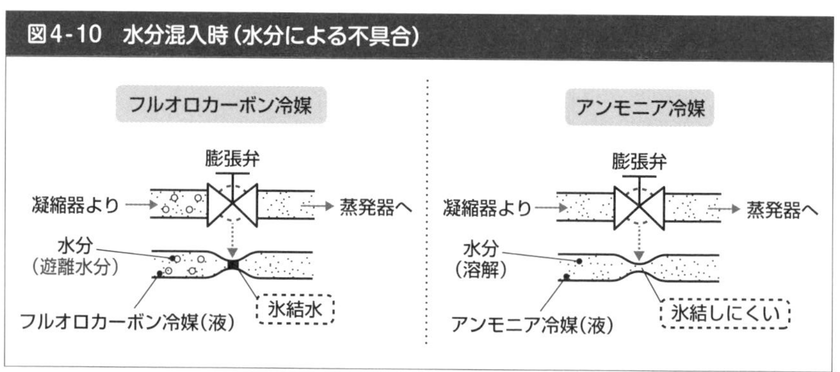

4) 油と冷媒の相溶性（表4-4）

冷凍装置内には常に油が混入しているために、冷媒と油の組合せにより溶け込みます。冷凍機油には、数種類の**鉱油**（鉱物油）と数種類の**合成油**があり、冷媒により適正な油を選択して使用します。一般的には、**冷媒によく溶け合う油**（**相溶性**の油という）を使用します。

●フルオロカーボン冷媒

・**よく溶け合う油を選定して使用します。**そのため、冷媒により次の組み合せの油を使用します。

・**HCFC冷媒**(R22……**鉱油**(ナフテン系))
・**HFC冷媒**(R32、R134a、R410A……**合成油**(**PAG**(ポリアルキレングリコール油)又は**POE**(ポリオールエステル油))
・**HFO冷媒**(R1234yf、R1234ze……**合成油**(同上))

●アンモニア冷媒

・**鉱油とほとんど溶け合わない**ために、定期的に蒸発器、受液器などから油を抜き取る必要があります。
ただし、**近年、よく溶け合う油(合成油)が実用化**されています。

キーポイント

1 冷凍機油が冷媒に溶け込む割合(**相溶性**という)は、**圧力が高い**ほど、**温度が低い**ほど**大きくなります**。

2 **HFC・HFO冷媒用**の**合成油**は**空気中の水分を吸収しやすい**ため、油缶の密閉性や、保管時に空気との接触に注意します(詳細は第14章)。……**PAG油**、**POE油**はいずれも**合成油**です。

2　冷媒漏れ検出方法

冷媒漏れの検出方法は、各種の検知方法、検出器があります(表4-4)。

●フルオロカーボン冷媒

・特性　：**無臭**、**無色**
・検出方法：①**電気式検出器**、②**ハライドトーチ式ガス検出器**、③**蛍光剤法**、④**発泡液の塗布式**など。

●アンモニア冷媒

・特性　：**独特の刺激臭**(**毒性ガス**)
・検出方法：①**電気式検出器**、②**硫黄との反応(白煙)式**、③**発泡液の塗布式**など。

「フルオロカーボン冷媒」と「アンモニア冷媒」の性質の違いを整理しておきましょう。
この2つは、ちょうど性質が反対となりますので、覚えやすいです。
なお、「フルオロカーボン冷媒」には、何種類かの冷媒がありますが、兄弟みたいなもので、性質がほとんど同じです。

表4-4　フルオロカーボン冷媒とアンモニア冷媒の比較

項目＼冷媒	フルオロカーボン冷媒 (R22、R134a、R407C、R404A、R410A、R32、R1234yf、R1234zeなど)	アンモニア冷媒 (R717)
液比重 (冷媒液に油が混入した場合)	•**液比重**は約1.1～1.3と重く、油(約0.9)のほうが軽いために、**油は上面**に浮く。	•**液比重**は約0.6と軽く、油(約0.9)のほうが重いために、**油は底部**に溜まる。
ガス比重 (冷媒が漏れた場合)	•**ガス比重**は空気比で約1.8～4.0と非常に重い。**床部**にとどまり、酸素欠乏(酸欠)になる。	•**ガス比重**は空気比で約0.6と軽い。空気より軽く、**天井部**にとどまる。 •除害設備の設置義務あり。
水分混入時	•水分はほとんど溶け合わないため、**遊離水分**となる。 •**加水分解**(冷媒が水分で分解すること)する。分解して、酸性物質をつくり、金属を腐食させる。	•水分はよく溶け込むため、**アンモニア水**となり、アンモニア濃度がわずかに薄まる。少量(微量)の水分であれば、特に問題は発生しない。ただし、多量に混入すると、伝熱性能が低下したり冷凍機油を乳化(油に水分が混入し、白濁すること)させる。
油と冷媒の相溶性	•冷媒と油種**(相溶性の油)**(例) ・HCFC冷媒(R22…鉱油) ・HFC冷媒(R32、R134a、R410A…合成油) ・HFO冷媒(R1234yf、R1234ze…合成油)	•鉱油とはほとんど溶け合わない。ただし、合成油は溶け合う。
金属の腐食性	•**アルミニウム合金**(2%以上のマグネシウム)は使用できない。	•**銅**及び**銅合金**は使用できない。
毒性 (冷媒が漏れた場合)	•**無色・無臭・無害で安全な冷媒**。ただし、裸火(炎など)や高温物体(高温の電気ヒータなど)に接すると、有毒のホスゲンガスが発生する。	•**強い毒性ガス**であり、冷凍保安規則で「毒性ガス」に指定されている。
可燃性	•**不燃性ガス**(燃焼性なし) •R32、R1234yf、R1234ze…微燃性ガス	•**可燃性ガス**(実用上は、ある濃度範囲だけで燃焼する性質)であり、冷凍保安規則で「可燃性ガス」に指定されている。
漏えい検出方法 (何種類かの検出方法あり)	①電気式検出器…高感度検出 ②ハライドトーチ式ガス検出器…炎色反応 ③蛍光剤法…蛍光剤を蛍光灯で検出 ④発泡液の塗布式…泡で検出	①電気式検出器…高感度検出 ②硫黄との反応式…白煙(硫化アンモニウム)発生で検知 ③発泡液の塗布式…泡で検出

Theme 2 ブライン

重要度：★★★

ブラインとは、凍結温度（共晶点ともいう）が0℃以下の液体で、顕熱（温度変化するときの熱）を利用して空気、食品、製氷などを冷却する冷却媒体です。

●ブラインの種類と使用条件（凍結温度、実用使用温度など）を整理して理解しておく。

1 ブラインの種類

ブライン（**不凍液**ともいう）とは、**凍結温度**が**0℃以下**で、その**顕熱**を利用して被冷却物を冷却する熱媒体で、以下のものが多く使用されています（表4-5）。

①**無機ブライン**…**塩化カルシウム**や**塩化ナトリウム**（食塩水）
②**有機ブライン**…**エチレングリコール**や**プロピレングリコール**

いずれのブラインも原液を水で薄めた**水溶液**であり、**規定の濃度**で使用します。各**ブライン濃度**と**凍結温度**（**凍結点**、**共晶点**ともいう）の関係を示します（図4-11）（表4-5）。また、**二酸化炭素**は、アンモニア冷凍装置で冷却され、**二次冷媒（ブライン）**として使用されます。その際は二酸化炭素の液が蒸発器で蒸発するため**顕熱と潜熱の両方**を利用する熱媒体となります。

キーポイント

1 金属腐食を防止するために、**腐食抑制剤**を添加して使用します。
2 **濃度**は**ブラインテスター**、**ブライン濃度計**、**比重計**で測定できます。
3 一般に、**濃度**が**高い**ほど**凍結温度**は**低下**します（表4-5）（図4-11）。
4 各ブラインの**凍結温度**と**最低使用温度（実用温度）**は、表4-5、図4-11で示してあります。……具体的な各温度を理解しておいてください。
5 ブライン濃度が低下する（薄くなる）と凍結温度が上昇し、凍結しやすくなりますので、使用中の**濃度管理**が必要になります（図4-11）。

6 金属腐食は、空気中の酸素が溶け込むとより進行しますので、できるだけ**空気と接触**しないように使用します。

①ブラインタンクへの**戻り配管の出口部**を**ブライン液面下**に入れるようにします。……戻り配管からブラインが落下するときにブライン内に空気泡（酸素）の溶け込みを少なくするため。

②ブラインの漏れがあると、その付近の金属腐食が進行します。……空気中の酸素と反応するため。

7 **プロピレングリコール**は、毒性がほとんどないため、**食品**、**飲料など**に使用されます（表4-5）。

表4-5　主なブラインの種類と特性（例）

	ブライン名	最低使用温度(℃)	凍結温度(濃度)(℃)(重量%)	主な用途
無機ブライン	**①塩化カルシウム**	−40℃	−55℃　(30%)	**製氷**、**冷凍**、冷蔵、工業用
無機ブライン	**②塩化ナトリウム**(食塩)	−15℃	−21℃　(23%)	**食品**
有機ブライン	**③エチレングリコール**	−30℃	−40℃　(69%)	工業、スケートリンク用
有機ブライン	**④プロピレングリコール**	−30℃	−45℃　(60%)	**食品**、**飲料**、医薬品、化粧品用

図4-11　ブライン濃度と凍結温度

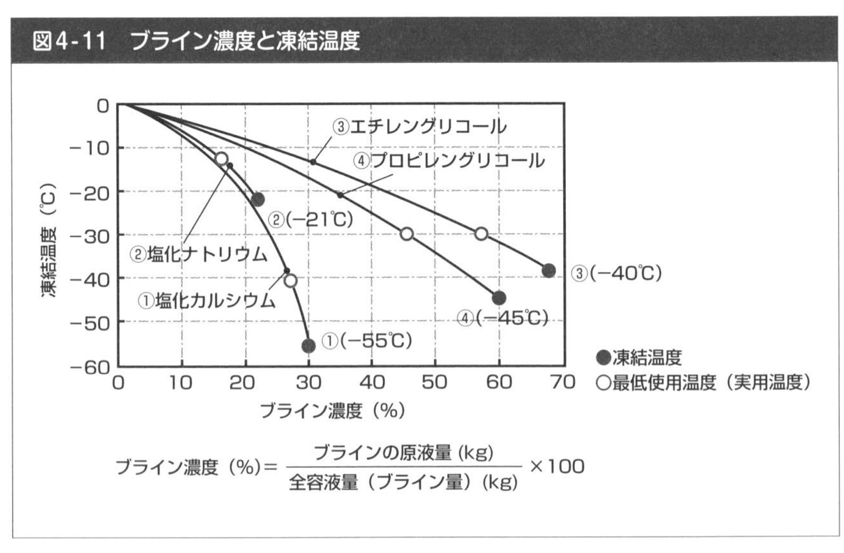

Question

問題を解いてみよう

以下の質問に○か×で解答してください。

問1 標準沸点（沸点）が低い冷媒は、一般的に同じ温度で、圧力も低い。

問2 「非共沸混合冷媒」は、蒸発するときは標準沸点（沸点）の低い冷媒が多く蒸発し、凝縮するときは沸点の高い冷媒が多く凝縮するため、蒸発時、凝縮時とも、液相と気相の成分割合が変化する。

問3 凝縮はじめの温度を「露点温度」、凝縮終わりの温度を「沸点温度」といい、その温度差を「温度勾配」という。

問4 混合冷媒は、「共沸混合冷媒」と「非共沸混合冷媒」に分類される。共沸混合冷媒は、混合前の各単一成分冷媒の標準沸点（沸点）が同じ冷媒であり、非共沸混合冷媒は、各単一成分冷媒の標準沸点（沸点）が異なるものである。

問5 アンモニア冷媒の液比重は、冷凍機油より軽いため、蒸発器内では冷凍機油が底部に溜まる。一方、フルオロカーボン冷媒の液比重は、冷凍機油より重いため、蒸発器内では冷凍機油が上面（表面）に溜まる状態になる。

問6 冷媒が漏れた場合、アンモニア冷媒は空気より軽く、機械室の天井面に溜まり、フルオロカーボン冷媒は空気より重いため、床面（下部）に溜まる。

問7 無機ブラインである塩化カルシウムの実用温度は－30℃程度であり、塩化ナトリウムの実用温度は－15℃程度である。

Answer

答え合わせ

問1 × 沸点が低い冷媒は、一般的に圧力は高い。

問2 ○ 記述は正しい。

問3 ○ 記述は正しい。

問4 ○ 記述は正しい。

問5 ○ 記述は正しい。

問6 ○ 記述は正しい。

問7 × 塩化カルシウムの実用温度は－40℃程度である。

MEMO

熱の移動

蒸気圧縮式冷凍装置での凝縮器、蒸発器を製作する際に、その伝熱量を計算する必要があります。その伝熱量をどのように算出するのかを理解することが必要です。

Theme 1

熱の移動

凝縮器、蒸発器などの熱交換器の伝熱量を算出するための予備知識として、熱の移動の原理を理解しておきます。

重要度：★★☆

- 熱の移動形態（熱伝導、熱伝達）による伝熱量から、熱交換器の伝熱量を算出する計算式を理解しておく。
- 凝縮器、蒸発器を製作する際に、その伝熱量を算出するための基礎的な知識を理解しておく。

熱の移動には、一般には**熱伝導**、**熱伝達**、**熱放射**（**熱ふく射**）の3つの形態があります。しかし、冷凍装置では**熱放射**はほとんど関与しないために、**熱伝導**と**熱伝達**を考えます。

1 熱伝導と伝熱量

熱伝導とは、**熱が物体内（気体、液体、固体）を高温端（部）から低温端（部）に移動する現象**です。

具体的には、**凝縮器や蒸発器の伝熱管の管材（銅管、鋼管など）やフィン材やプレート（板）材内部の熱移動**です。……一般的な熱伝導とチューブでの熱伝導の説明を下図で示します（図5-1）。

図5-1　熱伝導と伝熱量

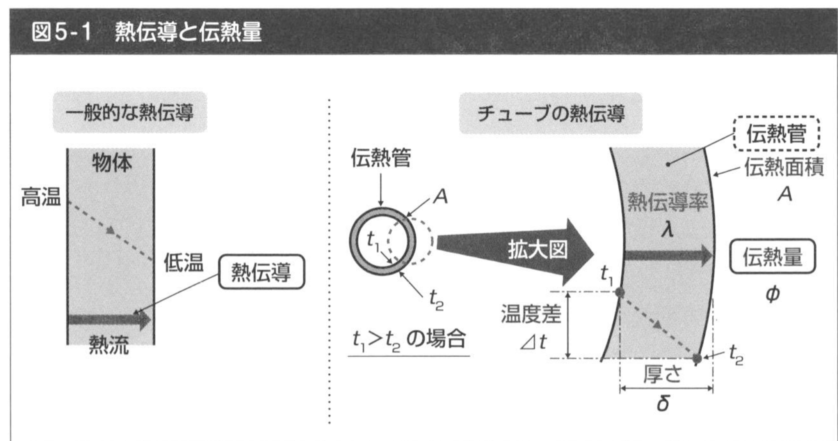

その**伝熱量**（**熱伝導量**）ϕ（kW）は、下式で表せます。

$$\phi = \frac{\lambda \cdot A \cdot \Delta t}{\delta} \text{(kW)} \cdots\cdots (5.1)$$

ここで、λ　：熱伝導率（kW/（m・K））　A：伝熱面積（m^2）
Δt：物体（管材など）内の温度差（K）
δ　：物体（管材など）の厚さ（m）

つまり、**熱伝導量ϕ**は、**熱伝導率λ**、**伝熱面積A**、**物体内の温度差Δtに比例**し、**物体の厚さδ**に**反比例**します。

上式の比例係数の**熱伝導率λ**とは、**熱の伝わりやすさ**を数値で表示したもので、数値の大きいほど伝わりやすい物質であり、物質によりほぼ決まった**物質固有の値**になっています。その代表的なものを下表に示します（表5-1）。

表5-1　熱伝導率（例）

物質		熱伝導率λ〔W/(m・K)〕	物質		熱伝導率λ〔W/(m・K)〕
伝熱材	鉄鋼	35～58	流体	空気	0.023
	銅	370		水	0.59
	アルミニウム	230		氷	2.2
壁防熱材	木材	0.09～0.15		R134a（液）	0.093
	鉄筋コンクリート	0.8～1.4		R134a（蒸気）	0.012
	炭化コルク板	0.052	管付着物	水あか	0.93
	ポリウレタンフォーム	0.023～0.035		油膜	0.14
	スチロフォーム	0.035～0.041		雪層（新しいもの＝霜）	0.10
	グラスウール	0.035～0.046		雪層（古いもの）	0.49

『初級冷凍受験テキスト』（公益社団法人 日本冷凍空調学会）……引用資料

● 「熱伝導」、「熱伝達」、「熱通過」の定義。
● 「伝導率」の大きさ、「熱伝達率」の大きさの違い。
● 熱交換器の「平均温度差」の使い方。
以上の内容に関して多く出題されています。

キーポイント ……以下は、表5-1より

1 熱伝導率は、一般に物質が**気体(空気)**、**冷媒(液)**、**液体(水)**、**固体(氷)の順に大きく**なります。冷媒液は冷媒蒸気より大きい。

2 熱伝導率は、**銅(銅管)は鉄(鉄管)の約10倍以上も大きい。**

3 伝熱材表面の付着物の**水あか**、**油膜**、**霜(雪層)の熱伝導率は非常に小さい。**よって、表面に付着すると熱を伝えにくくなります。

……これは、凝縮器や蒸発器の水あかの除去・洗浄や油の抜き取り、除霜(デフロスト)などに関係します。

4 **防熱材**(ポリウレタン、スチロフォーム、グラスウールなど)は、熱伝導率が小さいほど断熱性がよい材料といえます。

式(5.1)を展開すると、次式となります。

$$\phi = \frac{\Delta t}{\left(\frac{\delta}{\lambda \cdot A}\right)} \text{(kW)} \qquad \cdots\cdots (5.2)$$

上式の分母の**(δ/λ・A)**を**熱伝導抵抗**といい、**熱の伝わりにくさ**を数値で表したものです。この**熱伝導抵抗**を小さくすれば伝熱量が大きくなります。

そこで、実用的な凝縮器や蒸発器では**熱伝導抵抗を小さく**するために、**伝熱管やフィン表面に付着した熱伝導率λ**の小さい**水あか**、**油膜**、**霜**などを少なくしたり、なくしたりして運転する必要があります。

この熱伝導抵抗は、以下のオームの法則と同じ法則で説明できます。

式(5.2)を電気の**オームの法則　I＝V／R(Iは電流、Vは電圧、Rは電気抵抗)**と比較してみると、以下の関係となります(下図)。……**参考**

電流Iは**伝熱量(熱流ともいう)**、電圧Vは**温度差**、電気抵抗Rは**熱伝導抵抗**に相当し、**伝熱量(熱伝導量)φと電流I**には、同じ法則が成り立ち、熱も電気も同じ現象として説明できます。つまり、電気抵抗Rを小さくすれば、電流Iは大きくなります。……**参考**

オームの法則

$$I = \frac{V}{R}$$

I、R、V

温度差(Δt)

熱伝導抵抗 $\left(\frac{\delta}{\lambda A}\right)$

伝熱量(φ)

2　熱伝達と伝熱量

熱伝達とは、**固体壁面**（伝熱管内・外面、フィン表面、プレート表面など）**とそれに接している流体**（空気、水、冷媒など）**との間で、高温側から低温側に熱が移動する現象**です。……一般的な熱伝達とチューブの説明を下図で示します（図5-2）。

図5-2　熱伝達と伝熱量

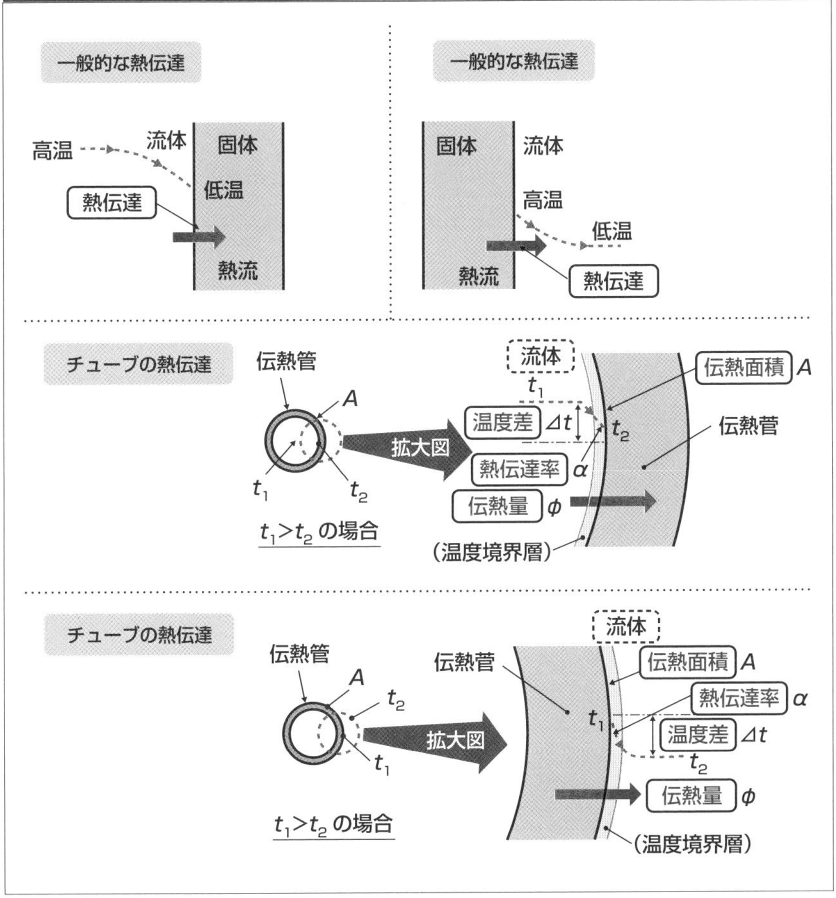

一般的な熱伝達
高温
流体
固体
低温
熱伝達
熱流

一般的な熱伝達
固体
流体
高温
低温
熱流
熱伝達

チューブの熱伝達
伝熱管
A
t_1
t_2
$t_1>t_2$ の場合
拡大図
流体
t_1
温度差 Δt
t_2
熱伝達率 α
伝熱量 ϕ
（温度境界層）
伝熱面積 A
伝熱管

チューブの熱伝達
伝熱管
A
t_2
t_1
$t_1>t_2$ の場合
拡大図
伝熱管
流体
伝熱面積 A
熱伝達率 α
t_1
温度差 Δt
t_2
伝熱量 ϕ
（温度境界層）

「熱伝導抵抗」とは、電気における電気抵抗に相当するものと考えるとわかりやすくなります。つまり、オームの法則（電流と電圧と電気抵抗の関係）と、熱伝導の法則（熱伝導量と温度差と熱伝導抵抗の関係）は同じです。

凝縮器や蒸発器では、以下の熱伝達の種類があります。

・**強制対流熱伝達**：ポンプやファンなどにより**流動している流体**（空気、水、冷媒など）と伝熱管、フィン、プレート表面との熱移動現象。
・**自然対流熱伝達**：流れのない**静止している流体**（空気、水、冷媒など）と伝熱管、フィン、プレート表面との熱移動現象。

その**伝熱量**（**熱伝達量**）ϕは、下式で表せます。

$$\phi = \alpha \cdot A \cdot \Delta t \quad \text{(kW)} \cdots\cdots\cdots\cdots (5.3)$$

ここで、α：熱伝達率（kW/（m^2・K））　A：伝熱面積（m^2）
Δt：温度差（流体温度と伝熱面の表面温度との温度差）（K）

つまり、**熱伝達量**ϕは、**熱伝達率**α、**伝熱面積**A、**温度差**Δtに**比例**します。

上式の比例係数の**熱伝達率**αとは、**熱の伝わりやすさ**を数値で表したもので、数値の大きいほど伝わりやすく、**伝熱表面の形状、流体の種類、流速等の流れの状態など**により異なります。その代表的なものを下表に示します（表5-2）。

なお、この表は、流体の流速や流れの状態により異なるために数値に幅がありますが、比較する際に、大きな値（右側の**太字**）を参考にしてみてください。

表5-2　熱伝達率（例）

流体の種類とその状態		熱伝達率 α（kW/（m^2・K））	
気体（空気など）	自然対流	0.005～**0.012**	空気などの静止状態（無風状態）
	強制対流	0.012～**0.12**	ファンなどによる空気熱交換器（コイルなど）への送風状態
液体（水など）	自然対流	0.08～**0.35**	水、ブラインなどがタンク内に溜まった状態
	強制対流	0.35～**12.0**	水、ブラインなどがポンプにより伝熱管内などを流れている状態
冷媒蒸発（蒸発器）	アンモニア	3.5～**5.8**	蒸発器の表面で蒸発（沸騰）する状態
	R22	1.7～**4.0**	
冷媒凝縮（凝縮器）	アンモニア	5.8～**8.1**	凝縮器の表面で凝縮（液化）する状態
	R22	2.9～**3.5**	

『初級冷凍受験テキスト』（公益社団法人 日本冷凍空調学会）……引用資料

キーポイント ……以下は、表5-2より

1 熱伝達率は、一般に流体が**気体（空気）**、**凝縮や蒸発（冷媒）**、**液体（水など）の順に大きく**なります。……これは、凝縮器、蒸発器において、**熱伝達率の小さい流体側にフィン**を取り付ける目的・意味に関係します。

2 熱伝達率は、**流体の流速が速いほど、大きくなります。**……このため、一般の凝縮器、蒸発器では液体の流速や風速を大きくして使用します。

3 **液体（水など）**の熱伝達率は、**気体（空気）の約100倍**になります（強制対流熱伝達時）。……**参考**

4 **強制対流時**の熱伝達率は、**自然対流時の約10～30倍**になります。……気体、液体の場合……**参考**

5 一般に、**アンモニア冷媒の熱伝達率は、フルオロカーボン冷媒より大きい**です。……**参考**

式(5.3)を展開すると、下記となります。

$$\phi = \frac{\Delta t}{\left(\frac{1}{\alpha \cdot A}\right)} \text{(kW)} \quad \cdots\cdots (5.4)$$

上式の分母の**(1/α・A)**を**熱伝達抵抗**といい、**熱の伝わりにくさ**を表したものです。この**熱伝達抵抗**を小さくすれば伝熱量が大きくなります。

そこで、実用的な凝縮器や蒸発器では、上式の分母のαはほぼ決まっていますので、**伝熱面積A**を大きくして**熱伝達抵抗**を小さくするために、**フィン**（ひれの意）を付けるようにして設計、製作します（詳細は第6章、第7章）。

先の熱伝導抵抗と同じく式（5.4）を電気の**オームの法則　I＝V/R（Iは電流、Vは電圧、Rは電気抵抗）**と比較してみると、以下の関係となります（下図）。……**参考**

電流Iは**伝熱量（熱流**ともいう）、電圧Vは**温度差**、電気抵抗Rは**熱伝達抵抗**に相当し、**伝熱量（熱伝達量）ϕと電流I**には同じ法則が成り立ち、熱も電気も同じ現象として説明できます。……**参考**

オームの法則

$$I = \frac{V}{R}$$

I、R、V

V ←温度差（Δt）
R ←熱伝達抵抗$\left(\frac{1}{\alpha A}\right)$
I ←伝熱量（ϕ）

3　熱通過と伝熱量

実際の熱交換器（凝縮器や蒸発器）では、伝熱管、伝熱プレートの両側で、温度差のある流体が熱交換する場合に、どれだけの熱量が伝わるのかを考えます（図5-3）。

流体Ⅰ側から伝熱管、フィン、プレートの表面に向かって**熱伝達**で熱が伝わり、次に伝熱管、フィン、プレート内を**熱伝導**で熱が伝わり、さらに伝熱管（板）表面から流体Ⅱ側に**熱伝達**で熱が伝わっていきます。その全体の伝熱量は、それぞれの伝熱量によって決まります。その総合的な伝熱量を**熱通過量（熱交換量）**といいます。

なお、凝縮器や蒸発器では、一方の流体は冷媒であり、反対側の流体は空気又は水などとなります。

■1　熱通過と熱通過量

熱通過とは、**伝熱管やプレートを隔てた温度差のある2つの流体の間での熱移動**です。……一般的な熱通過とチューブの熱伝達の説明を図で示します（図5-3）。

熱通過量ϕは、下式で表せ、凝縮器や蒸発器の伝熱管、フィン、プレートなどでの伝熱量の算出に使われます。

$$\phi = K \cdot A \cdot \Delta t \quad (\mathrm{kW}) \cdots\cdots (5.5)$$

ここで、K：熱通過率（$\mathrm{kW/(m^2 \cdot K)}$）　A：伝熱面積（$\mathrm{m^2}$）
Δt：温度差（2流体間の温度差）（K）

ここで、$\Delta t = \Delta t_1 + \Delta t_2 + \Delta t_3 = t_1 - t_2$となります（図5-3）。

つまり、**熱通過量**ϕは、**熱通過率**K、**伝熱面積**A、**温度差（2流体間の温度差）**Δtに**比例**します。

熱通過率Kとは、**流体Ⅰから流体Ⅱに伝わる熱の伝わりやすさ**を数値で表したもので、数値が大きいほど、熱が伝わりやすく性能がよい熱交換器ということになります。

式（5.5）を展開すると、次式となります。

$$\phi = \frac{\Delta t}{\left(\frac{1}{K \cdot A}\right)} \quad (\mathrm{kW}) \cdots\cdots (5.6)$$

図5-3　熱通過と伝熱量

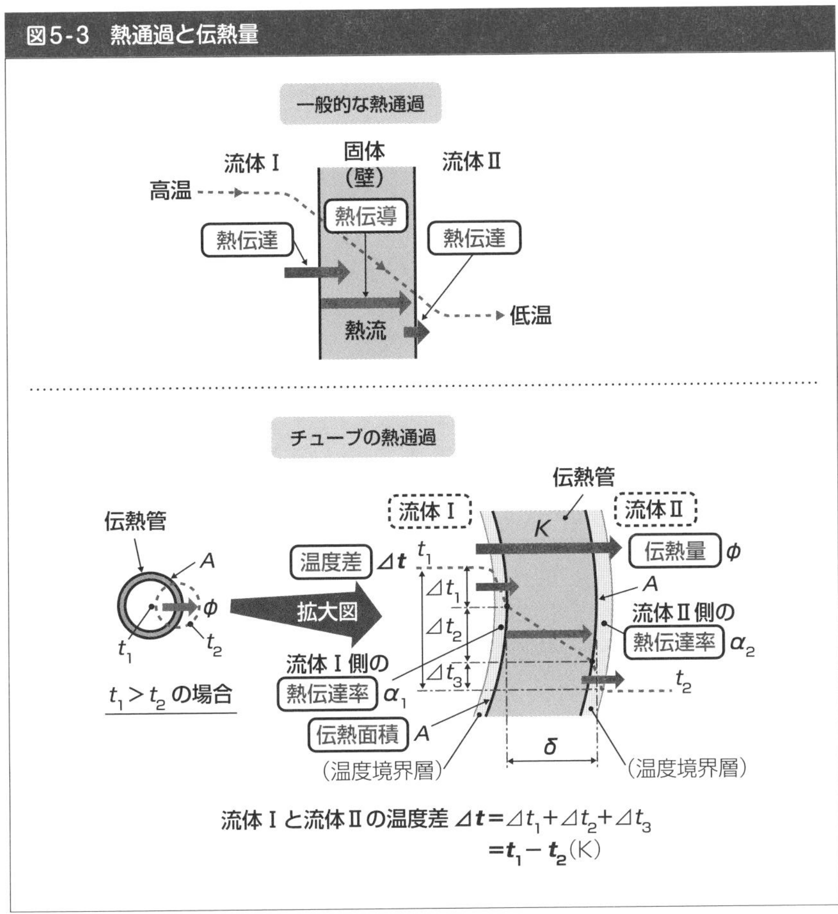

上式の分母の **(1/K・A)** を**熱通過抵抗**といい、**流体Ⅰから流体Ⅱに伝わる熱の通り抜けにくさ**を表したものです。この**熱通過抵抗**を小さくすれば伝熱量が大きくなります。

ここで、式(5.2)と流体Ⅰ側の式(5.4)及び流体Ⅱ側の式(5.4)の3つの式の$\varDelta t$は、それぞれ$\varDelta t_1$、$\varDelta t_2$、$\varDelta t_3$に変換して3つの式を足して整理すると、以下の式となります。

$$\varDelta t = \phi\left(\frac{1}{\alpha_1 \cdot A} + \frac{\delta}{\lambda \cdot A} + \frac{1}{\alpha_2 \cdot A}\right) \quad \cdots\cdots (5.7)$$

ここで、$\varDelta t = \varDelta t_1 + \varDelta t_2 + \varDelta t_3 = t_1 - t_2$……図5-3の下図を参照。

また、α_1は、流体Ⅰ側、α_2は、流体Ⅱ側のそれぞれの**熱伝達率**を表します（図5-3）。式5.7を展開すると、下記となります。

$$\phi = \frac{\Delta t}{\frac{1}{\alpha_1 \cdot A} + \frac{\delta}{\lambda \cdot A} + \frac{1}{\alpha_2 \cdot A}} \text{(KW)} \cdots\cdots (5.8)$$

よって、式(5.6)の**熱通過抵抗**（1/*K*・*A*）は、上式の**熱伝達抵抗**（1/α1・*A*）、**熱伝導抵抗**（δ/λ・*A*）、**熱伝達抵抗**（1/α2・*A*）の**3つの和**になります。

すなわち

$$\frac{1}{K \cdot A} = \frac{1}{\alpha_1 \cdot A} + \frac{\delta}{\lambda \cdot A} + \frac{1}{\alpha_2 \cdot A} \text{(K/kW)} \cdots\cdots (5.9)$$

前項と同じく、式(5.8)、(5.9)を電気の**オームの法則　I＝V/R（Iは電流、Vは電圧、Rは電気抵抗）**と比較してみると、以下の関係となります（図5-4）。……**参考**

電流Ⅰは**熱通過量**、電圧Vは**温度差**、電気抵抗Rは**熱通過抵抗**に相当し、**熱通過量ϕと電流I**には同じ法則が成り立ち、さらに、**直列接続の電気抵抗の合計抵抗**は、**3つの電気抵抗の和**となるのと同じく、**熱通過抵抗**は、**熱伝達抵抗**、**熱伝導抵抗**、**熱伝達抵抗**の**3つの熱抵抗の和**となり、熱も電気も同じ現象として説明できます。……**参考**

図5-4　オームの法則

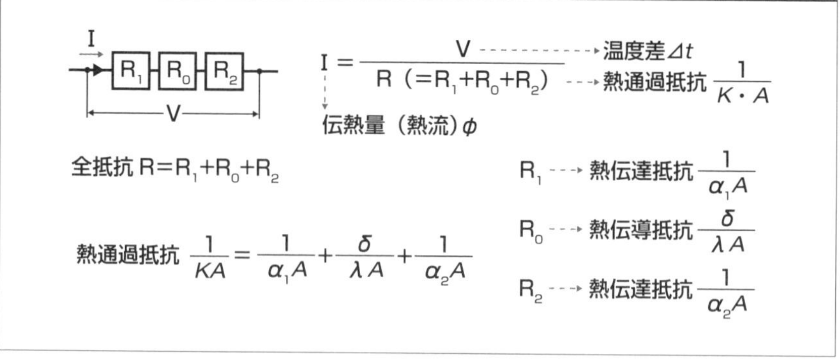

実際の凝縮器や蒸発器では、**熱通過抵抗を小さくするためには3つの熱抵抗の和を小さくすればよいが、その中の1つの熱抵抗が大きいと全体の熱抵抗に大きく影響するために、その中の大きな熱抵抗に着目し、それを小さくする工夫（一般にはフィンを付けてAを大きくする）をしてつくられています**（詳細は第6章、第7章）。

一般に、**(δ / λ・A) は小さく**、**(1/ α_1・A)** 又は **(1/ α_2・A) が大きい**。よって、伝熱面積Aを大きくし、各抵抗の分母を大きくして、抵抗を小さくする。

式(5.9)で、伝熱面積Aを消去すると（通常の伝熱管、伝熱プレートでは、両面の面積はほぼ同じため)、

$$\frac{1}{K}=\frac{1}{\alpha_1}+\frac{\delta}{\lambda}+\frac{1}{\alpha_2}\ (\mathrm{m^2K/kW}) \cdots\cdots (5.10)$$

さらに、上式を展開すると、

$$K=\frac{1}{\frac{1}{\alpha_1}+\frac{\delta}{\lambda}+\frac{1}{\alpha_2}}\ (\mathrm{kW/m^2K}) \cdots\cdots (5.11)$$

よって、式(5.11)より**熱通過率K**は、**熱伝達率α_1**と**α_2**、**熱伝導率λ**、**伝熱管（板）の伝熱導率λ**と**その厚さδ**の値が解れば算出できます。

よって、**K**を算出すれば、**熱通過量ϕ**は、式(5.5)を使って算出できます。

■2　温度差$\varDelta t$

前項1の式(5.5)すなわち、**$\phi=K\cdot A\cdot \varDelta t$** (kW) の**温度差$\varDelta t$**には、以下の2つがあります。

1) 固体壁（冷蔵庫、空調室などの壁面など）の伝熱量を計算する場合の温度差

室外と室内の温度差は、壁面場所（壁、天井、床など）によって変わりますが、1つの壁面では、位置によって変わらず、**ほぼ一定**となりますので、上記の計算式の温度差をそのまま使用して算出できます。

2) 熱交換器（凝縮器や蒸発器など）の伝熱量を計算する場合の温度差

冷媒側の温度はほぼ一定（正確には多少変化があります）**ですが、空気や水などは入口から出口に向かって変化**します。

この場合には、どの位置（入口の位置、出口の位置）の温度差（$\varDelta t$）を使用するかで計算値（ϕ）が異ってしまいます。蒸発器の例を図で示します（図5-5)。

この場合に、**冷媒温度と入口温度との差$\varDelta t_1$**及び**冷媒温度と出口温度との差$\varDelta t_2$を平均した温度差**（これを**平均温度差$\varDelta t_m$**という）を使用すればよいことになります。……$\varDelta t_m$のmはmean：平均を表わす。

つまり、**$\phi=K\cdot A\cdot \varDelta t_m$**で算出すればよいことになります。

なお、この平均温度差にも以下の2つがあります。

図5-5　熱交換器の伝熱量（蒸発器の例）

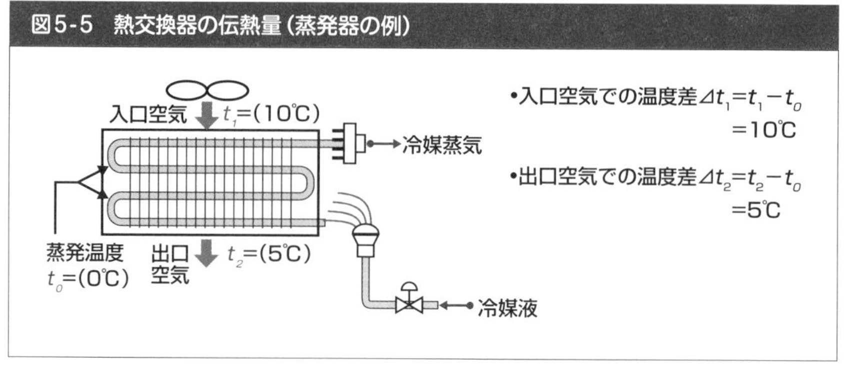

①**対数平均温度差$\varDelta t_{lm}$**

実際の多くの熱交換器では、入口から出口への温度変化は**指数曲線**で変化しますので、この場合の**平均温度差**は下式で計算できます。

$$\varDelta t_{lm} = \frac{\varDelta t_1 - \varDelta t_2}{\ln \dfrac{\varDelta t_1}{\varDelta t_2}} \text{(K)} \cdots\cdots (5.12)$$

ここで、lnは自然対数を表します。

②**算術平均温度差$\varDelta t_m$**

入口から出口への温度変化が**直線的と仮定した平均温度差**は下式で計算できます。

$$\varDelta t_m = \frac{\varDelta t_1 + \varDelta t_2}{2} \text{ (K)} \cdots\cdots (5.13)$$

$$= \frac{(t_1 - t_0) + (t_2 - t_0)}{2}$$

$$= \frac{t_1 + t_2}{2} - t_0$$

ここで、t_1：入口温度（℃）　t_2：出口温度（℃）　t_0：蒸発温度（℃）

$\varDelta t_1$と$\varDelta t_2$の差（又は$\varDelta t_1 / \varDelta t_2$）があまり大きくない場合は、**対数平均温度差**と**算術平均温度差**との誤差は**数%**（$\varDelta t_1 / \varDelta t_2 = 2$程度のときは、**約4～5%程度**、正しくは図5-6）であり、**実用上の概算では算術平均温度差**を用いても問題ありません。

図5-5で算出した例（図5-7）では$\Delta t_{lm}=7.2$K、$\Delta t_m=7.5$Kとなり、算術平均温度差Δt_mのほうが数%（約4%）ほど大きくなります。

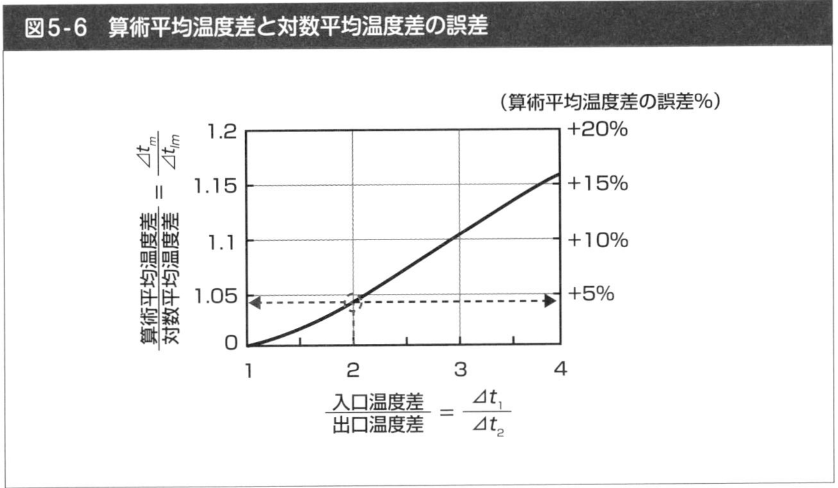

図5-6　算術平均温度差と対数平均温度差の誤差

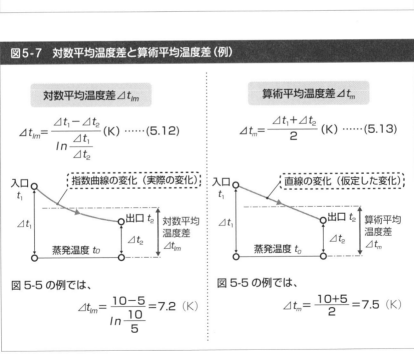

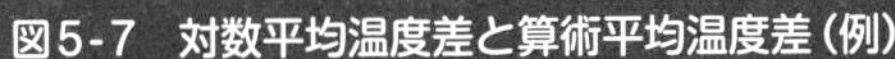

図5-7　対数平均温度差と算術平均温度差（例）

対数平均温度差Δt_{lm}

$$\Delta t_{lm}=\frac{\Delta t_1-\Delta t_2}{ln\dfrac{\Delta t_1}{\Delta t_2}}\ \text{(K)} \quad \cdots\cdots(5.12)$$

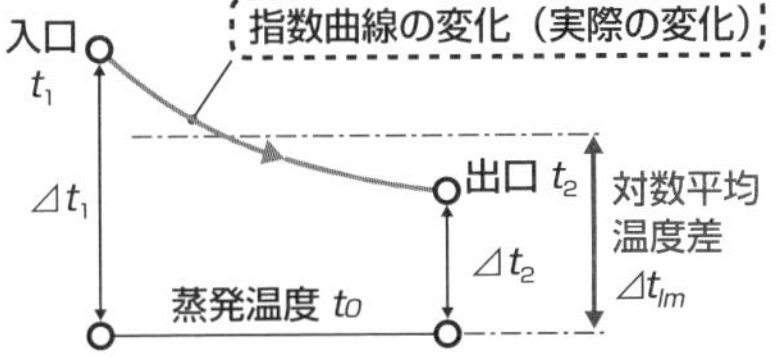

図 5-5 の例では、

$$\Delta t_{lm}=\frac{10-5}{ln\dfrac{10}{5}}=7.2\ \text{(K)}$$

算術平均温度差Δt_m

$$\Delta t_m=\frac{\Delta t_1+\Delta t_2}{2}\ \text{(K)} \quad \cdots\cdots(5.13)$$

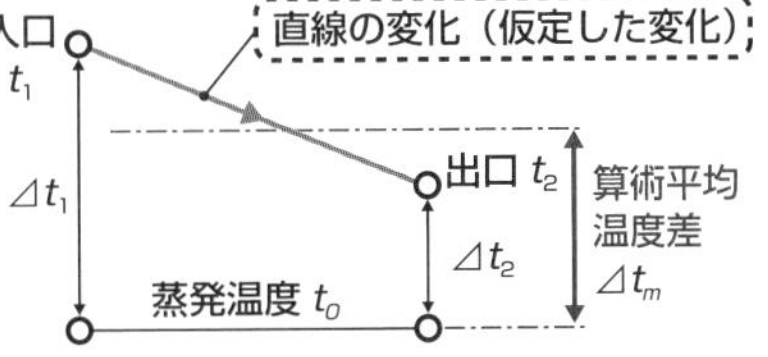

図 5-5 の例では、

$$\Delta t_m=\frac{10+5}{2}=7.5\ \text{(K)}$$

Question 問題を解いてみよう

以下の質問に○か×で解答してください。

問1　「熱伝導」による「伝熱量（熱伝導量）Φ」は、「熱伝導率λ」、「伝熱面積A」、「温度差Δt」に比例し、「物体の厚さδ」に反比例する。

問2　「熱伝導率」は、物体の熱の伝わりやすさを表す値であり、物質により決まっている物質固有の値である。

問3　「熱伝達」による「伝熱量（熱伝達量）Φ」は、「熱伝達率α」、「伝熱面積A」、「温度差Δt」に比例する。

問4　「熱伝達率」は、表面での熱の伝わりやすさを表す値であり、表面の形状、流体の種類、流速等の流れの状態などにより決まる値であり、一般に気体（空気など）、冷媒（凝縮面、蒸発面など）、液体（水など）、の順で小さくなる。

問5　熱通過による「伝熱量（熱通過量）Φ」は、「熱通過率K」、「伝熱面積A」、「2流体間の温度差Δt」に比例する。

問6　流体Ⅰと流体Ⅱの熱交換器において、「熱通過抵抗」は、Ⅰ側の「熱伝達抵抗」と「熱伝導抵抗」とⅡ側の「熱伝達抵抗」の和となる。

問7　「熱通過率K」は、熱伝達率α_1とα_2、熱伝導率λ、伝熱管（板）の厚さδによって算出できる。

Answer 答え合わせ

問1　○　記述は正しい。

問2　×　熱伝導率は、気体（空気など）、液体（水など）、固体（氷など）の順に大きくなる。

問3　○　記述は正しい。

問4　×　一般的に強制対流での熱伝達率は、液体は気体の100倍程度と大きく、かつ、液体は冷媒の2～3倍程度大きくなる。

問5　○　記述は正しい。

問6　○　記述は正しい。

問7　○　記述は正しい。

凝縮器

凝縮器とは、圧縮機で圧縮された高温・高圧の冷媒ガスを空気や水などで冷やして凝縮（液化という）させて、常温（30～50℃程度）・高圧（1.0～2.0MPa程度）の冷媒液にする熱交換器です。

Theme

1 凝縮器

凝縮器は、冷媒蒸気を冷却して液化するものです。その際の冷却に必要な熱量を算出して凝縮器の大きさと冷却熱量（凝縮負荷）が決まります。

凝縮器は、冷却流体（冷却熱源）により形式名を分類します。

重要度：★★★

●凝縮器の種類・構造によらず、共通の冷却熱量の算出方法を理解しておく。

●3種類の凝縮器のキーポイントを整理、理解しておく。

1 凝縮負荷（凝縮熱量）の算出

凝縮負荷とは、冷媒から熱を取り出さなければならない冷却熱量です。

凝縮負荷ϕ_kは、**冷凍能力ϕ_o**に**理論断熱圧縮動力P_{th}**を**加えた熱量**で、以下の式が必ず成立ちます。

$$\phi_k = \phi_o + P_{th} \text{(kW)} \cdots\cdots (6.1)$$

また、凝縮温度と蒸発温度が決まれば理論冷凍サイクルの***p-h***線図より凝縮負荷（凝縮器の出入りのエンタルピー差）と冷凍能力（蒸発器の出入りエンタルピー差）との関係が決まります。よって、**冷凍能力**から**凝縮負荷**を求めることができます。……冷媒循環量は、同じため。

凝縮負荷ϕkは、**凝縮負荷ϕ_k**と**冷凍能力ϕ_o**との**比（ϕ_k/ϕ_o）**を計算した結果の線図により算出できます（図6-1）。ただし、この線図は、冷媒種類により異なります。……図6-1は、**R410A**を例としています。

●「凝縮負荷」の求め方（冷凍・冷蔵用装置と空調用装置の違い）。
●「水冷式」、「空冷式」、「蒸発式」の構造、性能、特徴。
●冷却水の水速（水冷式）、正面風速（空冷式）の適正値。
以上の内容に関して多く出題されています。

キーポイント

1 **冷凍・冷蔵用装置**（蒸発温度が低い冷凍装置の場合）

……ϕ_k/ϕ_o≒**1.3**～**1.5程度**：例として蒸発温度－20℃（図6-1の〇印）

2 **空調用装置**（蒸発温度が高い冷凍装置の場合）

……ϕ_k/ϕ_o≒**1.1**～**1.2程度**：例として蒸発温度＋10℃（図6-1の〇印）

3 **蒸発温度が低いほど、この比（ϕ_k/ϕ_o）は大きくなります。**……つまりϕ_kが大きくなります。

4 **凝縮温度が高いほど、この比（ϕ_k/ϕ_o）は大きくなります。**……つまりϕ_kが大きくなります。

冷凍能力ϕ_oを決めると、図6-1を使って下記の式で凝縮負荷ϕ_kの概算値を算出できます。……**冷凍能力ϕ_o**と**凝縮温度**、**蒸発温度**を決めると**凝縮負荷ϕ_k**が決まる。

・**冷凍・冷蔵用冷凍装置**……**凝縮負荷ϕ_k≒ϕ_o×1.3～1.5**

・**空調用冷凍装置**…………**凝縮負荷ϕ_k≒ϕ_o×1.1～1.2**

図6-1　凝縮負荷と冷凍能力の比（凝縮負荷の概算算出用）（例）

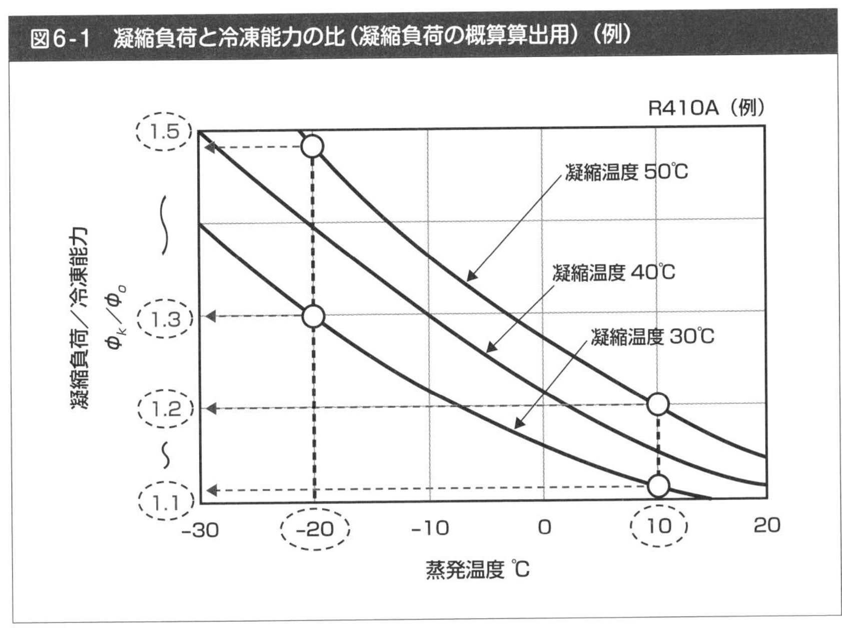

2 凝縮器の形式（種類）

凝縮器（コンデンサともいう）の冷却方式として、**空冷式、水冷式、蒸発式**の3種類があります。

それぞれの方式の構造、型式、用途などを分類した表を示します（表6-1）。

①**水冷式**：冷却塔水、工業用水、河川水、海水などの**水の顕熱**で冷却する方式。
②**空冷式**：**空気（大気）の顕熱**で冷却する方式。
③**蒸発式**：伝熱管に微細な水を散布して、**散布水の蒸発潜熱**で冷却する方式。

■1 水冷式凝縮器

水冷式凝縮器には、①**シェルアンドチューブ凝縮器**、②**二重管凝縮器**、③**ブレージングプレート凝縮器**の3種類があります（表6-1）。

表6-1 凝縮器の種類……主な用途、製品、大きさ、主な冷媒は参考

方式	構造・型式	主な用途、製品	大きさ	主な冷媒	冷却熱源
水冷式	**シェルアンドチューブ凝縮器**	冷凍・冷蔵、空調	中・大型	フルオロカーボン、アンモニア	**冷却塔水、工業用水、河川水、海水など**
	二重管（ダブルチューブ）**凝縮器**	パッケージエアコン	小型	フルオロカーボン	
	ブレージングプレート凝縮器	冷凍・冷蔵、空調	小型	フルオロカーボン、アンモニア	
空冷式	**プレートフィンコイル**（チューブ）**凝縮器**	冷凍・冷蔵、空調	小・中型	フルオロカーボン	**空気（外気）**
蒸発式	エバコン（エバポレイティングコンデンサ）	冷凍・冷蔵	大型	**アンモニア**	**散布水の蒸発潜熱**

1）シェルアンドチューブ凝縮器（水冷横型コンデンサともいう）（図6-2）

シェル（円筒胴）内に冷媒ガスを流し、**チューブ（伝熱管）**内に冷却水を流す構造です。

鋼板製または鋼管製の**シェル（円筒胴）**と**管板（チューブプレート）**に固定された**チューブ（冷却管）**でできています。管板の孔（あな）に挿し込んだ冷却管は挿し込んだ後に、**拡管機（チューブエキスパンダ）**で**拡管**するか、またはチューブ周囲を**管板に溶接**して**固定**と**気密（シール）**をしています（図6-2のA部拡大図）。

なお、シェルアンドチューブ凝縮器の一種として、**受液器兼用凝縮器（シェルアンドチューブ凝縮器と受液器が一体の構造）**があります。

図6-2　シェルアンドチューブ凝縮器……（　）内は参考寸法

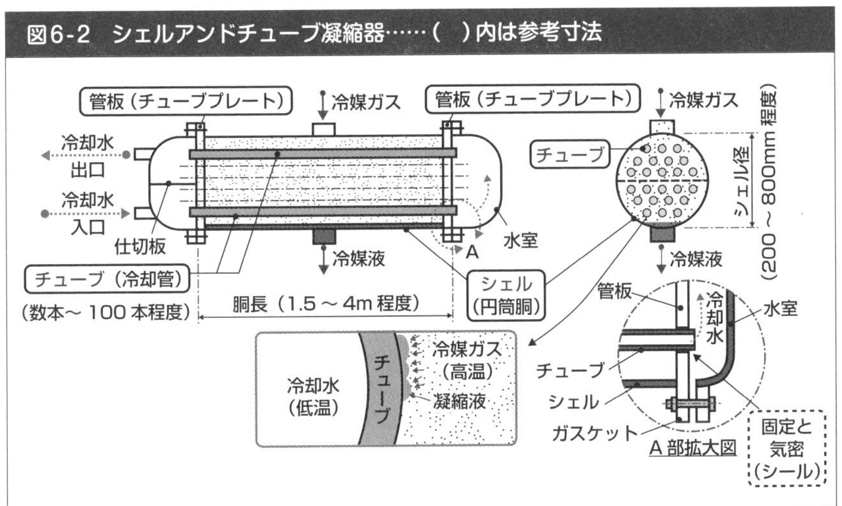

キーポイント

1 主として、**中型・大型用**に使用します。……チューブのブラシ洗浄ができます。

2 フルオロカーボン冷媒に使用する**銅チューブ**では一般に冷媒側に**フィン（ローフィン**：高さが低い（Low）フィン）（図6-6）を付けて、伝熱面積を大きくして**冷媒側の熱伝達抵抗**を小さくして、伝熱性能（*K*値）を改善します。

3 **冷却管の伝熱面積**は、フィンのある**外表面積**を**基準**として計算します。

4 チューブ内の**冷却水の適正流速**は、約**1～3m/s**とします（図6-5）（図6-6）。

5 冷却水は、チューブ内を1回往復または2回往復する方式があり、**往復回数**を**パス数**と表わして、それぞれ、**2パス式**、**4パス式**といいます。適切な水速になるようにパス数を決めます。

6 **冷却管の1本の長さ**を**有効長**といいます。……**胴長**とほぼ同じ長さ（図6-2）。

7 **冷却水の水量**が減少、または**水温**が上昇すると、凝縮性能が低下して**凝縮圧力が上昇**し、**圧縮動力**が大きくなります。

8 冷凍装置内に侵入した**不凝縮ガス**（主に**空気**など）は、水冷式シェルアンドチューブ凝縮器のシェル内に溜まります。……空気などは凝縮できないので、凝縮器内に残されてしまうため。

9 冷却水配管や水の消費コストがかかり、**水質管理**も必要となります（以下の水冷式もすべて同じ）。

2) 二重管凝縮器（図6-3）

細い銅管（内管）と一回り**太い銅管（外管）**の**二重管をコイル状**にした構造で、**内管**に**冷却水**を流し、**外管と内管の環状部**に**冷媒ガス**を流して凝縮します。いずれも、一般に、加工性のよい**銅管**を使用します。

図6-3　二重管凝縮器……（　）内は参考寸法

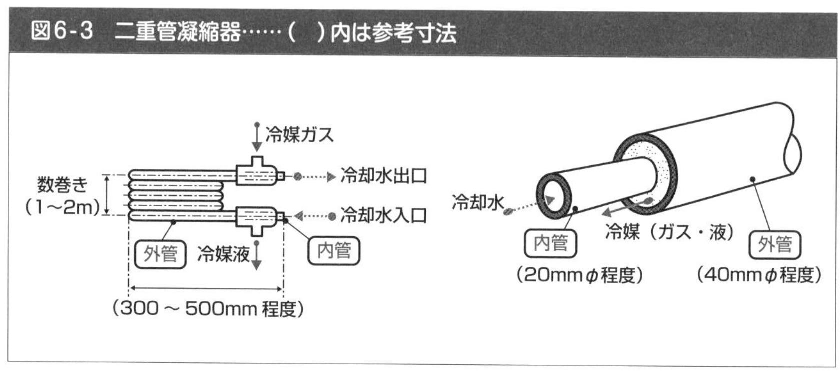

キーポイント

1. 主として、**小型用**としてパッケージエアコンなどに使用します。……外径がコンパクトになります。
2. 内管の外側にフィンなどを付けた伝熱管もあります。……冷媒側の伝熱面積を大きくして熱伝達抵抗を小さくし、伝熱性能を上げるため。

3) ブレージングプレート凝縮器（図6-4）

数mm間隔の複数の板状の**伝熱プレート**（通常、ステンレス板）で構成され、一般にプレートとプレートを**ろう付け**（**ブレージング**という）した構造で、**冷媒ガスと冷却水をプレートを挟んで交互に流して凝縮**します。

キーポイント

1. 主として、小型用として小型冷水チラーなどに使用します。
2. 伝熱面積がプレート状であり、大きく取れるために、**小型化**できます。
3. **冷媒量を少なくできます。**……プレート間のすき間が小さいため。

図6-4　ブレージングプレート凝縮器……(　)内は参考寸法

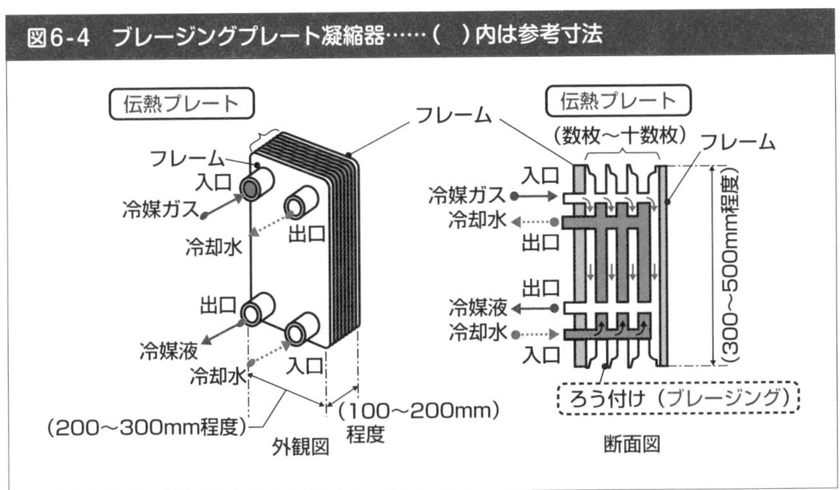

■2　水冷式凝縮器の熱計算と取扱い

水冷式凝縮器の伝熱計算式は、以下となります。

$$\phi_k = K \cdot A \cdot \varDelta t_m \,(\mathrm{kW}) \cdots\cdots (6.2)$$

ここで、

$$\varDelta t_m = \frac{(\varDelta t_1 + \varDelta t_2)}{2}\,(\mathrm{K}) = \frac{(t_K - t_{w1}) + (t_K - t_{w2})}{2}$$

$$= t_k - \frac{(t_{w1} + t_{w2})}{2}\,(\mathrm{K}) \cdots\cdots (6.3)$$

$$K = \frac{\phi_k}{A \cdot \varDelta t_m}\,(\mathrm{kW/(m^2 \cdot K)}) \cdots\cdots (6.4)$$

$$A = \frac{\phi_k}{K \cdot \varDelta t_m}\,(\mathrm{m^2}) \cdots\cdots (6.5)$$

また、冷却水側の熱量計算は、下記となります。

$$\phi_k = c_w q_{mw} (t_{w2} - t_{w1})\,(\mathrm{kW}) \cdots\cdots (6.6)$$

ここで、ϕ_k ：凝縮負荷(kW)　　K ：熱通過率(kW/(m^2・K))

A ：伝熱面積(m^2)　　Δt_m ：算術平均温度差(K)

t_k ：凝縮温度(℃)　　t_{w1} ：冷却水入口温度(℃)

t_{w2} ：冷却水出口温度(℃)　　c_w ：水の比熱(kJ/(kg・K))

q_{mw} ：冷却水量(kg/S)

キーポイント

1 水冷式凝縮器の**熱通過率*K***の値をチューブ内の**水速v**、**汚れ係数*f***(後述の3))**水あか**を参照)で計算した結果を図で表しました(シェルアンドチューブ凝縮器でローフィンチューブの使用例)(図6-5)。

図6-5　シェルアンドチューブ凝縮器の熱通過率*K*(例)

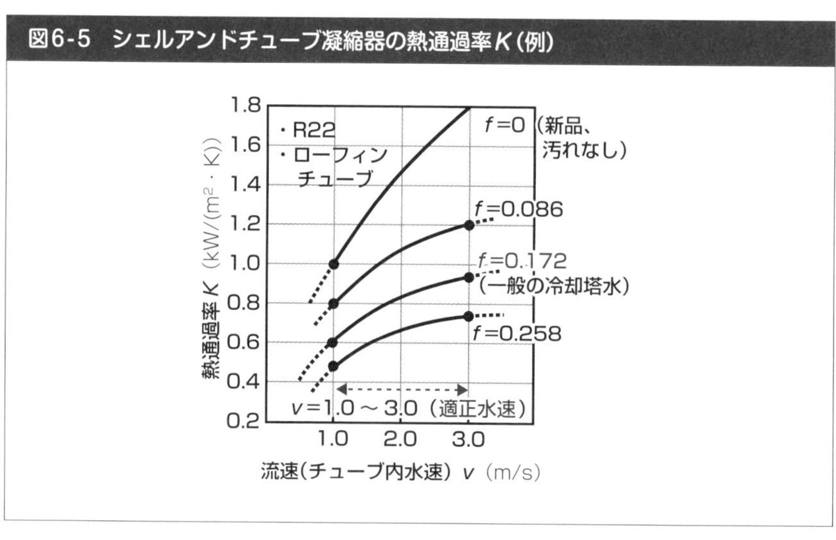

1) ローフィンチューブ

シェルアンドチューブ凝縮器の冷却管として、一般には、**フルオロカーボン冷媒**の場合には**銅製**の**ローフィンチューブ**を使用します（図6-6）。

ただし、**アンモニア冷媒**の場合には**鋼製の鋼管**（これを**平滑管**（へいかつかん）または**裸管**（はだかかん）という）を使用します。

図6-6　ローフィンチューブ（例）

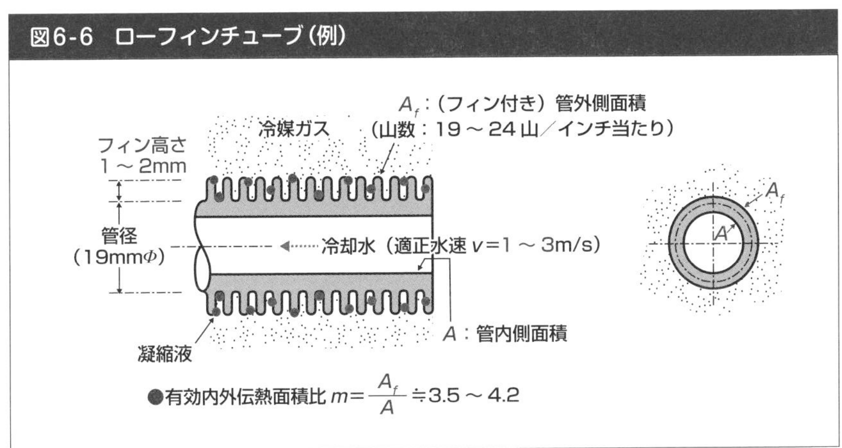

ローフィンチューブとは、銅管の外部に**細いネジ状の浅い溝（山）を付けた伝熱管**（フィンの高さ（1～2mm）が低いために、**ローフィン**（低いフィン）という）で、**外表面積**がフィンなしと比べて、**約3.5～4.2倍**（山数：19～24山/インチ当たり）**に拡大したチューブ**をいいます。

これは、**管内の水側の熱伝達率（α_w）に比べて管外の冷媒側の熱伝達率（α_r）が大幅に小さく、熱伝達抵抗（1/α_r・A）が大きいために、伝熱面積Aを大きくして、熱伝達抵抗を小さくすることで、熱通過率Kを改善でき、冷却管本数や長さを減らして、コスト低減やコンパクト化ができる**という理由からです。

なお、冷却管の**外表面積と内表面積の比**をmといい、**有効内外伝熱面積比** **$m=A_f/A$**であり、一般的に使用するチューブは、**m=3.5～4.2程度**です（図6-6）。

また、**アンモニア冷媒**では、フルオロカーボン冷媒に比べて冷媒側熱伝達率が大きいため、その伝熱性能の向上効果が小さいことと、鋼管（鉄管）は硬くて、ローフィン加工がしにくいなどで**一般には使用しません**。

2) 冷却水の水速

適正水速は、v＝1〜3m/sとします（図6-5）（図6-6）。

冷却水の水速はパス数の選択などで決定します。

（最大3m/s、最小1m/sとする理由）……下記

・例えば、**水速を2倍にしても熱通過率は2倍にはならず**、約2割程度しか上昇しません。

・水速を大きくするためには**ポンプ動力**が大きくなります。

・水速が3m/s以上になると、**管内面に腐食**が起こりやすくなります。

・水速が1m/s以下と遅すぎると、**熱通過率**が下がり、**伝熱性能**が低下します。

3) 水あか

冷却水中には、汚れや不純物があり、長時間使っていると、管内面に**水あか**となって付着、たい積します。**水あかの熱伝導率λは小さい**（第5章 表5-1 水あかの熱伝導率（例）にあるように、λ＝0.93（W/（m・K））ために、水あかが付着すると伝熱性能が低下して、式（6.2）の**K値が下がることにより、その分だけΔtが大きくなり、凝縮温度・圧力が上がって圧縮動力が増加**します。

水あかの熱伝導抵抗を**汚れ係数f**といいます。冷却管が新品の汚れがない場合には**f＝0**、1年間程度使用すると一般の冷却塔水では**f＝0.172程度**になるため、1年に1回程度、冷却管内を洗浄（**ブラシ洗浄**または**薬剤洗浄**）します。

4) 不凝縮（ふぎょうしゅく）ガスの滞留（混入）

不凝縮ガスとは、**冷却しても凝縮できないガス**です。ほとんどが**冷凍装置内に混入した空気**で、凝縮器で凝縮できないために凝縮器に溜まってきます。

●空気混入の原因

①冷媒充填前やメンテナンス後の**空気抜き（真空引き）が不十分**である場合。

②低温装置で真空運転中に漏れがあり、**外気を吸い込む**場合。

●不凝縮ガス滞留時の不具合

①凝縮表面にある**空気が凝縮を妨げて、冷媒側の熱伝達率**を悪くして、伝熱性能が低下し、**凝縮圧力が上昇**します(図6-7)。

②運転中は不凝縮ガスの**分圧**(冷媒以外のガス圧力:「ダルトンの分圧の法則」により)**相当分の圧力上昇により、さらに凝縮圧力が上昇**します。

③前記の凝縮圧力上昇により、**圧縮動力が大きくなり、成績係数が低下**します。

図6-7 不凝縮ガスによる伝熱性能の低下(シェルアンドチューブ凝縮器の例)

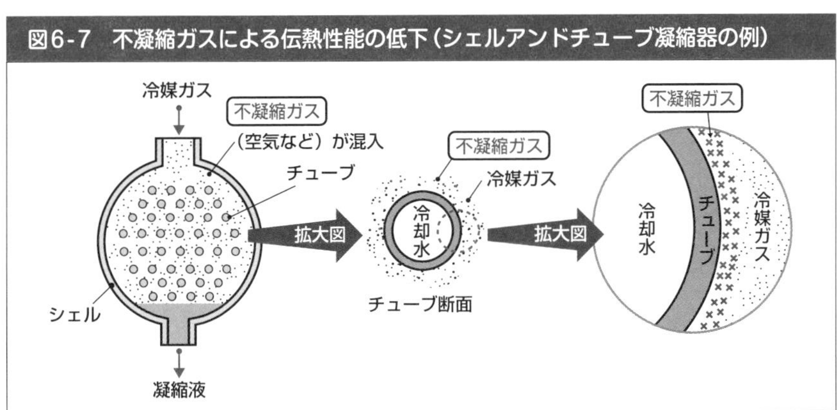

5) 冷媒過充填

冷媒過充填とは、**規定量以上**の冷媒量を充填することです。シェルアンドチューブ凝縮器で**受液器付凝縮器**(**受液器と凝縮器が別なもの**)では、ある程度まで**過充填**をしても受液器に溜めることができます(図6-8)。

しかし、**受液器兼用凝縮器**では、**過充填分の冷媒**が下部にある何本かの冷却管を液で浸してしまい、凝縮用伝熱面積が減少して凝縮性能が低下した分、**凝縮圧力・温度が上昇**してしまいます。

ただし、**過冷却度は大きく**なります。……過冷却度が大きくなることはよいことですが、凝縮圧力が上昇する欠点が大きく、不具合となりますので避けなければなりません。

凝縮圧力・温度が上昇する理由は、**凝縮能力**$\boldsymbol{\phi_k = K \cdot A \cdot \Delta t_m}$(式6.2)より$\phi_k$と$K$が同じで、**有効な伝熱面積$A$が減少すると**、上式が成り立つために、**$\Delta t_m$が大きくなります。$\Delta t_m$が大きくなるために、凝縮圧力・温度が上昇**します。

この凝縮圧力・温度上昇は、受液器を持たない空冷式凝縮器(後述)などでもチューブ内に液が溜まり同じようになります。

図6-8　過充填…受液器付凝縮器と受液器兼用凝縮器

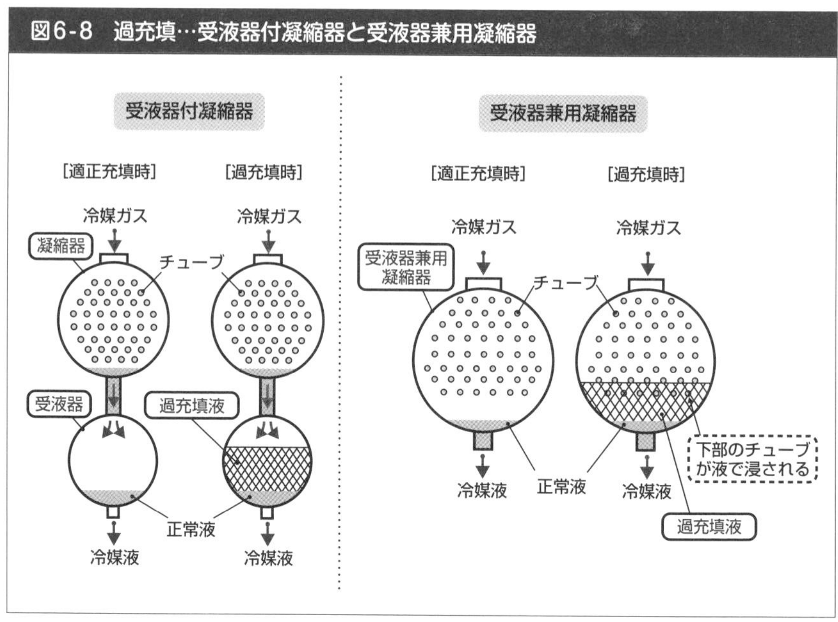

■3　冷却塔

冷却塔とは、水冷式凝縮器で冷媒から熱を取り温度上昇（約5℃程度）した冷却水をその温度上昇した分だけ冷却し、再び凝縮器に送るための冷却装置です（図6-9）。

図6-9　冷却塔（丸型）……標準条件（例）

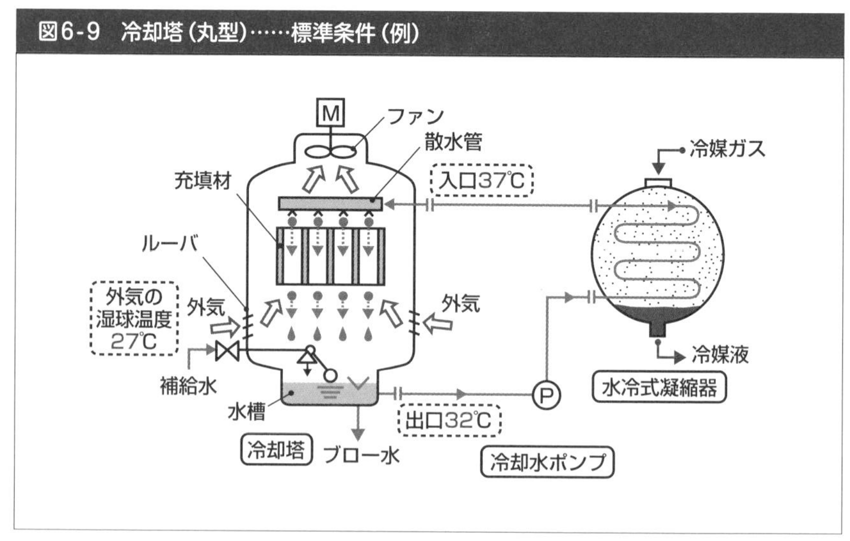

凝縮器へ送った冷却水温度が32℃（標準）の場合に、戻ってきた37℃（標準）の冷却水を冷却塔の上部から散水し、内部の**充填材（樹脂製）**に流し、一方下部のルーバ（羽根板）からファンによって吸い込まれた空気（外気）と充填材部で接触させて**散水した水の一部が蒸発して、水の蒸発潜熱で散水した水自体を冷却**（標準条件では32℃程度）します（図6-10）。

キーポイント

1 **アプローチ**（接近の意）とは、**出口水温（標準32℃）**と**空気（外気）**の**湿球温度**（標準27℃）の**温度差**をいい、標準条件では**5K**です（図6-10）。

2 **クーリングレンジ**（単に**レンジ**（幅、距離の意）ともいう）とは、冷却塔の**出入り口**の**冷却水**の**温度差**で、標準条件では**5K**です（図6-10）。

3 冷却塔の性能は、**水温、水量、風量、湿球温度（外気）**によって決まります。……ここで、**湿球温度**には大きく影響することに注意。

図6-10　冷却塔の冷却原理と温度差……標準条件（例）

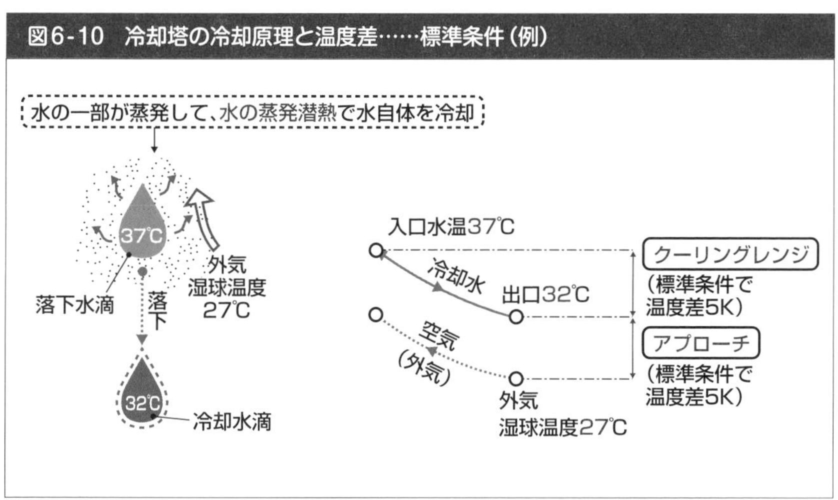

1）冷却水補給水

冷却塔には、規定量の補給水が必要となります。

冷却水の一部が**蒸発する水量**と、散水した水滴の**飛散する水量**と、循環中に大気に触れて汚染されるために連続して**入れ替える水量**が必要となります。一般にその合計で、**循環水量の約2%**を補給します（例えば、100冷却トン（1,300L/min）の場合、1300L/min×約2%＝約26L/min×1日当たり10時間運転の場合の補給水量は、約16トンとかなりの使用量となる……**参考**）。

2) 水質管理

冷却水の水質が悪いと、冷却管に**水あか**（スケール）が多く付着したり、管が腐食してしまいますので、**水質管理**が重要です。特に、酸性、アルカリ性を示す**水素イオン濃度（pH＝7くらいの中性にする）**やその他の各種の不純物の濃度など**冷却水の適正な水質管理基準**（日本冷凍空調工業会）に基づいた水質管理が必要です。
……定期的に冷却水のサンプルを取り、成分分析して管理する。

■4　空冷式凝縮器

空冷式凝縮器は、銅チューブの外側の空気（外気）をファンで送風し、チューブ内の冷媒ガスを冷却して凝縮させる簡単な構造です。

1) プレートフィンコイル（チューブ）凝縮器（図6-11）

一般に、冷媒側より空気（外気）側の熱伝達率（α_a）が非常に小さいために、**プレートフィン**（板状の薄いひれ）にチューブ用の孔を空けて、銅管を通し、**フィンは2mm程度の間隔（フィンピッチ**という）で取り付けて、**空気側の伝熱面積A**（銅管のみの約20倍程度の面積）**を拡大して熱伝達抵抗（1/α_a・A）を小さくしたプレートフィンコイル（チューブ）**を使用します。

図6-11　空冷式凝縮器と冷媒の状態変化（例）

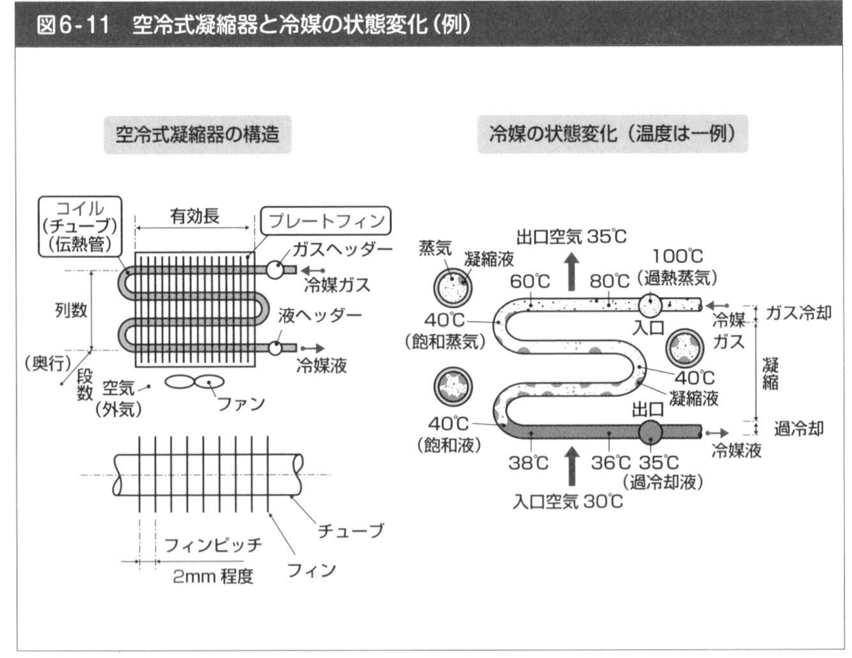

チューブとフィンをしっかり接触させて、熱伝導率を向上させるために、チューブは薄いアルミフィンを通した後に、**銅管を拡管**して**管とフィン**を**圧着（密着）**させます。……ここで**コイル**とはチューブが何本も集まったものをいいます。

空気が通過する方向の冷却管の本数を**列数**、直角（縦）方向の本数を**段数**、冷却管の長さを**有効長**といいます（図6-11）。

キーポイント

1 空冷式凝縮器は空気の**顕熱**で冷却し、主に小型、中型に使用します（図6-11）。

2 他の方式と比較して**一般に凝縮圧力・温度は高く**なります（一般的に目安として55℃程度以上）。……空気側の熱伝達率が小さく、伝熱性能が悪いため。

3 **構造がシンプル**で、冷却水・補給水が不要、チューブ洗浄も不要です。

4 **凝縮性能**（凝縮器能力）は、外気の**乾球温度**に影響し、乾球温度が低下すると凝縮温度・圧力が低下して、圧縮動力が低下します。……**乾球温度**に関係し、**湿球温度**の影響は受けません。

5 **フィンの通過風速**（**前面風速**という）は、***V*=1.5～2.5m/s**とします（図6-12）。……凝縮性能としては、冷却風速（冷却風量）が大きくなると凝縮温度・圧力は下がりますが、風速が大きすぎるとファン動力や騒音が大きくなり、逆に小さいと冷却性能が低下して凝縮温度・圧力が上がってしまうため、**適正風速（約1.5～2.5m/s）**があります。

6 フィン形状に改良を加えた、**ルーバフィン**（羽根板状のフィン）と**波型フィン**（風の流れが大きく乱れるようにしたフィン）などがあり、**ルーバフィンは波型フィンより熱通過率が大幅に大きくなります。**

図6-12　空冷式凝縮器の前面風速と熱通過率（例）

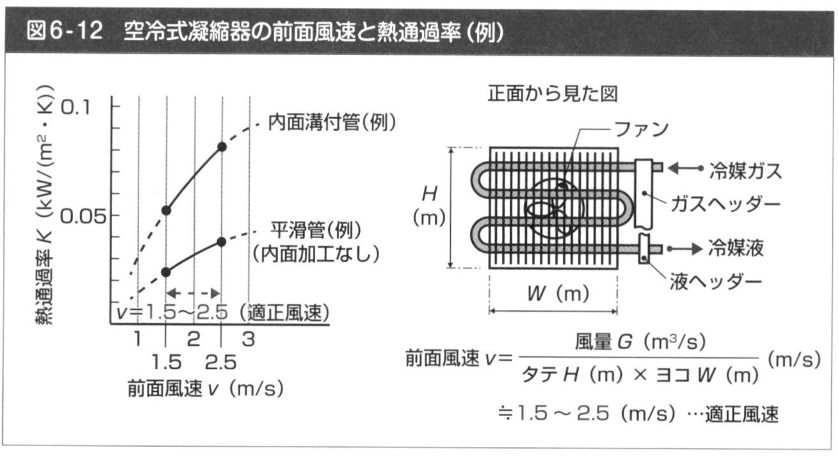

■5　蒸発式凝縮器

チューブの外側の送風機から送られた**空気（外気）**と**散布水の蒸発潜熱**でチューブ内の冷媒ガスを冷却して凝縮させる構造です。

俗称で**エバコン**（エバポレイティングコンデンサ）といいます。

空冷式のようなプレートフィンを取り付けられない**鋼管（鉄管）**の場合に、伝熱性能を回復させるために、チューブの外側に**水槽**から**ポンプ**でくみ上げた**水を散布**してチューブ表面を水で濡らして**水の蒸発潜熱**でチューブ内の冷媒ガスを冷却して凝縮させます（図6-13）（図6-14）。

蒸発式とは水を蒸発させるため、**水・蒸発式**を意味します。

図6-13　蒸発式凝縮器（例）

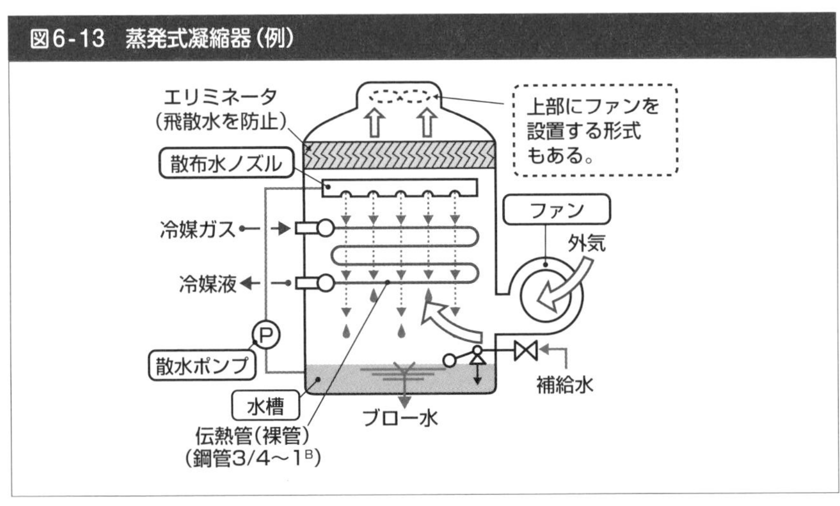

図6-14　蒸発式凝縮器の冷却原理

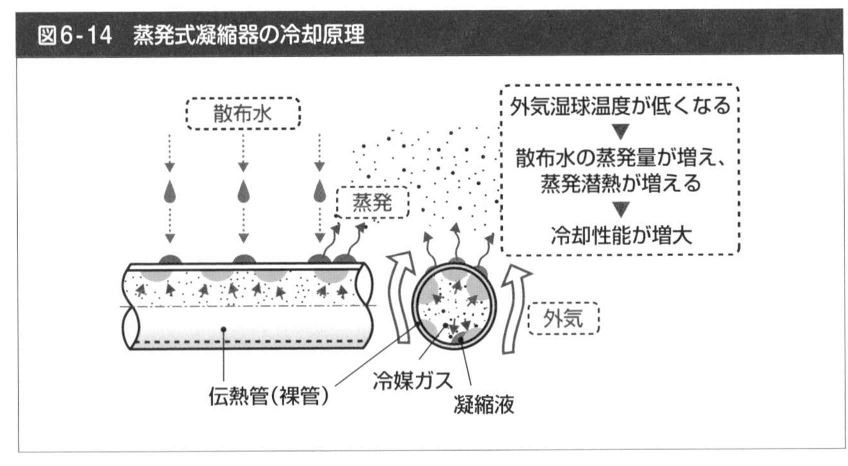

キーポイント

1 主として、**大型アンモニア冷凍装置**に使用します。

2 凝縮能力は、外気の**湿球温度**の影響を受け、**湿球温度が低いほど散水した水が多く蒸発し蒸発潜熱が大きくなり、凝縮温度・圧力が低下**します（図6-14）。

3 一般に、**空冷式と比べて凝縮温度が低くなります。**……水の蒸発潜熱で空気温度が低下するため。

4 冬季など外気の湿球温度が下がり、凝縮圧力・温度が下がりすぎるときは、散水を止めて冷却性能を落として、空冷式凝縮器のように送風だけで使用することもあります（図6-13）。

5 散水した水滴が飛散しないよう、一般に**エリミネータ**（排除するの意）を備えています（図6-13）。

6 冷却水の補給水量は冷却塔と比べて少ないですが、冷却塔と同じように**補給水**と**水質管理**は必要となります。

Question 問題を解いてみよう

以下の質問に○か×で解答してください。

問1 シェルアンドチューブ凝縮器の冷却水は、チューブ内を1回往復する場合は、「1パス式」、2回往復する場合を「2パス式」という。

問2 チューブ内冷却水の適正水速は、2～5m/sとする。

問3 「水あか」がチューブ内面に付着すると、冷却性能が低下し、凝縮圧力・温度が上昇する。

問4 「不凝縮ガス」が冷凍装置内に混入すると、凝縮圧力が上昇し、圧縮動力が大きくなり、成績係数が低下する。

問5 冷媒を「過充填」すると、受液器を持たない凝縮器や受液器兼用凝縮器では、凝縮圧力が上昇し、圧縮動力が大きくなる。

問6 「アプローチ」とは、冷却塔の出口水温と外気の湿球温度の差をいう。

問7 「クーリングレンジ」とは、冷却塔の出入り口の水温の温度差をいう。

問8 空冷式凝縮器のフィンの「前面風速」は、2～5m/sが一般的である。

問9 蒸発式凝縮器の冷却能力については、外気の湿球温度が低いほど凝縮圧力・温度は低下する。

問1　×　1回往復する場合は2パス式、2回往復する場合は4パス式という。

問2　×　チューブ内冷却水の流速が高すぎると、チューブ内面に腐食が起きたり、ポンプ動力が大きくなったりする。一方、流速が低すぎると伝熱性能が低下したりするため、適正な水速として約1～3 m/sとする。

問3　○　「水あか」は、熱伝導率が小さく、チューブ内面に付着すると伝導抵抗が大きくなり、冷却性能が低下し、凝縮圧力・温度が上昇する。なお、「水あか」の熱伝導抵抗を「汚れ係数」といい、水質によりほぼ、その数値がわかっている。

問4　○　不凝縮ガスが冷凍装置に混入すると、不凝縮ガスは、凝縮器内に集まり、凝縮器の冷媒側の熱伝達率の低下による伝熱性能低下分の圧力上昇と、不凝縮ガスの分圧相当分による凝縮圧力上昇が発生し、圧縮動力が大きくなり、成績係数が低下する。

問5　○　冷媒を過充填すると、凝縮器のチューブ内に液が滞留したり、チューブが液で浸されてしまい、凝縮能力の低下により、凝縮圧力が上昇、圧縮動力が大きくなる。なお、受液器付凝縮器の場合は、過充填分の冷媒は受液器に溜まるため、性能への影響は少ない。

問6　○　記述は正しい。

問7　○　記述は正しい。

問8　×　空冷式凝縮器のフィンの前面風速は、1.5～2.5m/sが一般的である。

問9　○　蒸発式凝縮器の冷却能力については、外気の湿球温度が低いほど、散水した水が多く蒸発するため、水の蒸発潜熱が多くなって冷却能力も大きくなり、凝縮圧力・温度は低下する。

第7章 蒸発器

蒸発器とは、膨張弁を出た低温・低圧の冷媒液を蒸発させて、空気や水などを冷却する熱交換器で、冷却器（クーラ）ともいいます。

Theme 1

蒸発器

蒸発器は蒸発形態（冷媒蒸発の仕方）により形式名を分類します。

重要度：★★★

- 蒸発器の種類、構造、特徴や適正な使用条件と不具合時の対策を整理、理解しておく。
- 各方式の蒸発器のキーポントを整理、理解しておく。
- 蒸発器の冷却能力の算出時に冷却空気温度と蒸発温度との温度差（平均温度差）の決定には、合理的な決め方があることを理解しておく。

1 蒸発器の形式（種類）

冷媒の蒸発形態として、大きく分けると、**乾式**、**満液式**の2つに分類されます。

なお、**満液式**は**冷却管外蒸発式**（シェルアンドチューブ型）と**冷却管内蒸発式**（強制循環式と自然循環式に分類）に分類されます。それぞれの方式について形式・用途などを分類した表を示します（表7-1）。

■1 乾式蒸発器

乾式蒸発器とは、膨張弁から出た飽和液と飽和蒸気の**湿り蒸気**（**乾き度**xは約0.2～0.3）で入り、一定の低温で蒸発しながら出口の少し手前ですべて蒸発し、**飽和蒸気**（乾き飽和蒸気）となり、さらに、若干（じゃっかん）、過熱した**過熱蒸気**（過熱度3～8K程度）となって出ていく方式です（図7-1）。

- 「蒸発器の種類（乾式、満液式）」の構造と特徴に関して多く出題されています。
- 蒸発器の平均温度差の基準値として、「冷凍・冷蔵用」と「空調用」の違い（数値）と、その理由に関して多く出題されています。

表7-1 蒸発器の種類……主な用途、製品、大きさは参考

方式		構造・形式	主な用途、製品	大きさ	方式の説明
乾式	冷却管内蒸発式	**・フィンコイル(チューブ)型**	・ユニットクーラ(天吊り、床置き形) ・直膨式空気冷却器	小・中型	出口の少し手前のチューブ内または蒸発プレート内で完全に蒸発し、**過熱蒸気となって蒸発器から出ていく方式**
		・シェルアンドチューブ型	・冷水・ブライン冷却器	中型	
		・その他、特殊型	・管棚形冷却器 ・裸管ヘアピン形冷却器	中型	
	プレート内蒸発式	**・ブレージングプレート型**	・冷水・ブライン冷却器 ・CO_2(二次冷媒)冷却器	小型	
満液式	**冷却管外蒸発式**	**・シェルアンドチューブ型**	・冷水・ブライン冷却器	大型	**チューブ外が冷媒液で満たされた状態で蒸発する方式**
	冷却管内蒸発式 強制循環式	冷媒液強制循環式(液ポンプ方式)	・直膨式空気冷却器(フィンコイル(チューブ)型)	特殊・大型	チューブ内の冷媒液を強制的に**液ポンプで循環させて蒸発させる方式**
	冷却管内蒸発式 自然循環式	液集中器式	・直膨式空気冷却器(フィンコイル(チューブ)型) ・タンク内液冷却器(ヘリングボーン型)	小・中型	チューブ内に満たされた冷媒が**自然循環しながら蒸発する方式**

図7-1 乾式蒸発器(温度は一例)……空気冷却器(フィンコイル型)の例

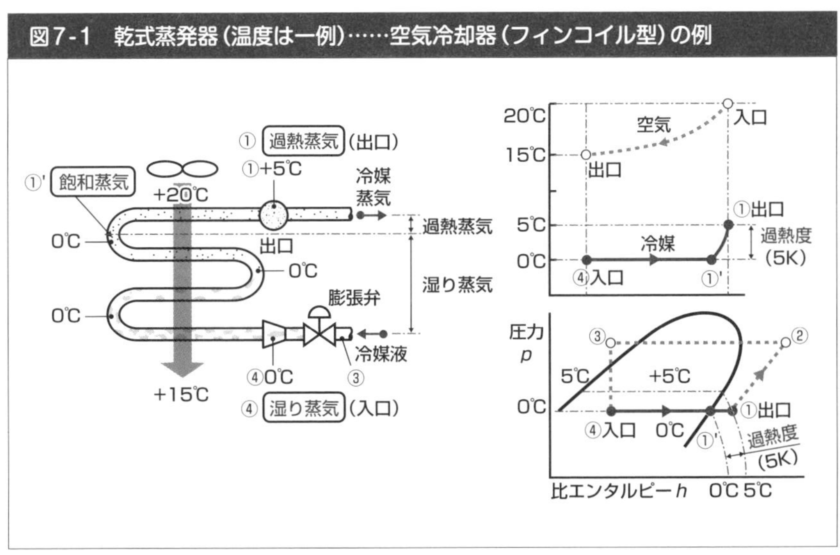

各種の蒸発器の構造を図で示します（図7-2）。

図7-2　蒸発器の構造による分類（例）

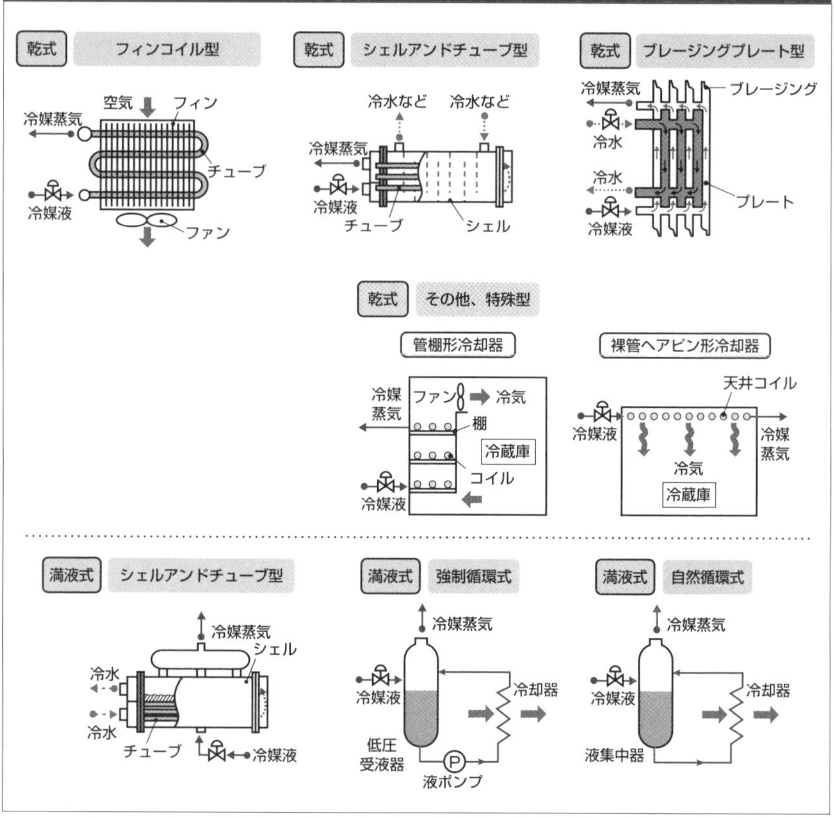

乾式　フィンコイル型

空気
フィン
冷媒蒸気
チューブ
冷媒液
ファン

乾式　シェルアンドチューブ型

冷水など
冷水など
冷媒蒸気
冷媒液
チューブ
シェル

乾式　ブレージングプレート型

冷媒蒸気
ブレージング
冷水
冷水
プレート
冷媒液

乾式　その他、特殊型

管棚形冷却器

冷媒蒸気
ファン
冷気
棚
冷蔵庫
コイル
冷媒液

裸管ヘアピン形冷却器

天井コイル
冷媒液
冷媒蒸気
冷気
冷蔵庫

満液式　シェルアンドチューブ型

冷媒蒸気
シェル
冷水
冷水
チューブ
冷媒液

満液式　強制循環式

冷媒蒸気
冷媒液
冷却器
低圧受液器
P
液ポンプ

満液式　自然循環式

冷媒蒸気
冷媒液
冷却器
液集中器

蒸発器出口の蒸気は、本来は飽和蒸気であればよいのですが、**若干、過熱するようにしている理由**は、例えば、**熱負荷が急激に減少した場合**に、**蒸発器の出口で飽和蒸気で運転**していると、**未蒸発冷媒（湿り蒸気）**が出ていってしまいます。そのために、余裕をみて出口の少し手前で飽和蒸気になるように調整し、運転するようにしています。その結果、正常運転中は、出口では若干、過熱された冷媒となって出ていきます。

「乾式蒸発器」の冷媒入口から出口までの変化を理解しておくことは、蒸発器の基本を理解するのに役立ちます。

キーポイント

1 蒸発器出口で蒸気が若干、過熱するように、**温度自動膨張弁**で冷媒送液量を自動的に調整します。……**定圧自動膨張弁**や**キャピラリーチューブ**も結果的に若干、過熱するように流量調整されています。

2 **油戻し装置は不要**です。
……チューブ内を流れる冷媒は流速が速く、冷媒蒸気とともに**油**も流れ出ていきます。

3 他の方式と比べて**冷媒充填量は最も少なくなります。**

4 蒸発器内の冷媒側の**過熱蒸気の熱伝達率**は、**湿り蒸気（蒸発中の冷媒）よりも非常に小さく**、よって、過熱用チューブの冷却効果はほとんどありません。

主に以下の2つの乾式蒸発器の形式があります。

1) 乾式フィンコイル（チューブ）**蒸発器**（図7-1）（図7-3）……冷却管内蒸発

冷媒が複数本の並行したチューブ内を往復して蒸発しながら流れ、出口の少し手前ですべて蒸発し、**飽和蒸気**となり、さらに若干、過熱された**過熱蒸気**となって出ていきます。一方、空気はフィンコイルの外側をファンで強制的に流して冷却されます。……ここで、**コイル**とはチューブが何本も集まったものをいいます。

図7-3　乾式フィンコイル型蒸発器（空気冷却器）……列数、段数は一例

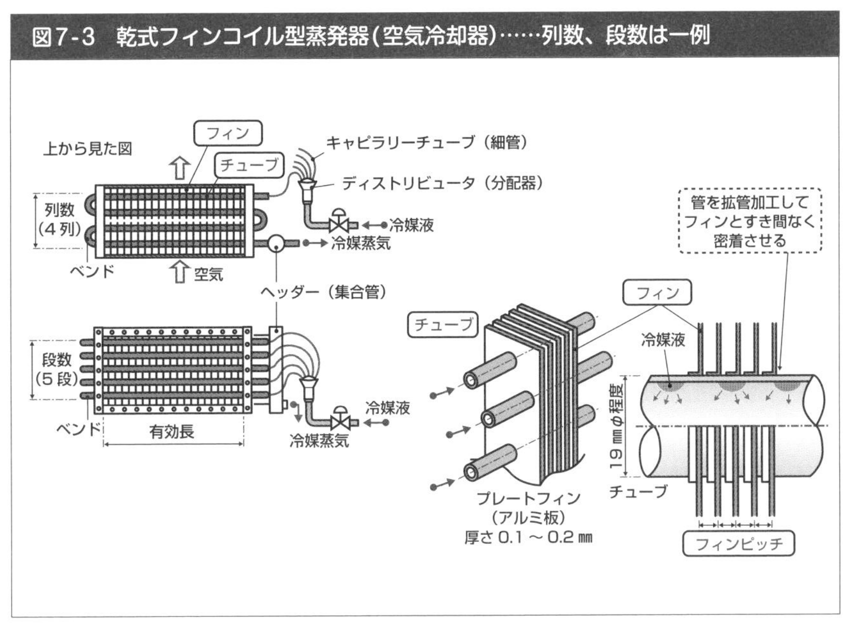

キーポイント

1 **ディストリビュータ（分配器）**（図7-3）（図7-4）

ディストリビュータ（分配器）とは、**複数のチューブに冷媒を均等に分配して流すためのもの**です。……分配が悪くて片寄って流れると、多く流れたチューブ内の冷媒が蒸発しないで、液が出てしまい、湿り圧縮になります。特に、**大きな容量の乾式蒸発器の場合や、多数の冷却管に分配する**ときに必要となります。

膨張弁から出た冷媒液は、**ディストリビュータ**、**キャピラリーチューブ**（細管）を通って蒸発器の入口の各チューブに接続します。

図7-4　ディストリビュータ及び空気と冷媒の流れ方向（例）

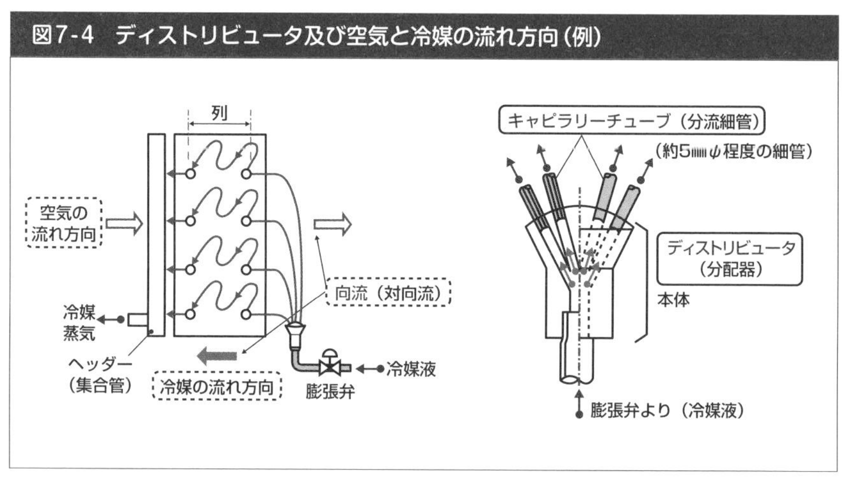

2 **温度自動膨張弁の選定**

①前記1項で述べたような、**大きな容量の蒸発器や、膨張弁後のディストリビュータ、キャピラリーチューブなどで圧力降下が大きくなる**ような場合には、**内部均圧形温度自動膨張弁**ではなく、**外部均圧形温度自動膨張弁**を使用します（詳細は第9章）（図9-3下図）。

②ディストリビュータとキャピラリーチューブは、冷媒流れの抵抗が大きいために、その圧力降下分だけ入口側の圧力が高くなります。そのために、膨張弁前後の圧力差が小さくなります。よって、**膨張弁容量（口径）はその分、大きいものを選定する必要があります。**……膨張弁は、弁前後の圧力差で冷媒を流すため。

3 **列数・段数・有効長**（図7-3）

空気が通過する方向の冷却管の本数を**列数**、直角（縦）方向の本数を**段数**、冷却管1本の長さを**有効長**といいます。

④ **冷却空気と冷媒の流れ方向**(図7-4)

蒸発器内を流れる**空気と冷媒の流れ方向**は必ず、**向流(対向流)**(互いに**逆方向**)にします。

……これは、蒸発器出口で**過熱蒸気**にするために、出口冷媒と高い温度の入口空気とを熱交換すると温度差が大きく取れ、少ない伝熱面積(短いチューブ長さ)で行えることにより、過熱度を取りやすいためです。

⑤ **フィンとフィンピッチ**(図7-5)

空気側の熱伝達率α_aが、冷媒側の熱伝達率α_rより非常に小さいため、伝熱性能を上げるために、空気側に**フィン**(プレートフィン:厚さ0.1〜0.2mm程度)を付け**伝熱面積Aを大きくして、空気側の熱伝達抵抗(1/(α_a・A))を小さく**します(これは、空冷式凝縮器のフィンと同じ理由)。なお、使用温度により**フィンピッチ**(フィンとフィンの間隔)は以下のように異なります。

● **空調(高温)用の蒸発器のフィンピッチ**(図7-5左図)

冷却される際に空気中の水分はフィン表面で**結露水**となって、下部に流れ出ていきます。そこで、**フィンピッチ**は**1.5〜2mmくらい**に狭くして、フィン枚数を多くして伝熱面積を大きくします。

● **冷蔵・冷凍(低温)用の蒸発器のフィンピッチ**(図7-5右図)

低温蒸発器では、**空気中の水分が霜となってフィン表面に付着**して、時間とともに増加していき、やがては空気が流れなくなってしまいます。そこで、**霜がある程度付着しても空気が流れるように**、**フィンピッチ**は**6〜12 mmくらい**にします。

図7-5 フィンとフィンピッチ(例)

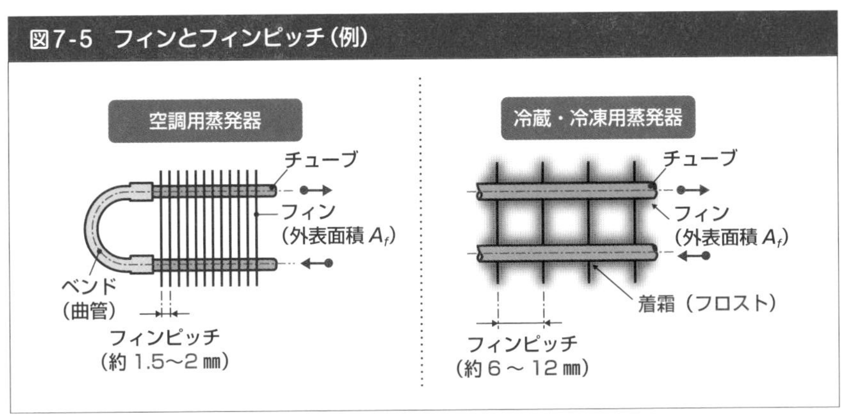

6 フィン形式

フィンの形状は、**平形フィン**、**波形フィン**、**スリットフィン**、**ルーバフィン**など各種あり、**平形フィン**から**ルーバフィン**の順に**空気側熱伝達率が大きく**なり、**熱通過率が大きく**なります。

2) **乾式シェルアンドチューブ蒸発器**(図7-6)……冷却管内蒸発

冷媒は複数のチューブ内を1～2回往復して流れ、出口の少し手前ですべて蒸発し**飽和蒸気**となり、さらに、若干、過熱された**過熱蒸気**となって出ていきます。一方、冷却される**水やブライン**などはチューブの外側を何度も往復しながら流れて冷却されます。

図7-6 乾式シェルアンドチューブ蒸発器(例)

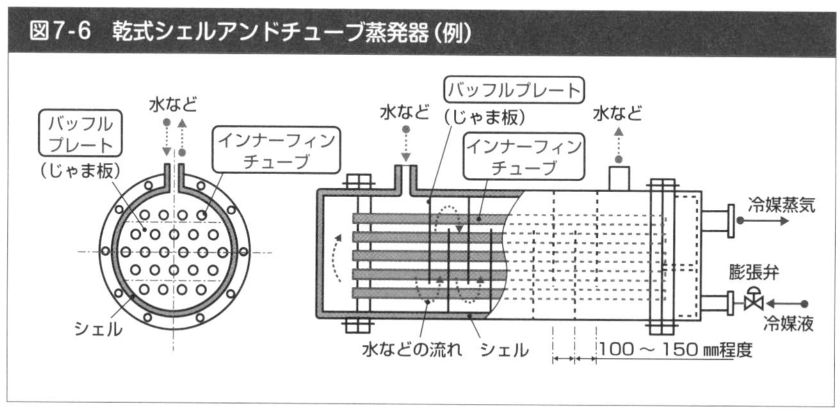

キーポイント

1 **冷却流体(水やブラインなど)側の構造**(図7-6)(図7-7)

冷却流体は、多数枚の**バッフルプレート(じゃま板)**の間を往復しながら流れるようにします。……これは、**全チューブに冷却流体が接触して流れるようにするためと、チューブに直角方向に、流速も上げながら流れるようにして、伝熱性能を向上させるため**です。

2 **インナーフィンチューブ**(図7-6)(図7-8)

チューブは、内部にフィンを持った**インナーフィンチューブ(内部フィンチューブ)**を使用します。……これは、**外側の水などの熱伝達率α_wは大きく、内部の冷媒側の熱伝達率α_rが小さい**ために、伝熱性能を上げるために、**内部にフィン**を付けて、**内部側の伝熱面積Aを大きくして、冷媒側の熱伝達抵抗$(1/(\alpha_r \cdot A))$を小さく**するためです。

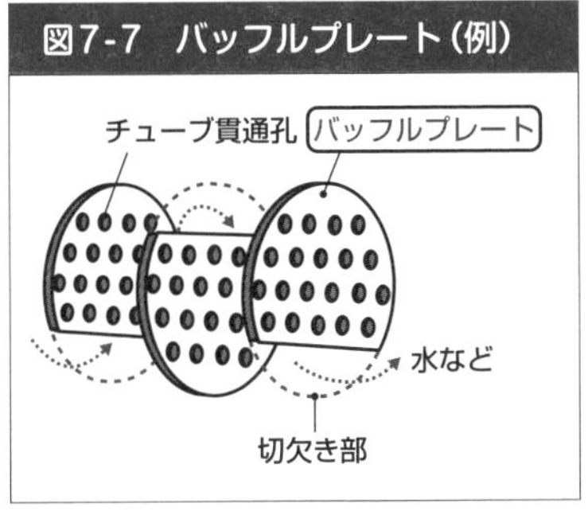

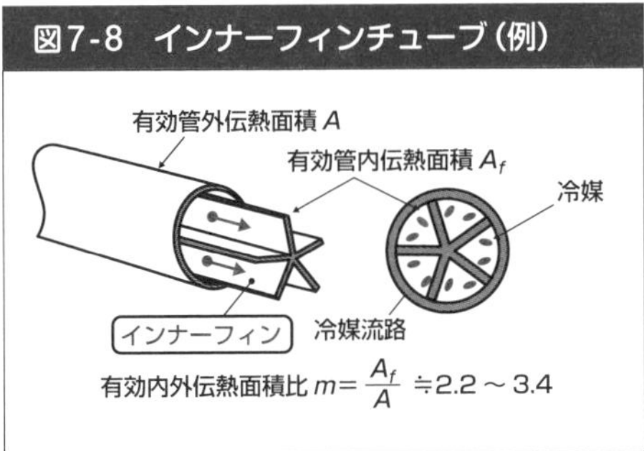

3) ブレージングプレート蒸発器

数mm間隔の複数の板状の伝熱プレート（通常、ステンレス板）で構成され、一般にプレートとプレートを**ろう付け**（**ブレージング**という）して、冷媒漏れを防止する構造です。**冷媒と冷水などをプレートを挟んで交互に流して冷却**します。

……構造は第6章の「ブレージングプレート凝縮器」（図6-4）とほぼ同じ。

「乾式シェルアンドチューブ蒸発器」のみに使用される「バッフルプレート」と「インナーフィンチューブ」の構造、目的を理解しておきましょう。

キーポイント

1 主として**小型用**に使用します。

……小型冷水チラー（冷却水循環装置）、CO_2冷却器など

2 伝熱面積がプレート状であり、大きく取れるために**小型化**できます。

3 **冷媒量が少なくできます。**……プレート間のすき間が小さいため。

■2　満液式蒸発器……冷却管外蒸発

満液式蒸発器とは、**チューブの外側**または**管内が冷媒液で満たされた状態で冷媒が蒸発する**ために、**満液式**（冷媒液で満たした方式）といいます。

主に次の3つの満液式蒸発器の形式があります。

1) 満液式シェルアンドチューブ蒸発器（図7-9）

冷媒は、チューブの外側に満たされてチューブ表面（外面）で蒸発し、一方、水やブラインなどはチューブ内を流れて冷却されます。

図7-9　満液式シェルアンドチューブ蒸発器（フルオロカーボン冷媒の例）

冷媒蒸気
液面制御装置
（液面レベルスイッチなど）
シェル
油戻し装置
（油抜き出し管）
ローフィンチューブ
冷媒液

冷媒蒸気
管板
液面制御装置
（液面レベルスイッチなど）
水など
油戻し装置（油抜き出し管）
水など
水室
シェル
チューブ
手動膨張弁
S
電磁弁
冷媒液

p-h 線図上の変化

圧力 p
③
②
④入口
①出口
比エンタルピー h
①は、ほぼ飽和蒸気（過熱蒸気ではない）

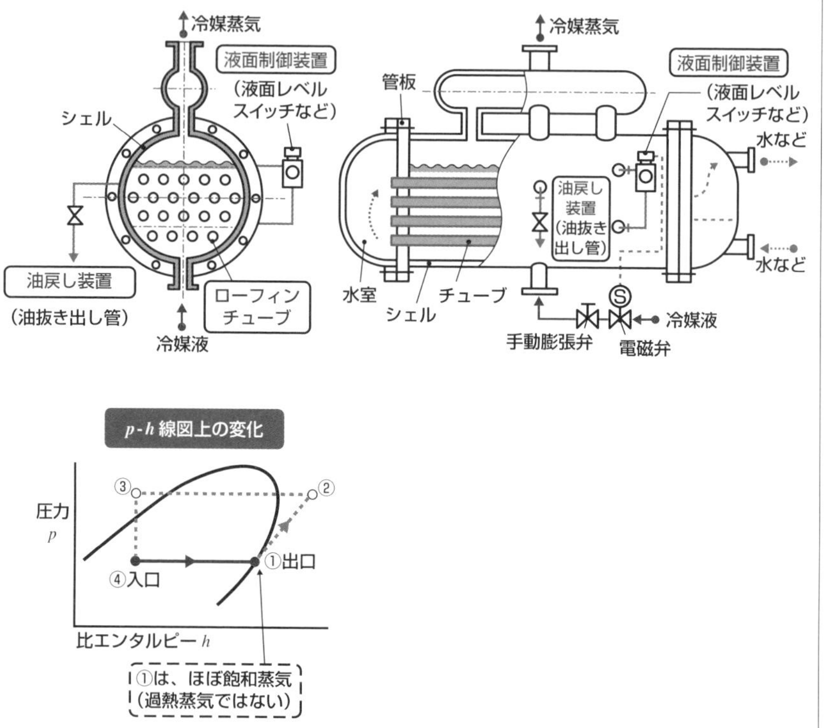

図7-10　満液式シェルアンドチューブ蒸発器の蒸発状態（フルオロカーボン冷媒の例）

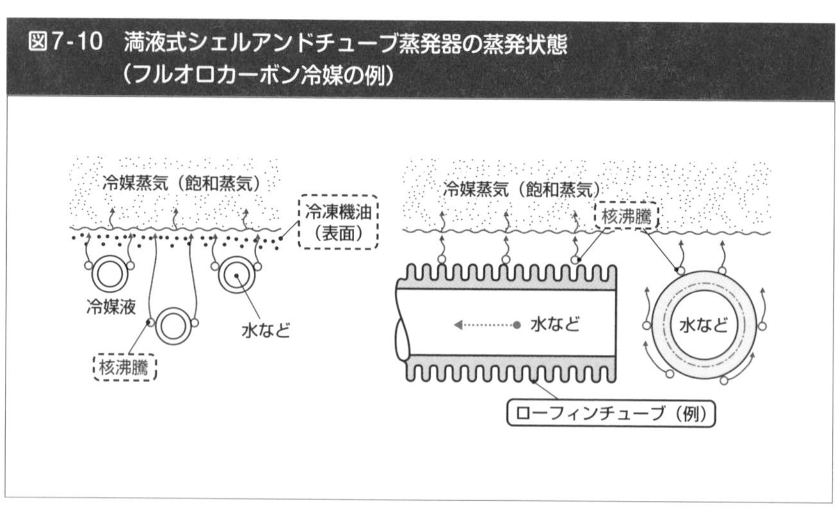

図7-11　冷媒液強制循環式冷凍装置（液ポンプ方式の例）

凝縮器
受液器
膨張弁
S
圧縮機
M
低温室、
冷蔵庫など
低圧受液器
P
液ポンプ
蒸発器（冷却器）（例）

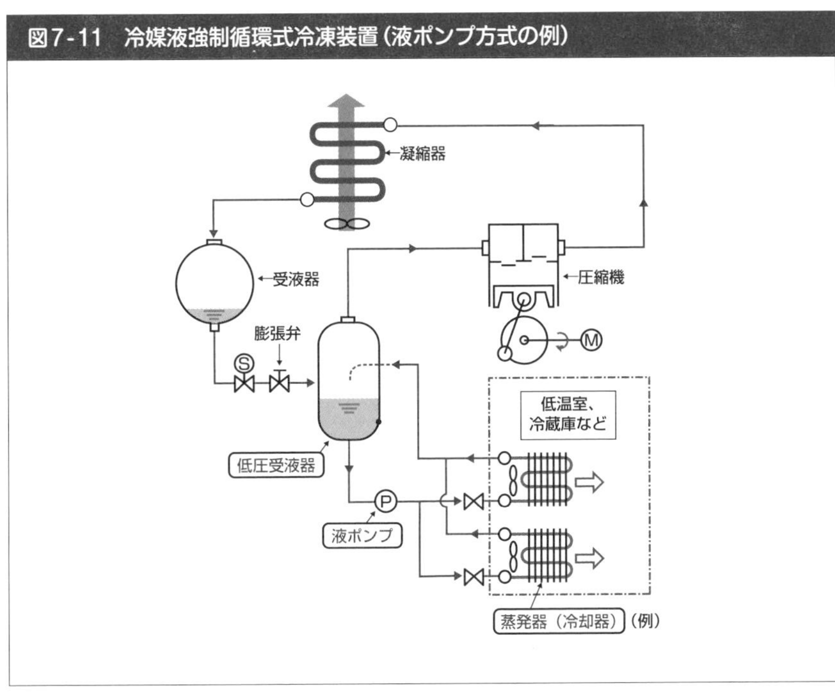

図7-12　低圧受液器（フルオロカーボン冷媒の例）

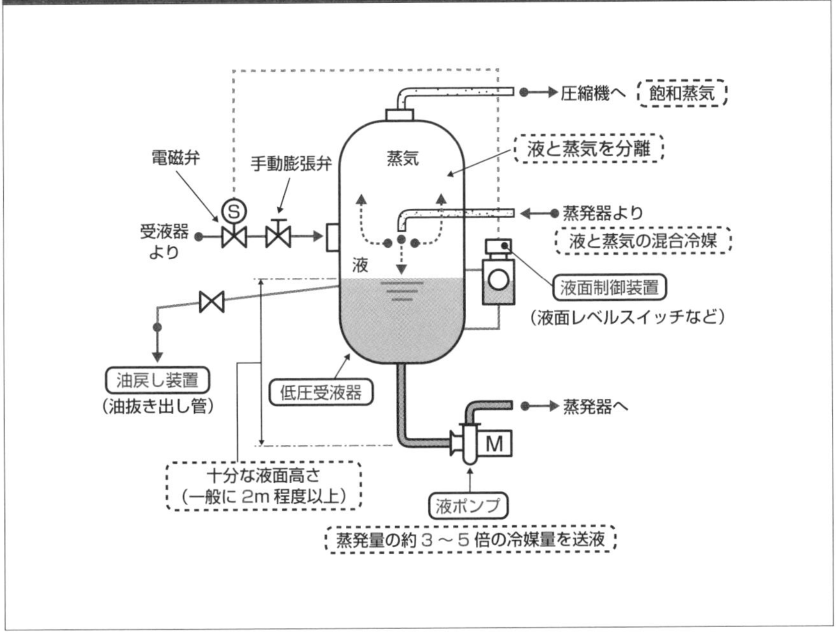

圧縮機へ
飽和蒸気
電磁弁
手動膨張弁
蒸気
液と蒸気を分離
S
受液器
より
蒸発器より
液と蒸気の混合冷媒
液
液面制御装置
（液面レベルスイッチなど）
油戻し装置
（油抜き出し管）
低圧受液器
蒸発器へ
M
十分な液面高さ
（一般に 2m 程度以上）
液ポンプ
蒸発量の約 3 ～ 5 倍の冷媒量を送液

キーポイント

1 **満液式シェルアンドチューブ蒸発器**は乾式シェルアンドチューブ蒸発器と比較して、チューブ表面で激しい**核沸騰（冷媒液中のチューブ表面で気泡が激しく発生（蒸発）する現象）**が起こり、**冷媒側熱伝達率**が大きくなり、**熱通過率**が大きくなります（図7-10）。……一般に乾式の数倍大きい。

2 冷媒はチューブ表面や液表面で蒸発するため、乾式蒸発器のような過熱にするためのチューブがいらないので、**乾式**よりも**平均熱通過率**（全面積当たりの熱通過率）が大きく取れます（図7-10）。……すべてのチューブが有効に冷却作用をするので、過熱するためのチューブが不要であるため。

3 蒸発器内では油は蒸発しないで器内に溜まるため**油戻し装置**が必要になります（図7-9）。……**フルオロカーボン冷凍装置**では、**油の濃度が高い液面近く**から、油と冷媒液を少しずつ抜き出し、油回収器などで加熱して冷媒液を蒸発させて分離した油は、圧縮機に戻して**再使用**します（図4-8左図）。

アンモニア冷凍装置では、分離した油は抜き取り、**廃油**（鉱油の場合）します（図4-8右図）。

4 蒸発器内の液面を一定に保持するために、**液面制御装置**（液面レベルスイッチ（フロートスイッチ等）、電磁弁、手動膨張弁等）が必要となります（図7-9）。

5 蒸発器の出口冷媒は、**飽和蒸気**となります（図7-10）。

6 **冷媒充填量は多くなります。**

2) 冷媒液強制循環式冷凍装置（図7-11）……冷却管内蒸発

膨張弁から出た低温の冷媒液を**低圧受液器**に溜め、蒸発する冷媒量よりも多くの冷媒液を**液ポンプ**によって蒸発器に送り、**チューブ内は液で満たされた状態で、蒸発（管内蒸発）した冷媒蒸気と蒸発しない冷媒液は再び低圧受液器に戻り、液は下部に溜まり、蒸気のみが圧縮機に戻るようになります。**

なお、液ポンプを使用するため、**液ポンプ方式**ともいいます（図7-11）。

キーポイント

1 **液ポンプの流量は、蒸発量の約3～5倍とします。**

……3倍の場合は、その中の1が蒸発し、2は蒸発しないで液のまま蒸発器から低圧受液器に戻ってきます（図7-12）。

2 **冷媒側熱伝達率**は、**乾式**と比べて**非常に大きくなります。**

……多量の冷媒を送液するため。

3 **液ポンプ**で冷媒を送るために、**複数の蒸発器**や**遠く離れた場所の各蒸発器**にも冷媒を供給できます。……大型、特殊冷凍装置に採用されます。

4 低圧受液器は、**液溜め**と**液分離**の役割があります（図7-12）。

5 **フルオロカーボン冷媒**では、**低圧受液器の液面近く**から**油戻し装置**が必要になります（図7-12）。
……戻す方法は、前項の満液式シェルアンドチューブ蒸発器とほぼ同じ。
なお、**アンモニア冷媒**では、低圧受液器の**底部**の油抜き弁から油を抜き取り、**廃油**（鉱油の場合）します。

6 低圧受液器の液面を一定に保持するために、**液面制御装置**（液面レベルスイッチ（フロートスイッチなど）、電磁弁、手動膨張弁など）が必要になります（図7-12）。
……前項の満液式シェルアンドチューブ蒸発器、後項の自然循環式蒸発器（図7-13）とほぼ同じ。

7 **低圧受液器の液面高さは液ポンプより十分な高さを保持**するようにします。……液ポンプが蒸気（ガス）を吸い込まないために**2m程度以上**高くする（図7-12）。

8 低圧受液器の出口冷媒は、**飽和蒸気**となります（図7-12）。

9 **冷媒充填量は多くなります。**

3）自然循環式冷凍装置（液集中器式）（図7-13）……冷却管内蒸発

冷媒は、**液集中器**の液面と同じ液面までチューブ内が液で満たされた状態で蒸発（管内蒸発）し、周囲の空気や液体などを冷却します。

図7-13　自然循環式冷凍装置（蒸発器、液集中器）……フルオロカーボン冷媒（例）

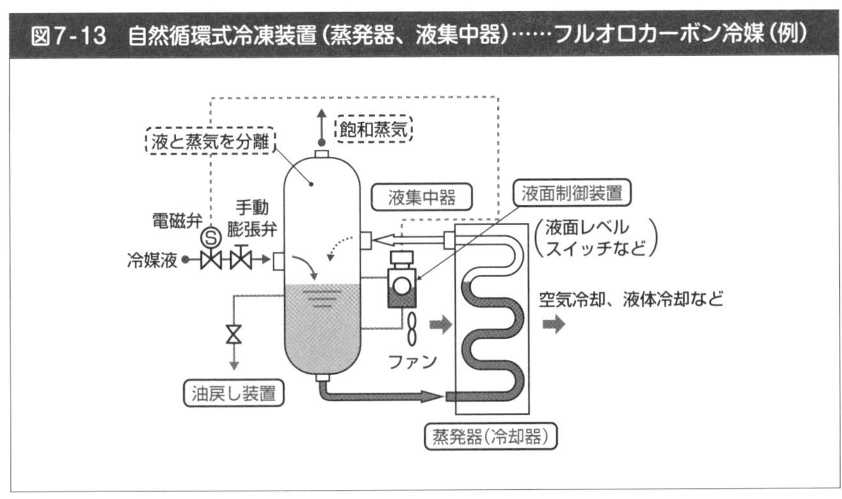

2 蒸発器の冷却能力の算出

蒸発器の冷却熱量は、「第5章　熱の移動」で求めた熱通過量（伝熱量）の式より算出します。蒸発器での冷却熱量（冷凍能力）は次式で算出できます。

$$\phi_O = K \cdot A \cdot \Delta t_m \,(\mathrm{kW}) \cdots\cdots\cdots\cdots\cdots\cdots\cdots (7.1)$$

ここで、ϕ_O：冷凍能力（kW）　K　：熱通過率（kW/（m^2・K））
　　　　A　：伝熱面積（m^2）　Δt_m：平均温度差（K）

■1 平均温度差

上式（7.1）の平均温度差はどのように決定するかを考えてみます（図7-14）。

平均温度差Δt_mは、一般に**低温用蒸発器では小さく、高温用蒸発器では大きく**するようにしています。合理的な温度差は以下で決めます。

図7-14　合理的な平均温度差の設定（例）

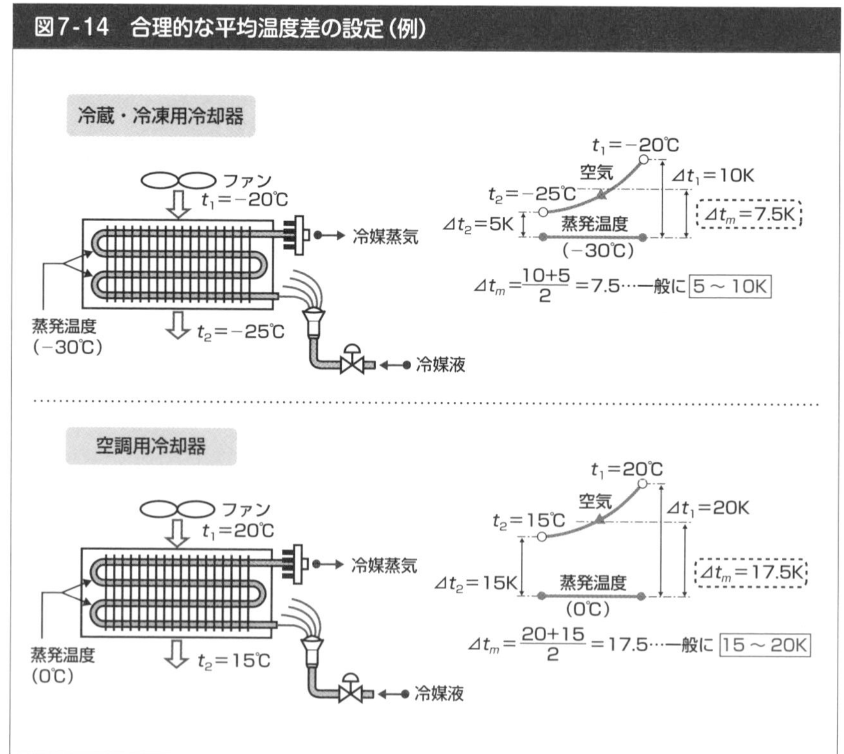

1) 冷蔵・冷凍用の冷却器（低温用蒸発器）（図7-14上図）

…**平均温度差⊿t_m≒5～10Kと、温度差を小さくします。**

●**温度差が大きすぎる場合**：温度差を大きくすると、蒸発温度を低くしなければならず、**圧縮機の冷凍能力と成績係数が大幅に低下**します。……これは、蒸発温度が低くなると、圧力比が大きくなり体積効率が低下し、さらに、比体積が大幅に大きくなることにより、冷媒循環量がいちじるしく減少して冷凍能力が低下します。なお、この**減少や低下の割合は、低温度ほど大きくなるためです。**

2) 空調用の冷却器（高温用蒸発器）（図7-14下図）

…**平均温度差⊿t_m≒15～20Kと、温度差を大きくします。**

●**温度差を大きくする場合**：空調用のように、温度が高い範囲では、蒸発温度を低くしても、圧力比があまり大きくならず、**圧縮機の冷凍能力と成績係数の低下する割合が小さい**こと、及び、蒸発温度が低下するために、**温度差が大きく取れるため伝熱面積が小さくてよく、**蒸発器がコンパクトになり、コストが安くなるなどのメリットが大きくなるためです。

●**温度差を小さくする場合**：温度差が小さいと、**蒸発器の伝熱面積が大きくなり、**ルームエアコンやパッケージエアコンなどのコストが高くなること、及びクーラが大きくなり、設置スペースが大きくなるなどの欠点が多くなってしまうためです。

■2　熱通過率の基準面積

乾式フィンコイル蒸発器（空気冷却用）の**熱通過率*K***（kW/（m^2・K））の値の伝熱面積として、一般に、空気側の**外表面積**（チューブとフィンの合計面積）を**基準**として算出します。

キーポイント

1 一般に、**熱通過率*K*は、冷蔵・冷凍用蒸発器より空調用蒸発器のほうが、大きくなります。**

2 **熱通過率*K*は、平均温度差⊿t_mが大きいほうが、大きくなります。**

Theme 2 着霜、除霜方法及び凍結防止

重要度：★★★

低温の空気冷却装置（冷蔵庫、冷凍庫など）の蒸発器には、必ず、空気中の水分が霜となって付着しますので、やがて冷却できなくなるため、適切な方法の除霜（デフロスト）を行います。

- 着霜した場合の影響を理解しておく。
- 各種の除霜方法を整理、理解しておく。
- 蒸発器での水、ブラインの凍結防止方法を理解しておく。

1 着霜（フロスト）と除霜（デフロスト）

着霜とは、蒸発器の表面（チューブ、フィン）に霜が付着し、時間とともに付着量や厚さが増えてくることをいいますが、**霜付き**、**フロスト**などともいいます。

■1 着霜（フロスト）とその影響

着霜すると、以下の悪い影響が出ます。

①**風量**が**減少**します。……霜により、空気の通路が狭くなるため。

②**霜の熱伝導率**が**小さい**（第5章の表5-1）ので**伝熱性能**が**低下（蒸発器能力低下）**します。……霜の熱伝導率が小さいため熱伝導抵抗が大きくなります。

③**蒸発圧力**および**吸込み圧力**が**低下**します。

……前記の①と②により、結果的に熱通過率が低下して伝熱性能が低下し、蒸発量が減少しますが、圧縮機は一定量の蒸気を吸込みますので、蒸発圧力・吸込み圧力が低下します。

- 「散水方式」の散水温度、「ホットガス方式」の熱源（顕熱と凝縮潜熱）の種類、「オフサイクル方式」の使用できる庫内温度について多く出題されています。
- 「凍結防止」の2つの方式について多く出題されています。

④**圧縮機の冷凍能力が低下、蒸発器冷却能力が低下し、冷却不良**となります。……圧縮機の吸込み圧力が低下し、その比体積が大きくなるために、冷媒循環量が大幅に少なくなり冷凍能力が減少します。

⑤**圧縮機の駆動動力が小さく**なります。……前記の④と同じ原因で大幅に冷媒循環量が少なくなり、圧縮仕事量（比エンタルピー2と1の差）が少し大きくなりますが、結果的に動力は小さくなります。……第2章の図2-13②参照。

⑥**冷凍サイクルの成績係数が低下**します。……前記の⑤のように、**駆動動力は低下しますが、冷凍能力が大幅に低下**し、結果的に成績係数は低下します。

■2　除霜（デフロスト）方法（表7-2）

着霜した冷却器（蒸発器）から霜を取り除くことを、**除霜**、**デフロスト**といいます。

デフロストには、いくつかの方法があり、冷凍装置の形式、使い方などにより適正な方法を選んで使用します。

1）散水方式（図7-15）

冷却器（主にチューブとフィン）の上部から**散水して霜を融解する方式**です。散布した水と融解水は下部のドレンパン（水槽）に流して、庫外に排出します。排出水は一般に、水タンクに溜めて、ポンプで再度、冷却器に送水し、循環して使用します。

キーポイント

1 **散水温度**は、**10～15℃**にします（表7-2）。……散水温度が低すぎると溶けにくく、高すぎると散水時に霧が発生し、冷却器のファン、ケーシングや床、壁、天井などに付着して氷になってしまい、各種の障害の原因となります。そのために、タンク内の水を電気ヒータなどで**適正温度**（10～15℃）に加温します（図7-15）。

2 庫外への排水管には**水封トラップ**（Uトラップなど）を取り付けます（図7-15）。……配管を通して、外気が侵入するのを防止するため。

3 排水配管は、**配管保温**と**電気ヒータ（テープヒータなど）**で加温します（図7-15）。……庫内の冷気で流れる水が凍結するのを防ぐため。

4 **ドレンパン**は、**凍結防止ヒータ**（電気ヒータ）などで加熱し、凍結を防止します（図7-15）。

表7-2　除霜（デフロスト）方法一覧

デフロスト方式	霜融解熱源	方式	特徴・その他……参考
散水方式	温水	・冷却器の上部から**温水を散水**して霜を溶かす方式。 **・適正水温は約10～15℃**	①デフロスト時間が短い。 ②構造が簡単で安価。 ③確実なデフロストができる。 ④散水ノズルからの飛散水がファンやケーシングなどで再凍結しやすい。 ⑤ドレンパン、排水管などの凍結防止ヒータ、保温などが必要。
ホットガス方式	圧縮機吐出しの高温ガス	**・圧縮機の吐出しガス（高温ガス＝ホットガス）**をチューブに送り込み、霜を溶かす方式。 ・ホットガスの**顕熱と凝縮潜熱**を利用。	①凝縮熱（顕熱と凝縮潜熱）を利用するため、水や電気が不要で省エネルギー。 ②デフロスト装置が複雑で、高度なシステム技術を要する。 ③高温ガスの熱の放散防止用に、冷却器の前後にダンパが必要。 ④高温ガス熱量が少ない場合は、着霜量が少ない状態でデフロストを実施。 ⑤ドレンパン用保温管、排水管などの凍結防止ヒータ、保温などが必要。
不凍液（ブライン）散布方式	ブライン	・散水方式による温水の代わりに、**ブラインを散水**して、霜を溶かす方式。 ・無着霜冷却器方式では、冷却中にブラインを散水。	①無着霜冷却器方式では、デフロスト時でも庫内温度上昇がない。 ②ブライン散布であるために、ファン、ケーシングなどの再凍結の心配がない。 ③ブラインの濃縮器（再生器）、加熱源、濃縮管理が必要。
電気ヒータ方式	電気ヒータ	・チューブのすき間部分に**電気ヒータ**（シーズヒータ）を組み込み、電気加熱により霜を溶かす方式。	①デフロスト時間が長い。 ②構造は簡単だが、ヒータのコストと電気代がかかる。 ③ヒータ端子部に水が接触しやすいため、電気絶縁故障が起きやすい。 ④ヒータ熱の放散やモヤの拡散防止用に、冷却器にダンパが必要。 ⑤ドレンパン、排水管などの凍結防止ヒータ、保温などが必要。
オフサイクル方式	庫内空気	・冷却器への冷媒送液を停止して、**庫内空気**の熱で霜を溶かす方式。 **・庫内温度が5℃程度のみで使用可能。**	①ファン動力だけなので、省エネルギー。 ②デフロスト時間が長い。 ③特別な装置は不要なので、設備コストが少ない。

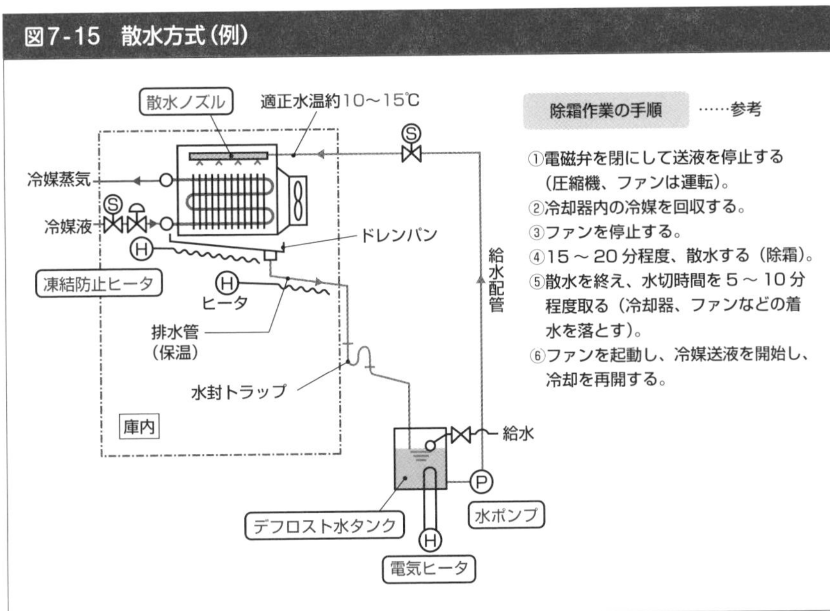

散水ノズル
適正水温約10～15℃
冷媒蒸気
冷媒液
ドレンパン
凍結防止ヒータ
ヒータ
排水管
（保温）
水封トラップ
庫内
給水配管
給水
デフロスト水タンク
水ポンプ
電気ヒータ
除霜作業の手順　……参考
①～③散水方式と同じ。
⑤ホットガスを20～25分程度、投入（除霜）。
⑥散水方式の⑤、⑥に同じ。
①電磁弁を閉にして送液を停止する（圧縮機、ファンは運転）。
②冷却器内の冷媒を回収する。
③ファンを停止する。
④15～20分程度、散水する（除霜）。
⑤散水を終え、水切時間を5～10分程度取る（冷却器、ファンなどの着水を落とす）。
⑥ファンを起動し、冷媒送液を開始し、冷却を再開する。

図7-15　散水方式（例）

2) ホットガス方式（図7-16）

圧縮機から吐き出した高温ガス（**ホットガス**という）を**冷却器のチューブ内に送り込み**、その**顕熱**と**凝縮潜熱**の両方の熱でチューブとフィンを**加熱**して、霜を融解する方式です（表7-2）。なお、その加熱する熱の多くは、**凝縮潜熱**です。

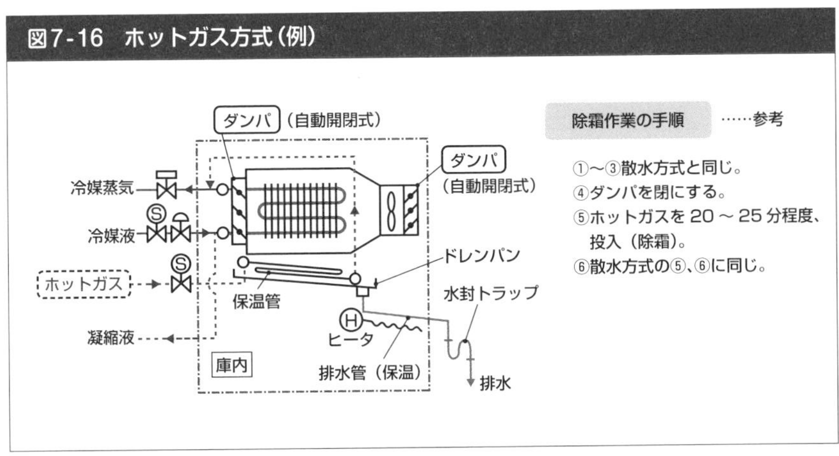

図7-16　ホットガス方式（例）

上記以外に、凝縮熱の一部を蓄熱槽に蓄えて、デフロスト後の冷媒液を蒸発させる熱源とする方法もあります(**蓄熱槽式ホットガス方式**という)。……省略

キーポイント

1 この方式は、チューブ内の冷媒ガスの熱によって霜を融解します。**霜が厚くなると溶けにくくなるので、霜が厚くならないうちに早めに行います。**

2 ドレンパンの加温、排水管の電気ヒータなどでの加温。ドレンパンは、ホットガス配管をドレンパンに接触させて加温します(図7-16)。
……溶けた霜や氷などがドレンパンや排水管に堆積(たいせき)や詰まりなどがないように加温します。

3 冷却器管内で凝縮した液は加熱など何らかの方法で蒸発させて冷凍サイクル運転を連続させて、デフロストします。

3) 不凍液(ブライン)散布方式(図7-17)

散水方式の水の代わりに**不凍液**を**散布する方式**です(表7-2)。

不凍液に水が混入するため、ブライン濃度が薄くならないように、回収したブラインを加熱して**濃度を上げる濃縮器(再生器)**が必要になります。

図7-17　不凍液(ブライン)散布方式(例)

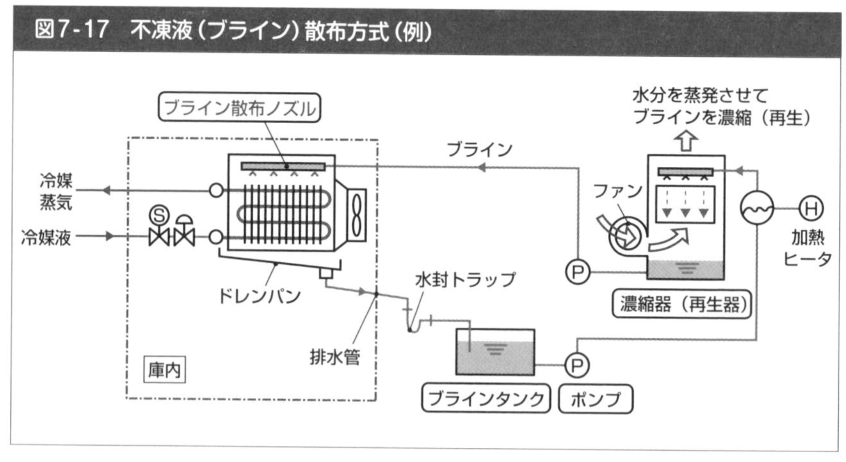

4) 電気ヒータ方式（図7-18）

冷却器の周囲やチューブのすき間部分に**電気ヒータ**（シーズヒータ）を組み込んでおき、フロストすると冷却運転を停止して電気ヒータに電源を入れてチューブ、フィンを加熱して霜を溶かす方式です（表7-2）。

図7-18　電気ヒータ方式（例）

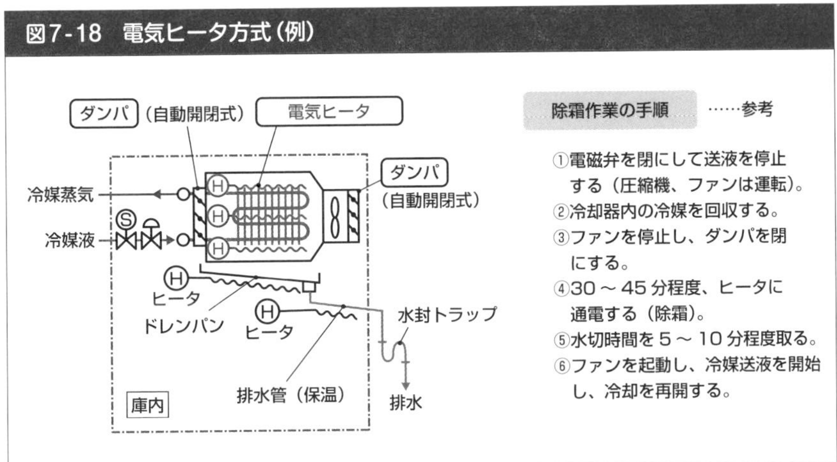

ダンパ
（自動開閉式）
電気ヒータ
ダンパ
（自動開閉式）
冷媒蒸気
冷媒液
ヒータ
ドレンパン
ヒータ
水封トラップ
庫内（5℃程度）
排水
排水管（保温）
庫内
除霜作業の手順
①、②散水方式と同じ。
③ファンはそのまま30～60分程度運転（除霜）。
④水切時間は散水方式と同じ。
……参考
①電磁弁を閉にして送液を停止する（圧縮機、ファンは運転）。
②冷却器内の冷媒を回収する。
③ファンを停止し、ダンパを閉にする。
④30～45分程度、ヒータに通電する（除霜）。
⑤水切時間を5～10分程度取る。
⑥ファンを起動し、冷媒送液を開始し、冷却を再開する。

5) オフサイクル方式（図7-19）

庫内温度が**5℃程度の冷蔵庫**では、フロストしたら、**冷媒送液を停止**して、**庫内空気**（約**5℃**）を**利用**して霜を溶かす方式です。

……冷凍サイクルを停止したままの方式なので、**オフサイクル方式**（サイクルをオフ：停止の意）といいます（表7-2）。

図7-19　オフサイクル方式（例）

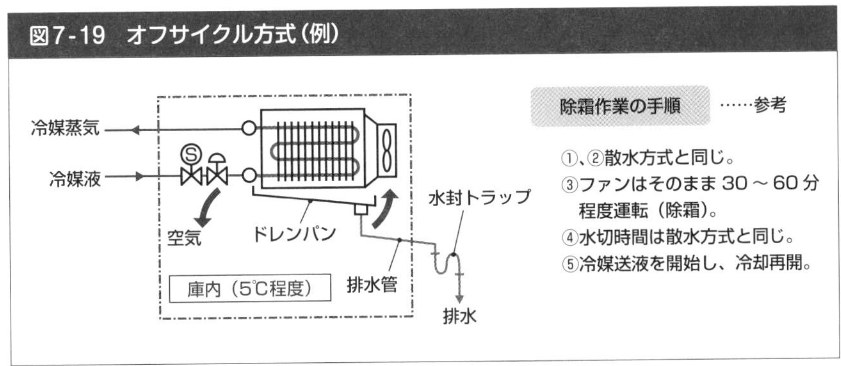

■3 凍結防止

水やブラインなどは、その凍結温度以下になると凍結し、水の場合には**約9%体積が膨張**するために、冷却器内のチューブ内で体積膨張により冷却器内チューブや容器などを破壊します。破壊すると冷媒が逃げたり、冷凍装置内に水などが入り、大きな**凍結事故**になってしまいます。

この凍結を防止するために、以下の2つの方式があります(図7-20)。

1) サーモスタット方式(図7-20左図)

冷却器出口の水などの温度をセンサーで検知して、設定値より温度が下がると**サーモスタット**(**温度スイッチ**)が作動し、送液を停止したり、冷凍装置を停止する方式です。

2) 蒸発圧力調整弁方式(図7-20右図)

蒸発器出口の圧力調整弁により、蒸発器の出口圧力が低下して、設定値以下になると弁(**蒸発圧力調整弁**)が閉まり始め、**設定温度以下の圧力にならないようにして、凍結を防止する方式**です(詳細は第9章)。

図7-20 凍結防止方式……使用例

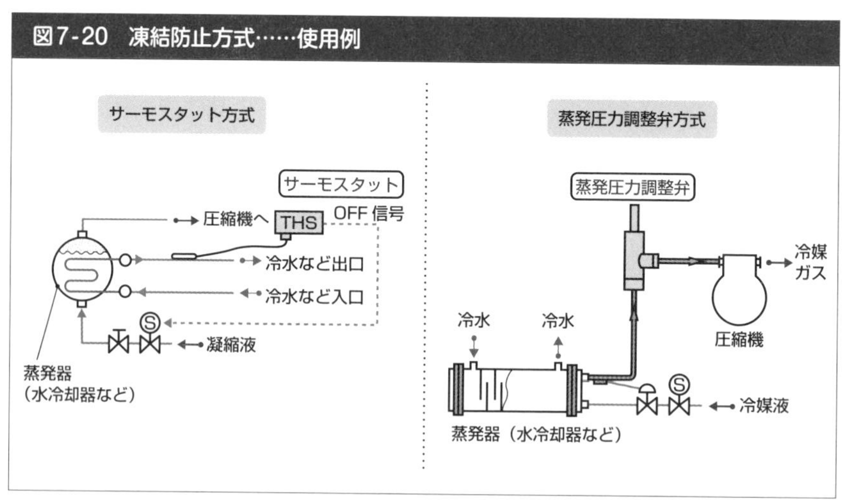

Question 問題を解いてみよう

以下の質問に○か×で解答してください。

問1　「乾式蒸発器」では、出口での冷媒は「過熱蒸気」となっている。

問2　「乾式フィンコイル（チューブ）蒸発器」では、空気の流れ方向と冷媒の流れ方向は同じにするのが一般的である。

問3　空気用の「フィンピッチ」は、一般的に1mm程度まで狭くして、なるべく大きな伝熱面積にする。

問4　「満液式蒸発器」は、一般に「乾式蒸発器」よりも熱通過率が大きい。

問5　「乾式シェルアンドチューブ蒸発器」のチューブは、一般に「インナーフィンチューブ」を使用する。

問6　「冷媒液強制循環式」の液ポンプの流量は、蒸発量の3～5倍程度とする。

問7　冷却器の蒸発温度と被冷却流体との平均温度差は、一般に冷蔵・冷凍用では5～10K、空調用では15～20Kとする。

問8　「ホットガス方式」のデフロスト用の熱量は、冷媒の「顕熱」と「凝縮潜熱」の両方を利用する。

問9　「散水方式」のデフロストの適正な水温は、30～50℃とする。

問10　水やブライン冷却の「凍結事故」を防止する方式としては、「サーモスタット方式」のみがある。

Answer 答え合わせ

問1　○　「乾式蒸発器」とは、冷媒入口では「湿り蒸気」であり、蒸発器内で冷媒は蒸発しながら流れ、出口の少し手前ですべての冷媒が蒸発して「飽和蒸気」となり、出口ではいくらか過熱した「過熱蒸気」となって出ていく。

問2　×　「乾式フィンコイル（チューブ）蒸発器」では、空気の流れ方向と冷媒の流れ方向は必ず、逆方向（向流）とする。蒸発器出口で過熱蒸気にするために、出口冷媒と高い温度の入口空気とを熱交換すると温度差が大きく取れるため、少ない伝熱面積ですみ、過熱度を取りやすいためである。

問3　×　空気用の「フィンピッチ」は、「空調用」では一般的に 1.5 ～ 2mm 程度まで狭くして、なるべく大きな伝熱面積にするが、「冷蔵・冷凍用」では、狭くすると霜により空気が流れなくなるため、一般的に 6 ～ 12mm 程度と広くする。

問4　○　「満液式蒸発器」は、一般に冷媒側の熱伝達率が大きく、乾式蒸発器よりも熱通過率が大きく取れる。

問5　○　「乾式シェルアンドチューブ蒸発器」のチューブは、管内の冷媒側の熱伝達率が水などの管外と比べると小さいために、内部にフィンを付けた「インナーフィンチューブ」を使用し、冷媒側の「熱伝達抵抗」を小さくする。

問6　○　記述は正しい。

問7　○　冷却器の蒸発温度と被冷却流体との平均温度差は、一般に「冷蔵・冷凍用」で 5 ～ 10K と少なくするのは、大きくすると蒸発温度を低くしなければならず、圧縮機の冷凍能力と成績係数が大幅に低下してしまうためである。「空調用」で 15 ～ 20K と大きくするのは、圧縮機の冷凍能力と成績係数の低下する割合が小さいことと、温度差を大きくすると、冷却器のサイズが小さくなり、コストを抑えられるというメリットがあるためである。

問8　○　「ホットガス方式」のデフロスト用の熱量は、冷媒の「顕熱」と「凝縮潜熱」の両方を利用するが、主には「凝縮潜熱」を使用する。

問9　×　「散水方式」のデフロストの水温は、低すぎると霜が溶けにくく、高すぎると散水時に霧が発生して、冷却器などに付着してしまい支障が出るために、適正な温度として 10 ～ 15℃とする。

問10　×　水やブライン冷却の「凍結事故」を防止する方式として、「サーモスタット方式」と「蒸発圧力調整弁方式」がある。蒸発圧力調整弁方式とは、蒸発器の蒸発圧力が設定値以下になると、出口の自動弁が閉まり始めて圧力低下を防止する方式である。

附属機器

附属機器とは、第7章までの主要機器（圧縮機、凝縮器、蒸発器）以外の機器で、それぞれの役割・目的があり、必要に応じて設置する機器です（オプション機器です）。

Theme

1 附属機器

冷凍装置には、主要な４つの機器以外に用意されている附属機器があります。

重要度：★★★

●各附属機器の設置位置（場所）と役割、目的を整理、理解しておく。

1 附属機器の設置場所と役割

一般的な冷凍装置（フルオロカーボン冷凍装置）に附属機器を設置した全体図（主要な機器）を示します（図8-1）。

■1 高圧受液器（図8-1）（図8-2）

高圧受液器とは、凝縮器で凝縮した液を**一時的に溜めておく圧力容器**で、単に**受液器**ともいいます。

●設置場所：**凝縮器の下部（下流）**（凝縮液は自重で落下する）
●役割　　：①**運転状態の変化**による装置内の冷媒量の変動分を一時的に**吸収**して溜めておく。
……特に、蒸発器内の冷媒量は、運転負荷などにより変化します。
②**冷凍装置の修理**や**メンテナンス時**に**冷媒を回収**しておく。
……一般には、装置内の全冷媒量を回収できる容量（約20%の余裕を持った容量）とします。……**参考**

キーポイント

1 **横型**と**立型**があります（図8-2）。……一般に、**横型**は、**大型・大容量**に、**立型**は、**小型・小容量**に使用します。……**参考**

「附属機器」の種類と、それぞれの「機能」と「設置場所」に関して多く出題されています。

2 容器の下部位置に**「液出口管端」**を設置してあります(図8-2)。
……液が流れ出ていくためと、ゴミなどが流れ出ていかないため。

図8-1　附属機器(フルオロカーボン冷凍装置)全体図(例)

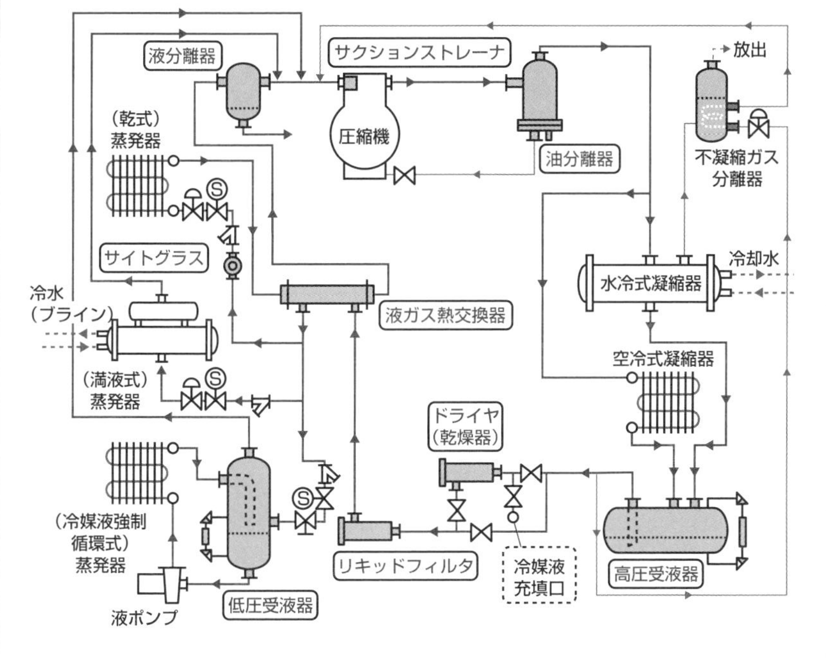

液分離器
サクションストレーナ
放出
(乾式)
蒸発器
圧縮機
油分離器
不凝縮ガス
分離器
サイトグラス
冷却水
冷水
(ブライン)
水冷式凝縮器
液ガス熱交換器
空冷式凝縮器
(満液式)
蒸発器
ドライヤ
(乾燥器)
(冷媒液強制
循環式)
蒸発器
リキッドフィルタ
冷媒液
充填口
高圧受液器
液ポンプ
低圧受液器

図8-2　高圧受液器(例)

横型(大容量用)
立型(中、小容量用)
均圧管
安全弁
液入口
液出口
300～
1,000 ㎜ϕ
液面計
2,000～4,000 ㎜
液出口管端
液出口
液入口
液面計
(丸ガラス)
200～
500 ㎜
液出口
150～
300 ㎜ϕ
液出口管端

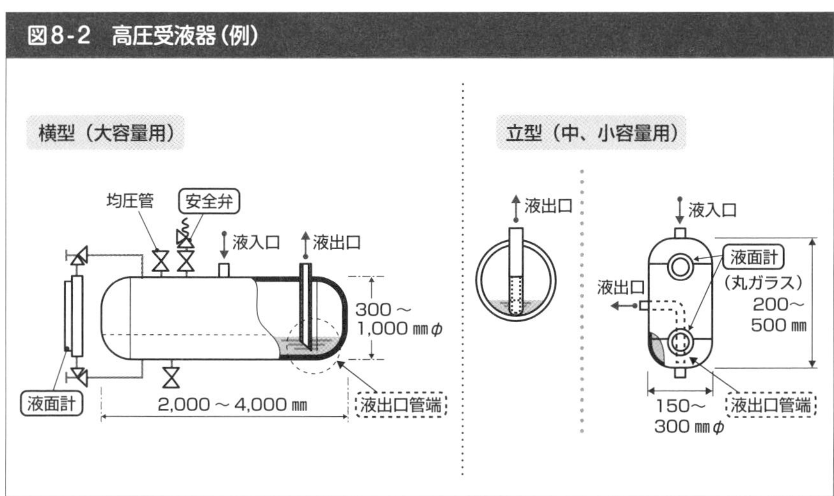

■2　低圧受液器（図8-1）（図8-3）

低圧受液器とは、**冷媒液強制循環式冷凍装置**（第7章）において使用される機器です（図7-11）（図7-12）。

●**設置場所**：**液ポンプより高い位置**（詳細は第7章図7-12）

●**役割**　：①**液溜め**…送りと戻り流量が変動しても、**安定して液を吸い込むように十分な容量の液を溜めるため。**

：②**液分離**…蒸発器から戻ってきた、**冷媒液と蒸気を分離**するため。

図8-3　低圧受液器（立型例）

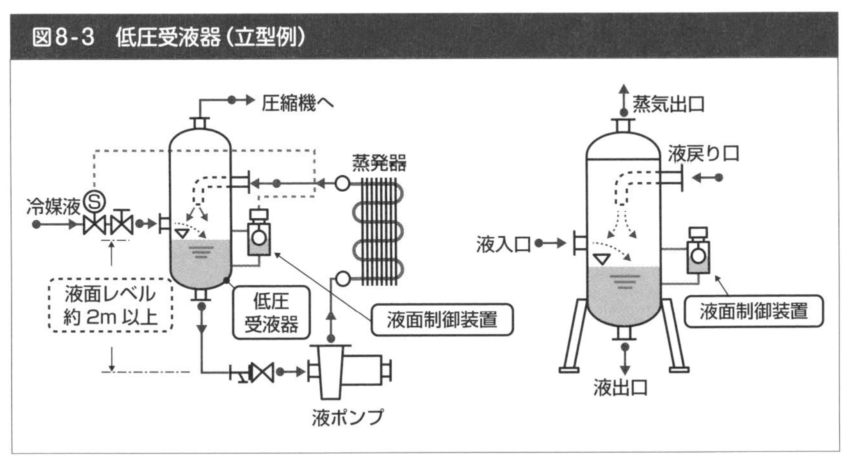

キーポイント

1 液面レベルを一定に保持するために**液面制御装置**（フロートスイッチ他）を取り付けます。

■3　油分離器（図8-1）（図8-4）

油分離器とは、圧縮機から冷媒ガスと一緒に**冷凍機油が吐き出される**ので、その中から**油を分離する機器**であり、各種の形式があります（図8-5）。

●**設置場所**：**吐出し配管**

●**役割**　：油が凝縮器や蒸発器に多量に流れると各種の不具合が発生するため、**油を分離**します。

……**フルオロカーボン冷媒**と**アンモニア冷媒**で分離後の処置は異なります（図8-4）。

図8-4　油分離後の処置法（例）……重力分離型例

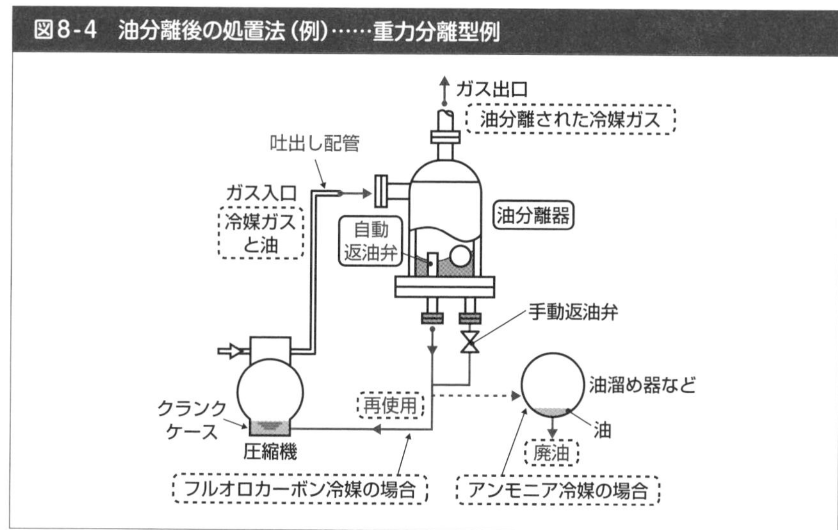

キーポイント

1 主に設置する冷凍装置

・**大型**の**フルオロカーボン冷凍装置**

……**小型のフルオロカーボン冷凍装置**には設置しません。

・**低温**の**フルオロカーボン冷凍装置**

・**アンモニア冷凍装置**

・**スクリュー式圧縮機**の**冷凍装置**

……圧縮機内に油を給油しながら圧縮するため、出口の**油分離器**で油を分離するために設置します（詳細は第3章（図3-5））。

2 **フルオロカーボン冷凍装置**で分離した油は、一定レベル位置に達すると**自動返油弁**（**針弁**）より少量ずつクランクケースに戻して**再使用**します（図8-4）。

……油分離器の形成により返油方法は異なります（図8-5）。

3 **アンモニア冷凍装置**では分離後、**油溜め器など**に抜き取り、**廃油**（**鉱油**）します（図8-4）。

……吐出しガスが高温になるので、油が劣化しやすいため、再使用しません。

4 **分離する形式**には、主に以下の種類（方式）があります（図8-5）。

・**遠心分離形**……内部の**旋回板による遠心力**により分離。

・**バッフル形**……小穴を持った**バッフル板**に衝突させて分離。

・**デミスタ形**……**デミスタ**（繊維状の細かい金網）に衝突させて分離。

・**重力分離形**……ガス速度の低下による油滴の**重力落下**と**金網**による分離。

図8-5　油分離器の種類（方式）（例）

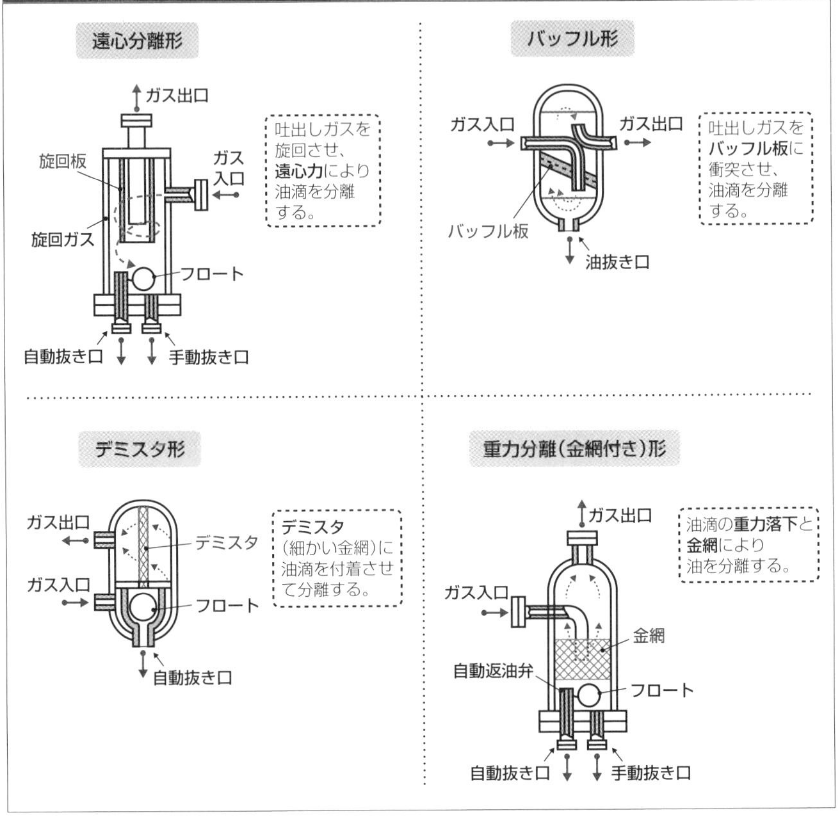

遠心分離形

ガス出口
旋回板
ガス入口
旋回ガス
フロート
自動抜き口
手動抜き口

吐出しガスを旋回させ、**遠心力**により油滴を分離する。

バッフル形

ガス入口
ガス出口
バッフル板
油抜き口

吐出しガスを**バッフル板**に衝突させ、油滴を分離する。

デミスタ形

ガス出口
ガス入口
デミスタ
フロート
自動抜き口

デミスタ（細かい金網）に油滴を付着させて分離する。

重力分離（金網付き）形

ガス出口
ガス入口
金網
自動返油弁
フロート
自動抜き口
手動抜き口

油滴の**重力落下**と**金網**により油を分離する。

「油分離器」を主に設置する4つの冷凍装置を整理して覚えておきましょう。

■4　液分離器（図8-1）（図8-6）

液分離器とは、蒸発器から冷媒蒸気に液が混在して出てきたときに、**液を分離する機器**です。

●**設置場所**：**吸込み配管**（蒸発器出口配管と同じ）

●**役割**　　：液を分離して、蒸気だけを圧縮機に吸い込ませて、**圧縮機の液圧縮を防止**します。

図8-6　液分離器（例）

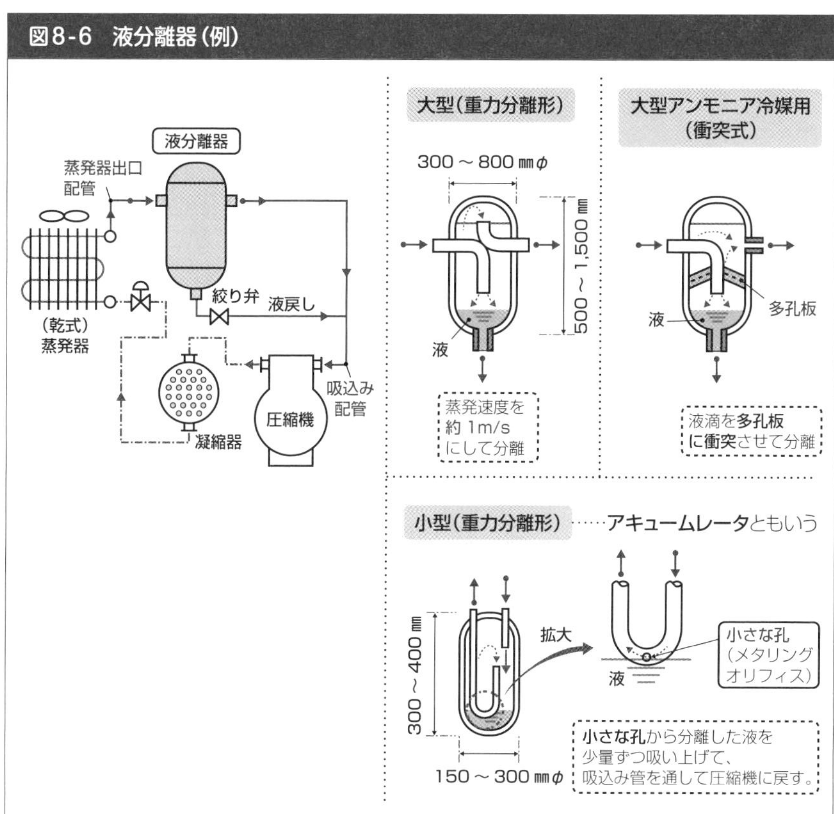

キーポイント

1 **大型（重力分離形）**……液分離器内で**蒸気速度**を**約1m/s以下**にして、液滴を重力で分離して液は下部に溜めて、圧縮機に戻します（図8-6）。

2 **小型（重力分離形）**……**アキュムレータ**（集める、蓄積するの意）ともいい、分離した液は下部に溜まり、U字管の下部の**小さな孔**（**メタリングオリフィス**という）から**少量ずつ、吸込み蒸気とともに、液ミストにして圧縮機に戻します**（霧吹きの原理で）（図8-6）。

3 分離した液を**加熱器**（吐出しガスや凝縮液による電気ヒータや加熱コイルなど）で液を蒸発させる方式もあります。

■5　液ガス熱交換器（図8-7）

液ガス熱交換器とは、**高温**（約30～50℃）の**冷媒液**と**低温**（約10℃以下）の**蒸発器出口蒸気**（ガス）との熱交換器です。

●**設置場所**：**液配管**と**吸込み配管**（蒸発器出口配管と同じ）に接続。

●**役割**　：①**凝縮液をより過冷却**させる。……過冷却不足による**フラッシュガス**
　　　　　　の発生を防止するため（詳細は第2章Theme2）。

　　　　　　②**圧縮機の吸込み蒸気を適度に過熱**する。……**蒸発器出口の過熱度不足**や**湿り蒸気**になった場合に過熱度を増やすため。

図8-7　液ガス熱交換器（例）

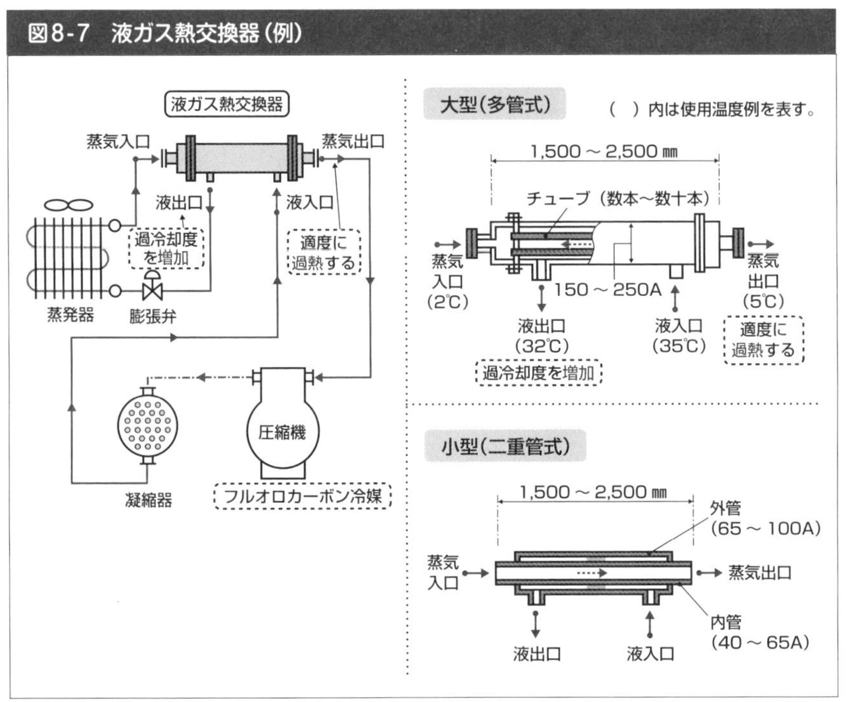

キーポイント

① **フラッシュガス**とは、凝縮液が配管内を流れていく間に、膨張弁手前で温度上昇や流れ抵抗などにより、**気泡が発生**することをいいます。
気泡が発生すると、膨張弁を通過できる冷媒流量が減少してしまいます。フラッシュガスが発生しないようにするために、過冷却します。一般には、**過冷却度は5K程度**にします（詳細は第10章Theme1　4の■2）。

② **フルオロカーボン冷凍装置に使用しますが、アンモニア冷凍装置には使用しません。**……**正常運転時でも吐出しガス温度が高く、**本熱交換器を設置するとさらに過熱度が増大し、吐出し温度がより高くなり、**油の劣化がしやすいため。**

■6　ドライヤ（乾燥器）（図8-8）

ドライヤ（乾燥器）とは、冷媒中に混入した**水分を吸着する機器**です。

●**設置場所**：**液配管**

●**役割**　：**冷媒中の水分を除去**する。……冷媒中に水分が混入すると、各部に悪影響を及ぼすために、液管の途中で水分を吸着して除去します。

図8-8　ドライヤ（乾燥器）（例）

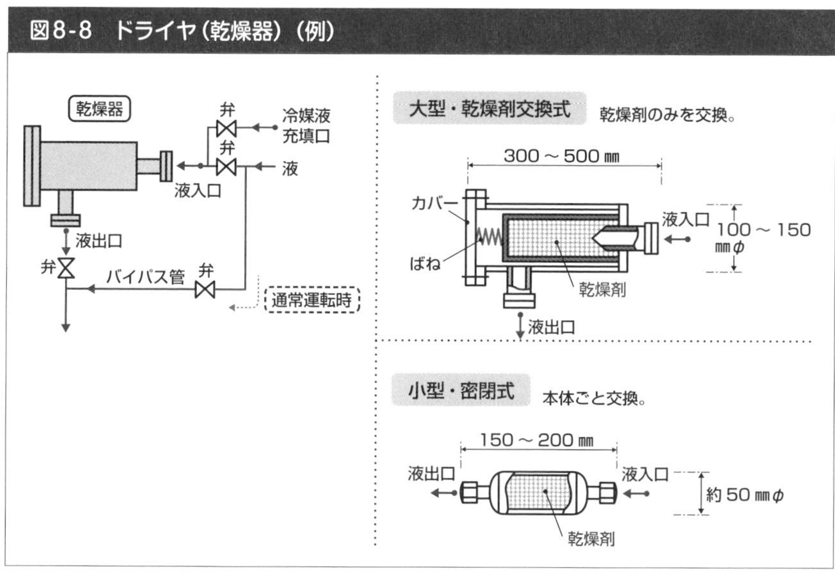

キーポイント

1 **吸着剤**には、**乾燥剤**（**シリカゲル、ゼオライト**などの粒状のもの）を使用します。

2 吸着剤は、水分を吸着しても**化学変化を起こさないもの**や**砕けにくいもの**を使用しますが、水分吸着性能の低下（変色）や目詰まりを起こしたら交換します。……シリカゲルはお菓子袋に入っているものと同様のもの。

3 乾燥剤のみを交換するもの（大型・乾燥剤交換式）と、容器ごと交換するもの（小型・密閉式）があります（図8-8）。

■7　リキッドフィルタ（図8-9）

リキッドフィルタとは、**液配管内のゴミや金属粉、錆（さび）材などを除去する機器**で、細かい**金網（メッシュ**：網目の意）を通過させて除去します。

●**設置場所**：**液配管**

●**役割**　：**ゴミや金属粉などを除去**します。……膨張弁、電磁弁、各種弁などを傷付けたりして支障を引き起こすのを防止します。

図8-9　リキッドフィルタ（例）

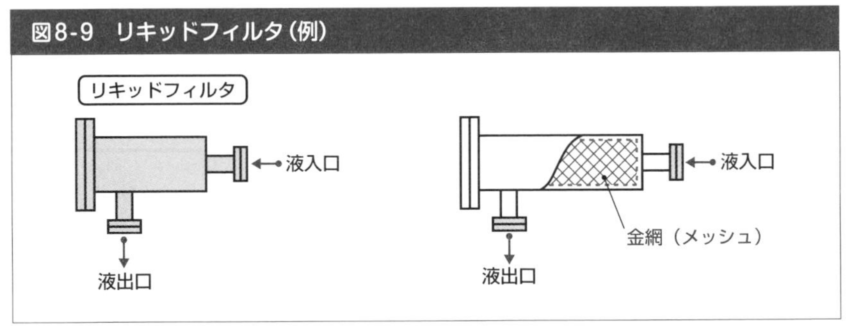

キーポイント

1 内部の金網にゴミなどがたい積すると目詰まりして液が流れにくくなりますので、清掃又は金属網の交換をします。

2 **ドライヤ（乾燥器）とリキッドフィルタを兼ねたろ過乾燥機（フィルタドライヤ）**もあります。

■8　サクションストレーナ（図8-10）

サクションストレーナとは、**吸込み配管中のゴミや金属粉、錆材などを除去する機器**で、細かい**金網（メッシュ）**を通過させて除去します。

●**設置場所**：**吸込み配管**

●**役割**　：①**ゴミや金属粉、錆材などを除去**する。……圧縮機内のピストン、シリンダ、メタルなどを傷付けたりして支障を引き起こすのを防止します。

②**密閉圧縮機**では、**電動機の巻線の絶縁不良、焼き付けを防止**します。

図8-10　サクションストレーナ（例）

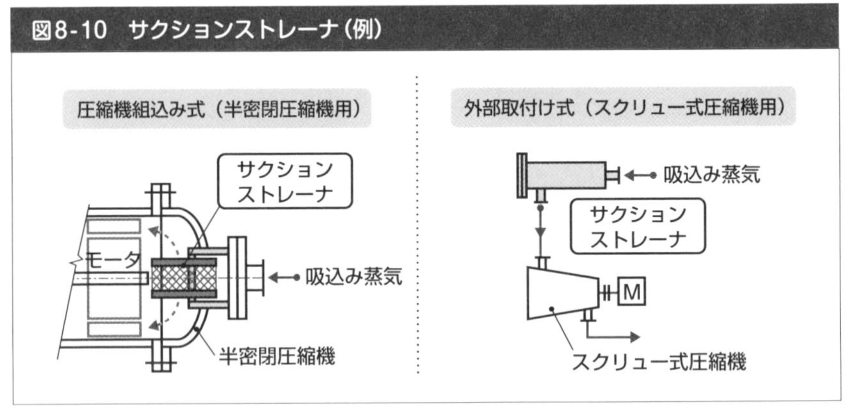

キーポイント

1 **圧縮機組込み式**：多くの圧縮機の吸込み部に、このストレーナが組み込んであります（図8-10左図）。

2 **外部取付け式**　：配管長が長く、配管施工中のゴミや金属粉などが考えられる場合に別に設置します（図8-10右図）。

■9　サイトグラス（図8-11）

サイトグラス（見る、判断するガラスの意）とは、**液配管中の液の流れ状態をガラスから目視できる機器（部品）**です。

●**設置場所**：**液配管**（膨張弁の直前）

●**役割**　　：①冷媒チャージするときの**適正量**を判断できます。……不足時は**気泡が発生**していますが、規定量になると気泡が消えます。

②**モイスチャインジケータ**（**変色指示板**）付きのものでは、冷媒中の**水分混入量**が判断できます。……モイスチャ（水分、湿気の意）

図8-11　サイトグラス（例）

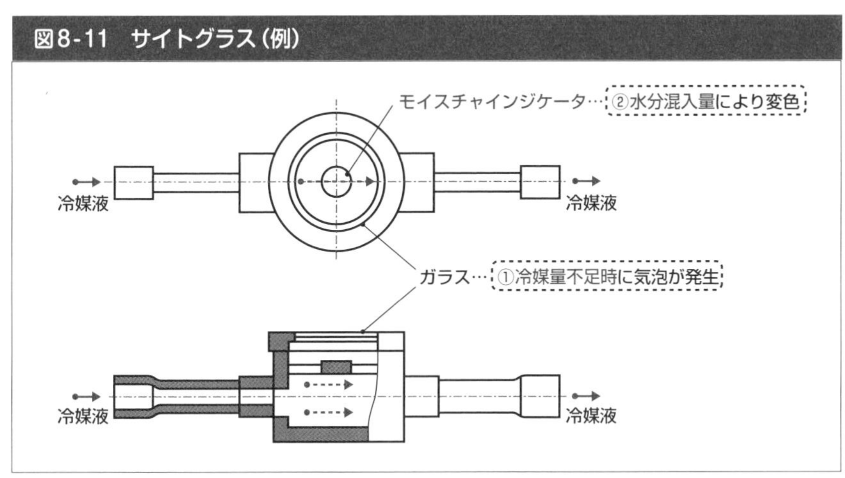

キーポイント

1 **気泡の有無**により、運転中の**冷媒漏れによる不足**や**冷媒充填時の適正量を判断**できます（図8-11）。

2 **指示色**により、**水分混入量の大小**や、**ドライヤの交換時期**などが判断できます（図8-11）。

Question 問題を解いてみよう

以下の質問に○か×で解答してください。

問1	「高圧受液器」の役割は、運転状態の変化による冷媒量の変化を一時的に吸収することと、設備の修理、交換時に冷媒を回収することの２つである。
問2	「低圧受液器」は、液溜めと液分離の機能がある。
問3	「油分離器」は、大型のフルオロカーボン、低温のフルオロカーボン、アンモニア、スクリュー式圧縮機の各冷凍装置などに設置する。
問4	「液ガス熱交換器」は、凝縮液の過冷却と、圧縮機の吸込み蒸気を適度に過熱することが同時にできる。
問5	「サイトグラス」は、冷媒の充填量の不足のみを判断できる。

Answer 答え合わせ

問1　○　記述は正しい。

問2　○　「低圧受液器」は、液ポンプの流量が変動しても、安定して液を吸い込むようにするための液溜めと、蒸発器から戻ってきた液と蒸気を分離する液分離の機能がある。

問3　○　「油分離器」は、大型のフルオロカーボン、低温のフルオロカーボン、アンモニア、スクリュー式圧縮機の各冷凍装置に設置し、一般に小型フルオロカーボン冷凍装置には設置しない。

問4　○　「液ガス熱交換器」は、フルオロカーボン冷凍装置では、蒸発器出口の低温蒸気で凝縮液を冷却し、フラッシュガスの発生を防止し、蒸発器出口の蒸気が過熱度不足や湿り蒸気のときに、液温度で加熱し、圧縮機の吸込み蒸気を適度に過熱する。なお、アンモニア冷凍装置には使用しない。

問5　×　「サイトグラス」は、ガラス内部に気泡が発生することによる冷媒充填量の不足と、モイスチャインジケータ付のものは指示色の変色により冷媒液内に混入した水分量の、２つが判断できる。

第9章 自動制御機器

冷凍装置は熱負荷量、冷却流体の温度、外気・冷却水温度、風量・流量など、季節的、時間的に変動して一定ではありません。装置が自動的に効率のよい運転、安定した運転を続け、故障や事故のないように、安全に停止したりするために、自動制御機器が必要となります。以下にその主要なものを掲げます。

(1) 自動膨張弁（温度自動膨張弁、電子膨張弁、定圧自動膨張弁、キャピラリーチューブ、フロート弁）、(2) 圧力調整弁（蒸発圧力調整弁、吸入圧力調整弁、凝縮圧力調整弁、容量調整弁）、(3) 冷却水調整弁、流量スイッチ（断水リレー）、(4) 圧力スイッチ（高圧圧力スイッチ、低圧圧力スイッチ、油圧圧力保護スイッチ、圧力センサ、フロートスイッチ）、(5) 電磁弁、四方切換弁

自動制御機器

自動制御機器は、多くの機器が用意されており、その目的、機能により選択、選定します。
主に流量を自動的に調整する自動膨張弁が重要です。

重要度：★★★

●自動制御機器の機能、目的などを理解しておく。
●自動膨張弁、フロート弁の機能、種類、特徴などを理解しておく。

1 自動制御機器

一般的な冷凍装置（フルオロカーボン冷凍装置）の自動制御装置（全体図）を示します（図9-1）。

2 自動膨張弁

自動膨張弁とは、主に**乾式蒸発器**に使用される膨張弁の中でも主要なもので、開度が自動的に調整されます。この弁には以下の2つの役割があります。

①高圧の冷媒液を低圧部に絞り膨張させる。
②冷凍負荷に応じて冷媒流量を自動的に調節する。

自動膨張弁の種類としては、**1温度自動膨張弁**、**2電子膨張弁**、**3定圧自動膨張弁**、**4キャピラリーチューブ**（毛細管）などがあります。

■1　温度自動膨張弁（図9-1）（図9-2）

温度自動膨張弁とは、**蒸発器の熱負荷量に応じて弁が開閉して、冷媒流量（送液量）を調整して蒸発器の出口の過熱度を常にほぼ一定（約3～8K）に保持する**ように作動する自動膨張弁です。

「自動膨張弁」の種類、機能、用途と「温度自動膨張弁」の種類、機能、特徴、取付け場所に関して多く出題されています。

図9-1　自動制御機器（フルオロカーボン冷凍装置）全体図（例）

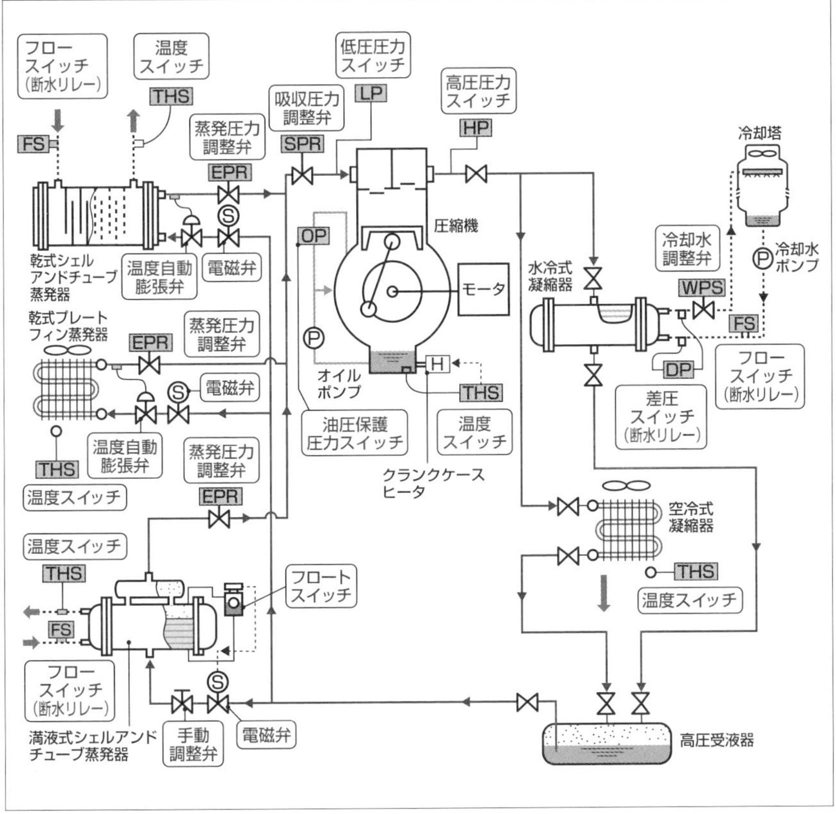

フロースイッチ（断水リレー）
温度スイッチ
THS
FS
蒸発圧力調整弁
EPR
吸収圧力調整弁
SPR
低圧圧力スイッチ
LP
高圧圧力スイッチ
HP
冷却塔
乾式シェルアンドチューブ蒸発器
温度自動膨張弁
電磁弁
S
OP
圧縮機
モータ
水冷式凝縮器
冷却水調整弁
WPS
冷却水ポンプ
P
乾式プレートフィン蒸発器
オイルポンプ
H
DP
差圧スイッチ（断水リレー）
油圧保護圧力スイッチ
クランクケースヒータ
温度スイッチ
空冷式凝縮器
フロートスイッチ
満液式シェルアンドチューブ蒸発器
手動調整弁
高圧受液器

図9-2　温度自動膨張弁（内部均圧形）（例）

キャピラリーチューブ
膨張弁本体
ダイアフラム
F1
F2
F3
拡大
連結棒
蒸発圧力 P2
冷媒液入口
感温筒圧力
t1→p1
ばね
ニードル弁
過熱度調整ねじ
感温筒内温度 t1
圧縮機へ
出口温度 t1
感温筒
出口
乾式蒸発器
感温筒圧力 P1（F1）
蒸発器圧力P2(F2)
ばね圧力（F3）
内部均圧管または外部均圧管圧力
湿り蒸気
飽和蒸気
過熱蒸気
ダイアフラムの釣り合い圧力
F1=F2+F3

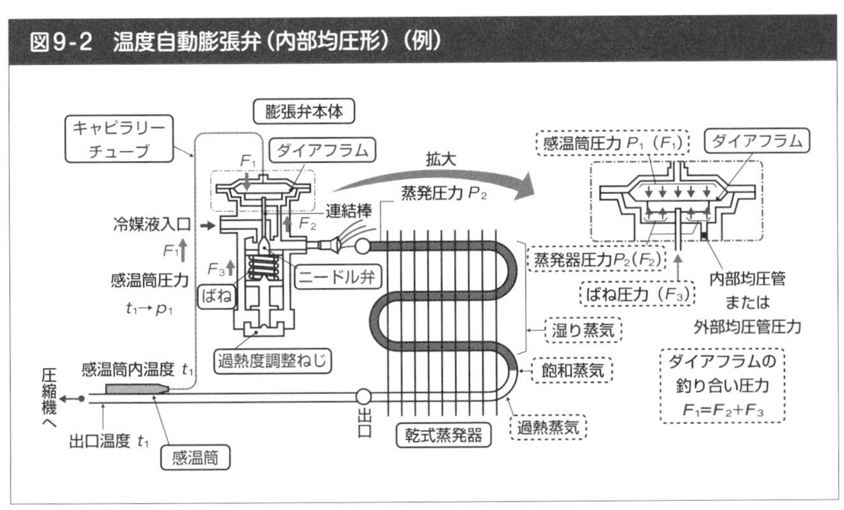

作動原理

ダイアフラム（上下に可動する金属板）の**下面**には、**蒸発器の入口（内部均圧管）または出口（外部均圧管）の圧力**P_2**による力**F_2**とばねの力**F_3がかかり、**ニードル（針）弁を閉じる方向**に作用します（図9-2）。

一方、その**上面**には、**蒸発器出口の温度**を**感温筒**が感知し、その温度に対応した**感温筒内チャージ媒体（冷媒など）の飽和圧力**P_1**による力**F_1がかかり、**ニードル弁を開く方向**に作用します（図9-2）。

この**ダイアフラムの下面と上面に作用する力**が釣り合った状態でダイアフラムに連結された連結棒の上下作動によるニードル弁の開度が決まり、弁流量が調整されます。

結局、**感温筒内圧力による力**F_1は、**蒸発器の入口または出口の圧力による力**F_2**とばねの力**F_3の合計で釣り合います。つまり、$F_1 = F_2 + F_3$となります（図9-2）。

例えば、蒸発器出口温度が高く（過熱度が大きく）なると、感温筒の温度が上がりF_1が大きくなり、弁が下がり開度が大きくなり、弁流量が増加して流量が増えるために過熱度が小さくなって（元に戻って）出口温度が下がり、設定した正常な過熱温度になります。

一方、出口温度が低くなると、逆の作動となり、結局、**出口の過熱度がほぼ一定になるように作動**します。

温度自動膨張弁の「**温度**」とは、「**過熱温度（過熱度）**」のことであり、過熱温度を自動的に一定に保つように作動する膨張弁を意味します。

通常は、**過熱度**が**3～8K程度**になるように運転して**過熱度調整ねじ**で設定します（図9-2）。

●均圧形式

ダイアフラムの下面に作用する蒸発圧力には以下の2つの形式があり、**内部均圧形**と**外部均圧形**の2つが用意されています（図9-3）。

1）内部均圧形（図9-3上図）

弁本体の内部（**内部均圧管**）の**圧力**P_2**（膨張弁出口圧力＝蒸発器入口圧力）**がかかる形式です。

感温筒の温度は蒸発器の出口温度であり、**蒸発器の圧力降下（流れ抵抗）が大きい大型の蒸発器**では、**出口圧力が低下してその温度も低下**してしまい、弁開度が小さくなり過熱度が大きくなってしまいます。よって、**大型で圧力損失の大きな蒸発器では、正常な設定過熱度からずれてしまいます。**

図9-3　均圧形式（例）

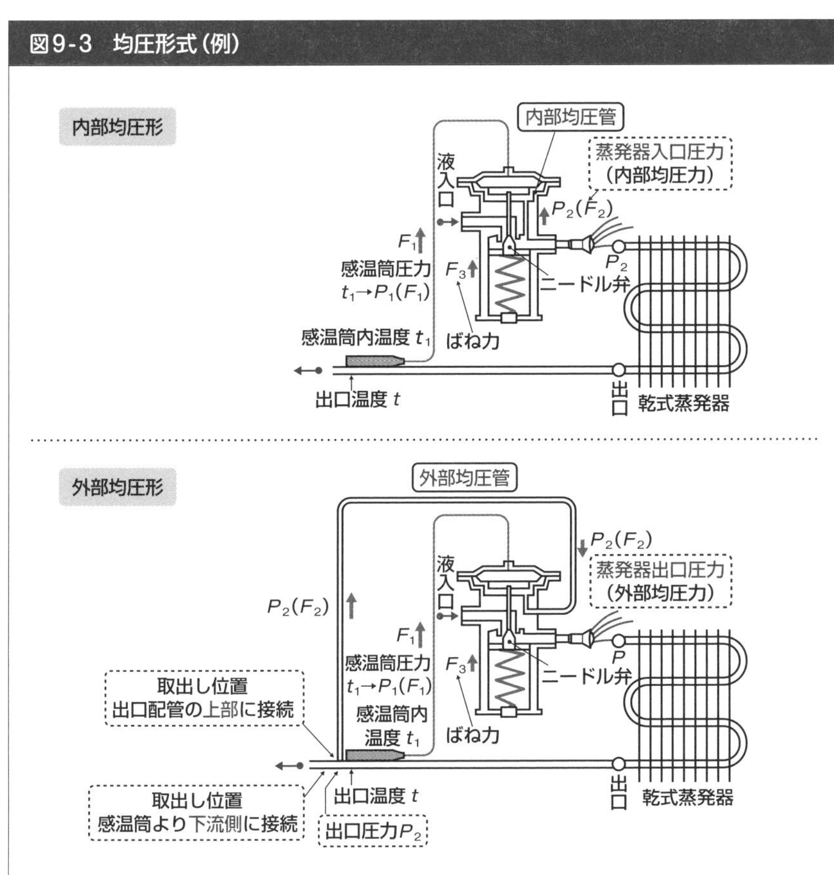

キーポイント

1 **小型で蒸発器の圧力降下が小さい場合**にのみ使用します。

2) 外部均圧形（図9-3下図）

蒸発器出口の配管（**外部均圧管**）で取り出した**圧力 P_2**（**蒸発器出口の圧力**）がかかる型式です。……この**圧力 P_2** は、蒸発器の圧力損失が大きい場合には、**蒸発器入口圧力 P** より圧力が低下します。蒸発器出口圧力がかかるために、**蒸発器の流れ抵抗が大きい場合でも過熱度が正しく設定できます。**

キーポイント

1 **圧力降下が大きい大型の蒸発器、ディストリビュータを使った蒸発器**及び**圧力変動が大きい蒸発器**に使用します。

2 **外部均圧管の取出し位置**は、感温筒より**下流側**（圧縮機側）に接続します。……弁本体から外部均圧管を通して冷媒が漏れると、感温筒が冷却されることがあるため、感温筒に影響を与えないように下流側にします（図9-3下図）（図9-8）。

3 **外部均圧管の取出し位置**は出口配管の**上部**に接続します（図9-3下図）。…下部に接続するとゴミ、油などが均圧管に流れてしまう。

●感温筒のチャージ方式

感温筒の**チャージ（充填）媒体**として、作動特性が工夫された数種類の方式があり、**液チャージ方式、ガスチャージ方式、クロスチャージ方式**などがあります。

1) 液チャージ方式（図9-4）

冷凍装置内の冷媒と同じ冷媒液が多量に充填されている方式です。

図9-4　液チャージ方式……膨張弁本体図は内部均圧形を示す。

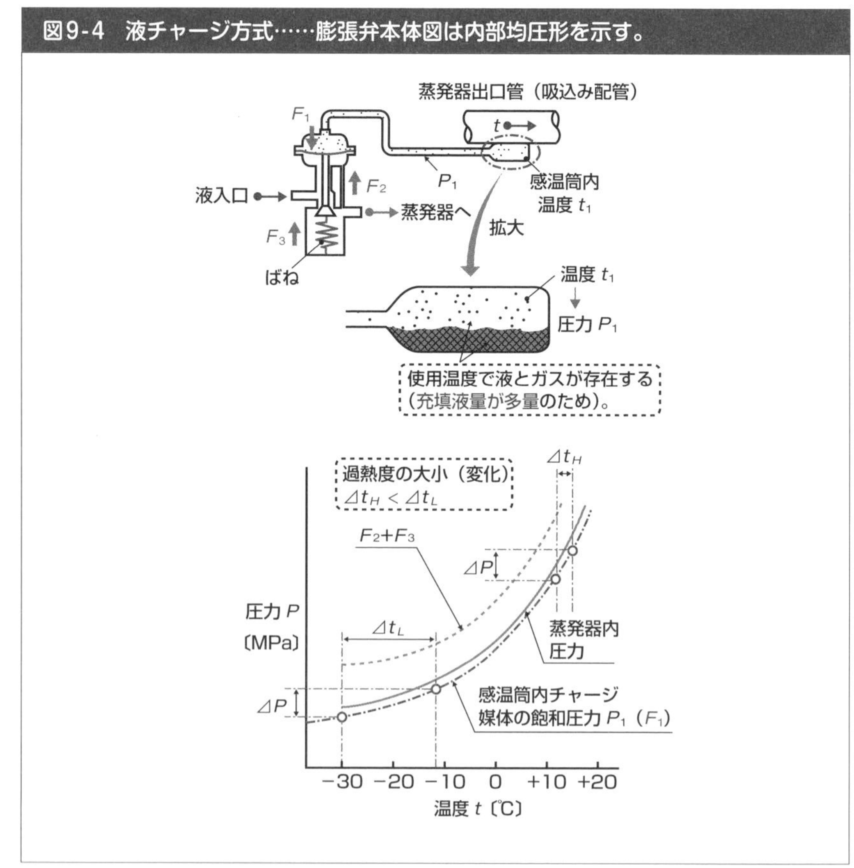

キーポイント

1 **弁本体（ダイアフラムの受圧部）の温度と感温筒温度の高低に関係なく**、すべての条件で**使用**できます（図9-4）。
……封入媒体液が多く充填されて、感温筒温度が高い温度になっても**常に感温筒内は液が存在**していることにより、飽和圧力に保たれているため（図9-4）。

2 **冷却開始時や再始動時には、弁開度が大きくなり、圧縮機駆動用電動機が「過負荷」になりやすい。**……始動時は感温筒温度が高く、開度が大きくなるため。

3 感温筒温度が高温状態で使用すると、内部の圧力も高くなり、**ダイアフラムなどに過大な圧力がかかり、強度不足による故障**となることがあります。許容上限温度は、ほぼ40～60℃です。
……**ホットガスデフロスト装置**や冷・暖房切り換え使用の**ヒートポンプ装置**でホットガスが入ってきたときに**感温筒が高温（約40℃以上）となって故障する原因**になることがあります。

4 **蒸発温度が低温になると、設定過熱度（ばね圧設定）が大きくなり、高温から低温まで幅広く使用する場合には、過熱度を設定し直す必要**があります（図9-4）。
……過熱度変化に対する飽和圧力変化が低温ほど小さくなるため。

2) ガス（蒸気）チャージ方式（図9-5）

冷凍装置内の冷媒と同じ冷媒が少量だけ充填されている方式です。

キーポイント

1 充填媒体が少ないために、**感温筒が高温になるとすべて蒸発**してしまい弁開度が制限されて蒸発圧力が上昇しません。
……このときの弁を作動させる最高の圧力を**最高作動圧力**（MOP：Maximum Operating Pressure）といいます。
最高作動圧力（MOP）**付温度自動膨張弁**とは、感温筒温度が約40℃程度以上に上昇すると封入媒体がすべて蒸発して、それ以上の温度になっても感温筒内圧力が上昇しなくなるという機能を持った温度自動膨張弁です。……MOPをモップと読むこともあります。

2 感温筒がある温度以上に上昇すると、**筒内の冷媒液がすべて蒸発**して**飽和蒸気**または**過熱蒸気**となります。よって、それ以上の温度になっても感温筒の内部圧力は上がらなくなり、弁開度がそれ以上、開かなくなります。
これは、以下の**目的・機能**があります。

図9-5　ガス（蒸気）チャージ方式……膨張弁本体図は、内部均圧形を示す。

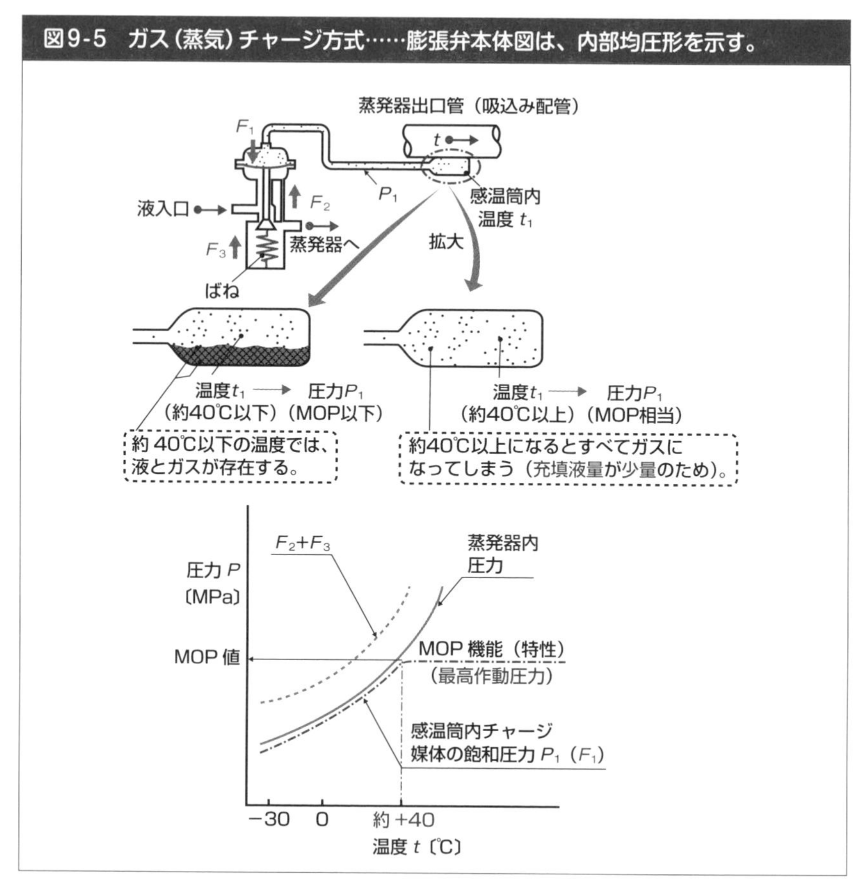

①**ダイアフラムの破壊などを防止**する。

②ある開度以上は開かないために、**冷・暖房切り換え装置**、**ホットガスデフロスト装置**などで、暖房から冷房への切り換え時や、デフロスト完了後の再冷却時に、膨張弁の開きすぎによる**液戻り**や**圧縮機駆動用電動機の過負荷を防止**する。

③ **弁本体（ダイアフラムの受圧部）の温度**が**常に感温筒温度より高温**になるように使用します。

……充填媒体が少量のために、受圧部（弁本体）が低温になるとその部分にチャージされている冷媒ガスが凝縮して、感温筒内の液がなくなり、感温筒が正常な温度の感知ができなくなるためです。

3) クロスチャージ方式（図9-6）

冷凍装置内の冷媒とは異なる特性の特殊な媒体を封入している方式です。

図9-6　クロスチャージ方式……膨張弁本体図は、内部均圧形を示す。

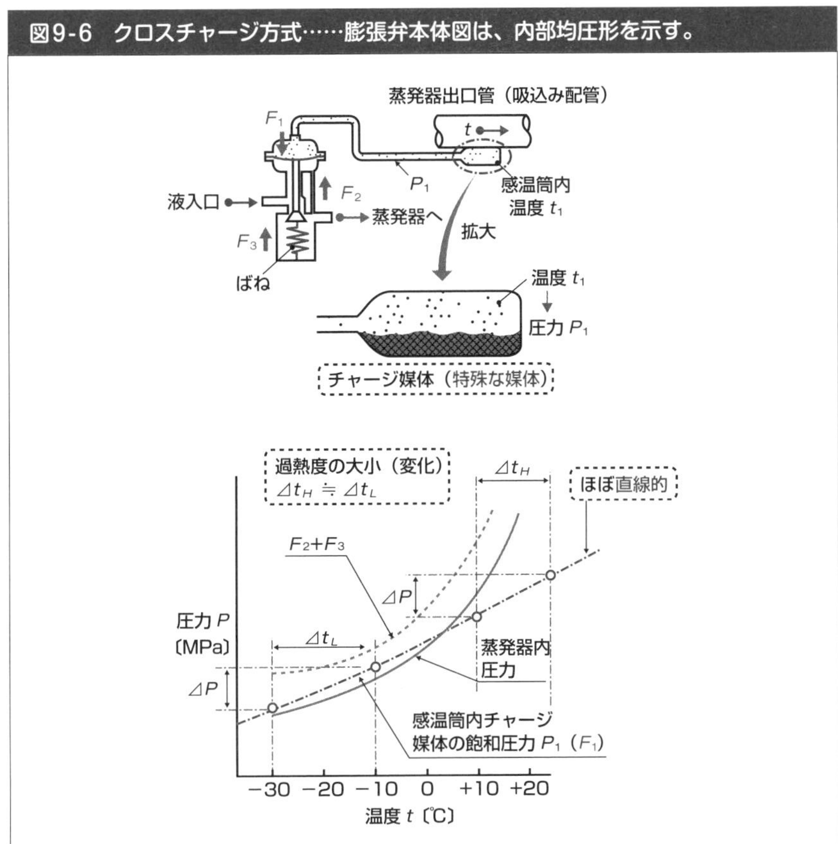

キーポイント

1 液チャージ方式やガスチャージ方式では、**高温度使用時と低温度使用時では設定した過熱度が変わり**ます。

このような欠点をなくすように**温度と圧力の関係が高温から低温までほぼ比例するような媒体を封入**しています（図9-6）。

……温度と圧力の関係が**ほぼ直線的**となっています。

2 **低温冷凍装置用に適しています。**

……蒸発温度が高温のときと低温のときの過熱度がほぼ同じになることから、**高温から低温の広範囲で使用する装置**や**冷やし込み運転**をする場合に、過熱度の変化が少ないために、冷却の途中で**液バック運転を防止できること**や**過熱度の設定変更がいらない**ため。

●感温筒の取付け、使用上の注意点（ポイント）

①感温筒は、蒸発器出口の冷媒温度を配管壁（表面）から検出します。正確に温度検出するために、**銅バンド**などで、完全に密着させます（図9-7）。

②感温筒の**取付け位置**は図のようにします（図9-7）。
……**吸込み配管（取付け管）の口径**により変えます。

図9-7　感温筒の取付け位置（例）

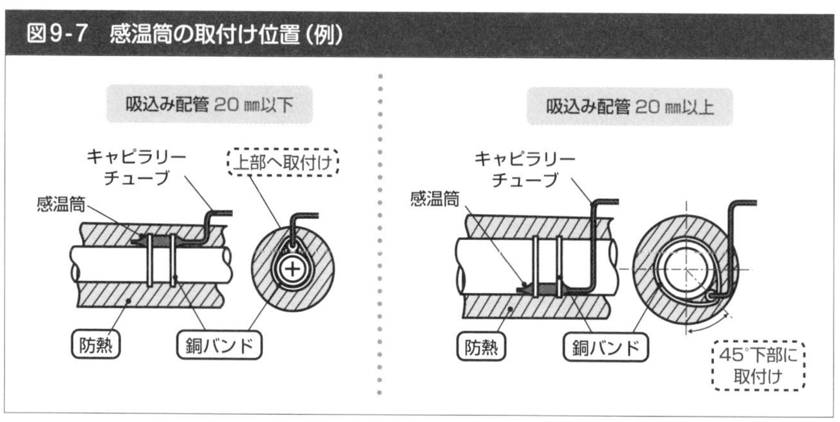

③**感温筒内のガスが抜けた場合**
弁を開ける力F_1がゼロになり膨張弁は**全閉**となるために、蒸発圧力や圧縮機吸込み圧力は低下し、やがて**圧縮機は停止**します。
……これは、圧縮機を破壊などから保護するような構造とするためです。

④**感温筒が配管から外れた場合**
高い外気温度を感知するために、過熱度が大きくなったことにより、膨張弁は**全開**になり**液バック運転**の可能性があります。

⑤**感温筒部は完全に保温（防熱）**して、外気の影響をなくすようにします（図9-7）。……保温が不完全の場合にも同じように膨張弁の開度が大きくなり、正常に作動しなくなります。

⑥感温筒を縦向きに取り付ける場合は、**キャピラリーチューブの接続側**を**上向き**にします。
……下向きにすると、感温筒内の液がキャピラリーチューブ内に流れ出る可能性があるため（図9-8）。

図9-8　感温筒の上下の向き他

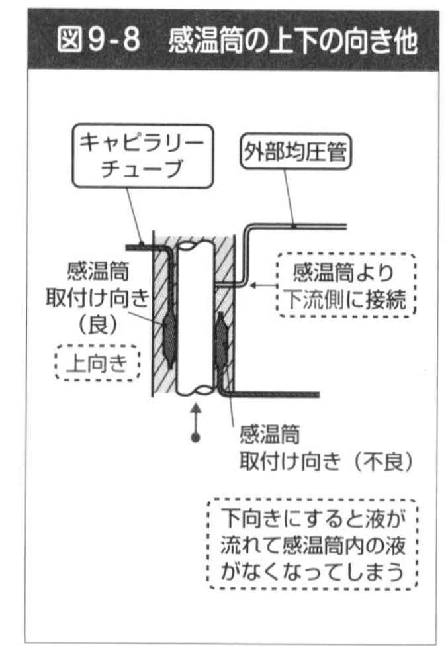

⑦感温筒は、**蒸発器出口のなるべく近く**に付けます。出口ヘッダーや液溜まり部には取り付けません。……正しい温度を検知できないため。

●**弁容量、弁口径に関する注意点（ポイント）**

①膨張弁は、**高圧（凝縮圧）と低圧（蒸発器内の圧力）との圧力差**で冷媒を流します。温度自動膨張弁の容量（冷凍能力）は、各種のサイズが用意されています。弁開度と弁オリフィス口径が大きい弁は容量が大きくなります。なお、同じ弁開度で口径が同じでも**凝縮圧（高圧）と蒸発圧（低圧）の差圧（弁前後の圧力差）**によって弁容量が変わります。

②**空冷式凝縮器**では、**冬季に外気が低温に**なると、**凝縮圧力がある限度以下に低下**して、**弁前後の圧力差が**小さくなり、**冷媒流量が**減少して、**冷却不足**になってしまいます。
……凝縮器の冷却風ファンの送風量を減少させたり、凝縮圧力調整弁（後述）などで、凝縮圧が規定圧より低下しないようにします。

③**弁の容量（サイズ：口径）が大きすぎると弁が全開、全閉を周期的に繰り返すような現象**が発生します。これを、**ハンチング現象**（乱調の意）といいます。この現象が発生すると、結局は冷却不足になります。なお、小さすぎると冷却能力が不足したり過熱度が大きくなります。

■2　電子膨張弁（図9-9）

電子膨張弁とは、温度自動膨張弁の感温筒の代わりに、**蒸発器出口と入口の温度**などを**温度センサ**で検出し、**調節器**（**過熱度コントローラ**（**マイクロコンピュータ**））に取り込んで演算処理し、過熱度を正確に調整する自動膨張弁です。

キーポイント

1 **運転の発停（運転のON・OFF）**や**ポンプダウン**（詳細は第14章）をプログラムに組み込むことができます。

2 弁の駆動方式として、主に**ステッピングモータ方式**や**電子ソレノイド方式など**があります。

・**ステッピングモータ方式**
……構造が簡単で安価のため、**パッケージエアコン、ルームエアコン用**に使用。
・**電子ソレノイド方式**……応答速度が早く、**冷凍・冷蔵用**に使用。

3 蒸発温度が**高温から低温まで広範囲で使用**できます。

図9-9　電子膨張弁（例）

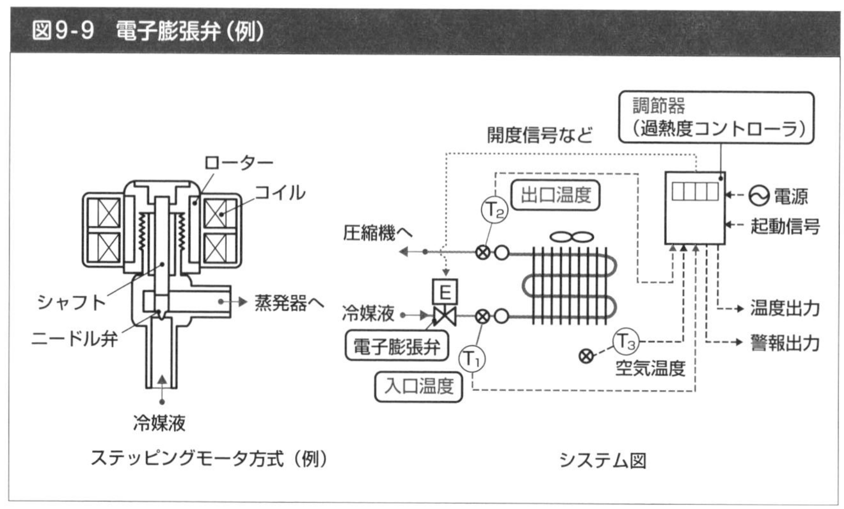

■3　定圧自動膨張弁（図9-10）

定圧自動膨張弁とは、**蒸発圧力が常に一定**になるように冷媒流量を調節する自動膨張弁です。蒸発圧力を「一定」にするため定圧（自動膨張弁）といいます。

図9-10　定圧自動膨張弁（例）

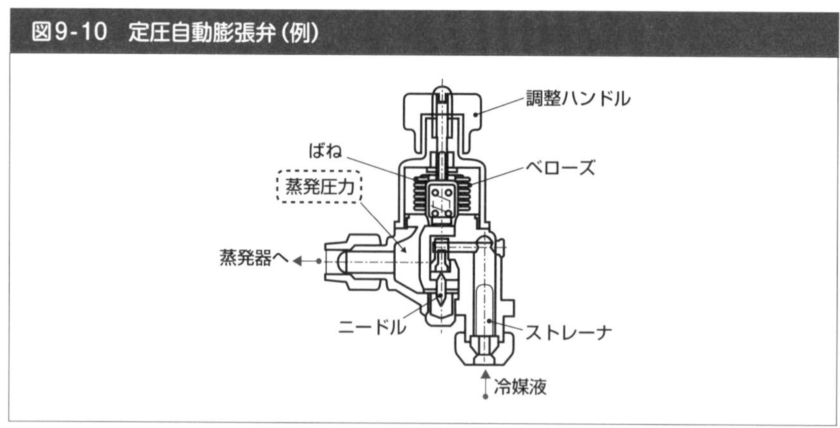

キーポイント

1 蒸発器出口の**過熱度は制御できません。**

2 **小型、小容量で負荷変動の少ない冷凍装置**に使用できます。

3 1台の圧縮機で、**蒸発温度の違う2台以上の蒸発器**には使用できません。

4 主に蒸発温度が高い蒸発器において、再始動時は、弁は全閉から起動し、過負荷防止が可能となります。……**参考**

■4　キャピラリーチューブ（図9-11）

キャピラリーチューブ（毛細管）とは、**内径が約0.6～2mmの銅管**（長さは各種）の細管であり、冷凍装置の**膨張弁の一種**として使用します。開度が変わることはなく、**固定絞り**ですが、流量は、以下の理由でほぼ一定となります。

冷媒流量は、高圧（凝縮圧）と低圧（蒸発圧）との差圧で変わりますが、例えば、高圧が高くなって、差圧が大きくなり流量が多くなろうとすると、抵抗が大きくなって流量が制限されます。一方、差圧が小さくなり流量が少なくなろうとすると、抵抗が小さくなって流量が増えます。結果的に**ほぼ一定の冷媒量を流すことができます**（この現象を、**自己制御**という）。……**参考**

図9-11　キャピラリーチューブ（例）

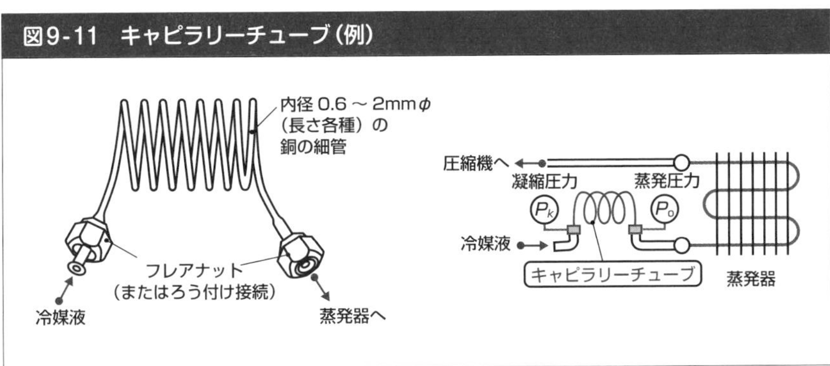

キーポイント

1 蒸発器出口の**過熱度は制御できません。**

2 **家庭用電気冷蔵庫**や**小型ルームエアコン**など**小容量で負荷変動の少ない冷凍装置**に使用できます。

3 流量は、**チューブ内径と長さ**及び、**凝縮圧力**、**過冷却度**によって決まります。

4 **安価**で、可動部がないため、**故障が少なく**、**量産品**に適しますが、**異物やゴミ、水分凍結などでチューブが詰まりやすいという欠点**があります。……**参考**

3　フロート弁

フロート弁とは、冷媒液面に浮いている**フロート**（浮子：球状の金属密閉容器）の位置変化からリンク機構などを使って、弁開度を変え、**液面の高さを一定に保つように制御しながら冷媒流量を調節する自動弁**です。

高圧用と**低圧用**があり、構造、用途が違いますが、いずれも、液配管上に設置して蒸発器に送液する機能があり、**液面制御**と**膨張弁の機能**を兼ねています。

最近では、ほとんど使用されていません。……**参考**

■1　高圧用フロート弁（図9-12）

高圧用フロート弁とは、フロートと機械的なリンク機構に連結された弁から構成され、**凝縮器などの液面レベルを一定に保持**しながら、蒸発器への送液量を絞り膨張させる**自力式自動弁**です。

主に**遠心式冷凍装置**の自動膨張弁として使用されています。……**参考**

■2　低圧用フロート弁（図9-13）

低圧用フロート弁とは、フロートと機械的なリンク機構に連結された弁から構成され、**満液式の蒸発器**などに設置し、**蒸発器内の液面レベルを一定に保持**しながら蒸発器に絞り膨張させる**自力式自動弁**で、**満液式シェルアンドチューブ蒸発器、低圧受液器など**に使用します。

図9-12　高圧用フロート弁（例）

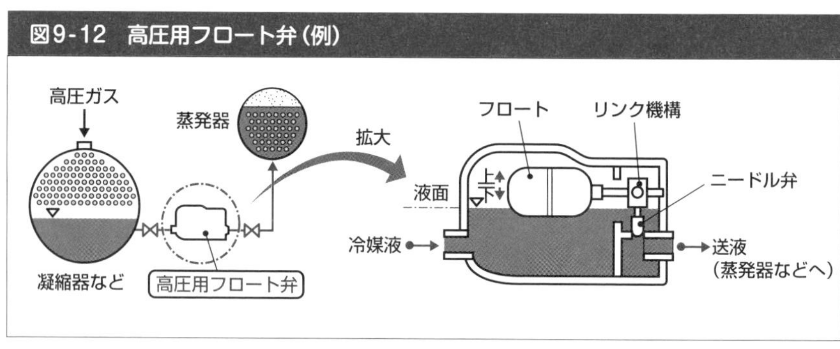

図9-13　低圧用フロート弁（例）

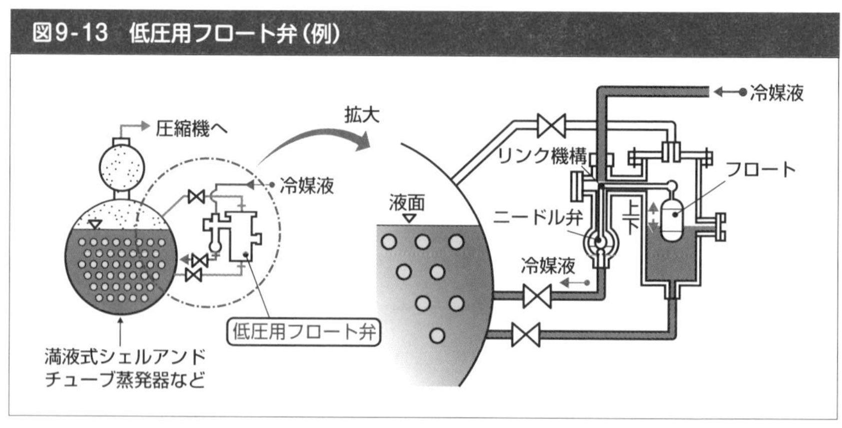

Theme 2

圧力調整弁

圧力調整弁とは、冷媒の圧力を制御すると、冷媒温度が変わることを利用して、冷凍装置を自動的に運転制御するための自動弁です。

重要度：★☆☆

●圧力調整弁の種類、機能、用途などを理解しておく。

1 圧力調整弁

冷凍装置の運転調整や温度調整をする場合に、温度検知による制御は応答性が遅いのに対し、**圧力検知は応答性が速く制御性がよい**ため、多く利用されます。

■1 蒸発圧力調整弁：EPR弁（図9-1）（図9-14）

蒸発圧力調整弁とは、**蒸発器の出口配管**（圧縮機吸込み配管と同じ）に取り付けて、**蒸発器の蒸発圧力が所定（設定）の圧力よりも下がるのを防止するように作動する自動制御弁**です。

蒸発圧力が設定圧力より低下すると、ばね力（蒸発圧力が低下すると弁を閉じる方向に働く力）により弁が閉じて、蒸発量を抑えて、**所定（設定）の圧力以下**にならないように作動します。

直動形（小型・小容量用）と**パイロット形**（大型・大容量用）があります。……**参考**

キーポイント

1 水、ブライン冷却器などで、所定の蒸発圧力以下にならないようにして、冷媒温度の低下を抑えて流体の**凍結を防止**します（図9-14）（詳細は第7章）。
2 冷蔵倉庫などで蒸発圧力の異常低下を防止して、冷却空気の温度低下を抑えて、保管品（野菜など）の**冷やしすぎを防止**します。

「圧力調整弁」の種類、機能、特徴、取付け場所に関して多く出題されています。

図9-14　蒸発圧力調整弁（直動形）（例）

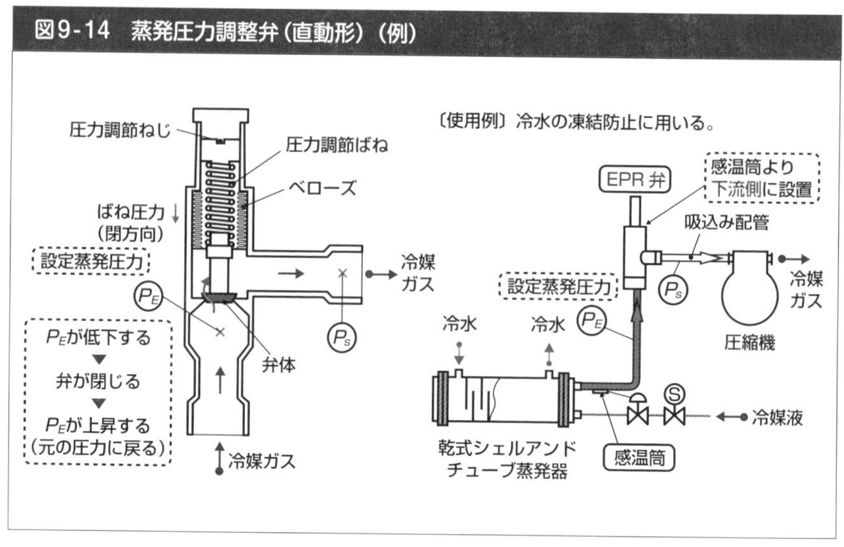

3 1台の圧縮機で、2台以上の**異なった蒸発温度の蒸発器**を持った冷蔵庫などの冷凍装置の場合に、**蒸発温度が高い蒸発器側の出口配管にこの弁を設置する**ことで、**蒸発温度を高い温度で運転**できます。この場合、圧縮機は一番低い低温用の蒸発器の圧力（温度）相当の低温運転となります（図9-15）。

図9-15　蒸発圧力調整弁（パイロット形：主弁とパイロット弁からできている）（例）

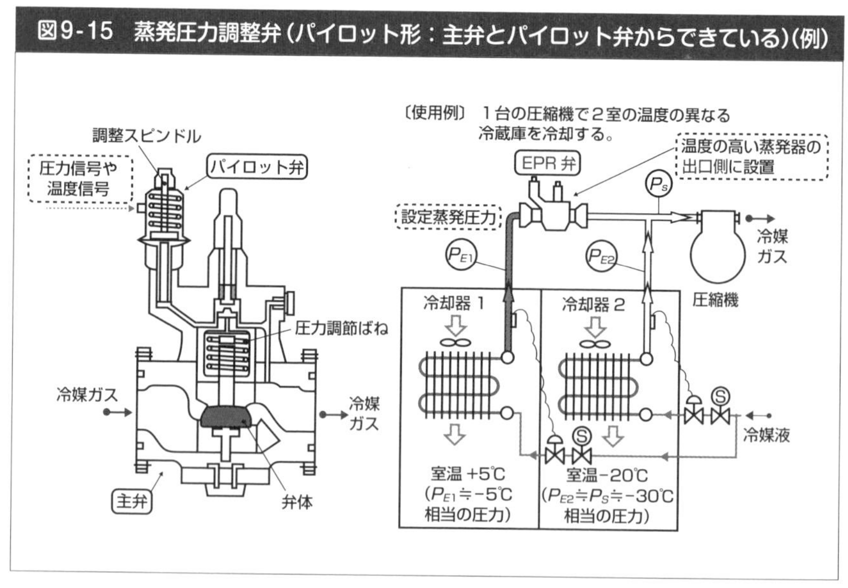

■2　吸入圧力調整弁：SPR弁（図9-1）（図9-16）

吸入圧力調整弁とは、**蒸発器の出口配管**（圧縮機吸込み配管と同じ）に取り付けて、**圧縮機の吸込み圧力が所定（設定）の圧力よりも上がるのを防止するように作動する自動制御弁**です。

吸込み圧力が高いと吸込み蒸気の比体積が小さく（ガス密度が大きく）なり、所要動力が大きくなります。そこで、弁を閉じて吸込み圧力を下げるように作動します。

吸込み圧力が所定（設定）の圧力より高くなると、ばね力（吸込み圧力が高くなると弁を閉じる方向に働く力）により弁が閉じて、**吸入圧力が低下**します。

直動形（小型・小容量用）と**パイロット形**（大型・大容量用）があります。……**参考**

図9-16　吸入圧力調整弁（直動形）（例）

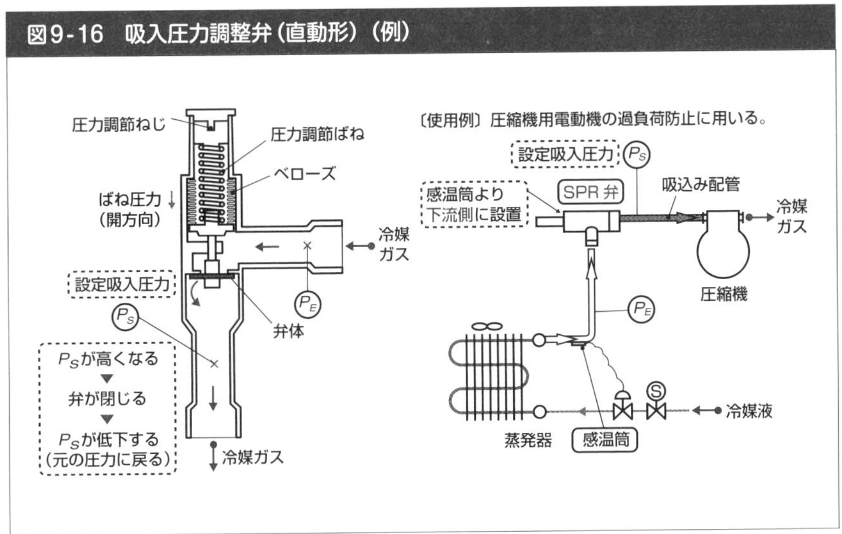

キーポイント

1 **電動機の過負荷（動力不足）運転を防止**します。

……吸込み圧力が所定（設定）の圧力よりも高くなると、吸込み蒸気の比体積が小さく（ガス密度が大きく）なり、所定動力よりも上がり**過負荷**になってしまうために、弁を閉じて吸込み圧力を下げるように作動します。

2 **除霜後の再冷却時**や**冷却開始の始動時の圧縮機電動機の過負荷を防止**します。

……被冷却物（空気や水など）の温度が高いと、蒸発器内の圧力（温度）も高く、吸込み圧力が所定の圧力より高い場合に、電動機が**過負荷**となることを防止するため所定圧力以下に抑えて冷却運転ができるようにします。

■3　凝縮圧力調整弁：CPR弁

空冷式凝縮器は、**寒冷期や冬季に外気温の低下**により、**凝縮圧力が異常な値まで低下すると、膨張弁の前後の圧力差が小さくなり、冷媒供給量が不足し、冷凍能力が低下**してしまいます。そこで、ある規定の凝縮圧力より低下しないようにする必要があります。

凝縮圧力調整弁とは、凝縮器の**出口液配管**に取り付け、**凝縮圧力が所定（設定）の圧力よりも下がらないように作動する自動調整弁**です。

三方形（小型・小容量用の一体形）と**直動形**があります。……**参考**

三方形を例に、その作動を以下で説明します（図9-17）。

空冷式凝縮器の凝縮圧力が低下してくると、弁の液入口側Ⓐが絞られて凝縮器内に液が溜まり、凝縮するための冷却面積を少なくして凝縮能力を低下させます。これにより**バイパス配管**を通して、高くなった凝縮圧力Ⓑが弁の入口ガス側から受液器側Ⓒに作動して所定の圧力よりも下がらないようにします。

図9-17　凝縮圧力調整弁（三方形の例）

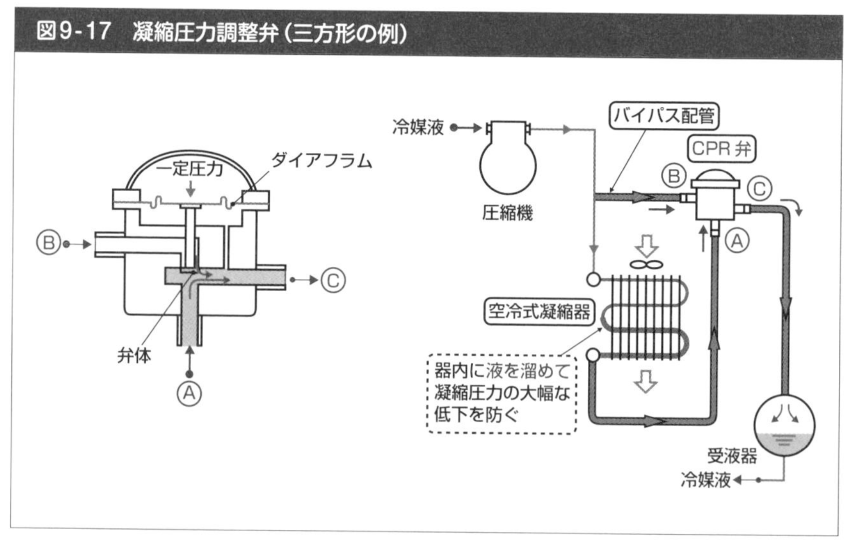

キーポイント

1 **年間運転の冷凍装置**や**寒冷地など**で外気温が異常に低下する場合に使用します。

■4　容量調整弁

容量調整弁（バイパス弁）とは、**バイパス式容量（冷凍能力）制御**の方法として、**吸込み圧力を検知して、異常低下した場合**に、圧縮機の吸込み配管に**「ホットガス」**又は**「飽和ガス」**をバイパスさせる方法による**冷凍能力調整弁**です。

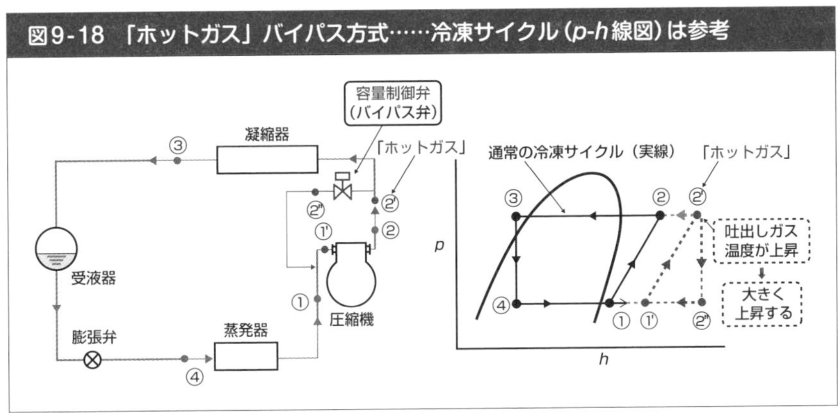

図9-18 「ホットガス」バイパス方式……冷凍サイクル（*p-h*線図）は参考

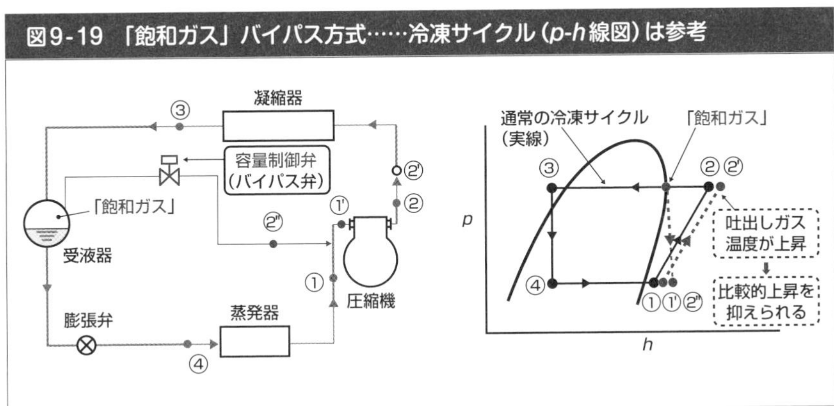

図9-19 「飽和ガス」バイパス方式……冷凍サイクル（*p-h*線図）は参考

キーポイント

1 **「ホットガス」バイパス方式**（図9-18）

ホットガスを圧縮機の吸込み配管に吹き込むため、**吸込み蒸気の温度が上昇し、吐出しガス温度が過熱する**ことに注意して使用します。

2 **「飽和ガス」バイパス方式**（図9-19）

飽和ガス（高圧受液器などのガス）を圧縮機の吸込み配管に吹き込むため、**吸込み蒸気の温度上昇は、比較的抑えられます。**

Theme

3 冷却水調整弁、断水リレー、圧力スイッチ、フロートスイッチ

重要度：★★☆

冷却水や冷水の流量を調整したり、冷媒圧力を監視するための制御機器が必要になります。

●冷却水調整弁、流量スイッチ（断水リレー）などの構造、目的を理解しておく。

1 冷却水調整弁

水冷式凝縮器において、冬季など冷却塔の**冷却水温度が低下**すると、**凝縮圧力が異常に低下**して、凝縮圧力調整弁と同じく**冷凍能力が低下**してしまいます。

冷却水調整弁は、水冷式凝縮器の凝縮圧力が上昇すると、冷却水量を増やし、また、凝縮圧力が異常に低下すると、冷却水量を減少させて凝縮器の能力を低下させ、**凝縮圧力をほぼ規定圧力に調整**します。

流量を調整するため、**制水弁**、**節水弁**ともいいます。

なお、**圧力作動形**と**温度作動形**の２つの形式があります。

■1 圧力作動形（図9-1）（図9-20上図）

圧力作動形とは、**凝縮圧力**を感知し、**設定圧力より低下した場合に**冷却水量を絞り、凝縮能力を減少させて凝縮圧力を保持する形式です。

■2 温度作動形（図9-20下図）

温度作動形とは、**冷却水温度**を検知し、**設定水温より低下した場合に**冷却水量を絞り、凝縮能力を減少させて凝縮圧力を保持する形式です。

「冷却水調整弁」、「圧力スイッチ」などの種類、機能、特徴、取付け場所に関して多く出題されています。

図9-20　冷却水調整弁（制水弁、節水弁）（例）

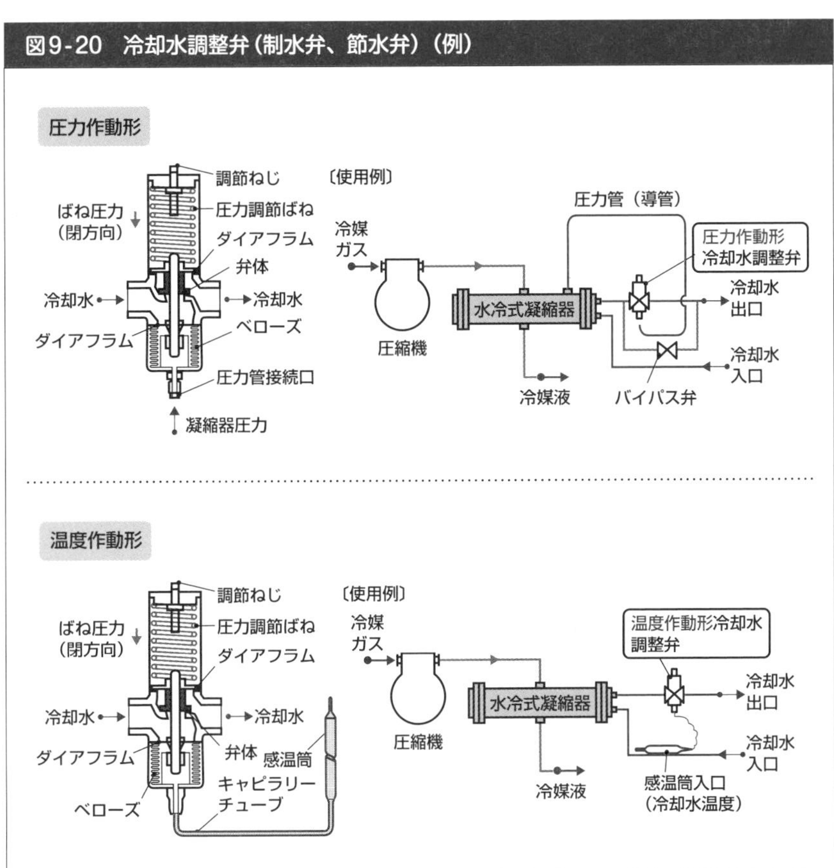

2　断水リレー

断水リレーとは、**水冷式凝縮器で断水・減水した場合**に、**凝縮器が異常高圧**になることを防止するため、及び、**水冷却器**（みずれいきゃくき）**が断水・減水した場合**に、**過冷却**（冷えすぎ）や**凍結事故**を防止するために、**圧縮機を停止**したり**異常警報**を発する安全装置のリレー（スイッチ）です。

なお、**圧力式**と**流量式**の2つの形式があります。

■1　圧力式（差圧スイッチ：DP）（図9-1）（図9-21上図）

差圧スイッチとは、機器（水冷式凝縮器や水冷器など）の冷却水や冷水の**入口と出口の圧力を検知**し、その**差圧**を検知して、**差圧が低下すると作動する方式**です。

……正常流量時は所定の差圧があり、断水時は差圧がなくなるため。

キーポイント

1 **水冷式凝縮器**では、**冷却水量低下（差圧が低下）**で圧縮機を停止します。
……高圧異常になるのを事前に防止します。

2 **水やブライン冷却器**では、**水量減少時（差圧が低下）**に圧縮機を停止します。
……凍結防止のために、冷却を停止します。

3 **少流量使用時**には、差圧が小さく検知が難しいことがあります。

■2 流量式（パドル型フロースイッチ：FS）（図9-1）（図9-21下図）

パドル型フロースイッチとは、機器（水冷式凝縮器や水冷器など）の冷却水や冷水の**入口または出口配管内**に**パドル**（水かき）を挿入して、**パドルの動きによりスイッチを作動させて検知する方式**です。

図9-21 断水リレー（例）

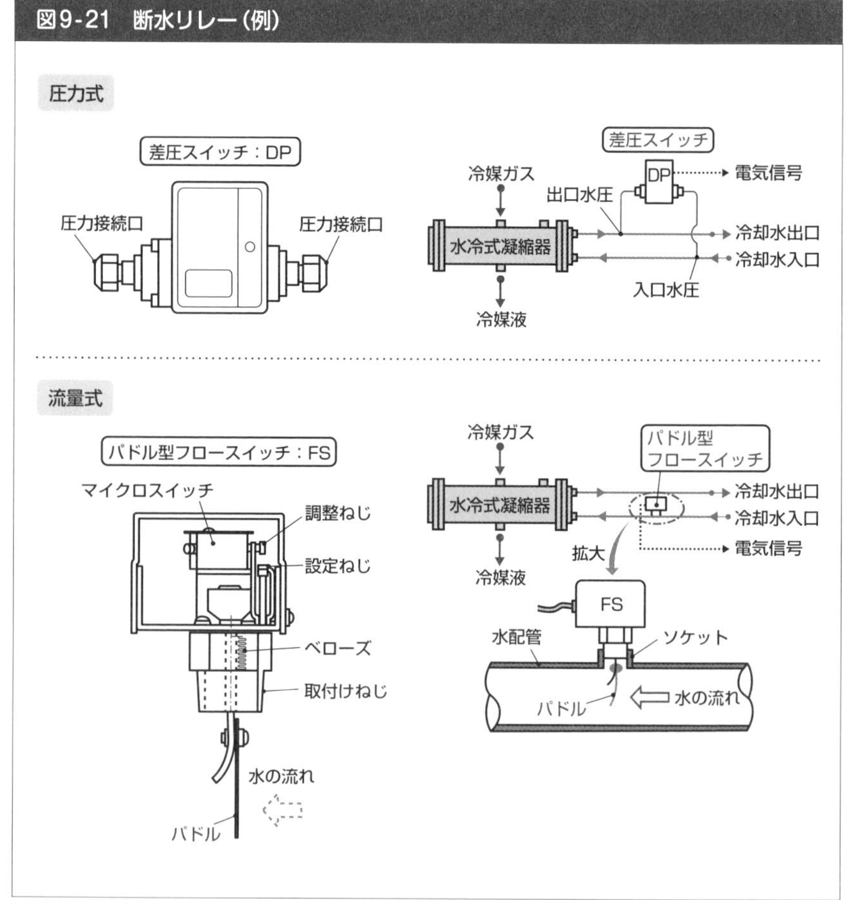

キーポイント

1 **水冷式凝縮器**では、**冷却水量低下（スイッチ接点の作動）**で圧縮機を停止します。……高圧異常になるのを事前に防止します。

2 **水やブライン冷却器**では、**水量減少時（スイッチ接点の作動）**に圧縮機を停止します。……凍結防止のために、冷却を停止します。

3 **少流量でも確実に検知**できます。一般に、使用流量により、数種類のサイズのパドルがセット（交換用）されています。

4 **パドル部と本体（スイッチ）側は、ベローズ（金属のジャバラ）で本体側への漏水を防止**しています。

3 圧力スイッチ

圧力スイッチとは、一般的には、流体（空気、蒸気など）の圧力を検出して電気接点を開閉するスイッチですが、冷凍装置では、**圧縮機の吐出し圧力上昇**や**吸込み圧力低下**、**油圧低下**に対する保護などに使用します。

高圧圧力スイッチ、**低圧圧力スイッチ**、**油圧保護圧力スイッチ**があります。なお、**高低圧圧力スイッチ**とは、高圧圧力スイッチと低圧圧力スイッチを1つにまとめて一体化したもので、機能はそれぞれの単体のものと同じです。

使用目的で**保安用**と**制御用**があります。

・**保安用**：**異常な圧力によって作動するスイッチ**で、原則として作動後の復帰方法は**手動復帰式（リセットボタン付き）**を使用します。

手動復帰式とは、一度作動した後、圧力が正常に戻ってもスイッチの接点は元の状態にならず、復帰（作動）しない形式のものです。

・**制御用**：**設定圧力によって圧縮機や送風機の運転台数を制御し、能力調整するように作動するスイッチで**、一般に作動後の復帰方法は**自動復帰式**を使用します。

自動復帰式とは、一度作動した後、圧力が正常に戻るとスイッチの接点が元の状態に戻り、復帰（作動）する形式のものです。

キーポイント

1 圧力スイッチでは、開と閉（スイッチのONとOFF）の作動間に圧力差があり、それを**ディファレンシャル**（**開閉圧力差**）といいます（図9-22）。
この値は、使用条件などで適正値に設定します。設定値が大きすぎると圧力変動や温度変動が大きくなり、小さすぎると**ハンチング**（頻繁(ひんぱん)な起動や停止）をしたりして、いずれも運転上の不具合となります。

図9-22 ディファレンシャル（開閉圧力差）の例……設定値は一例

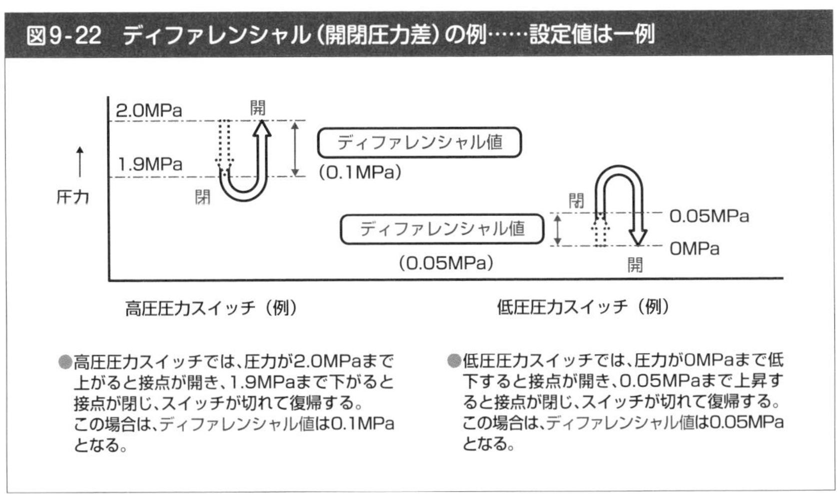

●高圧圧力スイッチでは、圧力が2.0MPaまで上がると接点が開き、1.9MPaまで下がると接点が閉じ、スイッチが切れて復帰する。この場合は、ディファレンシャル値は0.1MPaとなる。

●低圧圧力スイッチでは、圧力が0MPaまで低下すると接点が開き、0.05MPaまで上昇すると接点が閉じ、スイッチが切れて復帰する。この場合は、ディファレンシャル値は0.05MPaとなる。

■1 高圧圧力スイッチ（HP（High Pressure）スイッチ）（図9-1）（図9-23）

高圧遮断装置の1つであり、**圧縮機吐出し圧力**（**高圧圧力**）**が設定値以上に上昇**したときに作動して、圧縮機を停止させるスイッチです。

安全装置として最も重要なもので、冷凍保安規則関係例示基準では、「冷凍装置を許容圧力以下に戻すことができる安全装置」の1つとして取り付けることになっています。**高圧圧力開閉器**ともいわれます。

キーポイント

1 原則として、圧縮機を停止させる安全装置は、**「保安用」**として使用するため、**手動復帰式**（**リセットボタン付き**）を使用します（図9-23）。
保安用を手動復帰式にする理由は、異常高圧停止後、点検作業中にその圧力が何らかの原因で低下した場合に、圧縮機が再起動して危険な状態となってしまうことを防止するためです。

ただし、フルオロカーボン冷媒で10冷凍トン未満の冷凍設備では、保安用として自動復帰形も使用できます。……**参考**

図9-23　高圧圧力スイッチ

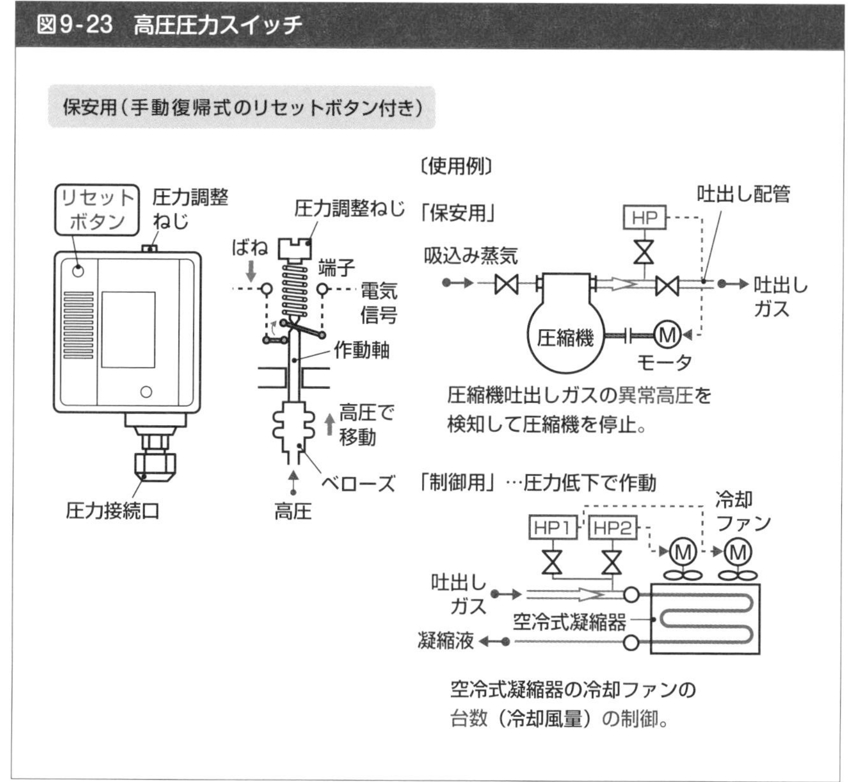

[2] 圧縮機吐出しガスの異常高圧を検知して**圧縮機を停止する安全装置**としては**「保安用」（手動復帰式）**を使用し、**凝縮器の高圧制御用**（低下しすぎを防止する）として冷却ファンの台数制御などを目的とする場合（圧力低下で作動）は**「制御用」（自動復帰式）**を使用します（図9-23）。

■2　低圧圧力スイッチ（LP（Low Pressure）スイッチ）（図9-1）（図9-24）

圧縮機吸込み圧力が設定値以下に低下したときに作動して、圧縮機を停止させたり、起動させたりするスイッチです。**低圧圧力開閉器**ともいわれます。

キーポイント

1 **ディファレンシャル値**は、使用条件などで適正値に設定します（図9-22）。

2 主な使用法として、**圧縮機を停止させる安全装置**としては**「保安用」（手動復帰式）**を、**圧縮機の運転台数**や**容量制御（運転気筒数の制御）など**には**「制御用」（自動復帰式）**を使用します（図9-24）。

図9-24　低圧圧力スイッチ（例）

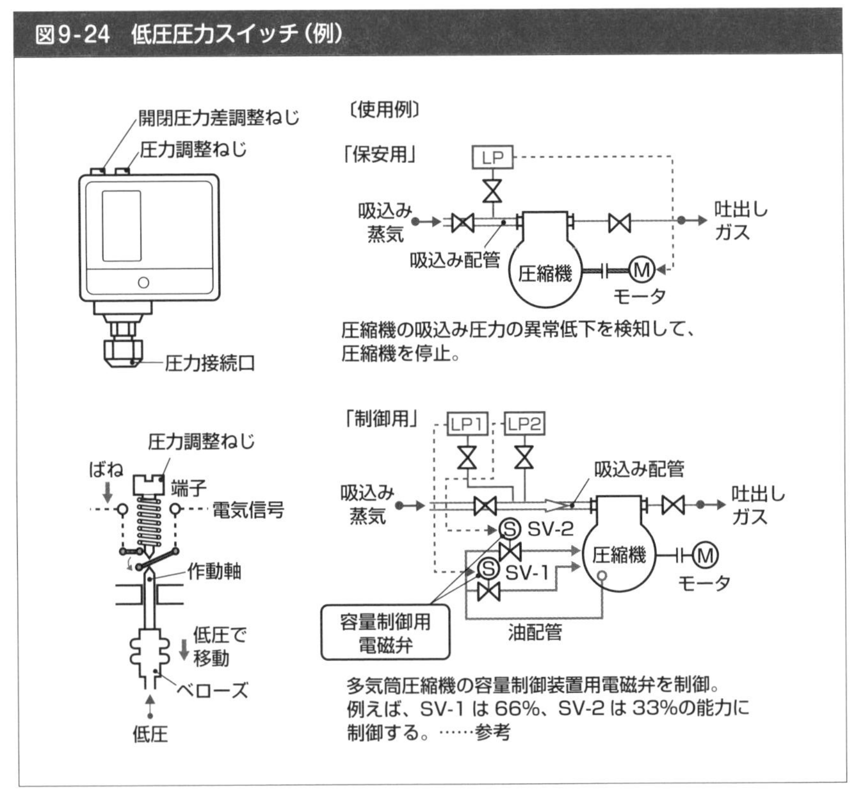

■3　油圧保護圧力スイッチ（OP（Oil Pressure）スイッチ）（図9-1）（図9-25）

多気筒の中・大型圧縮機のうち、**給油ポンプ**を使用した**強制給油式**において、**給油圧力が設定値より低下**し、ある**一定時間（約90秒）連続したときに作動**して、圧縮機を停止させるスイッチであり、**保安用**のみに使用します。

なお、圧力スイッチとタイマー（約90秒）の組み合わせによる方式もあります。

油圧保護圧力開閉器ともいわれます。

キーポイント

1 **給油圧力**とは、**低圧**（**クランクケース内圧力**）と**給油ポンプの吐出し圧力**（**給油圧力**）の**差圧**です。一般には、この**差圧は0.15～0.4**MPaで、この給油圧力がこれ以下になると、スイッチ内部のヒータが入って**バイメタル**を加熱し、**約90秒後**にスイッチが作動して圧縮機を停止させます。作動後は、**リセットボタン**（**手動復帰式**）で復帰します（図9-25）。

2 小型の圧縮機で、給油ポンプ式以外（**遠心式**、**はねかけ式**など）の場合には、このスイッチは使用できません。……**参考**

図9-25　油圧保護圧力スイッチ（例）

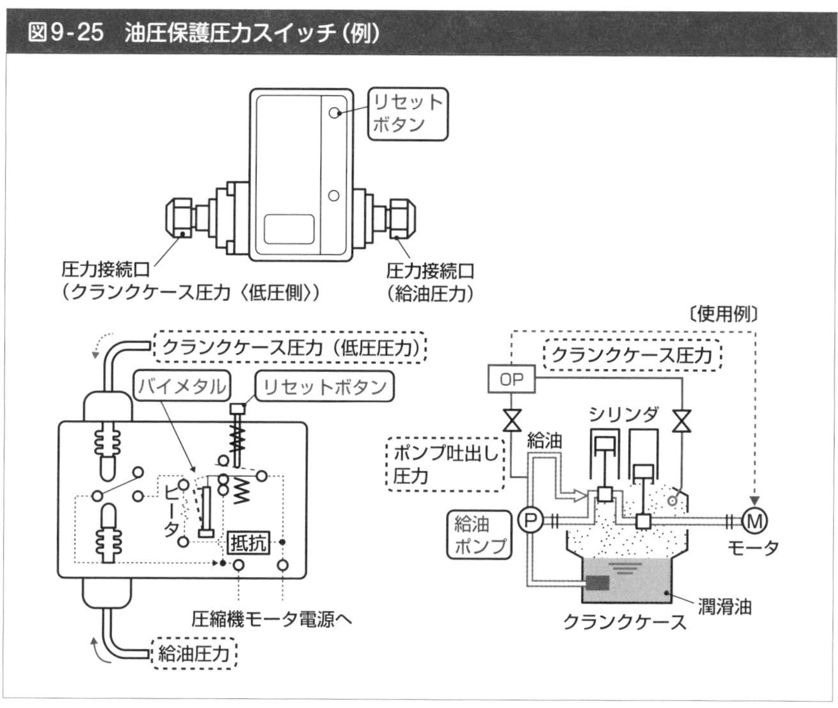

■4　圧力センサ

一般に**圧力センサ**は各種の制御用に圧力を検出するセンサであり、**圧力検出素子**の種類として、下記のものがあります。

①**拡散形半導体・ひずみゲージ式**
②**セラミックダイアフラム・静電容量式**
③**金属ダイアフラム・ひずみゲージ式**

圧力センサの用途は以下となります。

①インバータモータの回転数制御	②電子膨張弁の流量制御
③熱交換器のファン回転数制御	④冷媒圧力制御　　など

また信号出力として**電圧出力タイプ**(DC1〜5V、DC0.1〜4.5V、DC0.5〜3.5V)と**電流出力タイプ**(4〜20mA)があります。

4 フロートスイッチ

フロートスイッチとは、**満液式蒸発器**や**低圧受液器**などの**冷媒液面**を**検知**して、規定の液面調整や警報信号の発信などをするスイッチです(図9-1)(図9-26)。

フロートスイッチ内部の**フロート**(浮子)に連結されたロッド、マグネットや鉄心の上下により、その信号を外部に電気信号として発信します。

下記の2種類の形状があります。

- **磁力式直接作動形**(リミットスイッチ式):**マグネット(磁石)による磁力**により作動させる方式(図9-26)
- **電子式遠隔作動形**(リードスイッチ式):**鉄心の上下による電圧変化**により作動させる方式(図9-26)

図9-26 フロートスイッチ(磁力式)(例)

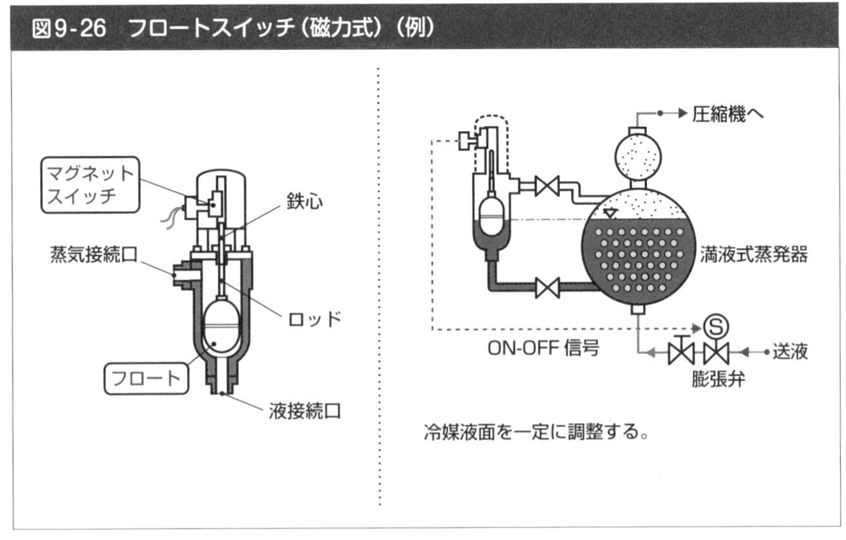

電磁弁、四方切換弁

冷媒の流れを開閉したり、流れ方向を切り換えたりする自動弁として利用します。

重要度：★★☆

●電磁弁の構造と直動式とパイロット式の使い分けを理解しておく。

●四方切換弁の用途と作動を理解しておく。

1　電磁弁

電磁弁(**SV弁：ソレノイド弁**)は、配管中の冷媒、油、水、ブラインなどの流れを電気信号によって開・閉(ON-OFF)して自動運転するための自動弁です。

構造的に**直動式**と**パイロット式**があります(図9-1)(図9-27)。

図9-27　電磁弁(例)

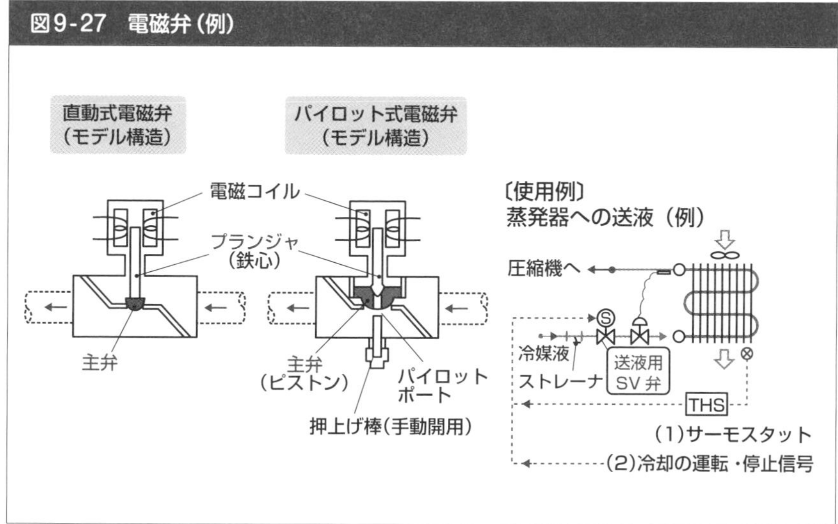

「電磁弁」の種類、機能、特徴、取付け場所に関して多く出題されています。

■1　直動式電磁弁（図9-27）

小型電磁弁用に使用されます。**電磁コイル**に通電すると、電磁石により**プランジャ**と一体となった**主弁**が吸引されて**弁**が開きます。電気を切ると、プランジャ、弁が自重で閉じて流れを止めます。

■2　パイロット式電磁弁（図9-27）

大型電磁弁用に使用されます。**プランジャ**と**主弁**が分離されていて、**電磁コイル**に通電すると**プランジャ**が吸引されてから、**流体の前後の圧力差による力**で**主弁**が開きます。

大型電磁弁を直動式にすると、プランジャと主弁の重量が重く、電磁力が非常に大きくなって製作上の問題が出てしまいます。そのために、パイロット式とします。……**参考**

キーポイント

1. **パイロット式**は、弁の前後に一定値以上の**圧力差がないと作動しません。**
   ……一般的には、**その差圧は、7～30**kPa**以上**が必要です。
2. 流体の種類、口径、電圧、電磁コイル仕様などの違いで、多くの種類があります。
3. **規定の流れ方向**に取り付けないと作動しません。……本体に表示あり。

2　四方切換弁

四方切換弁（四方弁）とは、主に**冷暖房兼用ヒートポンプ装置**や**ホットガスデフロスト装置、暖房運転時の霜取り運転**において、凝縮器と蒸発器の役割を逆にしたり、ホットガスを蒸発器に送り込んだりするための自動弁です。

主弁（内部に**スライド弁**が組み込んである）と、主弁を作動させるための**電磁パイロット弁**からできています（図9-28）。

キーポイント

1. 4つの配管接続口のうち、**圧縮機吐出しガス接続口**と**圧縮機吸込み蒸気接続口**（S）の2つは固定していて、残りの2つは、**冷房時**（室内側熱交換器＝蒸発器）と**暖房時**（室外側熱交換器＝加熱器）で**配管流れを切り換え**ます（**C**と**E**）。
2. **切り換え時**は、**主弁内部でわずかに、短時間の冷媒漏れ**が起こるので、**十分な高圧と低圧の差圧**がないと切り換わらないことがあります。……一般に圧力差として0.25MPa以上が必要。

図9-28　四方切換弁（例）

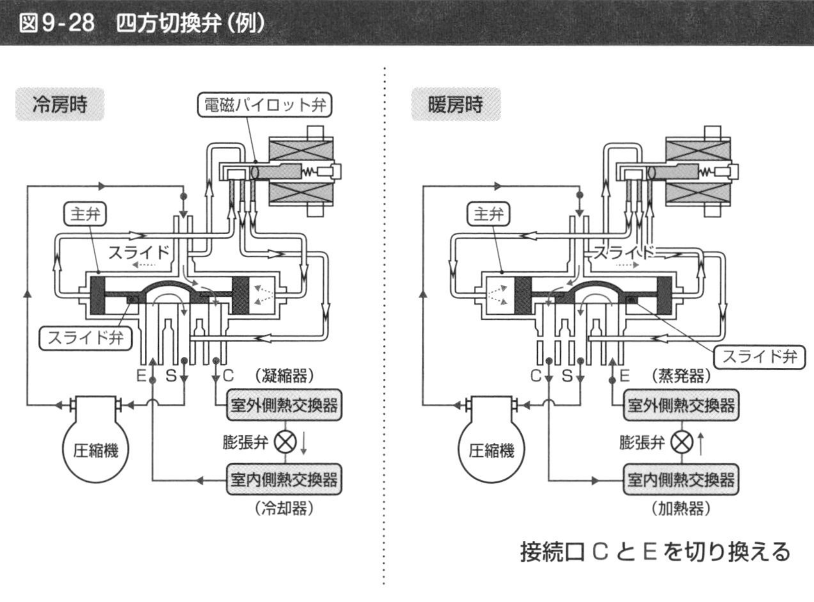

Question

問題を解いてみよう

以下の質問に○か×で解答してください。

問1　「温度自動膨張弁」は、蒸発器出口の蒸気の過熱度がほぼ一定になるように作動する。

問2　感温筒内の媒体が抜けた場合は、膨張弁は「全開」になる。

問3　「蒸発圧力調整弁」は、蒸発器の圧力が所定の圧力よりも下がるのを防止する弁である。

問4　「吸入圧力調整弁」は、圧縮機の吸込み圧力が所定の圧力よりも上がるのを防止する弁である。

問5　「凝縮圧力調整弁」は、凝縮圧力を所定の圧力よりも下がりすぎないようにする弁である。

問6　「冷却水調整弁」は、凝縮圧力を所定の圧力よりも下がりすぎないようにする弁である。

問7　「四方切換弁」における配管の切り換え時には、内部での冷媒漏れはない。

Answer 答え合わせ

問1　○　乾式蒸発器において、温度自動膨張弁は、蒸発器出口の温度を感温筒で感知して、過熱度がほぼ一定になるように弁開度を自動的に調整する。過熱度は、弁本体の調整ねじで内部のバネの強さを変えて設定できる。

問2　×　感温筒内の媒体が抜けた場合は、膨張弁はダイアフラムにかかる力がなくなるため全閉となり、安全側となる。なお、感温筒が蒸発器出口の配管から外れた場合は、全開になり、液バックなどの不具合が生じる可能性がある。

問3　○　「蒸発圧力調整弁」は、冷水、ブラインなどの凍結防止のため、あるいは冷蔵庫の温度が下がりすぎる場合に、蒸発器出口で弁を自動的に閉めて、温度低下を抑えるための自動弁である。

問4　○　「吸入圧力調整弁」は、圧縮機の吸込み圧力が所定の圧力よりも上がると吸込み蒸気の比体積が小さくなり、所要動力が大きくなりすぎ、動力が過負荷になるため、自動的に弁を閉めて、吸込み圧力を下げて過負荷を防止する自動弁である。

問5　○　「凝縮圧力調整弁」は、凝縮圧力が所定の圧力よりも下がると、膨張弁の出入り差圧が少なくなり、流量不足、冷却不良になるのを防止するため、凝縮器出口の配管で弁を自動的に閉めて、凝縮器に液を溜め凝縮能力を低下させて、凝縮圧力の低下を防止する自動弁である。

問6　○　「冷却水調整弁」は、凝縮圧力が所定の圧力よりも下がると、膨張弁の出入り差圧が少なくなり、流量不足、冷却不良になるのを防止するため、冷却水量を減少させることで、凝縮能力を低下させ、凝縮圧力の低下を防止する自動弁である。

問7　×　「四方切換弁」は、冷房運転と暖房運転の切り換えのために、室内機と室外機への冷媒の流れを入れ換えるもので、切り換え時に弁内部でわずかに冷媒漏れが生じる。

第10章

冷媒配管

冷媒配管は、水配管、空気配管、蒸気配管などとは異なり、法的な基準はもとより、運転上・性能上で多くの特殊な注意すべき点があり、配管施工方法により冷凍装置全体に大きな影響があります。

Theme

冷媒配管（配管材料・配管施工）

重要度：★★★

冷媒配管の基本・原則及び配管材料、配管施工は各種の規定に従う必要があります。

●冷媒配管の基本を理解しておく。
●配管材（配管、弁類など）及び配管施工の基準、規定を理解しておく。

1　冷媒配管

■1　冷媒配管の基本・原則

冷凍装置では、冷媒配管の良否は運転性能、安定運転などに大きな影響があります。以下の**3点が基本原則**となります。詳細は、各配管区分の項で記述します。

①過大な圧力降下がないようにする。

……圧力降下はゼロにはできませんが、圧力降下が大きいほど**冷凍能力の低下**及び、**運転上の不具合**が発生します。

②油が圧縮機に戻るようにする。

……圧縮機から冷媒ガスと一緒に**出ていった油が配管の途中で溜まることなく、圧縮機に戻るように**します。

③運転停止時や低負荷運転時も考慮する。

……運転停止時に、配管内の冷媒蒸気が冷えて液化したり、油滴が配管内に溜まったりすると、**再始動時に液戻りなどの問題が発生する**ことがあります。

●「冷媒配管の基本的な留意事項」　●「配管材料」
●銅管の「ろう付け接続」と「フレア接続」
●各配管（吐出し配管、液配管、吸込み配管）の「配管口径」　●「配管施工法」
以上の内容が多く出題されています。

■2　冷媒配管の名称

主要な配管（単段圧縮冷凍装置の場合）には、以下の名称が付けられて、配管内の流体が決まっています（図10-1）。

①**吐出し配管**（**吐出しガス配管**）……**圧縮機**～（油分離器など）～**凝縮器**までの配管。
　・流体：冷媒ガスと微量の油滴（高温、高圧）

②**液配管**……**凝縮器**～（受液器など）～**膨張弁**までの配管。
　・流体：冷媒液と微量の溶け込んだ油（常温、高圧）

③**吸込み配管**（**吸込み蒸気配管**）……**蒸発器**～（液分離器など）～**圧縮機**までの配管。
　・流体：冷媒蒸気と微量の油滴（低温、低圧）

●**その他の配管名称**

・**横走り配管**……**水平な配管**をいいます。
・**立ち上がり配管**……**流れが上向きの配管**をいいます。
　立ち下がり配管という言い方はしません。……**参考**
・**Uトラップ**……**U字状の配管**をいいます。

図10-1　冷媒配管の名称（主要な配管）（例）

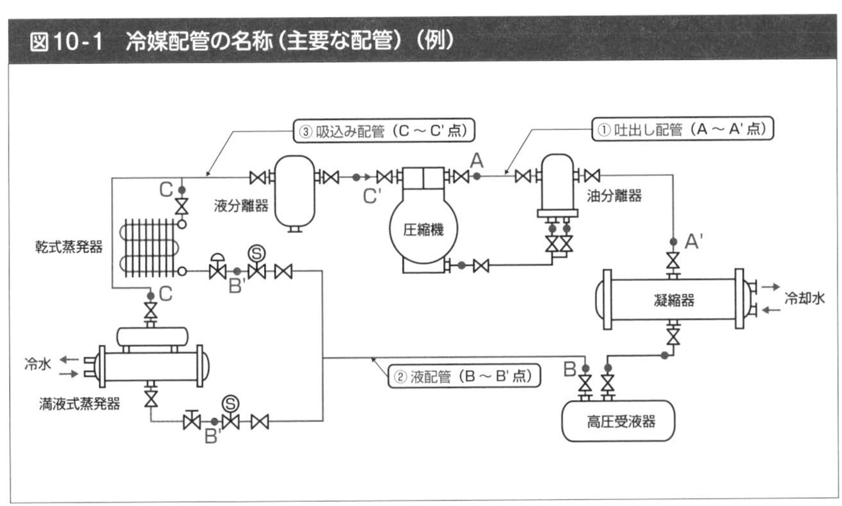

■3 冷媒配管の基本的な留意事項

冷媒配管の設計、施工、材料選定などの注意点は以下となります。

①十分な**耐圧強度**と**気密性能**を確保します。

②**使用材料**は、用途、冷媒、温度、圧力、施工法などに応じて選定します。

③冷媒の種類、圧力、温度など適正な**法規の技術基準**に従います。

④**流れ抵抗（圧力降下）を極力少なくします。**
……配管長を短く、曲りを少なく、曲りの半径は大きくするなど。

⑤**止め弁などの弁類はなるべく数を少なく**します。
……止め弁は抵抗が大きく、また漏れの原因にもなりやすいため。

⑥**止め弁のグランド部**（ハンドル部）**は、下向きには取り付けません**（横走り管の場合）（図10-2）。……グランド部にゴミなどが溜まりやすいため、**上向き**とします。

⑦冷媒配管施工は、**周囲温度が高いところ**（ボイラ室など）は避けます。
……配管内の冷媒温度の上昇で、圧力上昇や蒸気発生がしやすいため。

⑧**配管内の流速が適切になるような口径を選定**します。
……速すぎても遅すぎても問題が発生するため。

⑨**横走り配管**は、原則として、**冷媒流れ方向に下り勾配**（1/150～1/250）とします。
……一例として、圧縮機出口の横走り配管などで、勾配がないと、停止時に冷えて凝縮した冷媒液や油が圧縮機内に戻ってしまいます。

⑩**不必要なUトラップ**（U字状の配管）や**行き止まり管は、付けません。**
……油が溜まりやすいため。ただし、必要なUトラップは使用します。

⑪圧縮機、凝縮器、蒸発器など、**2台以上を並列運転する場合**は、**冷媒や油が片寄ったり、圧力が不均一**にならないようにします。
……合流部、分岐部の方法に注意する。

⑫配管距離が長い場合は、運転時と停止時などでの**温度変化による管の伸縮やたわみ**を考慮します。ループ配管やたわみ継手などを付ける。

⑬適切な**配管支持間隔**とする（図10-2）。
……配管自重によるたわみが出たり、強度不足になったりしないような支持間隔にします。

⑭床上配管や通路上の配管は、**床下ピット内配管**にするか、**保護カバー**を設置します（図10-2）。……**傷付き**や**損傷防止**のため。

⑮**床埋設配管は不可**です（図10-2）。……冷媒漏れのチェックができないため。

⑯通路などを**横切る配管**は、**2m以上の高さ**とします。……傷付きや損傷防止のため。

図10-2　冷媒配管の留意事項……配管支持間隔の管理、間隔（m）は参考

横走り管の弁のハンドル向き

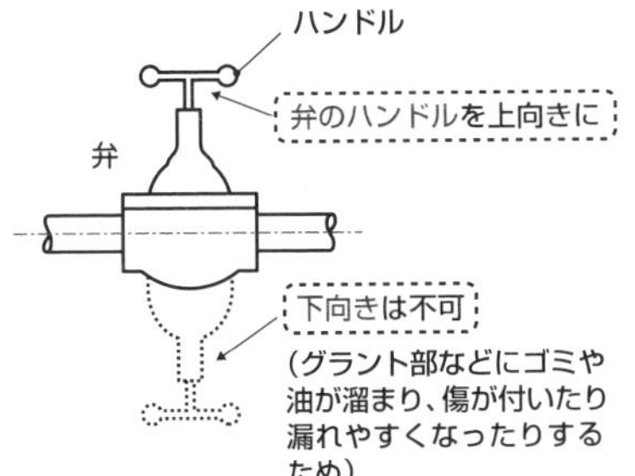

床部の配管…施工例

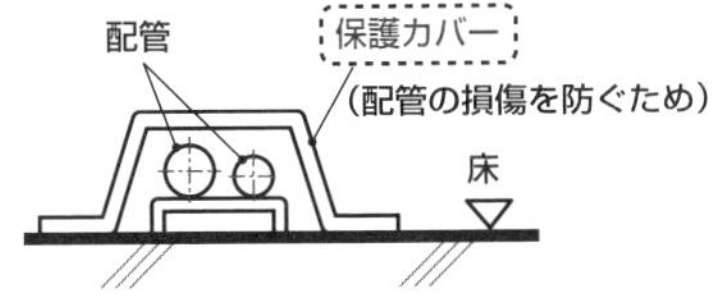

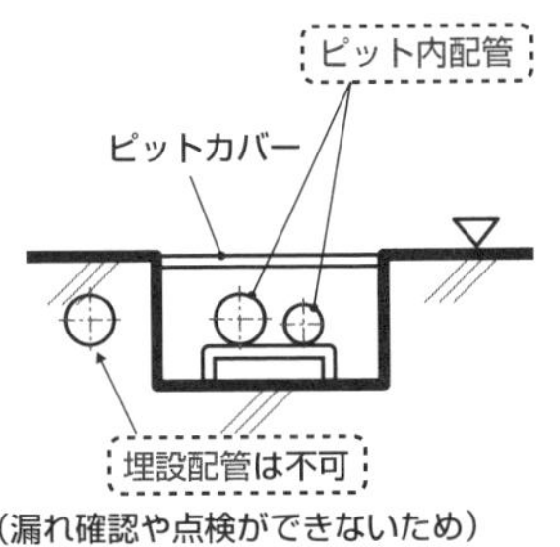

配管支持間隔（横走り配管）

区分	管径(mm)		間隔(m)
横走り管	鋼管	20以下	1.8以内
		25～40	2.0以内
		50～80	3.0以内
		90～150	4.0以内
		200以上	5.0以内
	銅管	20以下	1.0以内
		25～40	1.5以内
		50	2.0以内
		65～100	2.5以内
		125以上	3.0以内

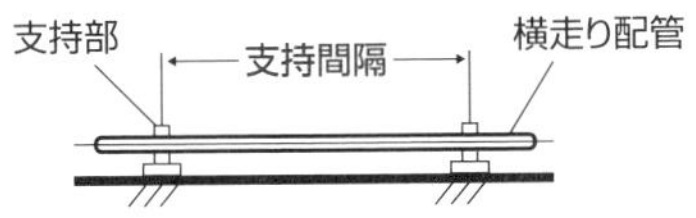

●縦配管の支持は、一般的に各階ごと（約3m）とする……参考

2　配管材料と弁類

配管材や弁類の主な材料の使用基準（抜粋）は以下になります。詳細基準は**冷凍保安規則関係例示基準**によります。

■1　配管材料

1) 銅管：Dcut

①**アンモニア冷媒**には使用できません。……金属腐食するため（法定規準）。

②一般には、**りん脱酸銅継目無銅管**が望ましい、とされています。

③口径は、呼び径（インチ）または管外径（mm）で表示します。……**参考**

④低温脆性（ぜいせい）はほとんど起きません。……**参考**

2) アルミニウム管（合金）

①**フルオロカーボン冷媒**には、**2%を超えるマグネシウムを含有したアルミニウム合金**は、使用できません。……金属腐食するため（法定規準）。

②**継目無管**を使用します。

③純度が99.7%未満のアルミ管は、水などが接触する場合には使用しません。……**参考**

3) 配管用炭素鋼鋼管（SGP：Steel Gas Pipe）

①**－25℃までの低温配管**に使用できます。……**低温脆性（ぜいせい）が**（第11章Theme1）発生するため（法定規準）。

②**毒性ガス、可燃性ガス（アンモニア冷媒など）**には使用できません。……信頼性が低いため（法定規準）。

③**設計圧力が1MPaを超える耐圧部、温度100℃を超える耐圧部**には使用できません。……信頼性が低いため（法定規準）。

「SGP」は、「STPG」と比べて安価ですが、品質が低いため、使用基準規定による制限が多くありますので、整理して理解しておきましょう。

4) 圧力配管用炭素鋼鋼管（**STPG**：Steel Tube Pipe General）

①**－50℃までの低温配管**に使用できます。……**低温脆性**（第11章Theme1）**が発生するため**（法定規準）。

■2　弁類

1) グランド式止め弁（パックド弁）（図10-3）

①**グランド部はグランドパッキンでシールした弁**であるため、パッキンが劣化すると漏れが発生しやすくなります。

②**グランド部の漏れを防ぐため**に、**キャップ付き弁**や**逆座（バックシート）付き弁**が一般的に使われます。
……使用していないときのグランド部からの漏れをなくすため。

③**溶接接続形**は、弁と配管を溶接接続したもので、継手部からの漏れは完全になくなります。……**参考**

④**フランジ接続形**は一般に、インロー（凹凸形）構造にして、フランジパッキン部からの漏れを少なくしています。……**参考**

図10-3　グランド式止め弁（パックド弁）（例）

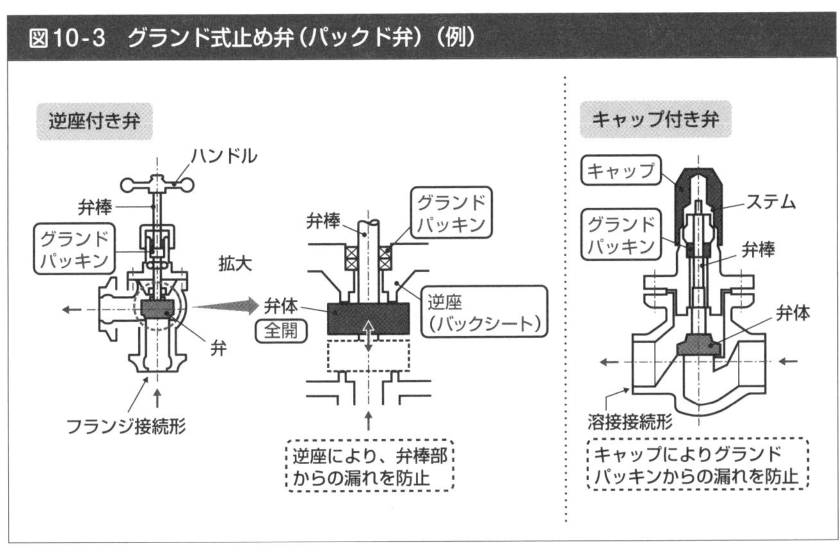

2) パックレス形止め弁（パックレス弁）（図10-4）

グランド部の漏れを完全になくすために、軸部を**ベローズ**や**ダイアフラム**で密閉構造にした**ベローズ式止め弁**（図10-4）、**ダイアフラム式止め弁**があります。

図10-4　パックレス形止め弁（ベローズ式）（例）……一般名：パックレス弁

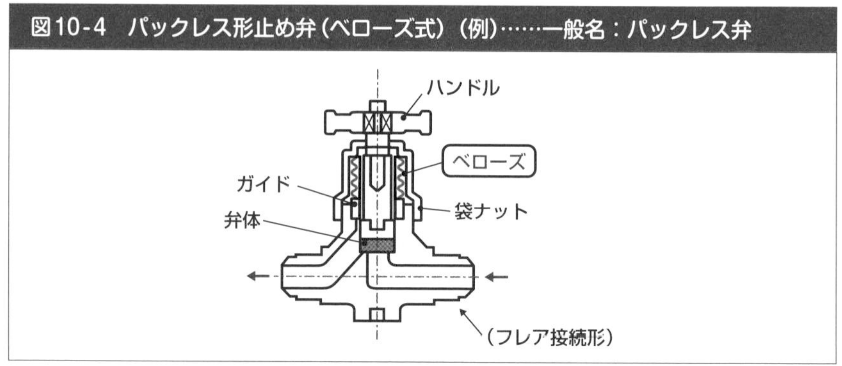

3) サービスバルブ（弁）（図10-5）

①出入り口の2つのポート（口）の他に、外部にもう1つの**サービスポート**（作業用接続口）を持った弁で、**ゲージマニホールド**や**冷媒ホース**をつないで、**真空引き**、**気密試験**、**冷媒充填・回収**などの作業をするときに使用します。

②多くは**逆座（バックシート）**と**キャップ**を持っています。

……**パッキン**または**O（オー）リング**からの漏れを防止するため。

図10-5　サービスバルブ（運転時とサービス時）（例）

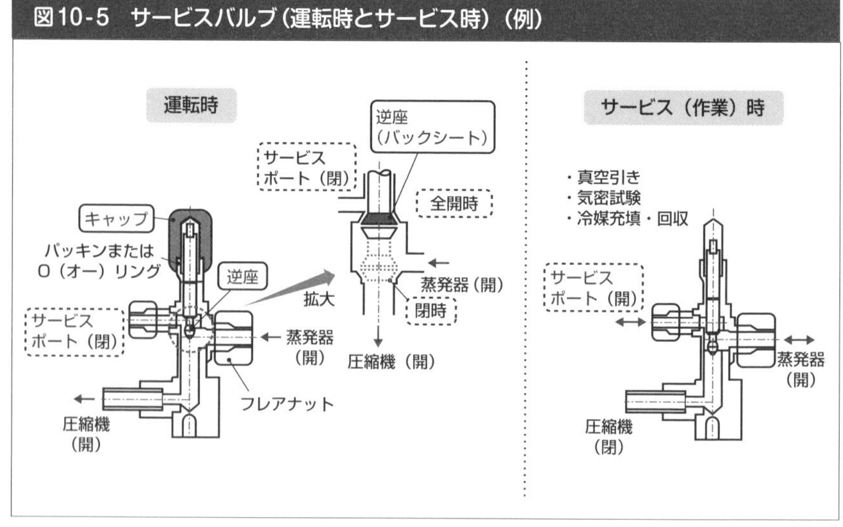

4) ボール弁

冷媒の流れの抵抗が小さいフルポートのサイズ（口径）を持つボール（球体）の回転で開閉します。

5) 逆止め弁

冷媒の流れが一方向のみで、逆方向への流れを防止する弁です。

■3　パッキン材

冷媒（特にフルオロカーボン冷媒）配管用パッキン材は、**冷媒浸透による膨潤**（ぼうじゅん）（膨張作用：冷媒浸透による膨らみ）でシール性能低下が起こらないような材質を使用します。**天然ゴム**は膨潤するために使用できません（詳細は第11章）。

3　配管接続

■1　銅管接続

銅管と銅管（または鋼管）または**管継手**の接続や**銅管と弁類**の接続の方法として、以下の2つの方法があります。

1) ろう付け接続（図10-6）

接続部を**バーナで加熱**し、**差し込みすき間部**に**ろう材**（**黄銅ろう**や**銀ろう**）を流し込み、溶着ろう材との接着力とせん断力で接続強度を確保し、漏れを防止する方法です。ろう材には、主に以下の2種類があり、用途、目的で使い分けます。

• **黄銅ろう**（りん銅ろう）

①主に**銅管と銅管（または継手）**、**銅管と弁類（銅合金）**の接続に使用します。

②ろう付け温度は**約700～850℃**で、**強度は銀ろうよりやや劣り**ます。

• **銀ろう**

①主に**銅管と鋼管（または継手）**、**銅管と弁類（鋼）**の接続に使用します。

②ろう付け温度は**約600～750℃**で、流動性がよく、**強度が強い**です。

キーポイント

1 流し込み部の**すき間**と**はまり込み深さ**は、各サイズで規定寸法を確保するようにします(図10-6)。

2 加熱による**母材の酸化**や**酸化被膜**の生成を避けるため、**窒素ブロー**をしながら作業します。

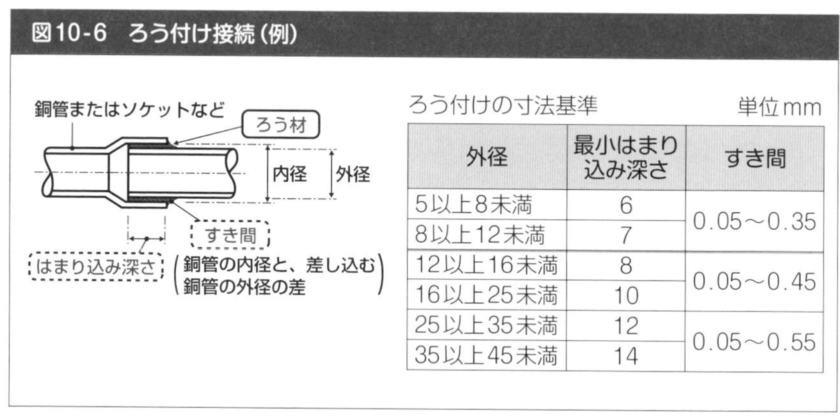

図10-6 ろう付け接続(例)

ろう付けの寸法基準　　単位mm

外径	最小はまり込み深さ	すき間
5以上8未満	6	0.05～0.35
8以上12未満	7	
12以上16未満	8	0.05～0.45
16以上25未満	10	
25以上35未満	12	0.05～0.55
35以上45未満	14	

2)フレア接続(図10-7)

フレア加工具を使用して**フレア加工した銅管**を、**フレアナット**と**ユニオン**を使ってねじで接続する方法です。

キーポイント

1 銅管の呼び径が**3/4(外径19.05mm)までの小口径**に適用できます(法定基準)。

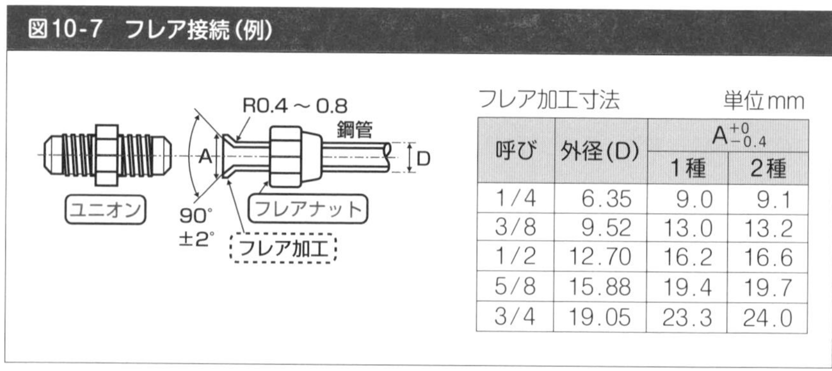

図10-7 フレア接続(例)

フレア加工寸法　　単位mm

呼び	外径(D)	$A^{+0}_{-0.4}$ 1種	$A^{+0}_{-0.4}$ 2種
1/4	6.35	9.0	9.1
3/8	9.52	13.0	13.2
1/2	12.70	16.2	16.6
5/8	15.88	19.4	19.7
3/4	19.05	23.3	24.0

4　配管施工

各配管区分別の配管施工基準は以下となります。

■1　吐出し（ガス）配管

1)管径(管口径)……以下の基準で決めます(図10-8)。……①.②.③は図中Noと対応。

①**最小ガス速度**……油を運ぶためのガス速度。

- **横走り配管（水平配管）**………v＝**3.5**m/s以上
- **立ち上がり配管（垂直配管）**…v＝**6**m/s以上

②**最大ガス速度**…………………… v＝**25**m/s以下

③**全配管の圧力降下**…………… $\varDelta P$＝**20**kPa以下

2)配管施工上の基準

①**横走り配管**は、**流れ方向**に**下り勾配**（1/150～1/250）とします（図10-9）（図10-10）。

……停止時に冷媒液や油が圧縮機に流れ込まないようにするため。

②圧縮機が凝縮器より低い位置にあり、立ち上がり配管がない場合の横走り配管は、そのまま下り勾配とします。

③凝縮器が圧縮機より高い位置にある場合で**立ち上がり管長**が**短い場合（約2.5m以下）**には**トラップは不要**ですが、**長い場合（約2.5～10m）**には**トラップが必要**となります（図10-9）。

④**年間運転する装置**で、特に冬季に圧縮機停止中に凝縮器内の冷媒蒸気が圧縮機頭部などに凝縮して液が溜まらないように、**配管上部**に**逆止め弁**を付けます（図10-9）。

⑤**2台以上の圧縮機の並列運転**の場合は、それぞれの**圧縮機の吐出し配管**に、**逆止め弁**を付けます（図10-10）。

……停止側の圧縮機内に冷媒液や油が流れないようにするため。

⑥横走り配管の**主管**への接続は、**上側接続**します。……下部から接続すると、接続配管内にゴミや油が流れ込んでしまうため（図10-10）。

「横走り配管」の施工基準は、運転中だけではなく、停止中に中の冷媒ガスが冷えて液化することで問題が起きないようにすることに注意して考えるとわかりやすくなります。

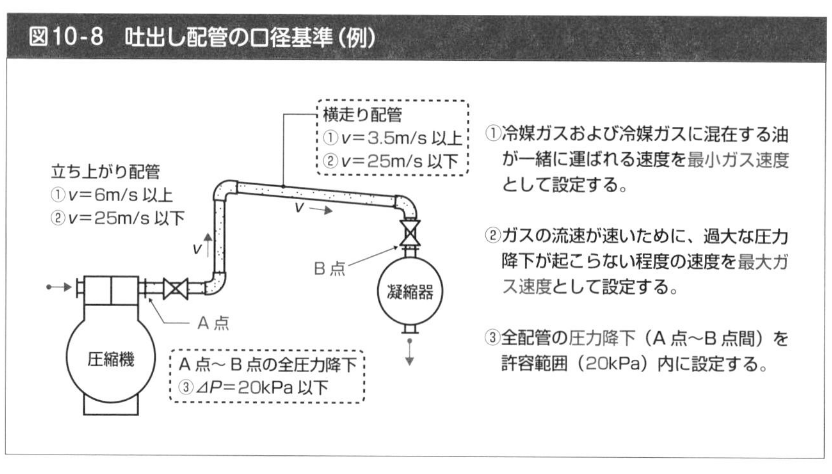

図10-8　吐出し配管の口径基準（例）

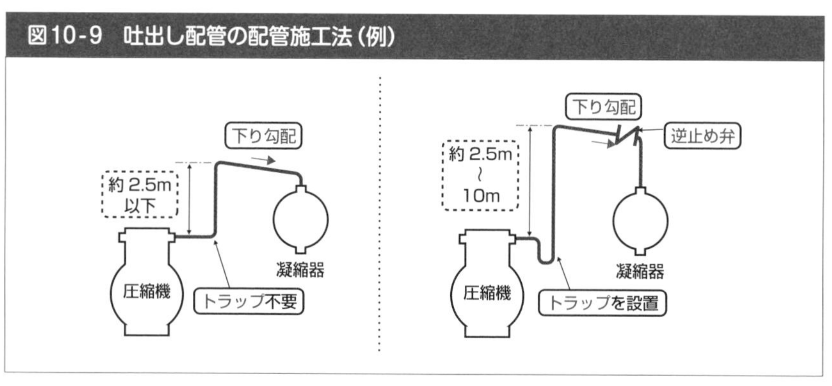

図10-9　吐出し配管の配管施工法（例）

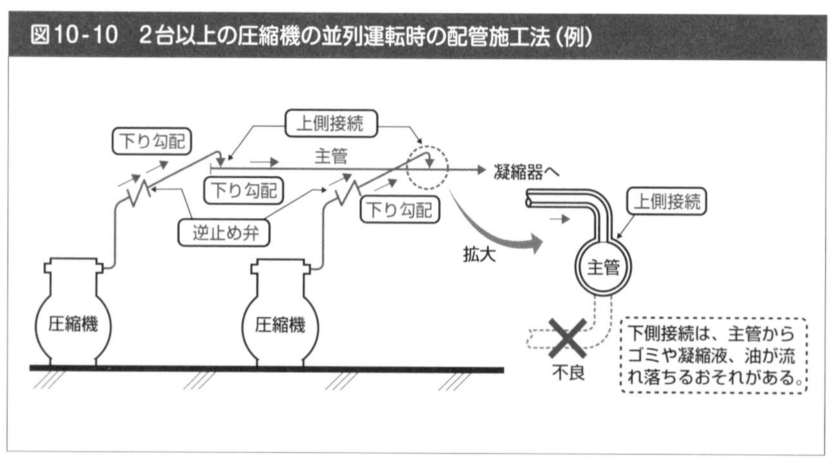

図10-10　2台以上の圧縮機の並列運転時の配管施工法（例）

■2　液配管

1) 管径（管口径）……以下の基準で決めます。

①**フラッシュガス**（液管内での発生気泡）**が発生しない流速**……v＝**1.5**m/s以下

②**全配管の圧力降下**……ΔP＝**20kPa**以下

2) 配管施工上の基準

①**フラッシュガス発生の原因**（図10-11）

・**外気からの加温**により、**液温**が**飽和温度**以上に**上昇**するとき。……図中の。（Ⅰ）

・**流れ抵抗**により、液温度に相当する**飽和圧力以下に圧力降下**するとき。……図中の（Ⅱ）

・液配管の立ち上がり高さが高いとき、液柱高さによる圧力低下で飽和圧力以下になるとき。……**参考**

②**フラッシュガスの発生による影響**……膨張弁を通過するガスの冷媒体積が増大し、**冷媒流量が減少して冷凍能力が低下**します。

図10-11　液配管でのフラッシュガス発生の原因（例）

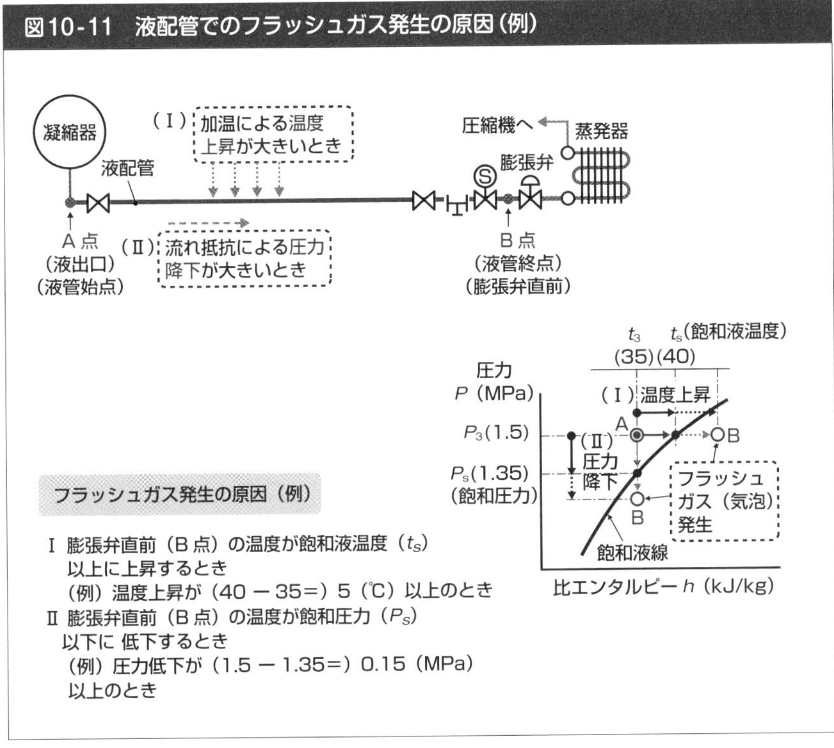

③フラッシュガスの発生を防止する方法

・一般に**3〜5Kの過冷却**をします。……凝縮器での過冷却が不足の場合は**液ガス熱交換器**を設置して過冷却を増やす。

・機械室などで**液配管温度が上昇する場合**には、**配管防熱**します。

3) 液流下管(受液器と凝縮器の接続管)の口径は、十分に太くして、自然落差で液が落下するようにします(流速は、0.5 m/s以下……**参考**)。

または、**均圧管(凝縮器と受液器の連絡管)**を設置します。……均圧管を使って、凝縮器から落下する液の体積分のガスを受液器上部から抜き出すため。

■3　吸込み(蒸気)配管

1) 管径(管口径)……以下の基準で決めます(図10-12)。

①**最小ガス速度**……油を運ぶため(詳細は配管口径、冷媒などにより決定)。

・**横走り配管(水平配管)**……v=**3.5**m/s以上

・**立ち上がり配管(垂直配管)**……v=**6**m/s以上

②**全配管の圧力降下に相当する温度降下**……Δt=**2**K以下

③**最大ガス速度**は、**過大な圧力降下**と**騒音**が生じない程度(v=約15m/s以下)。

図10-12　吸込み配管の口径基準(例)

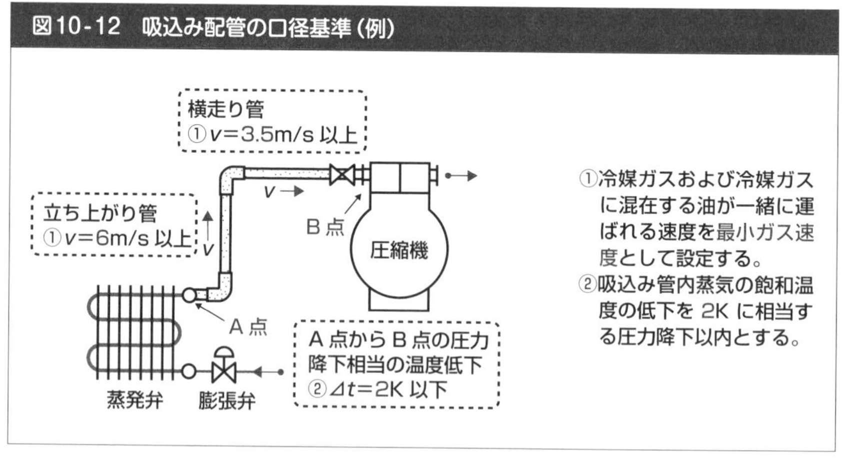

2) 配管施工上の基準

①**容量制御装置**（アンローダ）を持った圧縮機では、**冷凍負荷が減少した場合**に、蒸発器の吸込み配管内を流れる冷媒流量が減少し、管内流速が低下してしまい油を運ぶ**最小速度以下になると油が戻らなく**なります。その対策として、以下の配管方法があります。

●二重立ち上がり管（図10-13）

二重立ち上がり管とは、**太い配管**（L管）**と細い配管**（S管）の2本の立ち上がり管を並列に設置して、**ガス量が最小負荷時でも油が戻るようにした配管**です。

最小負荷時は、太い配管の**油戻しトラップ**に液が溜まり、閉塞し、**細い管**（流速6m/ｓ以上の管径にする）から戻ります。**最大負荷時は2本の管**から戻ります。

図10-13　二重立ち上がり管（例）

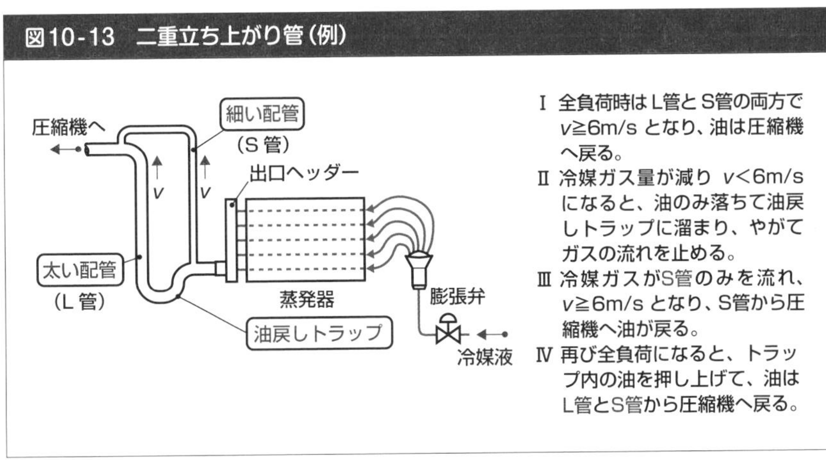

圧縮機へ
細い配管
（S管）
出口ヘッダー
太い配管
（L管）
蒸発器
膨張弁
油戻しトラップ
冷媒液
Ⅰ 全負荷時はL管とS管の両方で v≧6m/s となり、油は圧縮機へ戻る。
Ⅱ 冷媒ガス量が減り v<6m/s になると、油のみ落ちて油戻しトラップに溜まり、やがてガスの流れを止める。
Ⅲ 冷媒ガスがS管のみを流れ、v≧6m/s となり、S管から圧縮機へ油が戻る。
Ⅳ 再び全負荷になると、トラップ内の油を押し上げて、油はL管とS管から圧縮機へ戻る。

図10-14　Uトラップ配管（不良例）

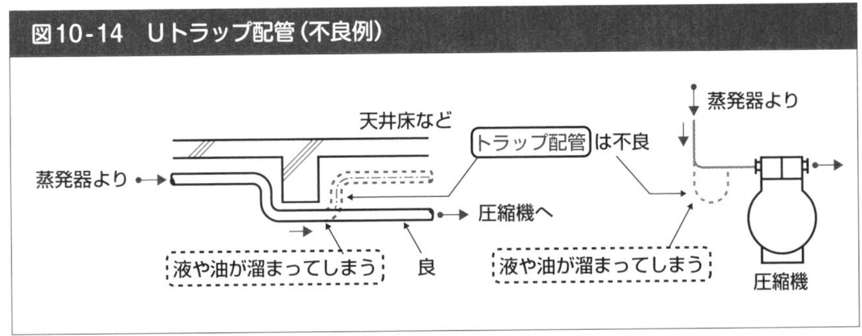

②**横走り配管中**に**トラップ配管**は付けません(図10-14)。

……停止時に、液や油が溜まり、再起動時に圧縮機に戻って、**液圧縮になりやすい**ため。

③**圧縮機の直近**に**トラップ配管**は付けません(図10-14)。

……溜まった液が一挙に戻り、**液圧縮になりやすい**ため。

④**中間トラップ**の設置(図10-15)。

……高い位置までの**吸込み立ち上がり管**は、**約10m以内ごとに油戻しトラップ**を設置します。

図10-15　中間トラップの施工法(例)

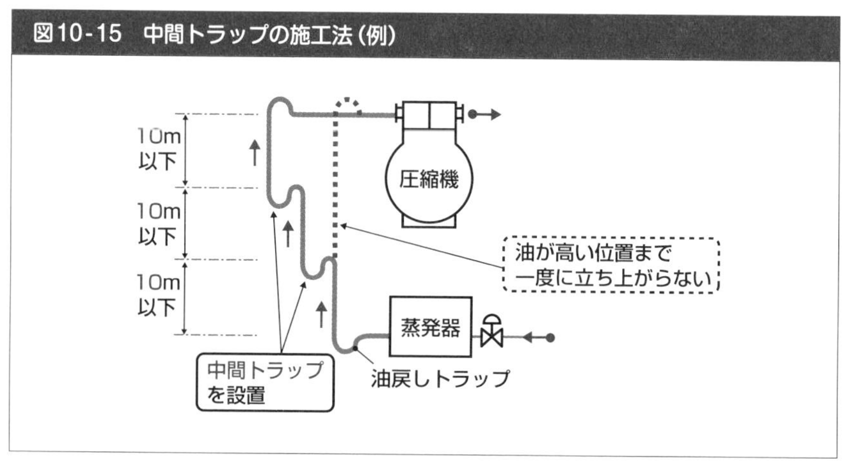

⑤**複数台の蒸発器が並列運転している場合**に、**各蒸発器に独立した立ち上がり管**を設置します(**合流配管にはしない**)(図10-16)。

……合流してから立ち上がり配管にすると、停止した蒸発器分の冷媒流量が減り、最小ガス速度が確保できなくなるため、及び下側の蒸発器に油が溜まってしまうため。

⑥複数の蒸発器から**横走り主管への接続**は、**上側接続**とします(図10-16)。

……停止中の蒸発器に、液や油が流れ込まないようにするため。

⑦**各蒸発器からの立ち上がり管**は、**各蒸発器上部より高い位置まで立ち上げる**(図10-17)。

……圧縮機が蒸発器より下部にある場合、停止時に蒸発器内の冷媒液が配管を通して圧縮機に流れ込んでしまうため。

図10-16　2台以上の蒸発器の並列運転時の配管施工法（例）

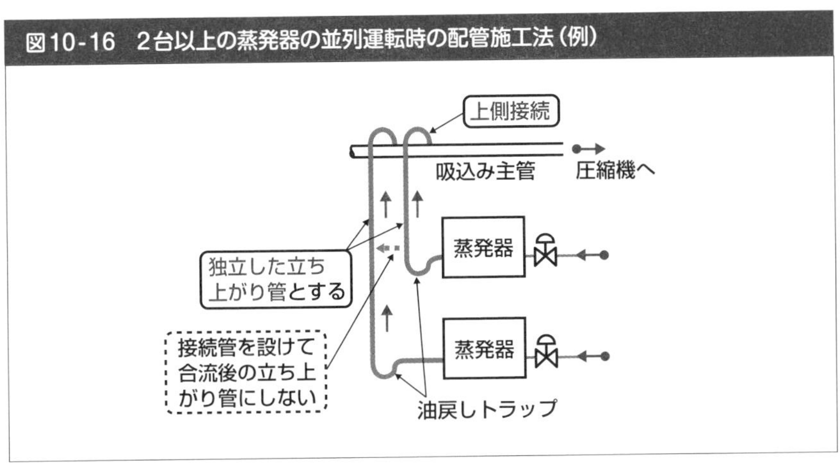

図10-17　蒸発器の高さ以上の立ち上がり配管施工法（例）

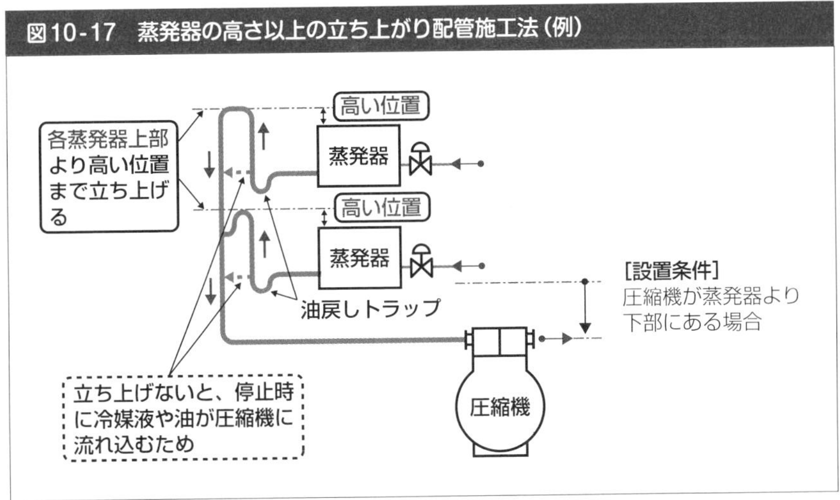

⑧**吸込み配管**は、**防熱**して**表面の結露**や**吸込みガス温度の上昇を防止**します。

……吸込みガス温度が上昇すると、**過熱度**が大きくなりすぎて**吐出しガス温度が異常に上昇**し、**油が劣化**したり、**吸込み蒸気の比体積が大きくなり**、**冷媒循環量が減少**し、**冷凍能力**が低下してしまうため。

Question 問題を解いてみよう

以下の質問に○か×で解答してください。

問1　「配管用炭素鋼鋼管：SGP」は、−50℃以下には使用できる。

問2　2台以上の圧縮機が並列運転している場合は、各圧縮機の吐出し配管に「逆止め弁」を設置する。

問3　「二重立ち上がり管」は、圧縮機の吸込み配管の立ち上がり配管で油を戻すための配管である。

問4　「中間トラップ」とは、圧縮機の吸込み配管において高い立ち上がり配管で油を戻すために、約10m以内ごとに取り付ける油戻しのトラップをいう。

問5　蒸発器からの立ち上がり配管は、蒸発器上部より高い位置まで立ち上げる。

Answer 答え合わせ

問1　×　「配管用炭素鋼鋼管：SGP」は、−25℃以下には使用できない。−50℃以下に使用できるのは、「圧力配管用炭素鋼鋼管：STPG」である。これは、材質により、低温脆性の発生する温度の違いであり、冷凍保安規則で規定されている。

問2　○　2台以上の圧縮機が並列運転している場合は、1台の圧縮機が停止中に停止中の圧縮機にガスが流れ込むのを防止するため、「逆止め弁」を設置する。

問3　○　「二重立ち上がり管」は、圧縮機の吸込み配管の立ち上がり配管で容量制御運転時に、ガス量が減少しても最小ガス速度を確保するために、太い配管と細い配管を使って油を戻す配管方法である。

問4　○　記述は正しい。

問5　○　蒸発器からの立ち上がり配管は、一度、蒸発器上部より高い位置まで立ち上げないと、その蒸発器の停止時に、蒸発器内部の冷媒液が下部の圧縮機に落ちてしまうために、各蒸発器より高い位置まで立ち上げる。

第11章

設計圧力と圧力容器

冷凍装置に使われる圧力容器（容器及び、熱交換器）と配管に使用される材料の強さ及び、設計圧力に基づく容器製作の基準について説明します。

Theme

材料力学の基礎

圧力容器に使用する材料の引張強さと許容引張応力及び最低使用温度の規定があります。

重要度：★★☆

●圧力容器に使用する材料の強さについて理解しておく。
●設計圧力、許容圧力を理解しておく。

1 応力

応力とは、材料に外力が加えられたときに、材料の内部に発生する**単位面積当たりの抵抗力**です。

外力をF(N)、断面積をA(mm^2)とすると、**応力**$\sigma = F/A$ (N/mm^2)となります。

外力が引張力の場合は**引張応力**、また圧縮力の場合は**圧縮応力**といいますが、冷凍装置の圧力容器において耐圧強度が問題となるのは、**引張応力**です(図11-1)。

2 応力とひずみ線図

鋼材が引っ張られると、材料はわずかに伸びます。**ひずみ**とは、元の長さをl、伸びた長さをΔlとすると、**ひずみ**$\varepsilon = \Delta l / l$で表されます。

応力-ひずみ線図とは、縦軸に**引張応力**、横軸に**ひずみ**を取り、その関係を線図にしたものです(図11-1)。

「許容引張応力」と「引張強さ(最大引張応力)」の関係に関して多く出題されています。

この線図において、引張力を次第に増していくと材料に以下の変化が表れます。

①**比例限度**（P点）：**引張応力とひずみの関係が直線的**で**正比例**する**限界点の応力**をいいます。

②**弾性限度**（E点）：**正比例ではなくなる**が、引張力が大きくなるとひずみも大きくなり、**引張力を除くとひずみがゼロ**になる**限界点の応力**をいいます。

③**降伏点**（σ_S点）：**引張力を除いてもひずみが残り、元の長さに戻らなくなる（永久変形が残る）点の応力**をいいます。**上降伏点**（うえこうふく）と**下降伏点**（したこうふく）の間では、試験片の表面に線状の縞模様ができます。
銅などは、応力を取り去ったときに、ひずみが0.2%残る応力で、**0.2%耐力**ともいいます。

④**引張強さ**（M点）：引張力をさらに増大していくと、大きな**塑性**（そせい）ひずみ（永久変形）を生じます。**破断するまでに現れる最大引張応力**をいいます。

⑤**破断強さ**（破断応力）（Z点）：材料にくびれ（細いみぞ）が生じて、ひずみが増大し、**破断する応力**をいいます。

図11-1　応力-ひずみ線図

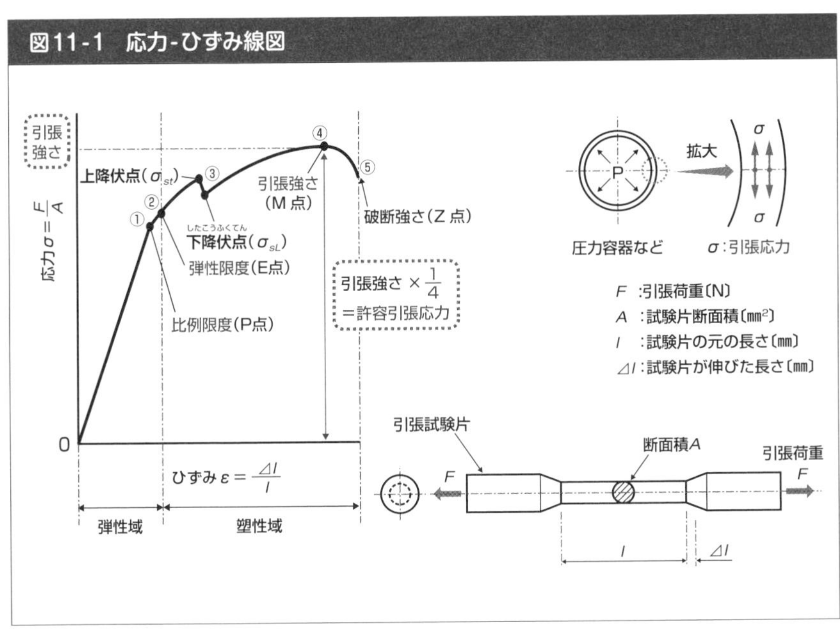

上記で、**引張強さ**（M点）**がその材料の最大応力**となり、**圧力容器をつくるときの基準となる強さ**となります。

■1　引張強さと許容引張応力

冷凍装置で使用する圧力容器や配管などの各鋼材について、**最大の引張応力がJIS規格（日本工業規格）で規定**されています。**引張強さ**とは、その**最大引張応力**をいいます。

実際に圧力容器などで使用するときに、材料の引張強さで設計することは、危険があり、**ひずみが残らない比例限度以下**の余裕を持った値で設計する必要があります。そこで、冷凍保安規則関係例示基準では、**一般に、引張強さの1/4**を採用するように規定したその応力を**許容引張応力**といいます。よって実際使用時に材料に生ずる引張応力がこの**許容引張応力以下**になるように規定しています（図11-1）。

なお、これは、約4倍の安全率として余裕を持たせているともいえます。……**参考**

この根拠の1つとして、**比例限度や弾性限度以下**の値に収まる範囲の応力以下で使用しないと、材料にひずみが残ってしまうためと考えられます。

JIS規格のSM400A、SM400B、SM400C材を例に説明します。……**参考**

・SM　：溶接構造用圧延鋼材（もともとは船舶用に開発された材料）
　　　　記号のSは鋼のSteel、Mは船舶用のMarineの意。……**参考**
・400　：**引張強さ（最大引張応力）が400**（N/mm²）であることを表します。
・A、B、C：**炭素含有量の違い**（Cが最も少なく、溶接性がよい）による。

上記のすべての材料は、**許容引張応力**＝400×1/4＝**100**（N/mm²）となります。

3　冷凍装置の使用材料

■1　使用材料

圧力容器や配管には多くの材料が使われていますが、多く使われているJIS規格材料の例を以下に示します。

・FC：ねずみ鋳鉄	・SS：一般構造用圧延鋼材
・SM：溶接構造用圧延鋼材	・SGP：配管用炭素鋼鋼管
・STPG：圧力配管用炭素鋼鋼管	など

■2　低温使用材料

1) 低温脆性

低温脆性（ぜいせい）とは、一般的に鋼材はある温度以下の低温では、引張強さ、降伏点、硬さなどは増大しますが、材料に**脆さ**（もろ）が発生することをいいます。**衝撃荷重などが引き金となって、降伏点以下の低荷重で突発的に発生し、瞬間的に大きな破壊**を引き起こすことがあります。

これは、

・低温

・切欠きなどの欠陥

・引張などの応力が作用している

という条件が揃っている場合に発生します。

よって、冷凍保安規則関係例示基準では、**耐圧部分に使用する材料**の**最低使用温度**が規定されています。

その一例を以下に示します。

・**SGP**……… **−25℃まで**（第10章）

・**STPG**…… **−50℃まで**（同上）

2) 冷凍装置（低温・低圧）での応力

①低温運転時では、飽和圧力が低く、材料に作用する引張応力は小さくなります。

②低圧側の圧力容器や配管の設計圧力は、運転停止中に外気によって高くなることを考慮して決めているので、**運転時**は材料の耐圧強度（引張応力）に対して十分に余裕があります。

3) その他の材料

フルオロカーボン冷媒は、**パッキン・ガスケット等**で使用するゴムなどの材料を膨張させる（**膨潤作用**）ことがありますので、材料の選定には十分注意が必要です。

一般的には、**HFC冷媒は、HCFC冷媒**より膨潤作用は小さくなります。

Theme 2

設計圧力と許容圧力

圧力容器の設計圧力と許容圧力の決め方の基準があります。

重要度：★★★

●高圧部と低圧部の区分と各設計圧力の基準を理解しておく。

●許容圧力基準の規定を理解しておく。

1 設計圧力と許容圧力

■1 高圧部と低圧部の区分（図11-2）

冷凍装置の圧力容器を設計、製作する際に、**高圧部と低圧部に区分**して設計圧力を規定しています。

①**高圧部**とは、**圧縮機から膨張弁まで**をいいます。

②**低圧部**とは、**膨張弁から圧縮機まで**をいいます。

図11-2 高圧部と低圧部の区分の一例

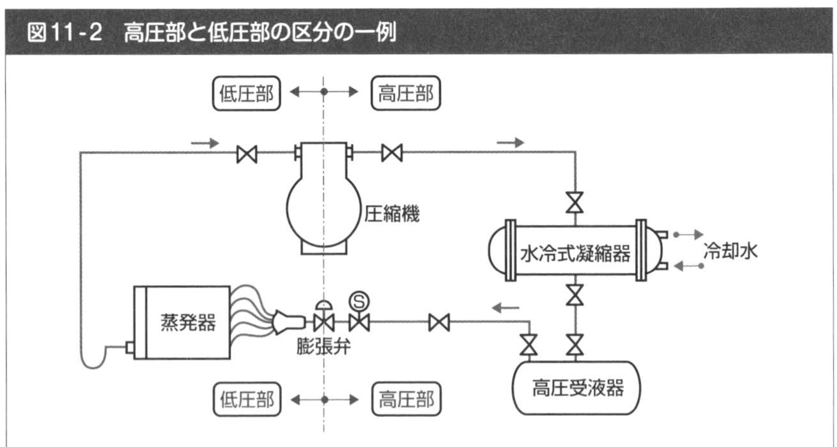

「高圧部の設計圧力」と「低圧部の設計圧力」の決定基準に関して多く出題されています。

キーポイント

1 耐圧強度や保安機器の作動圧力や設計圧力は、すべて**ゲージ圧力**です（表11-1）。
……圧力容器などは、大気圧力との差圧が作用するため。

2 **二段圧縮冷凍装置（又は二元冷凍装置）**では、高段（又は高元側）の圧縮機の吐出し圧力を受ける部分を高圧部、その他を低圧部とします。……**参考**

■2　設計圧力

設計圧力とは、**圧力容器などの板厚計算、耐圧試験圧力や気密試験圧力の基準となる圧力**で、冷凍保安規則関係例示基準で冷媒の種類ごとに**高圧部、低圧部**で決められています（表11-1）。

1）冷凍保安規則関係例示基準の表19.1に記載の冷媒の場合

①**高圧部の設計圧力**は**基準凝縮温度（43～70℃）**によって決められています（表11-1）。

②**低圧部の設計圧力**は、**夏期の停止中の周囲温度（約38℃）相当の圧力**を基準としています（表11-1）。

③表11-1に示されている**基準凝縮温度以外**のときは、**最も近い上位の温度に対応する圧力を高圧部の設計圧力**とします。

④**凝縮温度が65℃を超える冷凍装置**では、その最高使用温度における冷媒温度での冷媒の飽和蒸気圧力以上の値を**高圧部の設計圧力**とします。

⑤**冷媒の充填量を制限**して、一定の圧力以上に上昇しないように設計した場合は、表の値にかかわらず、**制限充填圧力以上の圧力**を**低圧部の設計圧力**とすることができます。

2）冷凍保安規則関係例示基準の表19.1に記載のない冷媒の場合

①**高圧部設計圧力**……以下の**いずれかの最も高い圧力以上**とします。

・通常の運転状態中に予想される**最高圧力**
・停止中に予想される最高温度のガス圧力
・**43℃の飽和圧力**……非共沸混合冷媒では、43℃の気液平衡状態での液圧力。

②**低圧部設計圧力**……以下の**いずれかの最も高い圧力以上**とします。

・通常の運転状態中に予想される**最高圧力**
・停止中に予想される最高温度のガス圧力
・**38℃の飽和圧力**……非共沸混合冷媒では、38℃の気液平衡状態での液圧力。

表11-1　設計圧力……冷媒による設計圧力の数値は参考

ゲージ圧力（単位：MPa）

冷媒の種類	高圧部 基準凝縮温度（℃）						低圧部（約38℃の飽和圧力）	備考
	43	50	55	60	65	70		
R22	1.6	1.9	2.2	2.5	2.8	-	1.3	※1
アンモニア（NH_3）	1.6	2.0	2.3	2.6	-	-	1.26	
二酸化炭素（CO_2）	8.3	-	-	-	-	-	5.5	
R32	2.57	3.04	3.42	4.29	4.78	-	2.26	※2
R134a	1.00	1.22	1.40	1.59	1.79	2.02	0.87	
R404A	1.86	2.21	2.48	2.78	3.11	-	1.64	
R407C	1.78	2.11	2.38	2.67	2.98	3.32	1.56	
R410A	2.50	2.96	3.33	3.73	4.17	-	2.21	
R507A	1.91	2.26	2.54	2.85	3.18	-	1.68	

※1　冷凍保安規則関係例示基準表19.1より抜粋
※2　表19.1以外の冷媒は冷凍保安規則関係例示基準による冷媒定数の標準値

■3　許容圧力

許容圧力とは、その設備が**実際に使用でき、許容できる圧力**です。

1) 以下の①又は②の圧力のうち**いずれかの低い方の圧力**とします。

①**設計圧力**

②**腐（くさ）れしろを除いた肉厚に対応する圧力**

2) 既存の圧力容器などを他に転用するときの許容圧力

……後述の式（11.4）の実際に必要な厚さの式から腐れしろを除いた板厚の式を逆算して、最高許容圧力を求め、一方、表11-1のうち高い設計圧力に適合することを確認する。

3) **許容圧力**は以下の基準となっています。

①**耐圧試験圧力と気密試験圧力**

②**現地で実施する気密試験圧力**

③**安全装置の作動圧力などの基準**

……安全弁の作動圧力、高圧遮断装置の設定圧力など。

Theme

3 圧力容器と鏡板

円筒胴圧力容器の必要な板厚の決め方、及び鏡板の形状による強さの規定があります。

重要度：★★☆

学習アドバイス

- 円筒胴圧力容器に発生する応力には、接線方向と長手方向があり、大小関係を理解しておく。
- 円筒胴圧力容器の必要な板厚に関係する溶接継手の効率と腐れしろの決め方を理解しておく。
- 鏡板の形状による強度の大きさ順を理解しておく。

1 円筒胴圧力容器

冷凍装置で使用される圧力容器では、一般に、円筒胴の胴板の厚さは、胴の直径に比べて非常に薄くなっています。よって、このような容器を**薄肉円筒胴圧力容器**といいます。

この**圧力容器に内圧を受ける円筒胴**、及び**内圧を受ける管**に**発生する応力**は、以下の2つがあります(図11-3)。

■1 接線方向に発生する応力σ_t

接線方向の応力は、内圧による引張応力は$PD_i l$であり、その断面積は$2tl$であるため、以下の式で算出できます。(図11-3上図)

$$\sigma_t=\frac{PD_i l}{2tl}=\frac{PD_i}{2t}\ (\mathrm{N/mm^2、MPa})\cdots\cdots(11.1)$$

ここで、σ_t：応力(N/mm^2)　P：圧力(MPa)　D_i：内径(mm)
l：胴の長さ(mm)　t：板厚(mm)

円筒胴圧力容器の「接線方向」と「長手方向」に発生する応力の関係と「腐れしろ」の規定値及び「鏡板」の形状による強度に関する問題が多く出題されています。

2　長手方向に発生する応力σ_l

長手方向の応力は、内圧による引張応力は**$P(\pi D_i^2/4)$** であり、その断面積は**$\pi D_i t$**であるため、以下の式で算出できます（図11-3下図）。

$$\sigma_l = \frac{P\left(\frac{\pi D_i^2}{4}\right)}{\pi D_i t} = \frac{PD_i}{2t} \text{(N/mm}^2\text{、MPa)} \cdots\cdots (11.2)$$

ここで、σ_l：応力（N/mm²）　P：圧力（MPa）　D_i：内径（mm）
t：板厚（mm）　π：円周率

式(11.1)と式(11.2)から

$$2\sigma_l = \sigma_t \cdots\cdots (11.3)$$

図11-3　圧力容器に発生する引張応力

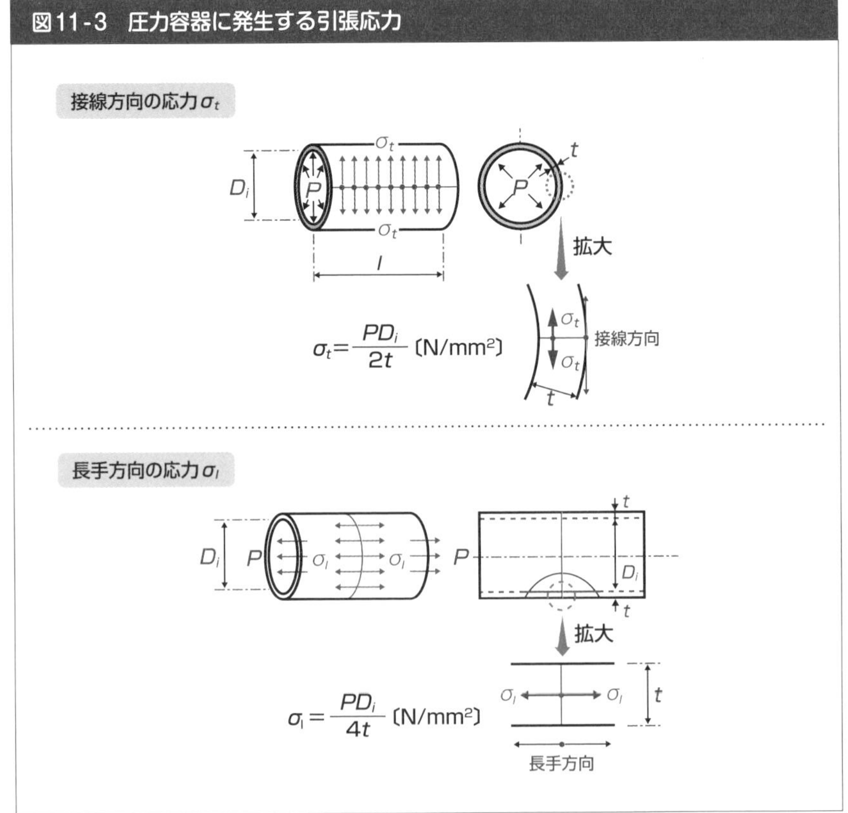

よって、**円筒胴の接線方向の引張応力は、長手方向の引張応力の2倍**になります。結局、**接線方向の応力が最大**となり、この応力が**材料の許容応力以下**になるような板厚にすればよいことになります。

円筒胴圧力容器に作用する「接線方向に発生する応力」の計算式、「長手方向に発生する応力」の計算式の関係及び、2つの応力の比較（関係）を理解しておくとよいでしょう。

■3　円筒胴の必要な板厚

冷凍保安規則関係例示基準で、次式によって**必要な板厚**を求めるように規定しています。

$$t = \frac{PD_i}{(2\sigma_a\eta - 1.2P)} + \alpha\ (\mathrm{mm}) \cdots\cdots (11.4)$$

ここで、t：必要な板厚（mm）　P：設計圧力（MPa）　D_i：内径（mm）
　σ_a：材料の引張応力（N/mm^2）　η：溶接継手の効率
　α：腐れしろ（mm）

式(11.4)の第1項（α（腐れしろ）を除いた式）は、**最小厚さ**（t'）といい、**強度上の必要厚さ**を表します。

キーポイント

1 **円筒胴の内径D_i**が大きいほど、**内圧P**が大きいほど、**板厚は厚く**なります。
……式(11.4)より。

2 **溶接継手の効率η**

溶接継手の効率とは、板材を丸めてその接合線を溶接して円筒胴を製作する場合に、**加熱溶接による材料の強度低下分を補正するための係数**であり、別表で規定されています（表11-2）。
この規定は、以下の2つで決められています。

①**溶接継手の種類**：4つの種類（**号**という）により規定されています（表11-2の1～5号）。

②**溶接部の放射線透過試験の長さの全長に対する割合**：㋑全長を放射線透過試験した場合、㋺全長の0.2（20%）以上の試験の場合、㋩全長の0.2（20%）未満の試験をした場合によって決められています（表11-2の1、2号）。

表11-2　溶接継手の効率η……溶接効率の数値などは参考

冷凍保安規則関係例示基準（22項）より抜粋

号	溶接方法		溶接部の全長に対する放射線透過試験を行った部分の長さの割合 $=\frac{l}{L}$	溶接効率η
	溶接継手の種類	溶接継手の形状		
1	突合せ両側溶接継手またはこれと同等以上とみなされる突合せ片側溶接継手	①突合せ両側溶接継手	1	1.00
			1未満0.2以上	0.95
			0.2未満	0.70
2	裏当(うらあ)て金を使用した突合せ片側溶接継手で、裏当て金を残すもの	②裏当て金を使用した突合せ片側溶接継手	1	0.90
			1未満0.2以上	0.85
		溶接後、裏当て金を取り除いて、グラインダで面一(つらいち)に仕上げれば1号と同じ	0.2未満	0.65
3	突合せ片側溶接継手（前2号に掲げるものを除く）	③上記②以外の突合せ片側溶接継手 十分な溶け込みがあると板の裏側にも溶け込みが出てくる。これを裏なみと呼んでおり、1号と同じ		0.60
4	両側全厚すみ肉重ね溶接継手	④両側全厚すみ肉重ね溶接継手		0.55
5	プラグ溶接を行わない片側全厚すみ肉重ね溶接継手	⑤片側全厚すみ肉重ね溶接継手		0.45

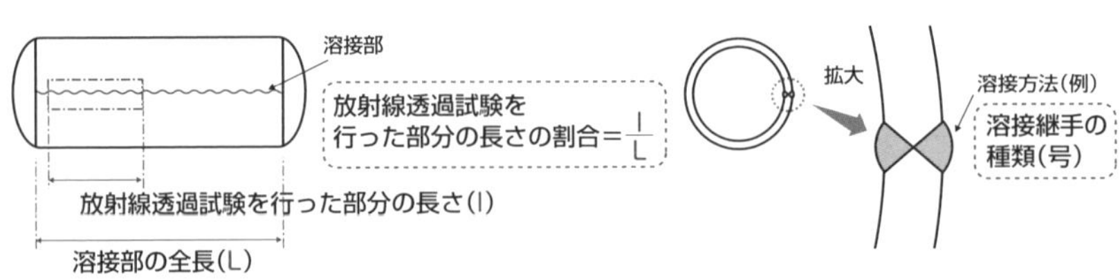

■4 容器の腐れしろα

使用中の板材の外面が金属腐食で減少すると、強度不足となります。そこで、**金属腐食による減少分を見込んで、あらかじめ加算する板厚**を規定しています。これを、**腐れしろα**といい、材料の種類などにより加算厚さが決められています（表11-3）。

表11-3 容器の腐れしろ……各腐れしろの数値は参考

冷凍保安規則関係例示基準（23項）引用

材料の種類		腐れしろ（mm）
鋳鉄		1
鋼	直接風雨にさらされない部分で、耐食処理を施したもの	0.5
	被冷却液または加熱熱媒に触れる部分	1
	その他の部分	1
銅、銅合金、**ステンレス鋼**、アルミニウム、アルミニウム合金、チタン		**0.2**

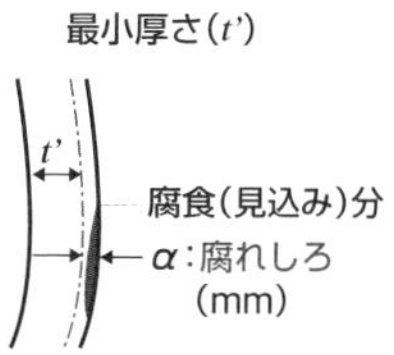

キーポイント

1 **耐食性の強い高級材料（ステンレス鋼など）**でも、**0.2**mmの**腐れしろ**が規定されています（表11-3）。
……金属であるため、長期経年により少しは腐食すると仮定。

■5 管の必要な肉厚

管の肉厚は、容器に必要な板厚とは別の算出式で規定されています（算出式は省略）。

また、容器と同じ理由で管の**腐れしろ**が、別表で規定されています（表11-4）。

キーポイント

1 **耐食性の強い高級鋼管（ステンレス鋼管など）**でも、容器と同様に**0.2**mmの**腐れしろ**が規定されています（表11-4）。

表11-4　管の腐れしろ……各腐れしろの数値は参考

冷凍保安規則関係例示基準（23項）より抜粋

管の種類			腐れしろ（mm）
ねじを切った鋼管	呼び径 40A(1 ½ B) 以上		1.5
	呼び径 32A(1 ¼ B) 以下		1.0
ねじのない管	鋼管	配管が直接風雨にさらされないもので、耐食塗装を施したもの	0.5
		その他	1.0
	アルミニウムまたはアルミニウム合金管、**銅合金管**、**ステンレス鋼管**または外径が15 mm以下の耐食材料によるクラッド管		**0.2**
	ひれによって補強されるものであって、腐食のおそれのない管		0.1

■6　板厚の最終決定（端数処理）

板厚の必要厚さの式（11.4）で算出された厚さで、**端数（小数点以下）が出た場合**は、**切り捨て**や**四捨五入**はしてはならず、必ず、**切り上げる**ことになっています。

例えば、計算値が10.3mmの場合には、11mmとなります。

さらに11mm の板材が市販されていない場合には、12mmの板材を使用することになります。……**参考**

2　鏡板

鏡板とは、圧力容器の円筒胴の両端に取り付ける板材のことをいい、各種の形状のものがあります。使用規定はありませんが、形状により、その耐圧強度が違いますので、使用板厚が決まります（図11-4）。

「鏡板の形状」による強度は、隅の丸みの半径が大きいほど強く、板厚が薄くできることを理解しておきましょう（半球が最も強い）。

図11-4 鏡板の形状と応力集中

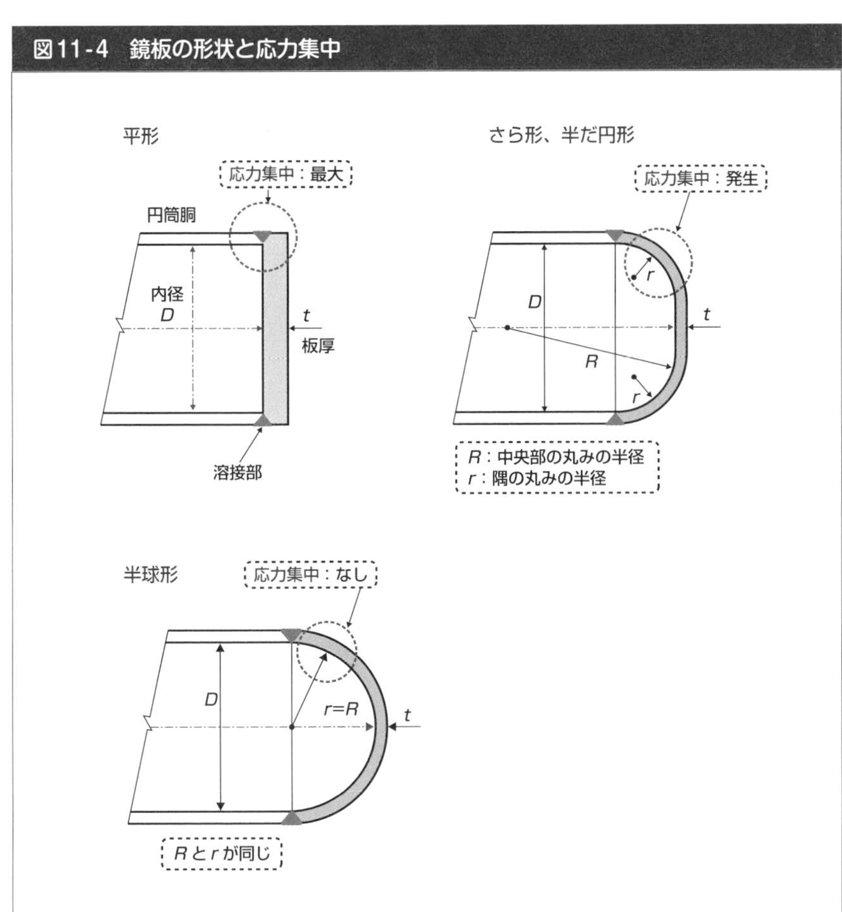

キーポイント

1 一般に多く使用される形状として、**さら形**、**半だ円形**、**半球形の**順で、**必要な板厚が薄く**できます。これは、**中央部の丸みの半径Rが小さく、隅の丸みの半径r**が大きいほど、中央部から円筒部に向かって滑らかにつながることと、隅の丸みの部分に**応力集中**（形状が急変する局部に力（応力）が集中すること）が発生しにくいことによります。**半球形**は、その応力集中がかからないために、**最も板厚が薄く**なります。なお、逆に**平形（平板）**は最も厚い板となり、ほとんど使用されません。実用的には、**さら形、半だ円形**が使用されます。

Question 問題を解いてみよう

以下の質問に○か×で解答してください。

問1　鋼材の「弾性限度」とは、「応力 - ひずみ線図」において、「引張応力」と「ひずみ」の関係が正比例して、引張力を除くとひずみがゼロとなる限界点である。

問2　「低圧部の設計圧力」は、通常の運転状態で起こり得る最高の圧力と規定している。

問3　「円筒胴圧力容器」の「長手方向の応力」は、「接線方向の応力」の2倍となる。

問4　「円筒胴圧力容器」の使用板厚は、設計圧力、胴の内径、材料の引張応力、溶接継手の効率、腐れしろによって、算出することができる。

問5　「鏡板」は、その形状により使用板厚が変わる。

Answer 答え合わせ

問1　×　鋼材の「弾性限度」とは、「引張応力」と「ひずみ」の関係が正比例ではなくなるが、引張力が大きくなるとひずみも大きくなり、引張力を除くとひずみがゼロとなる限界点である。「引張応力」と「ひずみ」が正比例する限界点は「比例限度」という。

問2　×　「低圧部の設計圧力」は、低圧部では通常の運転状態で起こり得る圧力はかなり低く、運転停止中の周囲温度の高い夏季に内部の冷媒温度が38～40℃程度まで上昇したときの冷媒の飽和圧力を1つの基準と規定している。

問3　×　「円筒胴圧力容器」の「接線方向の応力」は、「長手方向の応力」の2倍となる。

問4　○　「円筒胴圧力容器」の使用板厚は、「冷凍保安規則関係例示基準」で規定された算出式による。

問5　○　「鏡板」は、その形状により、「さら形」、「半だ円形」、「半球形」の順で、耐圧強度が強くなり、必要な板厚を薄くできる。

第12章

安全・保安装置

冷凍装置は、圧力が高く、危険性の高い冷媒を使用しているため、操作ミスや故障、老朽化などで事故になる可能性があります。そのときに安全な状態で停止させるために、未然に感知して対応するための各種の安全装置を設置しておくことが重要となります。

Theme 1

重要度：★★★

安全装置・保安装置

安全装置・保安装置とは、冷凍装置が異常状態になったときや冷媒漏水が発生したときに、許容圧力以下に戻す装置や機器をいいます。安全に使用するための重要な装置であり、高圧ガス保安法、冷凍保安規則、冷凍保安規則関係例示基準他で規定されています。

●安全装置の種類と設置基準及び冷媒漏水に対する基準を整理して理解しておく。

法規による**安全装置**とは、**「許容圧力以下に戻すことができる安全装置」**として、**高圧遮断装置**、**安全弁**、**破裂板**、**溶栓**、**圧力逃がし装置**が定められています（図12-1）。

図12-1　許容圧力以下に戻すことができる安全装置例（フルオロカーボン冷凍装置例）

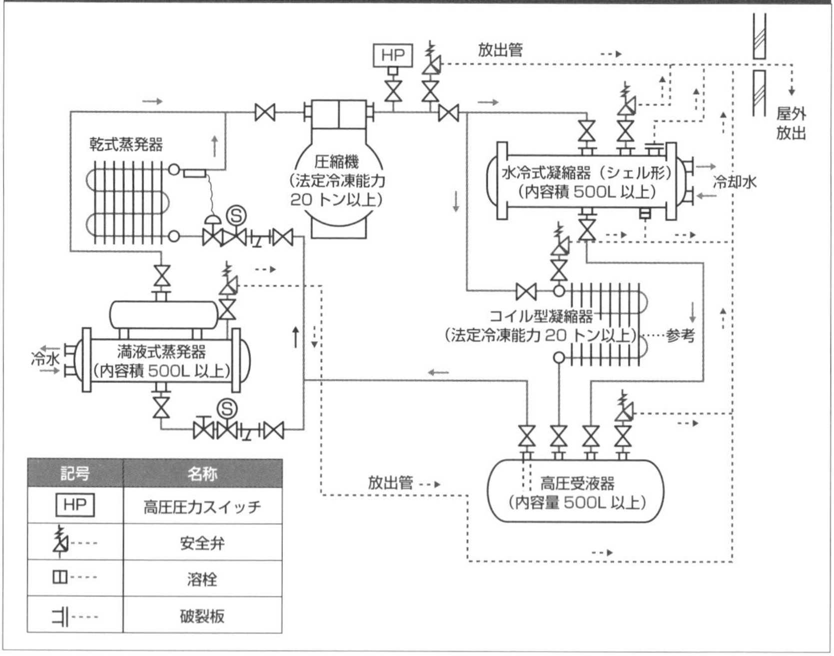

記号	名称
HP	高圧圧力スイッチ
安全弁記号	安全弁
溶栓記号	溶栓
破裂板記号	破裂板

「圧縮機用安全弁」と「圧力容器用安全弁」の設置基準、口径決定算出式、「溶栓」、「破裂板」の使用規定及び「ガス漏れ検知警報設備」の規定などが多く出題されています。

1　安全弁

安全弁には、**圧縮機用**の安全弁と**圧力容器用**の安全弁があり、設置基準や口径などが異なります（図12-1）（図12-2）。

■1　安全弁の設置基準

1）圧縮機用安全弁

冷凍保安規則関係例示基準では、**法定冷凍能力が20トン以上の圧縮機**（遠心式圧縮機を除く）には、**安全弁**（及び高圧遮断装置……**参考**）を取り付けることが義務付けられています（図12-1）。

なお、20トン未満の圧縮機は、安全弁は省略できます。……**参考**

2）圧力容器用安全弁

冷凍保安規則関係例示基準では、**内容積が500L（リットル）以上の圧力容器**（シェル型凝縮器及び受液器）には、**安全弁**を取り付けることが義務付けられています（図12-1）。

ただし、500L未満の圧力容器は、溶栓でもよいとされています。……**参考**

図12-2　安全弁（例）

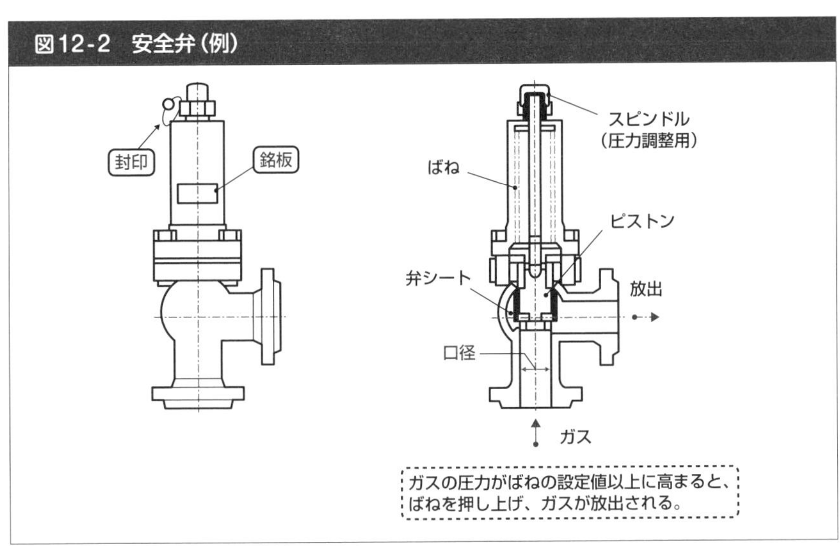

■2 安全弁の口径

1) 圧縮機用安全弁

圧縮機吐出しガスの全量を噴出させることができるように定められています。よって、圧縮機の**ピストン押しのけ量** V_1 を基準に定められています。

実用的には、以下の式による**口径**以上と定められています（図12-2）。

$$d_1 = C_1\sqrt{V_1} \cdots\cdots\cdots\cdots (12.1)$$

ここで、d_1：安全弁の最小口径（mm）

V_1：標準回転速度による1時間当たりのピストン押しのけ量（m^3/h）

C_1：冷媒の種類による定数（表12-1の C_1）

……ただし、表以外の冷媒ガスや、蒸発温度が－30℃以下では、規定の計算式で算出した値とします。……**参考**

表12-1　安全弁口径算出のための定数 C_1 と C_3 の値

冷媒の種類	C_1 高圧部 43°C	50°C	55°C	60°C	65°C	70°C	C_3 低圧部	C_3 高圧部 43°C	50°C	55°C	60°C	65°C	70°C	備考
R22	1.6						11	8						※1
アンモニア	0.9						11	8						
二酸化炭素	1.9						5	4						
R32	1.68	1.55	1.46	1.38	1.31	1.24	5.72	5.51	5.30	5.20	5.15	5.20	5.41	※2
R134a	1.80	1.63	1.52	1.43	1.35	1.27	9.43	8.94	8.30	7.91	7.60	7.35	7.13	
R404A	1.96	1.82	1.72	1.62	1.54	－	8.02	7.78	7.54	7.49	7.58	7.97	－	
R407C	1.65	1.52	1.43	1.35	1.28	1.21	7.28	6.97	6.64	6.45	6.32	6.25	6.27	
R410A	1.85	1.70	1.60	1.51	1.43	－	6.46	6.27	6.10	6.05	6.13	6.45	－	
R507A	2.01	1.85	1.75	1.65	1.56	－	8.03	7.81	7.59	7.56	7.70	6.26	－	
R1234yf	1.97	1.79	1.68	1.58	1.49	1.41	10.18	9.67	9.05	8.71	8.41	8.18	8.01	
R1234ze	1.84	1.66	1.55	1.45	1.36	1.28	11.07	10.43	9.60	9.13	8.70	8.33	8.04	

※1　冷凍保安規則関係例示基準8.6項、8.8項より抜粋
※2　上記8.6項、8.8項以外の冷媒は、関係団体による冷媒定数の標準値

キーポイント

1 安全弁の最小口径は、**ピストン押しのけ量の平方根に正比例**します。

2 **冷媒の種類による定数に正比例**します。

2) 圧力容器用安全弁又は破裂板

容器が表面から加熱（例えば、火災などで）されても、内部の冷媒液温度の上昇により飽和圧力が設計圧力よりも上昇しないように定められています。よって、**圧力容器の外径** D と**長さ** L を基準に定めています。

実用的には、以下の式による**口径**以上と定められています（図12-2）。

$$d_3 = C_3\sqrt{D \cdot L} \cdots\cdots (12.2)$$

ここで、d_3：安全弁又は破裂板の最小口径（mm）

D：容器の外径（m）

L：容器の長さ（m）

C_3：冷媒の種類による定数（表12-1のC_3）

……ただし、表以外の冷媒ガスでは、規定の計算式で算出した値とします。

キーポイント

1 安全弁又は破裂板の最小口径は、**容器の外径と長さの積の平方根に正比例**します。

2 **冷媒の種類による定数に正比例**します。

3 高圧部と低圧部によって異なり、多くの冷媒では**低圧部のほうが大きくなります。**

……C_3の値が、高圧部より低圧部の方が少し大きいため（表12-1）。

なお、圧縮機用、圧力容器用の安全弁で**複数（2つ以上）の安全弁**を設けるときは、それぞれの口径部の断面積の合計を1つの安全弁の口径部の断面積とみなして求めた式（12.1）、（12.2）の口径以上とします。

「圧縮機用安全弁」と「圧力容器用安全弁」の口径規定の式（説明文）を覚えておきましょう。

■3　吹始め圧力と吹出し圧力

安全弁の作動圧力には、**吹始め圧力**と**吹出し圧力**があります。

1）吹始め圧力

吹始め圧力とは、内部の圧力が上昇して設定された圧力になり、**微量のガスが吹き出し始めるときの圧力**です。

2)吹出し圧力

吹出し圧力とは、吹始め圧力からさらに圧力上昇し、**激しくガスが吹き出し、所定量(全量)のガスが噴出するときの圧力**です。

3)作動圧力

冷凍保安規則関係例示基準では、吹始め圧力と吹出し圧力は、多くは**許容圧力**を基準に以下で決められています。

ここで、A≦Bとは、「AはBより小さいか同じ値である」ことを表します。

●**圧縮機**に取り付ける安全弁の**吹出し圧力**(図12-3)

①**吹出し圧力**≦圧縮機の吐出し側の**許容圧力**×**1.2**

吹出し圧力≦容器の吐出し側の**許容圧力**×**1.2**

上記のいずれか低いほうの吹出し圧力以下とします。

②この場合に、**吹出し圧力**(圧縮器用)の基準は以下とします。

吹出し圧力≦**吹始め圧力**×**1.15**

●**容器**に取り付ける安全弁の**吹出し圧力**(図12-3)

①**高圧部容器の吹出し圧力**≦高圧部の**許容圧力**×**1.15**

②**低圧部容器の吹出し圧力**≦低圧部の**許容圧力**×**1.10**

図12-3　吹出し圧力の基準

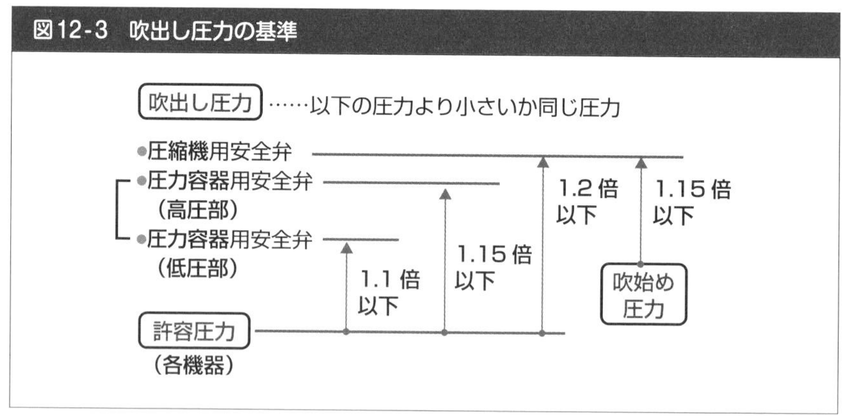

■4　安全弁の保安上の規準（概要）……抜粋（詳細は「冷凍保安規則関係例示基準」や「冷凍空調装置の設置基準」によります）

①安全弁の構造として、各部の**ガス通過面積**は、安全弁の**口径面積以上**とすること。

②安全弁は、作動圧力を設定した後、**封印**できる構造とする。……作動値の変更などができないようにするため（図12-2）。

③安全弁は、作動圧力を試験し、そのとき確認した作動圧力が容易に消えない方法で**本体に表示する（銘板）**こと（図12-2）。

④安全弁は、**1年以内ごと**に、作動試験を行い、**検査記録**を残しておくこと。……第1種製造者の危害予防規程での基準だが、その他でも、実施したほうがよい。

⑤安全弁には、**元弁**を取り付け、修理中など以外は、**「常時開」の表示**をすること（図12-7）。

⑥**安全弁の放出管**は、**安全弁の口径以上の内径**とすること。

⑦放出管からの噴出ガスが直接に第三者に危害を与えないこと、及び酸欠のおそれが生じないこと（フルオロカーボン冷媒）。……機械室内に噴出させないで、**屋外の安全な高い位置から放出**する（図12-4左図）。

⑧**アンモニア冷媒（毒性ガス）**では、**除害設備**を設置して、毒性をなくしてから放出する（図12-4右図）。
除害設備とは、アンモニアガスを**散布式**（散布水で吸収させる）か、**スクラバー式**（除害剤で無害に処置する）の設備をいいます。

図12-4　放出管の放出処置（一般的処置例）

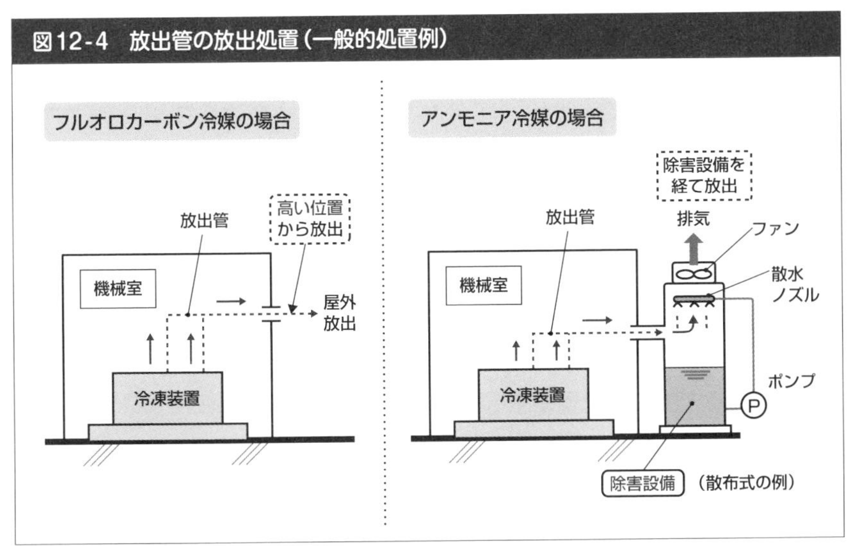

2 溶栓

溶栓とは、圧力容器などがある**一定の温度以上**になると、その飽和圧力も上昇し、異常な圧力になる前に、内部の**金属が溶融**して内部のガスを放出して破壊などを防止する安全装置です(図12-1)(図12-5)(図12-7)。

図12-5 溶栓(例)

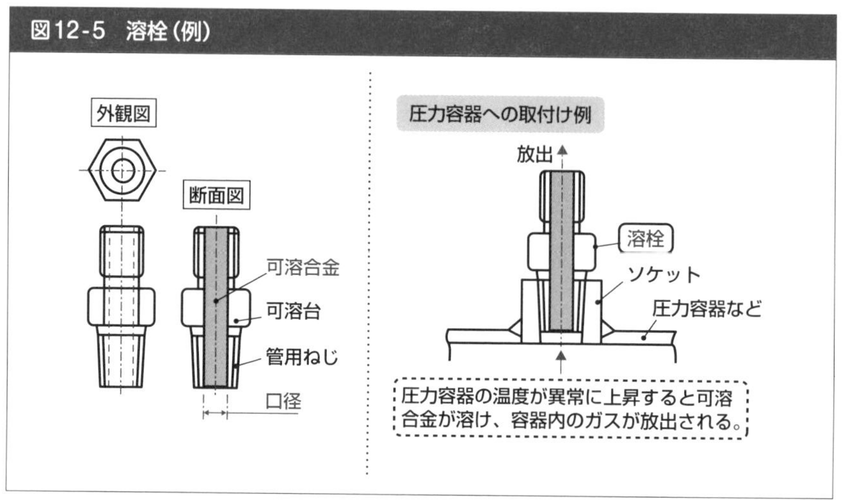

■1 溶栓の保安上の規準(概要)……抜粋(詳細は、安全弁と同じ)

①溶栓は、**500L未満のフルオロカーボン冷媒用**のシェル型凝縮器及び受液器や遠心式冷凍設備のシェル型蒸発器において、安全弁の代わりに使用できます。

②溶栓の**溶融温度**は、**原則として75℃以下**とします。ただし、75℃を超え100℃以下の一定温度の飽和圧力の1.2倍以上の圧力で、耐圧試験を実施したものは、その温度をもって溶融温度とすることができます。……75℃の飽和圧力は、R134Aで約2.3MPa、R22で約3.2MPa、R404Aで約3.4MPa、R407Cで約3.3MPa、R401Aで約4.6MPaであり、一般的な冷凍装置の耐圧試験圧力より低くなります。

③溶栓は、温度で作動するものであるから、**圧縮機の吐出しガスの温度の影響を受けない場所**に設置します(図12-7)。

また、水冷式凝縮器の**冷却水の温度で冷却されない場所**に設置します(図12-7)。

④溶栓は、**可燃性ガス**や**毒性ガスの冷凍装置**には使用できません。……危険なガスがすべて噴出してしまい、より危険な状態になるため。

⑤**溶栓の口径**は、**安全弁の口径の1/2以上**にします。

⑥**溶栓の放出管**の内径は、**溶栓の口径の1.5倍以上**とします。また、溶け出した金属により閉ざされないようにします。

3 破裂板

破裂板とは、規定の圧力になると**薄い金属板**が破れて内部のガスが放出して、容器などの破壊を防止する安全装置です(図12-1)(図12-6)(図12-7)。

図12-6 破裂板(例)

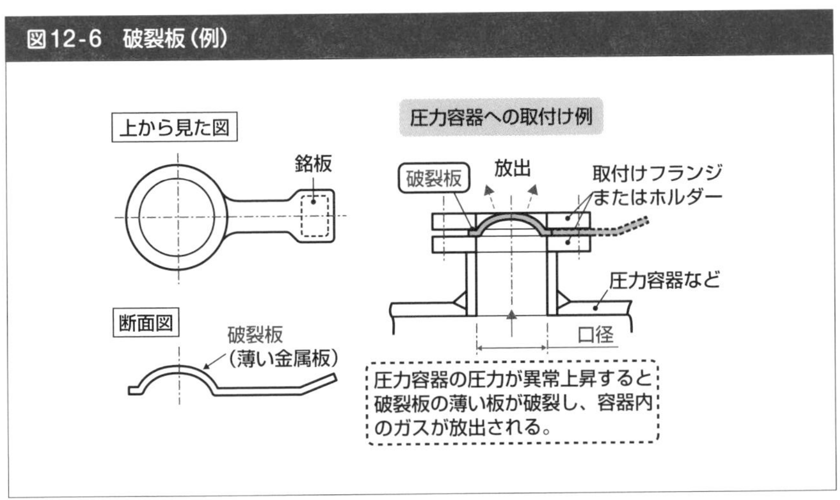

図12-7 安全弁・溶栓・破裂板の取付け(シェルアンドチューブ凝縮器例)

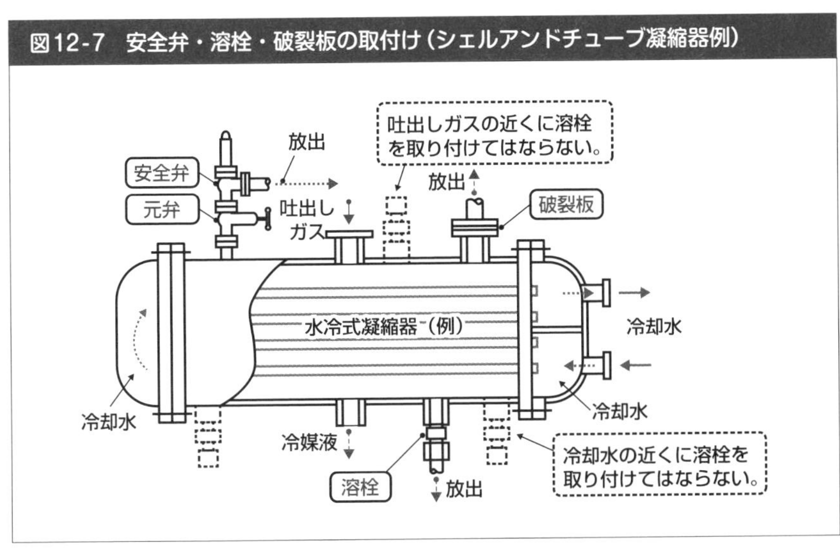

■1　破裂板の保安上の規準（概要）……抜粋（詳細は安全弁と同じ）

①**遠心式圧縮機**や**吸収式冷凍装置**に多く使用されます。

②**破裂圧力**は、**耐圧試験圧力以下**で、**安全弁の作動圧力以上**とします。

③破裂板は、**可燃性ガス**や**毒性ガス**を冷媒とする**冷凍装置**には使用できません。
……危険なガスがすべて噴出してしまい、より危険な状態になるため。

④経年変化により、破裂圧力が低下する傾向があります。

⑤**破裂板の口径**は、**安全弁**と同じです（容器の口径の計算式も同じ）。

4　高圧遮断装置

高圧遮断装置とは、一般には**高圧圧力スイッチ**であり、圧縮機吐出し圧力の異常高圧を検知して作動し、圧縮機の駆動電動機などを停止する安全装置です（図9-23）（図12-1）。

■1　高圧圧力スイッチの保安上の規準（概要）……抜粋（詳細は安全弁と同じ）

①**作動圧力**は、高圧部の**安全弁の吹始め圧力以下**の圧力であり、かつ、**高圧部の許容圧力以下**であること。……安全弁が作動する前に作動させるため。

②原則として、**手動復帰式**（詳細は第9章）にします。ただし、法定冷凍能力**10トン未満のフルオロカーボン冷媒**（可燃性ガス及び毒性ガス以外）では、運転と停止が自動的（自動運転方式）に行われても危険の生じるおそれのない構造のものは、**自動復帰式**でもよいとされています。

5　液封事故防止装置

液封とは、**液配管**や**液ヘッダー**（液配管の集合管や枝出し管）などで、**液だけの部分の出入り口の両端が止め弁**や**電磁弁など**で封鎖されることをいいます。

この状態で、周囲からの熱が侵入すると、**冷媒液の熱膨張**により、著しく高圧になり、**配管や弁が破壊する事故**（**液封事故**という）になります（図12-8）。

この液封は、弁操作ミスが原因となることが多く、注意が必要です。

キーポイント

[1] **液封により著しい圧力上昇のおそれのある部分**（銅管及び外径26mm未満の部分は除く）には、**安全弁**、**破裂板**、**圧力逃がし装置**を取り付けることになっています。……**溶栓**は使用できません（図12-8）。

2 **低温・低圧液配管**では特に発生しやすくなります（詳細は第14章Theme3）。

図12-8　液封事故防止装置（例）

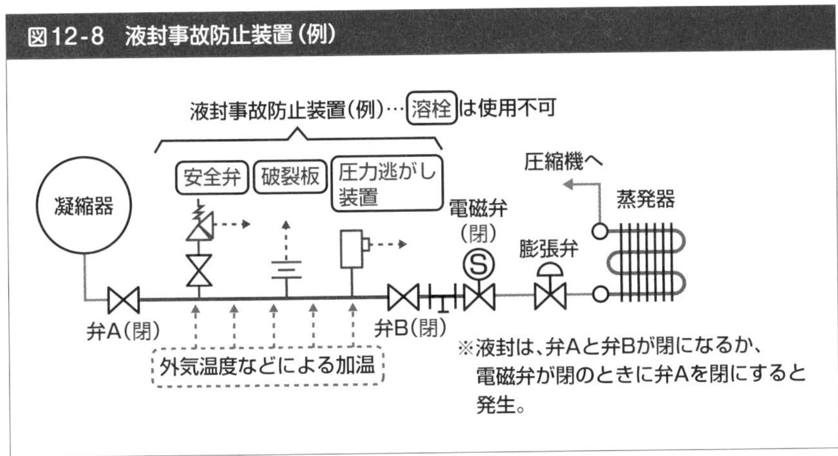

6　ガス漏えい検知警報設備

冷凍保安規則（7条1項15号）で、**可燃性ガス**、**毒性ガス**又は**特定不活性ガス**の製造設備は、漏えいしたガスが滞留するおそれのある場所（換気設備や規定の開口又は安全弁の放出管などが確保できない機械室など）に、**ガス漏えい検知警報設備**を設置することになっています（図12-9）。

ただし、**吸収式アンモニア冷凍機は除きます。**

ガス漏えい検知方式は、**隔膜電極方式**、**半導体方式**、**接触燃焼方式**、**その他の方式**によって検知エレメントの変化を検知し電気的機構によって、自動的に警報を発するようになっています。

なお、冷凍空調装置の施設基準では、**酸素濃度検知警報設備**（設定値は18％以下）で代替できます。

冷凍保安規則関係例示基準（13項）、冷凍空調装置の施設基準で構造、設置箇所、設置個数など多くの詳細規定がありますが、その抜粋を以下に示します。

■1　アンモニア冷媒の警報設定値

以下の設定値が規定されています（1ppm＝100万分の1）。

- **ランプ点灯**又は**点滅**……50ppm以下
- **警告音及び点灯**又は**点滅**……屋外100ppm以下、屋内200ppm以下

7　限界濃度

限界濃度とは、フルオロカーボン冷媒及び二酸化炭素冷媒において、冷凍空調装置の施設基準では、不特定多数の人が入室及び特定の人が常駐すると考えられる場合において「**冷凍設備に充填されている冷媒ガスの全量が室**（当該冷凍設備が設置されている室）**内に漏えいした場合において、当該室内にいる人に危害を及ぼすことなく、漏えい防止対策、避難等緊急措置が支障なく取れること**」とした指標として管理することにしています。ここで、**危害とは、失神や重大な障害など**を意味します。

限界濃度の算定式は次のようになります（図12-9）。

限界濃度（kg/m³）＝冷媒充填量（kg）/ 室内容積（m³）・・・・・・・・・・・・・・（12.3）

冷凍空調装置の施設基準で、各冷媒の**限界濃度**が規定されています（表12-2）。

図12-9　ガス漏えい検知警報設備及び限界濃度（例）

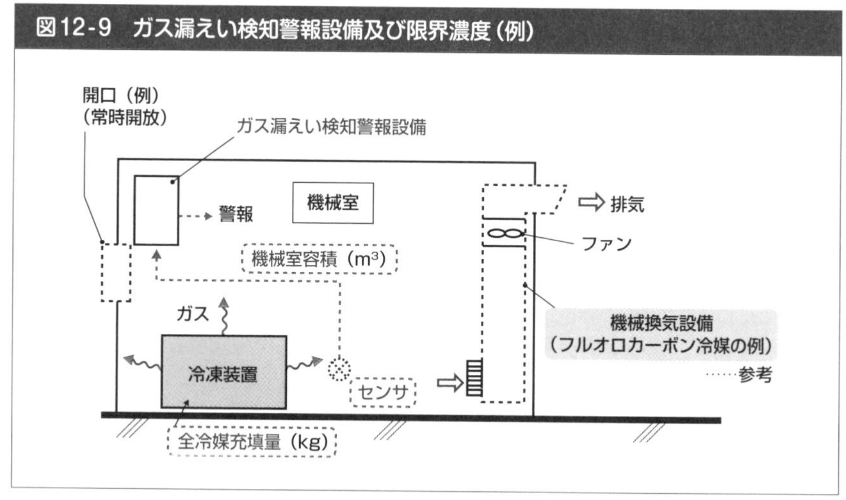

この限界濃度以下になることを原則としますが、これを維持できない場合には、以下の措置を講じることになっています。……**参考**

①開口部又は機械換気設備

②冷媒漏れ検知警報設備

上記のいずれかを設置をすることになっています。

表12-2　冷媒ガスの限界濃度値……限界濃度の数値は参考

冷媒	限界濃度(kg/m³) (ppm)	冷媒	限界濃度(kg/m³) (ppm)
R11	0.30　(50,000)	R404A	0.48　(120,000)
R12	0.50　(100,000)	R407C	0.33　(89,000)
R22	0.30　(80,000)	R410A	0.72　(140,000)
R502	0.45　(100,000)	R507A	0.49　(120,000)
R32	0.061　(28,500)	二酸化炭素	0.07　(40,000)
R134a	0.25　(60,000)		

冷凍空調装置の施設基準（高圧ガス保安協会）より作成

なお、**アンモニア冷媒**では、一般的に**1日8時間労働できる濃度**は、**50ppm程度以下**ですが、その他の濃度が人体に与える影響を示します（表12-3）。……**参考**

表12-3　アンモニア冷媒が人体に与える影響……参考

アンモニアの濃度(ppm)	人体に与える影響
5～10	臭気を感じる
50	不快感を覚える
100	刺激を感じる
200～300	眼やのどを刺激する
300～500	短時間（30～60分）耐えうる限界
2,500～5,000	短時間（30分くらい）で生命が危険
5,000～10,000	呼吸停止、短時間で死亡

『初級冷凍受験テキスト』（公益社団法人 日本冷凍空調学会）……引用資料

Question 問題を解いてみよう

以下の質問に○か×で解答してください。

問1　「圧縮機用安全弁」は、法定冷凍能力が50トン以上の圧縮機には、取り付け義務が規定されている。

問2　「圧力容器用安全弁」は、内容積が200リットル以上の圧力容器には、取り付け義務が規定されている。

問3　「破裂板」は、規定の圧力になると薄い金属板が破れて内部の冷媒を放出する安全装置である。

問4　「液封事故」を防止する方法として、「安全弁」「破裂板」「溶栓」「圧力逃がし装置」がある。

問5　アンモニア冷媒の冷凍装置に設置する警報設備の設定値は設備の設置場所にかかわらず、一定値で規定されている。

Answer 答え合わせ

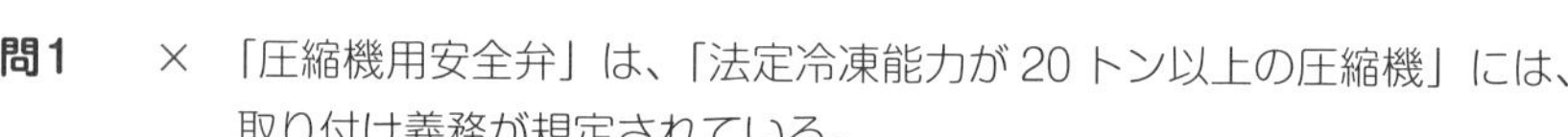

問1　×　「圧縮機用安全弁」は、「法定冷凍能力が20トン以上の圧縮機」には、取り付け義務が規定されている。

問2　×　「圧力容器用安全弁」は、「内容積が500リットル以上の圧力容器」には、取り付け義務が規定されている。

問3　○　記述は正しい。
ただし、作動すると内部のガスの全量が放出してしまうため、「毒性ガス」、「可燃性ガス」には使用できない。

問4　×　「液封事故」を防止する方法として、「安全弁」「破裂板」「圧力逃がし装置」がある。「溶栓」は温度で作動するので、液封が起きても作動しないために使用できないと規定されている。

問5　×　アンモニア冷媒の冷凍装置に設置する「警報設備」のアンモニア濃度の設定値は、ランプ点灯などは50ppm、警告音などは屋外が100ppm、屋内が200ppmと規定されている。

冷凍設備の据付け、圧力試験他

現地での冷凍設備の据付け・圧力試験及び試運転に関する基準・規定をまとめました。

Theme

1 冷凍設備の据付け、圧力試験他

重要度：★★★

冷凍設備の据付け上の注意点と圧力試験の基準及び試験後の試運転の方法に関する内容です。

- 現地での冷凍設備の据付け上の注意点を理解しておく。
- 工場製作品の圧力試験及び現地の圧力試験の方法・手順を理解しておく。
- 現地での気密試験後の試運転上の注意点を理解しておく。

1 冷凍設備の据付け

冷凍装置の機器の据付けは、運転、点検、保守、故障時の対応、リニューアル（修理、交換）などを十分に検討した上で実施する必要があります。詳細は、「冷凍保安規則関係例示基準」、「冷凍空調装置の施設基準」などで規定されていますが、主要な項目を列記します。

1）運転操作が容易で安全であること。

①**操作するために適切なスペース**を設ける。……特に**操作盤面のスペース**の確保。

②**機械室の温度、湿度**が適切であり、**ホコリ**が少ないこと。

③機械室の**照度の確保**。……**80ルクス以上**。

④回転体や高所設置機器用の**保護柵、梯子、点検架台などの設置**。

2）機械室など、一般の人の立ち入り禁止措置を取ること。……入口近くに**入室禁止の掲示板**の設置。

- 「多気筒圧縮機」の基礎重量、「防振支持装置」の設置方法。
- 「耐圧試験」「気密試験（組立て品）」「気密試験（設備）」「真空試験」の方法・基準。
- 「冷凍機油の充填」「非共沸混合冷媒の充填」の方法。

に関して多く出題されています。

3) **冷凍装置は火気や可燃物と同室に設置しない。**……規定の距離を確保し、可燃物を近くに置かないなど。

4) **保守、保全、修理、機器交換に必要なスペースの確保と機器搬入、搬出用通路や開口の確保。**……熱交換器のチューブ抜取りスペースの確保、吊りフックの設置など。

5) **排水設備の設置。**……運転時の冷却水、冷水などの排水、点検時の排水処置用の床排水構、排水管の設置。

6) **換気設備の設置。**……酸欠を防止し、漏れ検知をしやすくするため。

7) **騒音、振動対策。**……防音壁や防振装置の設置。

8) **風圧、地震対策。**……特に、高所や屋上に設置する場合は注意する。

9) **冷却塔、空冷式凝縮器など屋上設置機器は、風圧、転倒防止対策。**

2　機械設備の基礎

■1　回転機械（圧縮機など）の基礎

多気筒圧縮機の振動がその建屋に伝わらないようにする方法として、**基礎重量** W_bを、圧縮機、電動機又はエンジンなどの**全質量** W_m**の2〜3倍以上**（$W_b \geqq W_m \times 2〜3$）にします（図13-1）。

図13-1　多気筒圧縮機の基礎重量（例）

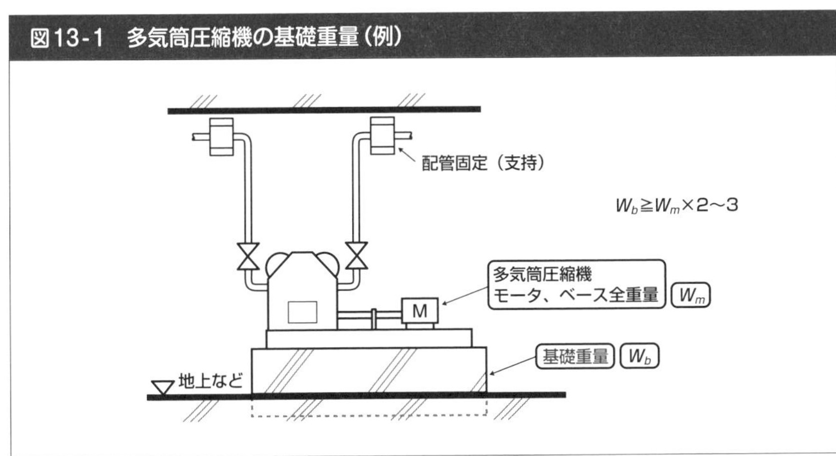

■2　地盤の許容荷重

機械の質量と基礎の質量の合計質量が地盤にかかるため、その地盤の**許容荷重**（**許容応力**ともいう）（単位：kN/m²）以下にする必要があります。地盤強度が弱いと、地盤沈下などで傾いたりします。よって、据付け場所の地盤の許容荷重値を調査して確認する必要があります。許容荷重以下の場合には、基礎面積を拡大するか、地盤改造（杭打ちなど）をする必要があります。

3　防振装置

防振装置とは、振動機械（圧縮機など）の振動が床や建築物に伝わり、振動や騒音が発生するのを防止する装置です。防振装置には、以下の装置が必要となります（図13-2）。

①**防振支持装置**：圧縮機などと床との間に**防振ゴム**、**ばね**、**ゴムパッド**などを設置し、振動体の振動を吸収して床に伝わらないようにします。

②**可とう管**（**フレキシブルチューブ**）：一般に**ステンレス**（**SUS304**）の**ベローズ管**のような伸縮性のある管でつくられています。

圧縮機の吐出し配管や吸込み配管と固定配管の中間に取り付けて、振動体の振動が配管に伝わらないようにします。吸込み管の表面が氷結する可能性がある場合は、ゴムや断熱材などで保温します。

図13-2　防振装置（例）

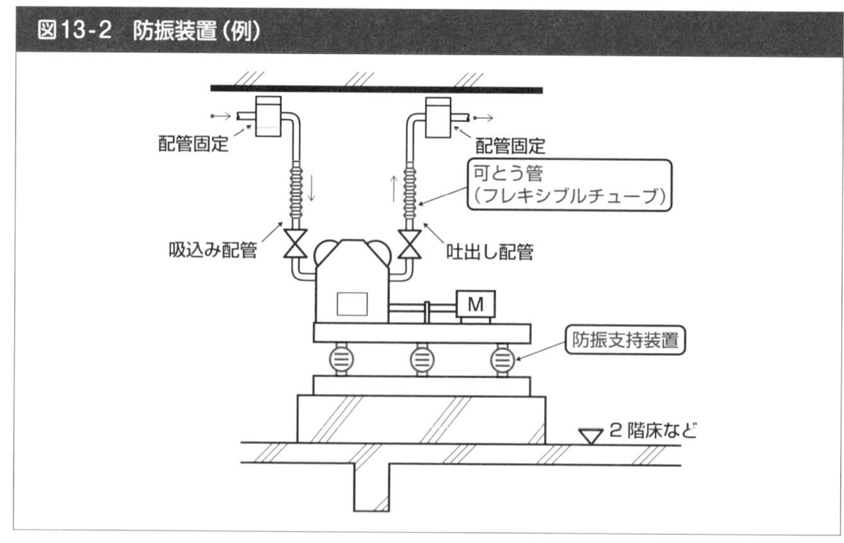

4 圧力試験

冷凍装置の中で冷媒圧力がかかる圧縮機や圧力容器は、冷凍保安規則、冷凍保安規則関係例示基準などで各種の圧力試験が規定されています（表13-1）。

表13-1　圧力試験の順序と試験圧力（要約）

試験順序	試験の種類	試験圧力、他	
1	**耐圧試験**（組立品又は部品）	**液圧試験**	設計圧力又は許容圧力のいずれか低い圧力の**1.5倍以上**
		気体圧試験	設計圧力又は許容圧力のいずれか低い圧力の**1.25倍以上**
1’	強度試験(量産品)※1 ……**参考**	設計圧力の3倍以上（耐圧試験圧力の2倍以上）で、高圧ガス保安協会が実施……参考	
2	**気密試験（各組立品）**	設計圧力又は許容圧力のいずれか低い圧力の**1.0倍以上**	
3	**気密試験（冷媒設備）**	設計圧力又は許容圧力のいずれか低い圧力の**1.0倍以上**	
4	真空試験※2	絶対圧で真空度約0.6kPa（5Torr）以下	

※1 **強度試験**とは、量産品に対して、個別の耐圧試験を省略して実施するもので、抜き取り品試験となる。……**参考**

※2 **真空試験**は法的な実施規定はないが、実施するのが一般的である。……**参考**

5 耐圧試験

耐圧試験とは、実際の使用圧力以上で圧縮機や圧力容器の**耐圧強度を確認する試験**であり、**気密試験の前**に行います（表13-1）。

……先に気密試験を実施すると、試験中に破壊などによる事故の可能性があります。

以下はその実施規定の抜粋と要約です（図13-3）。

■1　試験対象

圧縮機、**冷媒ポンプ**、**吸収溶液ポンプ**、**給油ポンプ**、**圧力容器**及びその他冷媒設備の**配管以外の部分**（以下「**容器等**」という）の**組立品**または**それらの部品**。

……ここで、**圧力容器とは**、**内径が160mmを超える容器**であり、これ以下の小容量の容器などは含みません。

■2　試験流体

液圧試験と**気体圧試験**が規定されていますが、**液体を使用することが困難な場合は気体圧試験で実施**します(図13-3)。

①液圧試験　　：一般に**水**や**油**などの**液体**を使用します。**揮発性**(ガソリンなど)の液体は使用できません。

②気体圧試験　：一般に**空気**(圧縮空気では**140℃**以下)、**窒素**などを使用します。法規では、ヘリウム、フルオロカーボン(不活性のもの)、二酸化炭素(アンモニア装置には使用不可)も使用できますが、**酸素、毒性ガス、可燃性ガス**などは使用できません。……漏れると危険性があるため。

■3　試験圧力(表13-1)

①液圧試験圧力：**設計圧力**又は**許容圧力のいずれか低い圧力の1.5倍以上の圧力。**

②気体圧試験圧力：**設計圧力**又は**許容圧力のいずれか低い圧力の1.25倍以上の圧力。**

■4　試験方法と合格基準(図13-3)

①液圧試験　　：被試験品に液体を満たし、空気などの気体を完全に排除した後に、液圧を徐々に加えて耐圧試験圧力まで上げ、その最高圧力を1分間以上保った後、圧力を耐圧試験圧力の8/10まで降下させ、**各部の漏れ、異常な変形、破壊等**のないことをもって合格とします。

②気体圧試験　：作業の安全を確保するため、**試験設備の周囲に適切な防護措置**を設け**加圧作業中であることを標示**し、過昇圧のおそれのないことを確認した後、設計圧力等の1/2の圧力まで上げ、その後、段階的に圧力を上げて耐圧試験圧力に達した後、再び設計圧力等まで圧力を下げた場合に、**被試験品の各部の漏れ、異常な変形、破壊等**のないことをもって合格とします。

■5 圧力計の基準（図13-3）

①使用圧力計 ：**2個使用、文字板の大きさは75mmφ以上（気体圧試験では100mmφ以上）**。……これは、圧力計の誤差を考慮し、読み値の精度を上げるためです。

②最高目盛 ：**耐圧試験圧力の1.25倍以上、2倍以下**のものとします。

図13-3 耐圧試験方式と基準（要約）

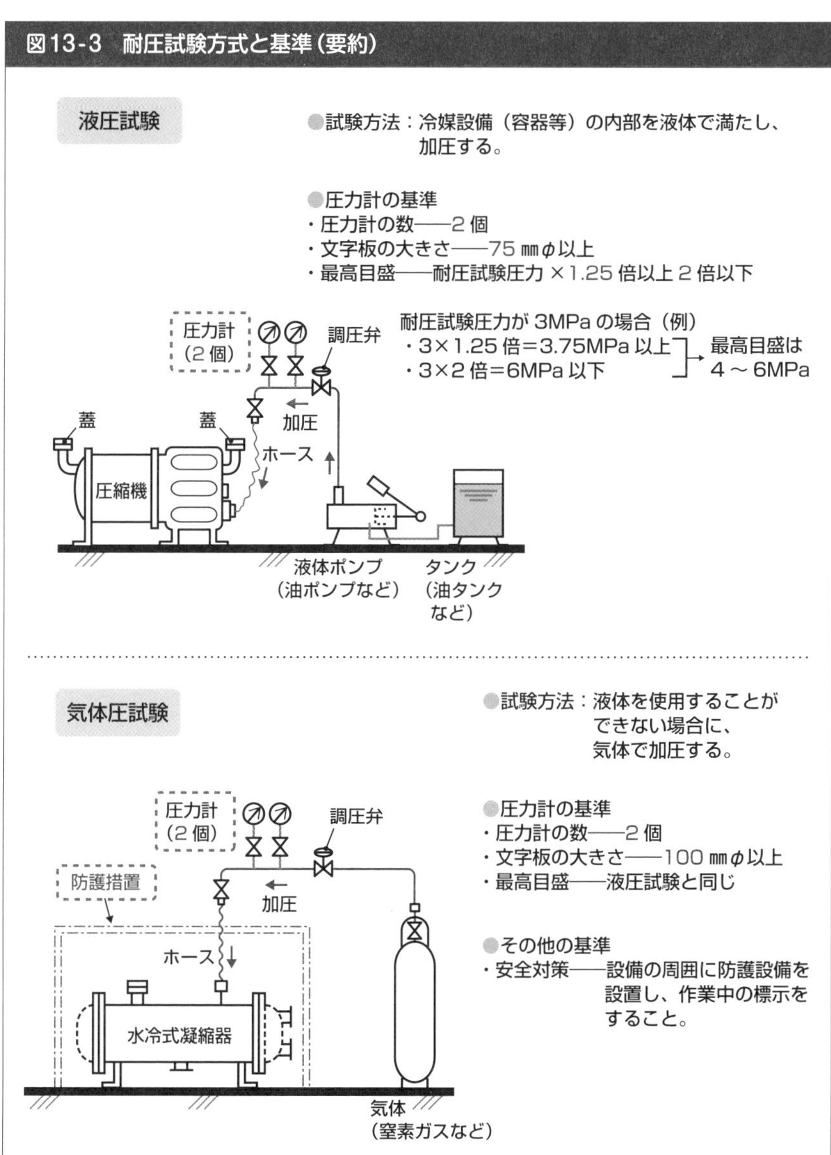

液圧試験
●試験方法：冷媒設備（容器等）の内部を液体で満たし、加圧する。
●圧力計の基準
・圧力計の数――2個
・文字板の大きさ――75㎜φ以上
・最高目盛――耐圧試験圧力×1.25倍以上2倍以下
圧力計（2個）
調圧弁
耐圧試験圧力が3MPaの場合（例）
・3×1.25倍=3.75MPa以上
・3×2倍=6MPa以下
最高目盛は4～6MPa
蓋
蓋
加圧
ホース
圧縮機
液体ポンプ（油ポンプなど）
タンク（油タンクなど）
気体圧試験
●試験方法：液体を使用することができない場合に、気体で加圧する。
圧力計（2個）
調圧弁
防護措置
加圧
ホース
水冷式凝縮器
気体（窒素ガスなど）
●圧力計の基準
・圧力計の数――2個
・文字板の大きさ――100㎜φ以上
・最高目盛――液圧試験と同じ
●その他の基準
・安全対策――設備の周囲に防護設備を設置し、作業中の標示をすること。

6 気密試験（組立て品）

気密試験とは、耐圧試験に合格した容器等の組立て品の**気密性（漏れ）**を確かめるための気体圧試験であり、耐圧試験と同様に法規で規定されています（表13-1）。

以下はその実施規定の抜粋と要約です（図13-4）。

■1 試験対象

耐圧試験に合格した容器等の組立て品。

■2 試験流体（図13-4）

①使用流体は、**空気**、**窒素**、**二酸化炭素**または**不燃性ガス**。

法規では、**ヘリウム**、**フルオロカーボン（不活性のもの）**なども使用できます。

②**二酸化炭素**は、**アンモニア冷凍装置には使用できません。**

……試験後にガスが残っていると化合物ができてしまう可能性があるため。

③**空気圧縮機**を使用する場合の**空気温度は、140℃以下**とします。

④**酸素**、**毒性ガス**、**可燃性ガスは使用できません。**……危険性があるため。

■3 試験圧力（表13-1）

①**設計圧力**または**許容圧力のいずれか低い圧力以上の圧力。**

■4 試験方法と合格基準（図13-4）

水槽気泡法と**発泡液塗布法**がありますが、水槽気泡法のほうが漏れの発見をしやすく、より確実な方法です。

①被試験品内のガスを気密試験圧力に保った状態で、水中において気泡の有無（水槽気泡法）、または外部に気泡液を塗布し、泡の発生の有無（発泡液塗布法）により漏れを確かめ、**漏れのないこと**をもって合格とします。

②**圧力のかかった状態で、つち打ちしたり、衝撃を与えたり、溶接補修など**熱を加えてはいけません。

■5 圧力計の基準（図13-4）

①**使用圧力計**：**2個使用、文字板の大きさは、75 mm φ以上。**

②**最高目盛**　：**気密試験圧力の1.25倍以上、2倍以下**のものとします。

図13-4　気密試験方式と基準（要約）

水槽気泡法

●試験方法：試験体を水槽内に入れてガス圧力をかけ、気泡の有無を確認する。

●圧力計の基準
・圧力計の数――2個
・文字板の大きさ――75㎜φ以上
・最高目盛――気密試験圧力×1.25倍以上2倍以下

気密試験圧力が2MPaの場合（例）
・2×1.25倍＝2.5MPa以上
・2×2倍＝4MPa以下
→最高目盛は3～4MPa

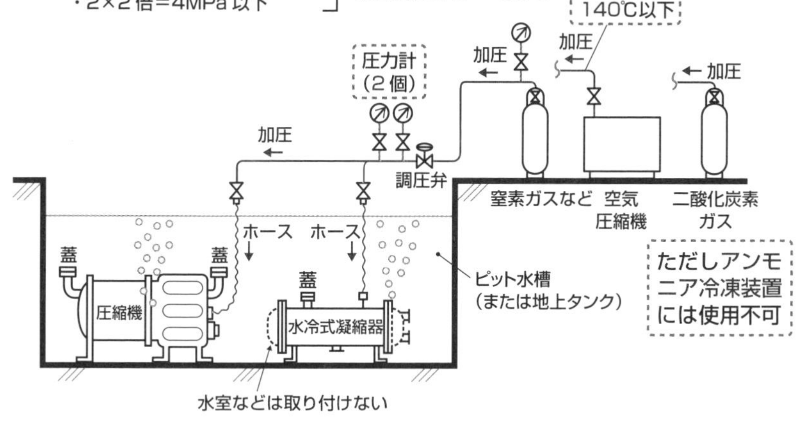

発泡液塗布法

●試験方法：試験体にガス圧をかけて泡の発生の有無を確認する。

●圧力計の基準は、水槽気泡法と同じ。

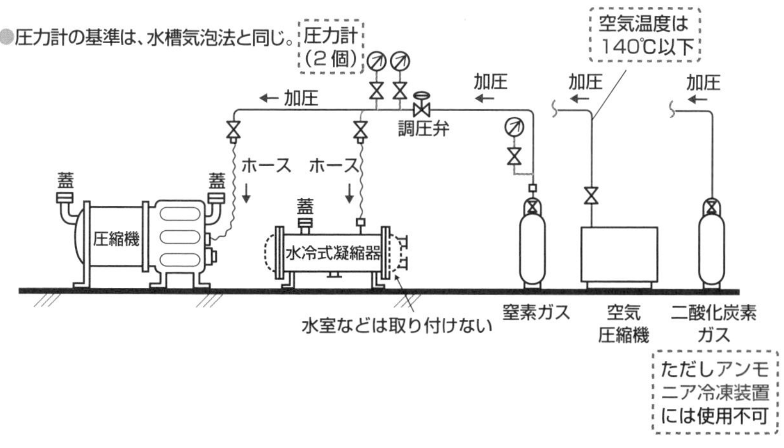

7 気密試験（冷媒設備の配管が完了した設備）

冷媒配管が完了したとき、**防熱施工及び、冷媒充填の前**に、**冷媒設備全体の漏れについて調べる気密試験**です（表13-1）（図13-5）。

試験規定は、原則的に前記の**「6　気密試験（組立て品）」と同様**ですが、以下の方法となります。

①まず、**設備全体に規定の低圧ガス**をかけて、漏れ検査をします。
②次に、**高圧部に規定の高圧ガス**をかけて、漏れ検査をします。
③上記のいずれも、漏れ箇所が発見されたら、圧力ガスを抜き、完全に大気圧に下げてから修理し、改めて試験し直します。
④漏れ試験の終了後、**圧力をかけたまま長時間放置**して、圧力降下がないことを確かめます。その際、**外気の温度変化がある場合は、温度による体積の変化分を補正**する必要があります。

図13-5　気密試験（冷媒設備）及び真空試験の方法（例）

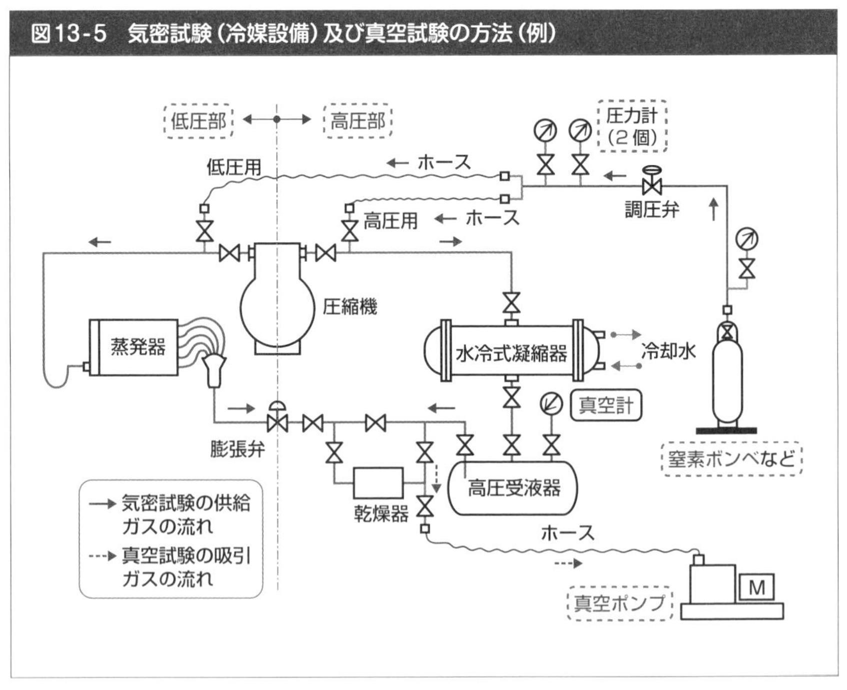

8　真空試験（真空放置試験）

前記の**気密試験（冷媒設備）終了後の最終試験**であり、配管と設備全体を**真空引き**します。ただし、**本試験は、法規で定められていません**が、ほとんどの設備で防熱施工及び冷媒充填の前に実施しています（表13-1）（図13-5）。

試験の目的・効果は以下となります。

①**微小**な**漏れ**の確認

……真空にすると**わずかな漏れ**を発見できます。ただし、**漏れ箇所の特定**はできません。

②**冷凍装置内の水分乾燥**……真空にすると内部の水分が蒸発し、乾燥します。

③**試験ガスなどの残留ガスの排除**

実施要領は、真空ポンプで長時間かけて真空にした後に、**数時間ほど放置して、真空度**に変化がないことを確認します。

キーポイント

1 **真空度**は、**大気圧より約-100.7kPa（絶対圧力では真空度約0.6kPa（5Torr））以下**とします。……法規定はなく、ガイドライン（例）

2 **真空ポンプ**を使用します。……**冷凍装置の圧縮機**は使用しません。

3 **真空計**を使用します。……連成計は、真空精度が低いために使用しません。

4 水分の残留しやすい場所などは、加熱（120℃以下）すると、乾燥しやすくなります。

5 放置時に、**外気の温度変化がある場合は、真空度の変化分を補正して確認**する必要があります。……温度変化による真空度（体積変化分）の変化分を計算する。

9　冷凍機油の充填

充填方法は、以下となります。

①**圧縮機内部が真空の場合**

……油缶から**圧縮機に充填ホース**をつなぎ、吸い込ませます。

②**圧縮機内部が真空でない場合**……油缶から**給油充填ポンプ**を使います。

キーポイント

1 **適正な油量**を充填します。……油量は多すぎても、少なすぎても不具合となりますので、原則は設計油量とします。最終的には運転しながら微調整します。

2 原則として、**圧縮機メーカーの推奨した油種**を使用します。
……違った油種を使用すると、性能、耐久性に不具合が発生し、故障の原因となります。一般に、**低温用**には、**流動点が低い油**、軸受荷重が小さいものは、粘度の低い油を使用します。

3 **水分を含まない油**を使用します。
……**油は一般的に、水分を吸収しやすく**、特に**合成油（HFC系冷媒用）は水分を吸収（吸湿性）しやすい**ため、完全に密閉した容器で保管し、古い油や長時間保管して空気にさらされた油は使用しません。

10 冷媒の充填

冷媒の充填は、一般には、冷凍装置を運転しながら行います。
液充填と**ガス（蒸気）充填**の方法があります。

■1 液充填（図13-6）

主に**中・大型の冷凍装置**で、充填量が多い場合に行います。

一般に、受液器または、凝縮器の**冷媒液出口弁を閉め**、その先の**冷媒充填口（液チャージ口）**と冷媒ボンベの**液バルブ**をホースでつなぎ、運転をしながら、液配管を通して液で充填します。……蒸発器を通して、受液器などに溜まっていきます。

■2 ガス（蒸気）充填（図13-6）

主に**小型の冷凍装置**で、充填量が少ない場合に行います。

一般に、**圧縮機の吸込み口**と冷媒ボンベの**ガスバルブ**をつなぎ、運転しながら吸込み蒸気とともにガスを充填します。

キーポイント

1 充填量は、原則として、設計充填量（重量）とします。……**計量器**（ボンベ内の冷媒重量計）を使用して正確に充填します。**過充填**でも**充填量不足**でも性能、装置の不具合になり、故障の原因にもなります。

2 冷媒ボンベには、**1口ボンベ**と**2口ボンベ**（液口とガス口付き）がありますが、最近はほとんどが2口ボンベです。……特に非共沸混合冷媒ボンベ。

図13-6　冷媒充填方法（例）

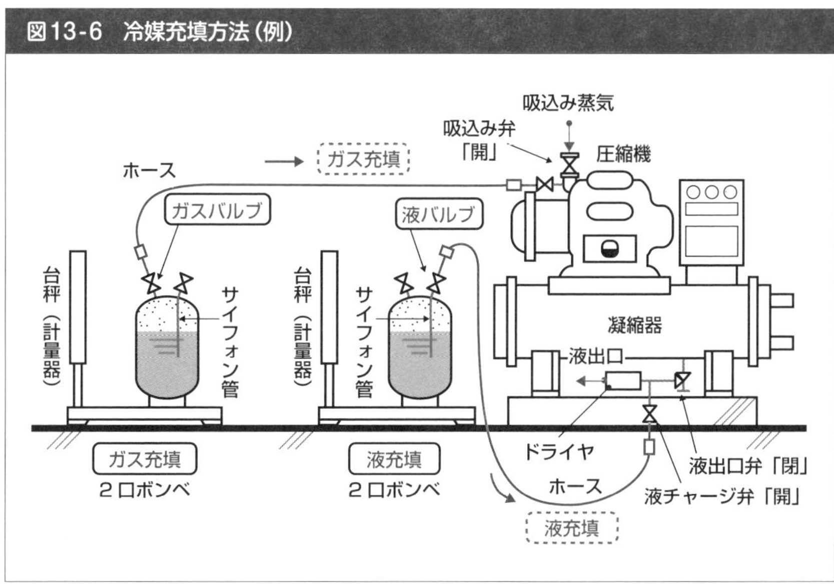

3 2口ボンベは、**サイフォン管付きボンベ**（液口にサイフォン管が付いている）になっていますので、**ボンベは立てたままで使用**できます。

4 **非共沸混合冷媒**（R404A、R407C、R410Aなど）は、**原則として、液で充填**します。

……**ガス充填をすると、成分比が違う冷媒**を充填する可能性があるため。

5 **非共沸混合冷媒**は、冷媒不足分の**追加充填**は、**原則としてしません。**

……漏れた冷媒が液状かガス状かで、残った冷媒の成分比が不明であり、最終冷媒の成分が変化してしまうため（詳細は第4章）。

11　試運転

試運転前の準備として、**電力系統、制御系統、冷水（ブラインなど）系統、冷却空気系統、冷却水系統など**の状態を点検します。

保安装置、自動制御装置などの点検・作動確認を行い、**始動運転**をします。問題がなければ、**性能運転**をします。

Question 問題を解いてみよう

以下の質問に○か×で解答してください。

問1 多気筒圧縮機では、その基礎重量を圧縮機、電動機などの合計質量の1～2倍程度とする。

問2 圧縮機などに「防振装置」を使用した場合は、圧縮機の吐出し配管部や吸込み配管部に、「可とう管（フレキシブルチューブ）」を取り付ける。

問3 「耐圧試験」とは、製作した冷凍装置の機器の耐圧強度を確認する試験で、すべての機器について実施する。

問4 「耐圧試験」の試験圧力は、「液圧試験」では、設計圧力又は許容圧力のいずれか低い圧力の1.25倍以上と規定されている。

問5 「気密試験」の試験圧力は、設計圧力又は許容圧力のいずれか低い圧力の1.1倍以上と規定されている。

Answer 答え合わせ

問1 × 圧縮機は、加振力による動荷重も考慮して、振動が建屋等に伝わらないように、多気筒圧縮機では、「基礎重量」を圧縮機、電動機などの合計質量の2～3倍以上とする。

問2 ○ 圧縮機の振動が固定配管に伝わらないように、圧縮機の吐出し配管部や吸込み配管部に、「可とう管（フレキシブルチューブ）」を取り付ける。

問3 × 「耐圧試験」とは、製作した冷凍装置の機器の耐圧強度を確認する試験で、すべての機器ではなく、配管以外の圧縮機、圧力容器、冷媒ポンプなどについて実施する。なお、ここでいう圧力容器は、内径が160mmを超える容器であって、それ以下を実施する規定はない。

問4 × 「耐圧試験」の試験圧力は、「液圧試験」では、設計圧力又は許容圧力のいずれか低い圧力の1.5倍以上、気体圧試験では、1.25倍以上と規定されている。

問5 × 「気密試験」の試験圧力は、設計圧力又は許容圧力のいずれか低い圧力以上と規定されている。

第14章

運転管理(運転、不具合)

冷凍装置を実際に運転する際の基本的な事項や運転時の状態変化、点検、不具合現象について、中・大型のレシプロ（往復）式圧縮機を例に述べます。

Theme 1 冷凍装置の運転

重要度：★★★

一般的な中・大型の水冷式凝縮器の往復式圧縮機を例に、実際の運転準備、運転開始、運転停止、運転休止の点検項目や注意点などを列記します。なお、現状の多くの冷凍装置は自動運転ですが、ここでは、手動運転をするときの基本的な操作を説明します。
安定して運転している状態から変化したときの状態を見てみましょう。

- 運転準備、運転開始、運転の停止、運転の休止を整理して理解しておく。
- 冷蔵庫の負荷が大きく変化したとき、蒸発器に霜が多く着霜したときの運転状態の変化を理解しておく。

1 運転準備

長期間運転停止後の運転開始前又は**試運転前**に実施する点検・確認項目は以下となります。

なお、**毎日の運転開始前**に関しては、下記の①、②、③、⑤を実施します。

①圧縮機の**クランクケースの油面の高さ（油量）**と**清浄さ**を点検する。
②**凝縮器などの冷却水出入り口弁が開**であることを確認する。
③運転時に開くべき弁、閉じるべき弁の確認をする。特に、**安全弁の元弁**や**吐出し弁が開**であることを確認する。
④配管上の**電磁弁**や**自動開閉弁の作動**を確認する。……電気系統の確認。
⑤**高圧圧力計、低圧圧力計などが正常な値**になっていることを確認する。これは、冷媒があることの確認となります。……冷媒があれば、高圧、低圧とも外気温度相当の飽和圧力になっています。……**参考**

- 「運転の停止」、「運転の休止」時の「ポンプダウン」。
- 「冷蔵庫の負荷」が大きく増大したとき、減少したとき、「着霜」したときの運転状態の変化。

に関して多く出題されています。

⑥電気系統の**結線**の確認と**絶縁抵抗測定（メガテスト）**をして問題のないことを確認する。
⑦**電動機の始動確認**、**回転方向**の確認をする。
⑧**クランクケースヒータの通電**を確認する。
⑨**高低圧圧力スイッチ、油圧保護圧力スイッチ、冷却水関係スイッチなどの設定値と作動**の確認をする。……法規でも作動確認は決められています。

2　運転開始

運転準備ができたら、以下の操作を行いながら**運転を開始**します。

①冷却塔、冷却水ポンプを運転し、**凝縮器に通水**する。
②**水冷式凝縮器内や冷却水配管内の空気を空気抜き弁から放出**して、水で満たす。
……これにより、正常な水量を確保できます。
③**蒸発器のポンプや送風機を運転**し、**器内や水配管内の空気を抜く。**
……これにより、正常な水量を確保できます。
④**吐出し弁**を**全開**にして、**圧縮機を始動（運転）**する。
次に、**吸込み弁**を**全閉**の**状態から徐々に開き、全開**にする。なお、その際に、**ノック音**（湿り蒸気を圧縮するときの音）が発生したら、吸込み弁を絞りノック音がなくなるようにする。
ノック音がなくなったら、再び、徐々に吸込み弁を全開にする。……**急激に吸込み弁を開けると、蒸発器内の冷媒が激しく蒸発して、液戻り**が起きやすくなります。
⑤**圧縮機の油量**と**油圧**を確認する。
……油圧は、一般的には吸込み圧力より、0.15～0.4MPa高い圧力になる（詳細は、メーカーの取扱説明書に従う）。
⑥**電動機の電圧**と**電流**を確認する。
……圧縮機だけでなく、ポンプ、送風機なども同じく。
⑦**クランクケースの油面**を確認する。油面の低下があれば、給油する。
……油面の低下は、油が蒸発器などに送られた分です。ただし、安定運転後に油面が低下するのであれば、油の戻りが悪いこと、又は油分離器の作動不良などが考えられます。
⑧**凝縮器**又は、**受液器の液面計の高さ**を確認する。
……液面高さが低下していれば、冷媒不足か、又は蒸発器からの冷媒の戻りが悪いことになります。

⑨**サイトグラスに、気泡の発生**がないことを確認する。

……気泡が発生していれば、冷媒量不足です。

⑩**膨張弁の作動状況と過熱度**を確認する。

……温度自動膨張弁では、開度を調整ねじで調整する。

⑪**吐出し圧力・温度**が適正値かの確認をする。

……適正値からずれていれば、凝縮器の冷却水量を調整します。

⑫**吸込み圧力・温度・過熱度、冷却状態、霜付き状態、蒸発器（満液式）の液面高さ**などを確認する。

⑬**油分離器の作動状態（分離と返油）**の確認をする。……⑦に関係します。

3 運転の停止

運転を停止（一時的に停止）する場合の操作は以下となります。

①**ポンプダウン**をする。……**膨張弁手前の止め弁又は、電磁弁などを閉じてしばらく運転**して圧縮機を停止する。停止後に、高圧側、低圧側を各弁で遮断する。

ポンプダウンとは、**低圧側（蒸発器など）にある冷媒を蒸発させて、凝縮器や受液器に回収すること**をいいます。

②**油分離器の返油弁を全閉**する。

……停止中に油分離器内で凝縮した液が圧縮機に戻るのを防止するため。

③**凝縮器や圧縮機のウォータージャケット（圧縮機の冷却用）などの冷却水の止め弁を閉める。**

……冬季には、水の凍結するおそれがある場合は、**水系内の水は完全に排水**する。

4 運転の休止

長期間（1年程度以上の長期間）、休止する場合の操作は、以下となります。

①**ポンプダウン**をしてから停止する。ただし、**ポンプダウン後、低圧側と圧縮機内は、ゲージ圧力で10 kPa程度のガス圧にしておく。**……**ポンプダウンの後、低圧側が大気圧以下（真空）になったまま長期間停止していると、装置の漏れがあった場合に、空気を吸い込んでしまう**ために、高圧ガスを低圧側に少し入れて、少しプラス圧にしておきます。停止後に、高圧側、低圧側を各弁で遮断しておきます。

②**必要な止め弁はすべて閉じ、止め弁のグランド部は増し締め**する。ただし、液封には注意して弁を閉じる。

③**安全弁の元弁は閉めない。**

④冬季など、水の凍結するおそれがある場合は、**凝縮器や圧縮機のウォータージャケットなどの冷却水は完全に排水**しておく。……運転の停止時③と同じ。

⑤**冷媒系統全体の漏れを点検**し、完全に漏れのないようにしておく。

⑥**電気系統の電源は遮断**しておく。

5　運転状態の変化

冷凍装置が安定して運転されているときを、**平衡状態**といい、**圧縮機、凝縮器、蒸発器、膨張弁の能力がそれぞれ釣り合った運転状態**となっています。

ここでは、圧縮機、空冷式凝縮器、温度自動膨張弁、空気冷却用蒸発器の冷蔵庫を例として、**平衡状態から負荷が変動したときと、着霜したときの運転変化**を例として、考えてみます。……以下、**○番号順**に変化します。

14

運転管理（運転、不具合）

■1　冷蔵庫の負荷が増加したとき（図14-1）

●**冷蔵庫に高い温度の品物が入ってきたなど、負荷が増加した場合。**

①**庫内温度**が**上昇**……負荷が増加するため。

②**蒸発量**が**増加**……負荷が増加するため。

③**蒸発圧力**と**吸込み圧力**が**上昇**……庫内の空気温度が上昇するため。

④**冷媒流量（循環量）**が**増加**……吸込み蒸気の比体積が減少するため。

⑤**蒸発器の空気の出入りの温度差**が**増加**……冷却能力が増加するため。

⑥**凝縮圧力・温度**が**上昇**……冷媒循環量が増加し、凝縮負荷が増加するため。

■2　冷蔵庫の負荷が減少したとき（図14-2）

●**冷蔵庫内の品物が冷え切って、冷却負荷が減少した場合。**

①**庫内温度**が**低下**……負荷が減少するため。

②**蒸発量**が**減少**……負荷が減少するため。

③**蒸発圧力**と**吸込み圧力**が**低下**……庫内の空気温度が下がるため。

④**冷媒流量（循環量）**が**減少**……吸込み蒸気の比体積が増大するため。

⑤**蒸発器の空気の出入りの温度差**が**減少**……冷却能力が低下するため。

⑥**凝縮圧力・温度**が**低下**……冷媒循環量が減少し、凝縮器の負荷が減少するため。

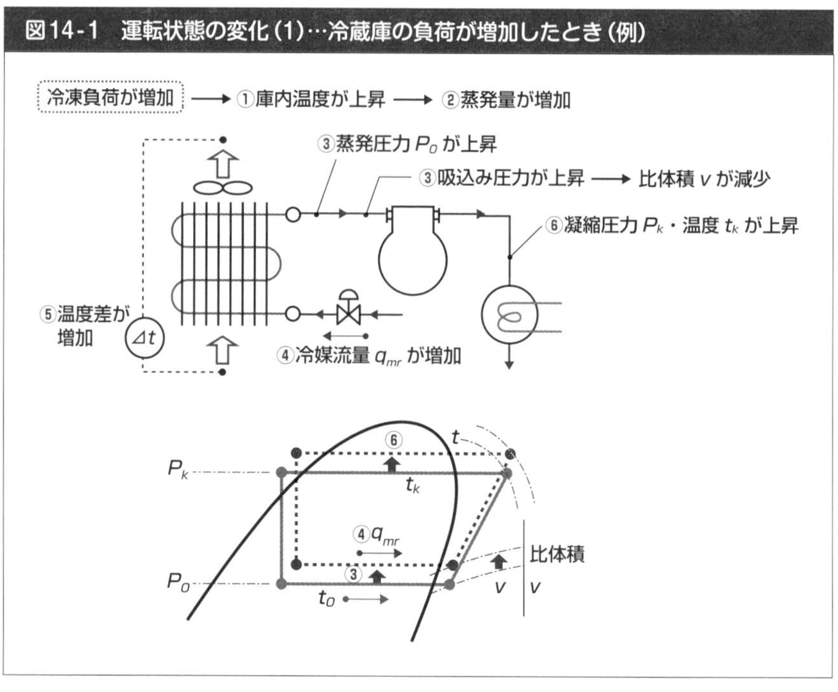

図14-1 運転状態の変化(1)…冷蔵庫の負荷が増加したとき(例)

図14-2 運転状態の変化(2)…冷蔵庫の負荷が減少したとき(例)

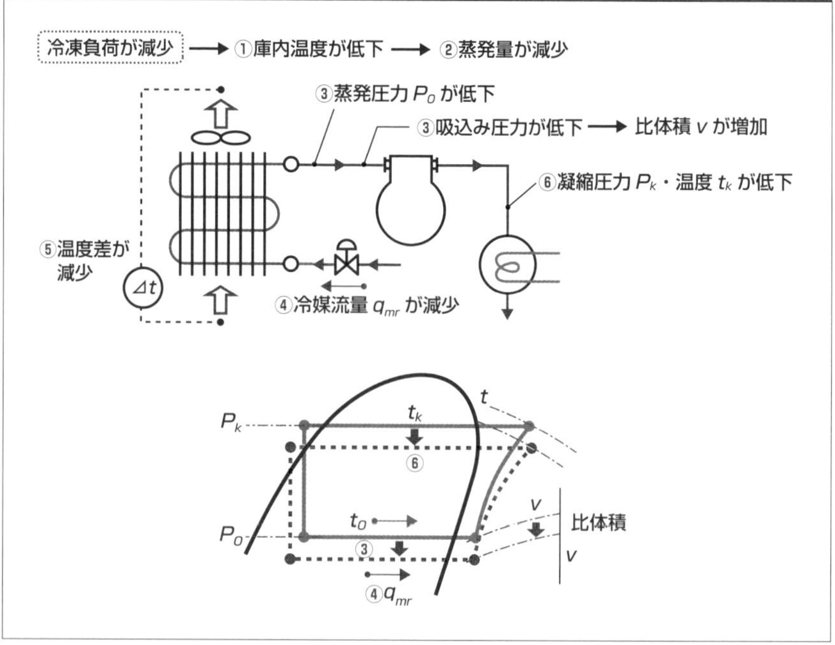

冷凍負荷が減少 → ①庫内温度が低下 → ②蒸発量が減少

③蒸発圧力 P_o が低下

③吸込み圧力が低下 → 比体積 v が増加

⑥凝縮圧力 P_k・温度 t_k が低下

⑤温度差が減少

Δt

④冷媒流量 q_{mr} が減少

P_k P_o t t_k t_o ⑥ ③ ④q_{mr} 比体積 v v

■3　蒸発器に着霜したとき（図14-3）

●蒸発器に着霜した場合

①蒸発器の空気の抵抗が増加して風量が減少

……着霜によりフィンのすき間が狭くなるため。

②空気側の熱伝達率が低下……風速が低下するため。

③蒸発器の霜により熱伝導抵抗が増加……霜の熱伝導率が小さいため。

④熱通過率が低下……上記の②と③による。

⑤蒸発圧力と吸込み圧力が低下

……蒸発量が減少し、圧縮機の吸込み量はそのままのため。

⑥冷媒流量（循環量）が減少……吸込み蒸気の比体積が増加するため。

⑦凝縮圧力・温度が低下……冷媒循環量が減少し、凝縮器の負荷が減少するため。

⑧庫内温度が上昇……冷却能力が減少するため。

図14-3　運転状態の変化（3）…蒸発器に着霜したとき（例）

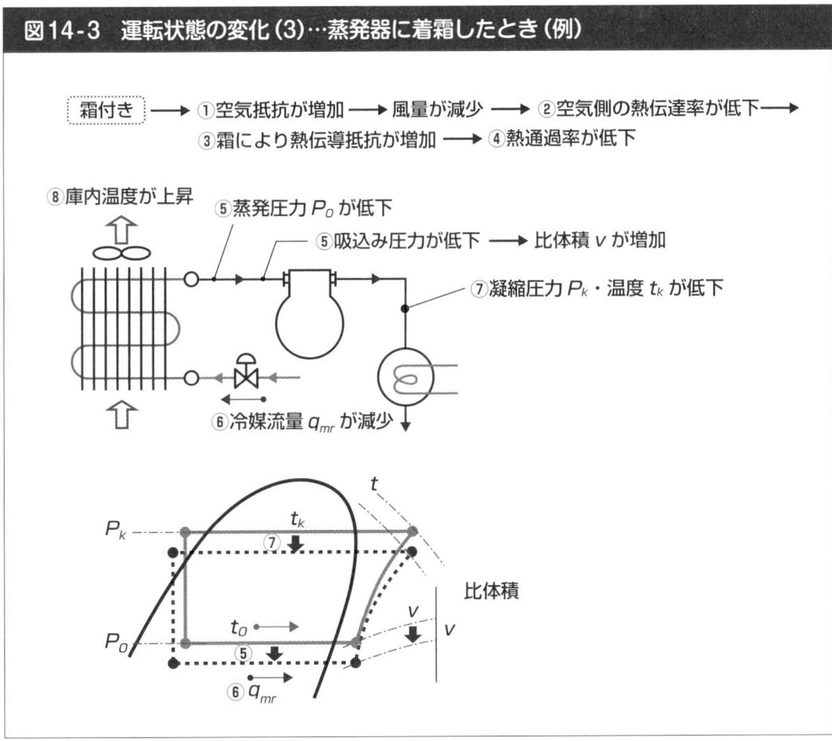

Theme

2 異常運転と目安運転

異常運転状態を把握し、対処する必要があります。そのために、定期的な運転記録（運転日誌）を取り、運転管理をすることが大切です。

重要度：★★☆

●圧縮機の異常運転（吐出しガスの圧力と温度、吸込み圧力）時の運転変化を理解しておく。

●凝縮温度と蒸発温度の目安温度を整理して理解しておく。

1 圧縮機吐出しガスの圧力と温度の上昇

凝縮器の水量の減少や水温の上昇などがあると、凝縮圧力が上がり、圧縮機吐出しガス圧力は上昇し、逆の場合は低下します。

●**圧縮機吐出しガス圧力が大きく上昇した場合**（図14-4）

……以下の2つの変化で説明します。

変化Ⅰ ①蒸発圧力が変化なく一定とすれば、**圧力比**が増加。

②**体積効率**が低下。

③**冷凍能力**（正確には**冷凍効果**）が**低下**し、**圧縮機軸動力**（正確には**圧縮仕事量**）が**増加**。……*p-h*線図の変化により、各出入り口のエンタルピー差が変化するため。

④**成績係数**が**低下**。……前記の③の変化による。

変化Ⅱ ①**吐出しガス温度**が**上昇**。……*p-h*線図の変化による。

②**圧縮機**が**過熱し**、シリンダやピストンなどを傷める。

③**冷凍機油の高温化による劣化**。……**120～130℃程度以上で油が劣化**。

＊特に、**アンモニア冷媒**は、フルオロカーボン冷媒に比べて、**吐出しガス温度が数十℃高くなる**ので注意が必要です。

「異常な運転（吐出しガス圧力の上昇、吸込み圧力の低下）」時の運転変化に関して多く出題されています。

図14-4　圧縮機の吐出しガス圧力が大きく上昇した場合（例）

変化Ⅰ　①圧力比が増加 ⟶ ②体積効率が低下 ⟶ ③圧縮機能力が低下し、軸動力が増加 ⟶ ④成績係数が低下

変化Ⅱ　①吐出し温度 t_d が上昇 ⟶ ②圧縮機が過熱 ⟶ ③冷凍機油の高温化で劣化

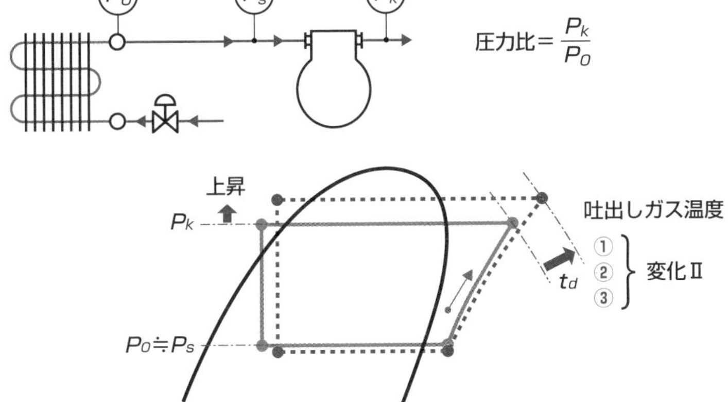

2　圧縮機の吸込み圧力の低下

圧縮機の吸込み圧力は、吸込み配管の流れ抵抗により、必ず、**蒸発圧力よりいくらか低く**なりますが、ここでは、**蒸発圧力調整弁などにより大きく吸込み圧力が低下したとして説明**します。

●**圧縮機の吸込み圧力が大きく低下した場合**（図14-5）

①凝縮圧力が一定とすれば、**圧力比が増加**。

②**体積効率**が**低下**。

③**吸込み蒸気の比体積**が**増加**し（蒸気が薄くなり）、**冷媒流量（循環量）**が**減少**。

④**冷凍能力**と**圧縮機駆動の軸動力**が**減少**。

⑤**成績係数**が**低下**。……**圧縮機軸動力の低下より、冷凍能力の低下割合が大きい**ため。

「圧縮機吐出しガスの圧力と温度の上昇」と「吸込み蒸気の圧力の低下」のいずれかに関して出題されていますので、理解しておきましょう。

図14-5　圧縮機の吸込み圧力が大きく低下した場合（例）

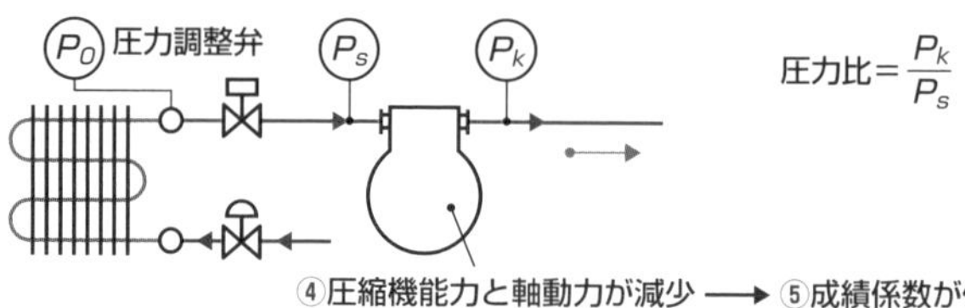

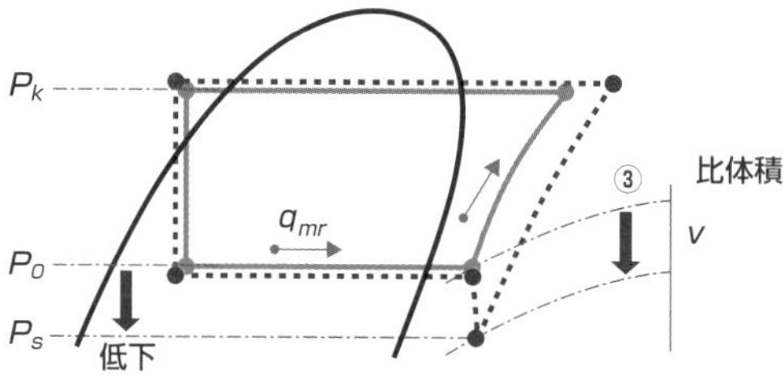

3　運転時の凝縮温度と蒸発温度の目安

凝縮温度と蒸発温度は、必ずしも規定はありませんが、一般的に標準的、合理的な温度の目安がほぼ決まっています。

■1　凝縮温度の目安（図14-6）

凝縮温度は、冷媒の種類、冷却水量と温度、外気乾球温度、風量などにより、ほぼ決まります。標準的、合理的な凝縮温度は以下となります。

①**水冷式凝縮器**（シェルアンドチューブ凝縮器、ブレージングプレート凝縮器など）

・**凝縮温度**……**冷却水出口温度**より、**3～5K高い。**

　・冷却水の**出入り口温度差**……**4～6K**

②**空冷式凝縮器**

・**凝縮温度**……**外気乾球温度**より、**12～20K高い。**

③**蒸発式凝縮器**

・**凝縮温度**……**外気湿球温度との温度差**は以下となります。

　・**アンモニア冷媒：約8K高い。**

　・**フルオロカーボン冷媒：約10K高い。**

図14-6　凝縮温度の目安（例）

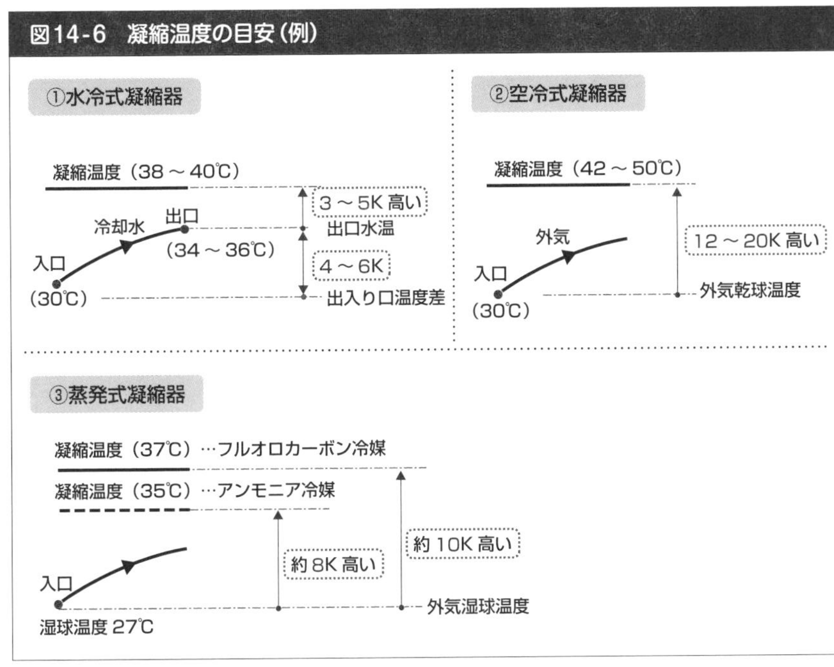

■2　蒸発温度の目安（図14-7）

蒸発温度は、被冷却物の温度により、何度低くするかがほぼ決まっています。**標準的、合理的な蒸発温度**は以下となります（詳細は第7章）。

①冷凍・冷蔵用冷却器

・**蒸発温度**……**庫内温度**より、**5～12K低い。**

②空調用冷却器

・**蒸発温度**……**室内温度**より、**15～20K低い。**

図14-7　蒸発温度の目安（例）

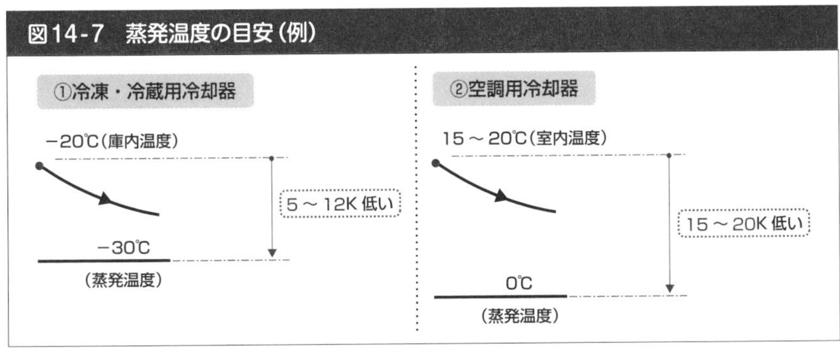

Theme 3

冷凍装置の不具合

冷凍装置の主な不具合現象と冷凍装置全体の不具合をまとめてあります。

重要度：★★★

- 各不具合現象の冷媒による違い、原因、対策などを整理して理解しておく。
- 冷凍装置の不具合のまとめで、冷凍装置の総合的な理解をしておく。

1 装置内の水分

冷凍装置内に水分が侵入した場合には各種の不具合が発生しますが、冷媒の種類により、その影響は異なります（詳細は第4章）。

■1 フルオロカーボン冷媒

侵入水分は、**冷媒にほとんど溶解しない**ため、**わずかな水分量**でも以下の障害が発生します（図4-10左図）（表4-4）。

①**低温用の装置では、膨張弁部**に**氷結**して冷媒が流れなくなり、冷却不能となります。
②冷媒系統内に**酸性物質等を生成**し、**金属腐食**が発生します。

■2 アンモニア冷媒

アンモニアに**水分がよく溶解して**、**アンモニア水**となり、**少量の水分が侵入しても、大きな障害は発生しません。**ただし、**多量の水分**が侵入すると、蒸発圧力の低下や冷凍機油の乳化による潤滑性能の低下などの支障が生じます（図4-10右図）（表4-4）。

「冷凍装置の不具合（水分、異物、不凝縮ガス、潤滑装置、油の処置）」は、アンモニア冷媒とフルオロカーボン冷媒での違いに関して多く出題されています。

2　装置内の異物

異物の多くは、系内の錆、溶接時のスラッジ、冷凍機油の炭化物、製作時の清掃不足による残留ゴミなどです。

冷媒系統内に異物が混入すると、装置内を循環し、**以下の障害**が発生しやすくなります。

①膨張弁など**狭い通路**や**すき間**に詰まります。
②圧縮機の**摺動部**（しゅうどうぶ）に侵入して、シリンダ、ピストン、メタル、軸受、シャフトシールなどの**摩耗**や**傷付き**が発生します。
③シャフトシールの金属シール面に傷を付けて**冷媒漏れ**を発生させます。
④**密閉圧縮機**では、モータコイル部に入り、**電気絶縁不良**を起こします。

3　装置内の不凝縮ガス

装置内に**不凝縮ガス（主に空気）が存在（混入）すると高圧圧力が上昇し、運転上、不具合**が発生します。

■1　不凝縮ガスの存在を確認する方法（水冷式凝縮器の例）

以下の手順で操作します。

①**圧縮機の運転を停止。**
②**凝縮器の冷媒出入り口弁を閉止。**
③水冷式凝縮器の**冷却水はそのまま20～30分間通水。**
……凝縮器内部の冷媒温度を冷却水温度と同等の温度にするため。

・この状態で、**凝縮器圧力が冷却水温度相当の飽和圧力より高い場合は、不凝縮ガスが存在**します（詳細は第6章）。

■2　不凝縮ガスの分離・放出方法（図14-8）

フルオロカーボン冷媒では、以下の2つの方法があります。

①**ガスパージャ（不凝縮ガス分離器）**を使用する方法（図14-8）。

……**冷媒ガスを凝縮（液化）させる。**

一般的に、大型冷凍装置で使用することがあります。なお、**不凝縮ガスのみが放出されるのではなく、わずかに冷媒も放出されます。**

②**空気抜き弁**を使用する方法（図14-8）。

凝縮器や受液器の上部の**空気抜き弁**を**少し開いて、静かに**抜きます。圧力が低下し、飽和圧力になるのを待ちます。このとき、**弁を大きく開くと、**空気といっしょに冷媒が放出されてしまいます。

図14-8　不凝縮ガス分離・放出方法（例）

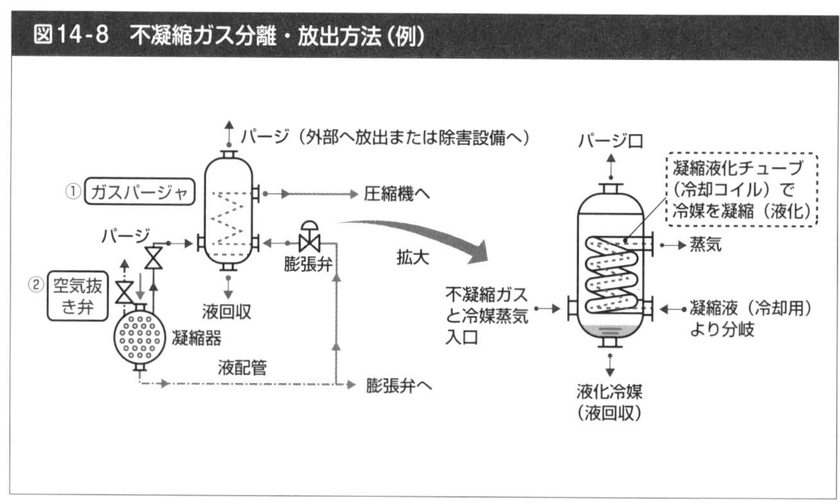

ただし、いずれの場合も**アンモニア冷媒では、除害設備**を設置してアンモニアガスを除害しなければなりません。

また、**フルオロカーボン冷媒**においても、「**フロン排出抑制法**」（2015年施行）により、**「特定製品の冷媒フロン類のみだりな放出の禁止」**規定に従い、前記②の空気抜き弁からの放出はできず、全冷媒を回収し、適切な処理を行うことが必要となります。

■3　不凝縮ガス混入時の不具合

詳細は第6章、第8章（図8-1）を参照してください。

4　圧縮機の潤滑と油の処理

■1　潤滑装置

潤滑装置の不具合の原因には、以下があります（不具合現象は省略）。

①冷凍機油の過充填	②油圧の過大	③油圧の過小
④圧縮機の過熱運転	⑤油温の低下	⑥異物の混入
⑦水分の混入	⑧圧縮機の真空運転	⑨油面の傾斜と揺動（ようどう）
⑩冷媒による油の希釈	⑪長期停止後の急激な運転	など

■2　装置内の油の処理方法

①フルオロカーボン冷凍装置

乾式蒸発器では、装置内を冷媒とともに循環させて圧縮機に戻して使用します。

満液式蒸発器などでは、**油戻し装置で冷媒と油を抜き出してから油を分離**して、**圧縮機に戻して再使用**します（詳細は第4章、7章、8章）。

②アンモニア冷凍装置

アンモニア冷凍装置（鉱物油使用の場合）の吐出し温度が高く（通常運転でも100℃以上）なるため、劣化しやすく、高圧側機器と低圧側機器の**底部から油を抜き取り廃油**します（詳細は第4章、7章、8章）。

5　冷媒充填量の過不足

冷凍装置内の冷媒充填量は適正量を確保する必要があり、**充填量不足**でも**過充填**でも不具合が発生します。

■1　冷媒充填量不足

冷媒量がかなり不足すると、以下の不具合現象が発生します。

①**蒸発圧力**が**低下➡冷凍能力**が**低下**……蒸発器への**冷媒供給量**が**不足**する。
②**吸込み蒸気の過熱度**が**増加**……上記と同じ。
③**吐出しガス温度**が**上昇し、油**が**劣化**……温度上昇は、上記②による。
④**吐出し圧力**が**低下**……吐出しガス量が減少し、**凝縮負荷**が**減少**する。
⑤**密閉圧縮機**では、**電動機巻線**が**焼損**……冷媒循環量不足による**巻線の冷却不足に**
なるため。

■2　冷媒の過充填

冷媒量をかなり**過充填**したときの不具合は、以下となります（詳細は第6章）。

①**凝縮器**に**液が溜まり**、**凝縮器能力**が**低下。➡凝縮圧力**が**上昇**。
②**圧縮機軸動力**が**増加**……**圧縮仕事量**が**増加**するため。

6　液戻りと液圧縮

液戻りとは、**蒸発器から湿り蒸気又は液ミストが戻ってくる現象**であり、そのまま圧縮すると、**液圧縮**となります。

■1　液戻りや液圧縮の原因

①冷凍負荷が急激に増大する場合

……蒸発器内で**冷媒が激しく沸騰**し、液滴のまま出てきたものを、そのまま圧縮すると、**液圧縮**となります。

②吸込み配管の途中に大きなUトラップがある場合

……運転停止中に**Uトラップ内に凝縮した液や油**が溜まり、再起動時やアンロードからロード運転に切り換わったときに一気に液が戻ります（詳細は第10章）。

③膨張弁が開きすぎの場合

……膨張弁の不具合や感温筒が正常に作動しないときに、弁開度が大きくなりすぎるため（詳細は第9章）。

④運転停止時に蒸発器内に冷媒液が多量に滞留していた場合

……圧縮機が再起動したときに、沸騰が激しくなり、液滴のまま出てくるため。

■2　液戻りによる不具合

①吐出しガス温度が低下

……**圧縮機内で吸込み冷媒中の液が蒸発してガスを冷却**するため。

②オイルフォーミングが発生し、油圧低下や潤滑不良

……**クランクケース内の油中に冷媒液が飛び込み、蒸発**するため（詳細は第3章）。

■3　液圧縮による不具合

・**往復式圧縮機**……シリンダ内圧力の異常な上昇による**吐出し弁、吸込み弁の破壊**や**シリンダの破壊**。

・**スクリュー式圧縮機**……軸受摩耗、ロータとケーシングの接触、損傷など。

7　液封

液封（詳細は第12章）又は**液封事故**は、**低温液配管で発生しやすく**、具体的には、以下の場所となります。

①冷媒液強制循環式冷凍装置の**低温液配管**……低温のため、**温度上昇しやすい**ため。

②二段圧縮冷凍装置の**低温液配管**……同上。

8　冷凍装置の不具合

一般的な冷凍装置を例にして、**不具合現象とその原因**を表と図で示します（表14-1）（図14-9）。……**参考**

表14-1 不具合現象とその原因……参考

冷凍装置に起こる代表的な**不具合現象**（A～H）とその**原因**（No.）を現象別にまとめています。A～Hの記号とNo.を図14-9の中に表しています。……詳細は**参考**。

不具合現象	原因
A 圧縮機の高圧異常	1. 凝縮器の冷却水量又は冷却風量の不足
	2. 凝縮器の冷却水温度又は冷却風温度の上昇
	3. 冷却塔、冷却水ポンプの容量不足、冷却ファンの風量不足
	4. 空気の侵入や冷媒、油の分解などによる不凝縮ガスの発生
	5. 水あか、ゴミ、油の付着などによる水冷式凝縮器の冷却管の汚れ
	6. 吐出し止め弁の閉止などによる吐出しガスの流れの停止
	7. 冷媒の過充填による凝縮に有効な伝熱面積不足
	8. 水冷式凝縮器の水路蓋の仕切板の水漏れ（仕切板の腐食やパッキン不良など）
	9. 高圧スイッチ、安全弁の作動不良、故障など➡作動値のずれ
B 圧縮機の高温異常	1. 空気の侵入や冷媒、油の分解などによる不凝縮ガスの発生
	2. 吸込み温度の異常高温、過熱度の過大など➡圧縮機吐出しガス温度の上昇
	3. 自動膨張弁の設定不良、絞りすぎなど➡過熱度の過大
	4. 膨張弁での水分氷結又は詰まりなどによる冷媒流量不足➡過熱度の過大
	5. 膨張弁の口径、開度不足などによる選定不良、作動不良➡過熱度の過大
	6. 冷媒量（チャージ量）不足➡過熱度の過大
	7. 吐出し弁のゴミ噛み込み、弁割れなどによる弁漏れ➡高圧ガスの逆流
C 圧縮機の潤滑不良	1. 油ポンプ故障、圧縮調整弁不良、油量不足などによる油圧不足
	2. 油への冷媒の溶け込み量増大によるオイルフォーミング➡油圧不足
	3. 油の異常高温、内部ゴミなどによる油の分解、油の汚れ➡油の劣化
	4. 油分離器の分離性能低下による返油量不足➡油量不足
	5. 停止時などによる油分離器での冷媒凝縮➡オイルフォーミング➡油圧不足
	6. 油戻し装置の作動不良や蒸発器からの油戻り不良➡油量不足
	7. 満液式蒸発器などのフロートスイッチ作動不良など➡返油量不足
	8. 二重立ち上がり管の設計、施工不良による油戻り不良➡油量不足
	9. 吸込み配管の勾配、トラップなどの設計、施工不良などによる油戻り不良
	10. 油圧保護圧力スイッチの作動不良、故障などによる油圧不足
D モータ異常（高温異常、焼損など）	1. 圧縮機発停装置の作動不良、被冷却物タンク容量不足などによるハンチング
	2. 電圧低下による過電流
	3. 出力・トルク不足、吸込み蒸気圧力の異常上昇などによる動力負荷の過大
	4. 密閉型圧縮機では、高真空運転、冷媒量不足などによるモータ冷却不足
	5. 密閉型圧縮機では、ゴミ、錆などのコイルへの付着による絶縁不良

不具合現象	原因
E 冷却不良（冷凍、冷却能力不足など）	1. ガス漏れ、充填不足➡冷媒量不足➡冷媒流量不足
	2. 蒸発器の空気、水（ブライン）などの流量不足➡熱通過率の低下など
	3. 蒸発器での冷媒側の油膜付着➡熱通過率の低下
	4. 蒸発器への冷媒流量減少➡蒸発圧力の低下
	5. 空気冷却器の着霜、着氷➡熱通過率の低下
	6. 膨張弁の容量不足、容量過大、形式選定不良など➡冷却能力不足
	7. 温度自動膨張弁の絞りすぎや過熱度設定の過大など➡冷媒流量不足
	8. 膨張弁での水分の氷結、ゴミ、油などの詰まり➡冷媒流量不足
	9. ディストリビュータの選定、製品不良による分配不良➡冷媒流量不足
	10. 液管の過冷却不足、配管抵抗過大、液温度上昇➡フラッシュガス発生
	11. 冷却負荷の過大➡蒸発器の能力不足、膨張弁の能力不足
	12. 凝縮圧縮の異常低下による膨張弁前後の差圧減少➡冷媒流量不足
	13. 液落とし配管不良による受液器への液落下量不足➡冷媒流量不足
	14. 蒸発圧縮調整弁などの作動不良による低圧異常低下➡冷媒循環量不足
	15. 圧縮機吐出し弁、吸込み弁の漏れ➡体積効率低下➡冷媒循環量不足
F 冷媒漏れ	1. 軸封装置の摩耗などシール性不良（開放型圧縮機）
	2. 冷却水の水質不良、冷却水水速の過大など➡凝縮器冷却管の腐食
	3. ブライン濃度低下（希釈）➡凍結点上昇➡伝熱管の凍結破損
	4. 凍結防止サーモ設定不良、誤動作など➡冷却器の冷却管の凍結破損
	5. 腐食防止添加剤の劣化、添加剤不足➡冷却器の冷却管腐食
	6. 振動、経年劣化による機器、弁、配管、可とう管などによる亀裂、割れなど
	7. 溶接部、銅管のろう付け、フレア部、フランジ部、パッキン部の経年劣化など
	8. 液配管の液封（弁で密封）で配管部の異常高圧による配管、弁などの破損
G 圧縮機の異常（液戻り、液圧縮など）	1. 熱負荷変動の過大などによる液分離器の液分離能力不足➡液戻り
	2. 満液式蒸発器の液面制御不良などによる液面の異常上昇➡液戻り
	3. 温度自動膨張弁の応答遅れによる弁の作動不良（弁開きすぎ）➡液戻り
	4. 温度自動膨張弁の感温筒の外れ、保温不良など温度感知不良➡液戻り
	5. 膨張弁の故障などによる作動不良（弁開きすぎ）➡液戻り
	6. 送液電磁弁や膨張弁のゴミ、錆の噛み込みなどによる漏れ➡液戻り
H その他（損傷、腐食など）	1. 圧縮機駆動用ベルトの張り不良➡ベルト摩耗、振動などによる振動増加
	2. 水分混入による加水分解、酸生成などによる金属部腐食
	3. 水・ブライン管理（pHなど）不良などによる冷却管、配管の腐食
	4. 油のチャージ量過多により油上がり量が過大➡圧縮機故障
	5. 送液電磁弁の選定不良によるオイルハンマ現象➡配管、電磁弁の破損

図14-9　不具合現象とその原因……参考

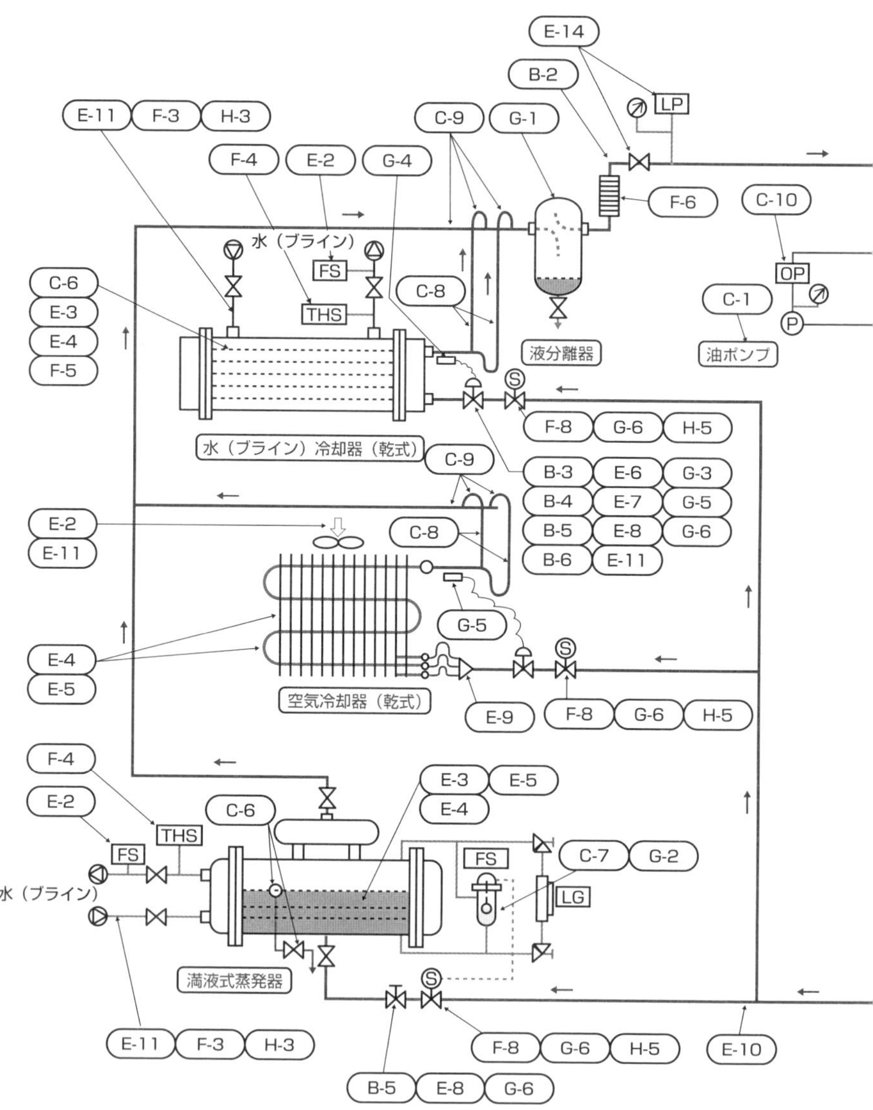

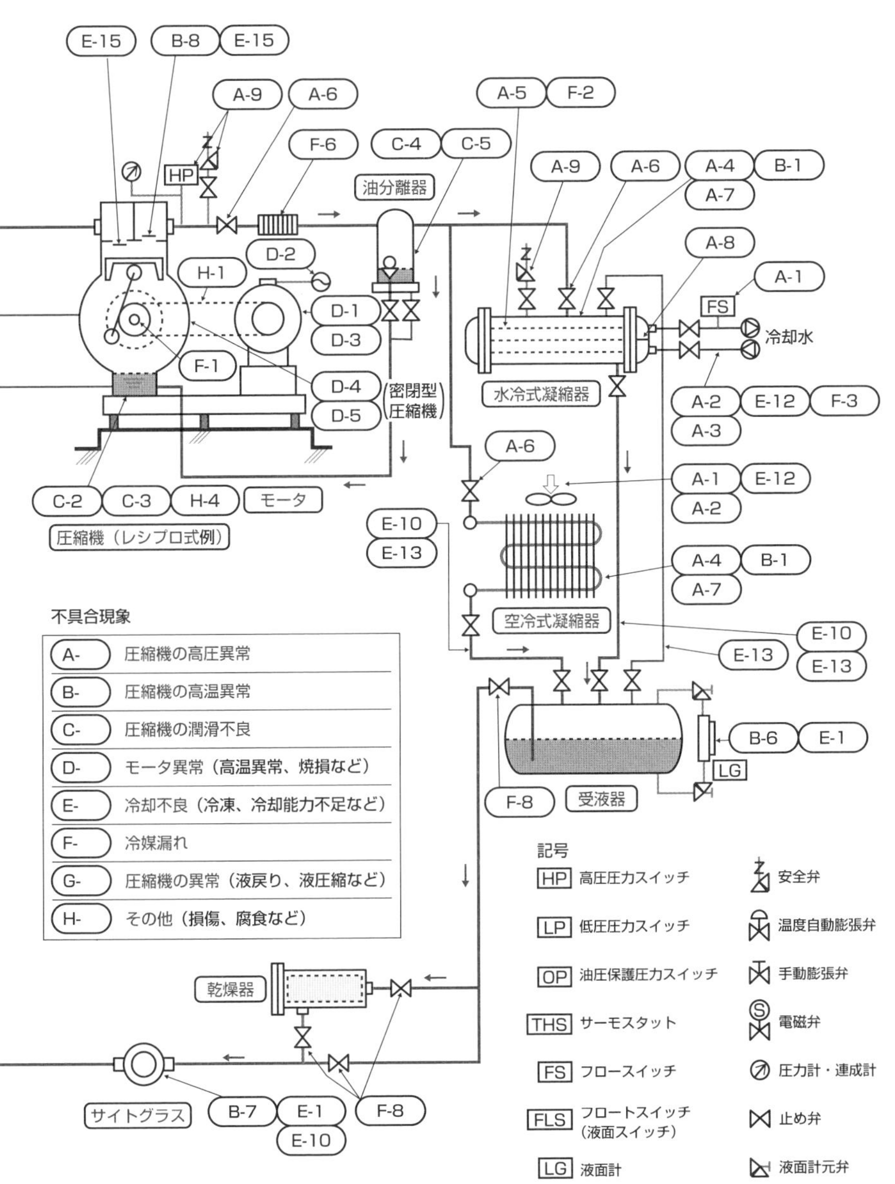

不具合現象

A-	圧縮機の高圧異常
B-	圧縮機の高温異常
C-	圧縮機の潤滑不良
D-	モータ異常（高温異常、焼損など）
E-	冷却不良（冷凍、冷却能力不足など）
F-	冷媒漏れ
G-	圧縮機の異常（液戻り、液圧縮など）
H-	その他（損傷、腐食など）

記号

HP	高圧圧力スイッチ		安全弁
LP	低圧圧力スイッチ		温度自動膨張弁
OP	油圧保護圧力スイッチ		手動膨張弁
THS	サーモスタット	S	電磁弁
FS	フロースイッチ		圧力計・連成計
FLS	フロートスイッチ（液面スイッチ）		止め弁
LG	液面計		液面計元弁

Question 問題を解いてみよう

以下の質問に○か×で解答してください。

問1　運転の休止（長期停止）時は、「ポンプダウン」後にそのまま停止する。

問2　圧縮機の吐出し圧力が上昇した場合は、冷凍能力が低下し、圧縮機軸動力が増加し、成績係数が低下する。

問3　圧縮機の吸込み圧力が低下した場合は、冷媒循環量が減少し、冷凍能力、圧縮機軸動力が低下し、成績係数が低下する。

問4　凝縮温度の合理的な目安は、空冷式凝縮器では、外気乾球温度より、10～15K高い。

Answer 答え合わせ

問1　×　運転の休止（長期停止）時は、送液弁を閉めたまま運転し、蒸発器内の冷媒を凝縮器や受液器に回収（「ポンプダウン」）した後に、低圧系統（蒸発器内など）にわずかな冷媒を流し、ゲージ圧力で10kPa程度の圧力にしてから停止する。冷媒回収時の真空状態のまま停止すると、長期停止時に空気を吸い込む可能性があるため、わずかな冷媒の圧力をかけておく。

問2　○　圧縮機の吐出し圧力が上昇した場合は、①圧力比が大きくなり、体積効率が低下、②冷凍能力が低下、③圧縮機軸動力が増加、④成績係数が低下。また、①吐出しガス温度が上昇、過熱、②冷凍機油の劣化、と変化する。

問3　○　圧縮機吸込み圧力が低下した場合は、①圧力比が大きくなり、体積効率が低下、②吸込み蒸気の比体積が大きくなり、冷媒循環量が減少、③冷凍能力、圧縮機軸動力が低下、④成績係数が低下、と変化する。

問4　×　凝縮温度の合理的な目安は、空冷式凝縮器では、外気乾球温度より12～20K高く、水冷式凝縮器では、冷却水出口水温より3～5K高い。

法令

高圧ガス保安法とは

1　高圧ガス保安法の誕生と変遷

高圧ガスによる災害の発生を防止する目的で、1922年（大正11年）に「圧縮瓦斯及液化瓦斯取締法」が制定されました。その後、何回かの改正がなされ、1997年（平成9年）に施行された現在の「高圧ガス保安法」となりました。

1922年（大正11年）「圧縮瓦斯及液化瓦斯取締法」　制定
1951年（昭和26年）「高圧ガス取締法」　全面改正
1963年（昭和38年）「同上」　2次改訂
1997年（平成9年）「高圧ガス保安法」　施行

2　高圧ガス保安法の体系

「高圧ガス保安法」は、「法律」、「政令」、「省令」及び「告示」の4段階によって定められています。

「法律」は、基本的な事項が定められていて、「政令」、「省令」及び「告示」などは具体的な内容となっています。

本書では、「高圧ガス保安法」（法律）を主体にまとめ、**この「法律」に対応し、関係のある「政令」、「省令」を➡（矢印）の後に表示してあります。**

（表記例：「法○条○項」➡「施行令○条○項」、「冷凍則○条○項」など）

以下の太字は、試験内容として主要な法規で、本書では、略称で表記します。

●**法律**：憲法の規定により国会の議決によって制定。

・「**高圧ガス保安法**」（略称：**法**）

●**政令**：法律を実施するために内閣が制定する。

・「**高圧ガス保安法施行令**」（略称：**施行令**）
・「高圧ガス保安法関係手数料令」
・その他

●**省令**：法律や政令を施行するため、経済産業大臣など（各省大臣）が行政機関に発する命令。

・「**冷凍保安規則**」（略称：**冷凍則**）
・「**一般高圧ガス保安規則**」（略称：**一般則**）
・「**容器保安規則**」（略称：**容器則**）

・「液化石油ガス保安規則」
・「コンビナート等保安規則」
・「特定設備検査規則」
・その他

●**「告示」**：省令を補完する命令。

●**「通達」**：法律や省令の解釈と運用。
・**「冷凍保安規則関係例示基準」**（略称：**例示基準**）

●その他・**「自主基準」**・・・学会、協会などが定めたもの。
・**「条例」**・・・地方公共団体が規定したもの。

3 法令試験

冷凍機械責任者試験の法令試験は、**「高圧ガス保安法に基づく　冷凍関係法規集」**（公益社団法人　日本冷凍空調学会発行）の内容から出題されます。

その中で、**「高圧ガス保安法」**、**「高圧ガス保安法施行令」**、**「冷凍保安規則」**、**「一般高圧ガス保安規則」**、**「容器保安規則」**の内容から出題されます。

4 本書の内容・活用の仕方

(1) **過去（2014～2020年）に出題された3種冷凍の問題に関係する項目、内容に「☞」というマークを示しましたので、受験者は、このマークの箇所を重点的に勉強し、理解することをお勧めします。得点アップにつながります。**

(2) **説明文末の「……参考」の部分は、過去問題として出題されていませんので省いて学習しても問題ありません**（ただし、将来は不明）。

(3) **高圧ガス保安法に基づく「冷凍関係法規体系」及び「過去問題出題年度表（5年間）」（3種冷凍）**の表は、高圧ガス保安法の条文順に試験に関連する内容をまとめ、第2編第1～4章との対応も示した体系表としました。高圧ガス保安法に関係する政令、省令（冷凍則、一般則、容器則）も表にすべて表記しましたので活用ください。
さらに**過去5年間（2016～2020年）の出題を問題番号（○内のNo.）で表記したので、出題数・頻度（2014～2020年）の多い項目を重点的に勉強し、理解してください。**

5　高圧ガス保安法と本書の構成

第2編では、主に**「高圧ガス保安法」に対応してその順序に沿って、法の条、項、号、イロハ･･･を基本として第1章から4章で構成**してあります。

本書	高圧ガス保安法	（主な対象の条項）
第1章　総則	**第一章　総則**	第一条～第四条
第2章　事業	**第二章　事業**	第五条～第二十五条の二
第3章　保安	**第三章　保安**	第二十六条～第三十九条
	第三章の二　完成検査及び保安検査に係る認定	
第4章　容器等 1 容器の定義 2 容器及び容器の附属品	**第四章　容器等** 第一節　容器及び容器の附属品	第四十条～第五十六条の二の二
	第二節　特定設備	
3 指定設備	第三節　指定設備	第五十六条の七～第五十六条の九
4 冷凍機器の製造	第四節　冷凍機器	第五十七条～第五十八条の二
	第四章の二　指定試験機関等 第一節　指定試験機関 第二節　指定完成検査機関 第二節の二　指定輸入検査機関 第二節の三　指定保安検査機関 第三節　指定容器検査機関 第四節　指定特定設備検査機関 第五節　指定設備認定機関 第六節　検査組織等調査機関	
	第四章の三　高圧ガス保安協会 第一節　総則 第二節　会員 第三節　役員、評議員及び職員 第四節　業務 第四節の二　財務及び会計 第五節　監督 第六節　解散	
5 帳簿、事故届	**第五章　雑則**	第六十条～第七十九条の二
	第六章　罰則	
	附則	

6 「高圧ガス保安法」「政令」「省令」の法令の表示

(1) 法規集と本書の表記

「冷凍関係法規集」に掲載されているすべての法規について、表記を以下のように統一しました。……仮の条、項、号で説明します。

「第十条2一、二、三･･･」(例)は、条、号の数値は漢数字ではなく、すべて算用数字としました。また、「第○条」の第を省略しました。

上記の例では、「**10条2項1、2、3号･･･**」としました。

また、章、節などの表記は、省略しました。

以下に、条、項、号の表記法について説明します(例)。

●条･･･法規集では、条と条の間に新たな条を挿入してある場合は、条名に枝番号を付けて、「第○条の○」等と表記してあります。

[表記例] ・**第十条** ……本書の表記は、「**10条**」

・**第十条の2**⬅新たに挿入された条

……本書の表記は、「**10条の2**」

・**第十一条** ……本書の表記は、「**11条**」

●項･･･法規集では、条の中に、1つの事項だけの場合は、「項」はなく、2つ以上の事項がある場合は、区切りごとに条の後に○項と番号を入れてあります。

[表記例] ・**第十条** ⬅番号がないが、第10条の1項を表す。

……本書の表記は、「**10条1項**」

・**2** ⬅第十条の2項を表す。

……本書の表記は、「**10条2項**」

・**3** ⬅第十条の3項を表す。

……本書の表記は、「**10条3項**」

●号･･･法規集では、項の後に、号を漢数字で入れてあります。

[表記例] ・**第十条2一** ⬅第10条2項1号を表す。

……本書の表記は、「**10条2項1号**」

・**第十条2二** ⬅第10条2項2号を表す。

……本書の表記は、「**10条2項2号**」

(2) 手続き用語

①**許可**：原則的に禁止されていることを公的機関が審査して、その禁止を解除して認めること。

②**届出**：公的機関に書類（届出書）を提出すること。

③**認定**：公的機関がある事項に対して同等と認めること。

④**指定**：公的機関が一定の条件の資格を満たしたと認めたもの。

第1章

総則
（法　第一章 総則）

「高圧ガス保安法」（以下、「法」という）は、一般ガス設備や液化石油ガス設備など高圧ガス関連のすべての設備、容器などに適用される、最も基本的な法律となっています。

冷凍機械責任者資格を必要とする冷凍装置は、冷媒や設備が高圧ガスに該当するため、冷凍装置の法令体系としては、この法を中心にして「冷凍保安規則」などが規定されています。よって、この法の条文の順序に従って説明していきます。

本書で扱う総則は、法律の入口であり、法の目的、高圧ガスの定義や法規制の範囲などを定めています。

Theme

1 高圧ガス保安法の目的

重要度：★★★

「高圧ガス」には、多くのガスがありますが、冷凍装置（主に、蒸気圧縮式冷凍装置）で現状、使われているほとんどの「冷媒」は高圧ガスに該当し、圧縮機、凝縮器などで高圧ガスを製造しています。
冷凍装置の運転や取扱いを誤ると事故になるおそれがあるため、「法」を基本として、各種の法規で規制しています。

1 高圧ガス保安法の目的

■1 高圧ガス保安法の目的（法1条）

☞ この法の目的を要約すると、「**高圧ガスによる災害を防止し、公共の安全を確保すること**」であり、その具体的な施策は以下となります（図1-1）。

☞ ①**高圧ガスの取扱い者に対する各種の規制**…法1条（目的）の要約
高圧ガスの製造、貯蔵、販売、移動、その他取扱及び消費並びに容器の製造及び取扱を規制する。

☞ ②**自主的保安活動の促進**
民間事業者及び高圧ガス保安協会による、高圧ガスの保安に関する自主的な活動を促進する。

- 「高圧ガス保安法の目的」は、ほぼ毎回出題されています。
- 用語の定義は、法の理解のためであり、用語そのものは出題されていません。

図1-1　高圧ガス保安法と施策

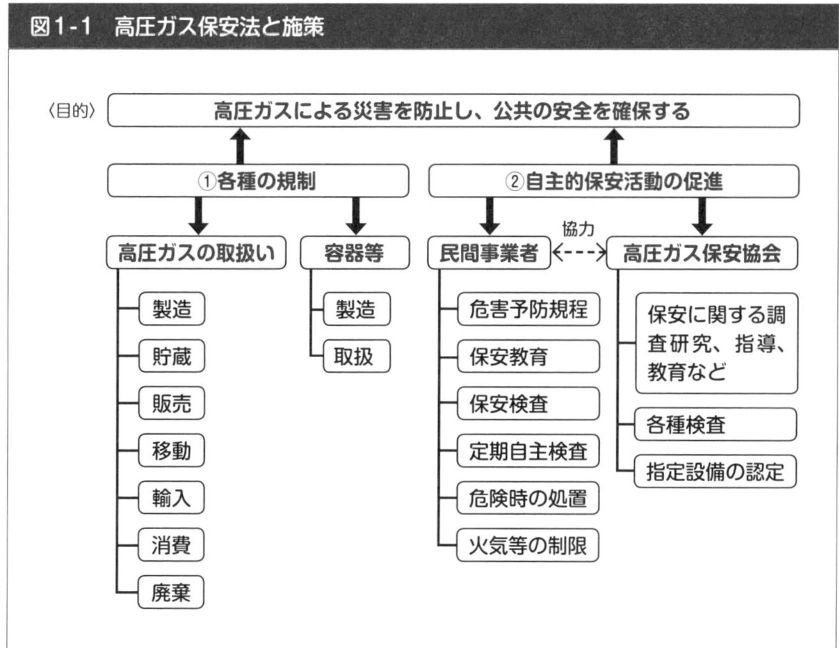

2　用語の定義、他

1　製造（法5条➡[※1]施行令3条）

「高圧ガスの製造」とは、一般的な物質を製造することではなく、**ガスを「高圧」の状態にすることや高圧ガスを充填（じゅうてん）[※2]するなど、高圧ガスを取り扱うことがすべて高圧ガスの製造**となり、以下と決められています（図1-2）。

1）ガスの圧力を変化させる場合

①高圧ガスでないガスを圧縮などして、高圧ガスにする。

②高圧ガスを圧縮機などで高圧ガスにする。

……**冷凍装置では、「圧縮機によって、冷媒ガスを圧縮すること」（圧縮機）**が該当します。

③高圧ガスの圧力を下げて、低い圧力の高圧ガスにする。

※1 ➡は法令の条文に対応（関係）する施行令、冷凍則、容器則、一般則を表わす。
※2 冷凍機械責任者に関連する条例や法令では「充てん」と表記されますが、本書では「充填」という表記で統一しています。

図1-2　高圧ガスの製造……冷凍装置との関連

1)ガスの圧力を変化させる場合

①高圧ガスでないガスを
高圧ガスにする。

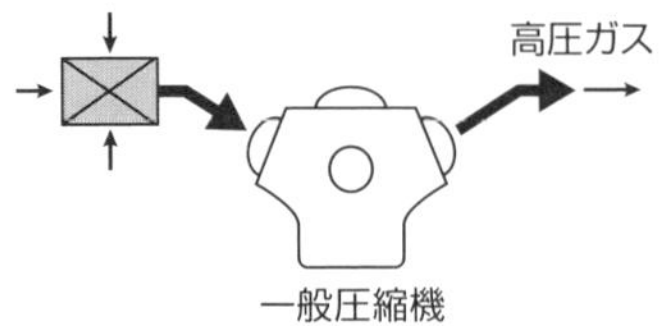

②高圧ガスを圧縮して、
高圧ガスにする。

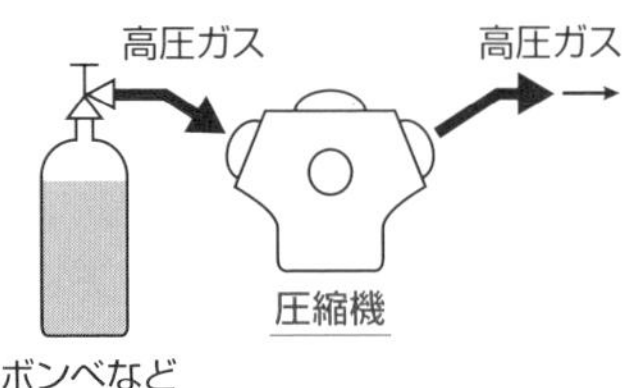

③高圧ガスの圧力を下げて、
低い圧力の高圧ガスにする。

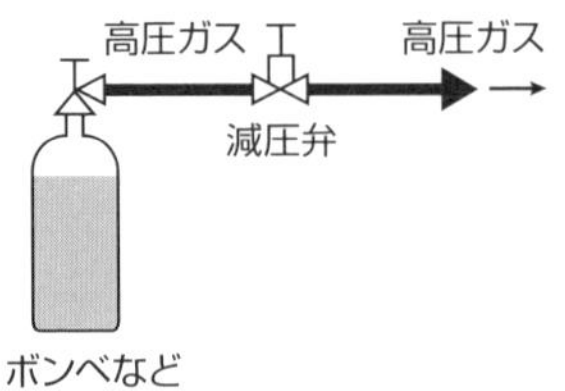

2)ガスの状態を変化させる場合

①気体を液化させる。

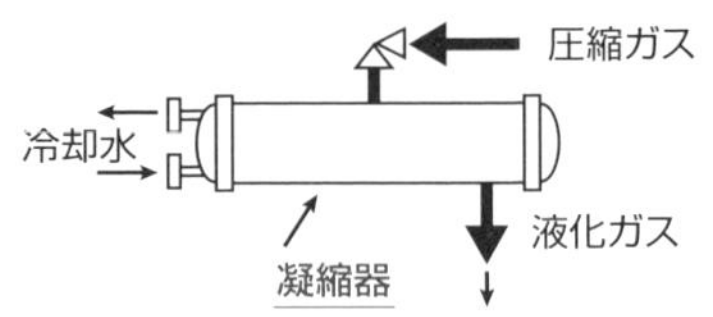

②液化ガスを気化させて
高圧ガスにする。

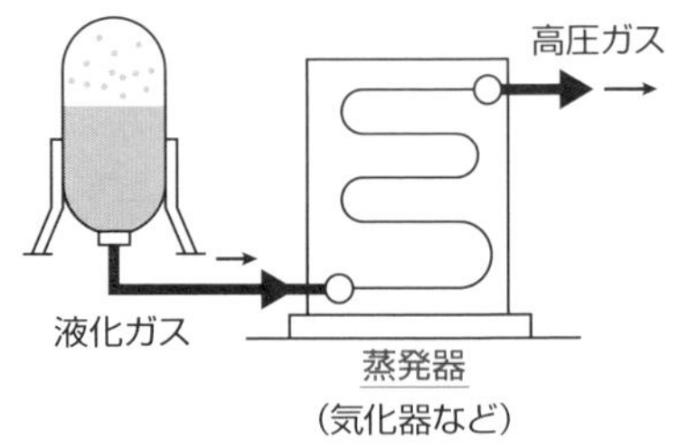

3)高圧ガスを容器などに充填する場合

①ボンベなどに充填、
移し替えなど

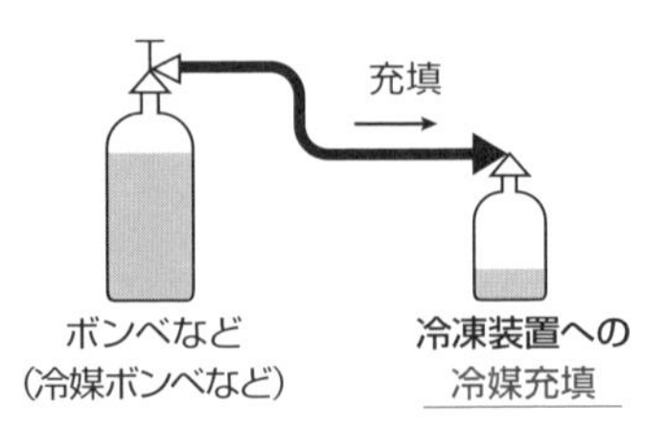

2) ガスの状態を変化させる場合

①高圧ガスを液化ガスにする。

……**冷凍装置では、「圧縮機の吐出しガスを冷却して、凝縮液にすること」（凝縮器）**が該当します。

②液化ガスを気化させて高圧ガスにする。

……**冷凍装置では、「蒸発器で冷媒液を蒸発させること」（蒸発器）**が該当します。

3) 高圧ガスを容器などに充填する場合

①高圧ガスを容器（ボンベなど）に充填したり、高圧ガスを容器に移し替えたりする。

……**冷凍装置では、「冷媒をボンベから充填すること」（冷媒充填）**が該当します。

■2　貯蔵（法15条）➡冷凍則20条、27条2号（詳細は第2章）

貯蔵とは、高圧ガスを一定の場所に置いておくことです。

……**冷凍装置では、「冷媒を充填したまま保管しておくこと」**が該当します。

■3　販売（法20条の4）➡冷凍則26条、26条の2、27条、28条（同上）

販売とは、高圧ガスを容器に入れて販売することです。……**冷凍装置では、「冷媒を充填した容器**や**冷媒が充填されている冷凍装置の販売すること」**が該当します。

■4　移動（法23条）（同上）

移動とは、一般的には、高圧ガスをある地点から別の地点に車両や人が運搬することです。

……**冷凍装置では、「冷媒をタンクローリーやボンベ等で運搬すること」**が該当します。

■5　輸入（法22条）➡冷凍則31条、31条の3、32条（同上）

輸入とは、高圧ガス及び容器を外国から輸入することです。

なお、日本から輸出する場合は、法の適用を受けません。

■6　消費（法24条の2、施行令7条）（同上）

消費とは、高圧ガスの状態にあるものを高圧ガスの状態でなくすことです。

……**冷凍装置では、該当例がありません。**

■7　廃棄（法25条）➡冷凍則33条、34条（同上）

廃棄とは、不用となった高圧ガスを大気中に捨てること等をいいます。……**冷凍装置では、可燃性ガス、毒性ガス及び特定不活性ガス**対して規定しています。

■8　高圧ガスの容器

高圧ガスの容器とは、高圧ガスの製造に用いられる容器並びに高圧ガスの貯蔵や移動の際に高圧ガスが充填されている**容器（ボンベ）**をいいます。その**「容器」（製造方法、検査、刻印、表示等）**の規格・基準が定められています。

なお、容器則1条で、**高圧ガスを充填するための容器であって地盤面に対して移動することができる容器**に関して規定しています。

■9　取扱の規制

取扱の規制とは、以下の内容となります。

①**高圧ガス：都道府県知事**（以下**「知事等」**という）の**許可**または**届出**を課すこと。
②**容器製造：許可・届出は不要**だが、**基準の遵守義務**を課すこと。
……**冷凍機器を製造**する場合に、**知事等への許可**または**届出は必要でなく、技術上の基準を満たしていればよい**ことになります。

＊高圧ガス保安法による許可、届出等の事務手続の一部が、指定都市においてはその長に移譲されることになったため、知事のみでなく「**知事等**」としました。

■10　自主的な保安活動

自主的な保安活動とは、以下の2つとなります。

①**民間事業者**

事業者自身による保安活動を指します。具体的には、以下となります。

・危害予防規程、保安教育、保安管理体制、定期自主検査、危険時の処置、火気等の制限、保安検査受検規制など

②**高圧ガス保安協会**（法59条の28）……抜粋

〔目的〕（法59条の2）

高圧ガス保安協会（以下**「協会」**という）は、**高圧ガスによる災害の防止に関する業務を目的**とする。……**特定民間法人**

〔業務の範囲〕（法59条の28）……（省略）参考

Theme

2 高圧ガスの定義

重要度：★☆☆

高圧ガスとは、単に圧力の高いガスのことではなく、災害の危険性があるガスであり、「圧縮ガス」と「液化ガス」、「特定の液化ガス」に分けて、さらにその圧力（ゲージ圧力）と温度（℃）で規定しています。

1 高圧ガスの定義

■1 圧縮ガス（法2条1、2号）

☞ ●**圧縮ガス（圧縮アセチレンガスを除く）**とは、**次の①、②のいずれかのガス**をいいます（1号）（図1-3）。

①**常用の温度**で、**1MPa以上**となる圧縮ガスであって、**現にその圧力**が**1MPa以上**のガス。

②**温度35℃で圧力が1MPa以上**となるガス。

解説 解釈

1 ①の**「常用の温度」**とは、通常の運転状態における最高温度のことで、誤操作や故障時の一時的な異常温度ではありません。

2 ①の**「現にその圧力」**とは、現状の運転時の圧力をいいます。

3 ①と②のいずれかであるため、温度35℃において圧力が1MPa以上となれば、常用の温度で1MPa未満、または、現にその圧力が1MPa未満であっても高圧ガスとなります。

「高圧ガスの定義」は「圧縮ガス」と「液化ガス」についての定義（圧力、温度規定）が多く出題されています。「圧縮アセチレンガス」、「特定の液化ガス」はほとんど出題されていません。

表1-1　高圧ガスの定義　(法2条1～4号)➡施行令1条

高圧ガスの区分		区分	定義	説明図	具体的なガス（太字は冷媒）・例
圧縮ガス	**圧縮アセチレンガス以外（圧縮ガス）**	①	常用の温度※において、圧力※が**1**MPa以上で、現にその圧力※が**1**MPa以上のガス	図1-3	アルゴン、一酸化炭素、空気、酸素、水素、窒素、ヘリウム、メタン　他
		②	温度**35**℃において、圧力が**1**MPa以上のガス		
	圧縮アセチレンガス	①	常用の温度において、圧力が**0.2**MPa以上で、現にその圧力が**0.2**MPa以上のガス	図1-4	アセチレン
		②	温度**15**℃において、圧力が**0.2**MPa以上のガス		
液化ガス	**下記の特定の液化ガス以外（液化ガス）**	①	常用の温度において、圧力が**0.2**MPa以上で、現にその圧力が**0.2**MPa以上のガス	図1-5	**液化アンモニア、フルオロカーボン、二酸化炭素**、酸素、窒素、アルゴン、塩素、二酸化硫黄　他
		②	圧力が**0.2**MPa以上となる場合の温度が**35**℃以下のガス		
	特定の液化ガス		温度35℃において、圧力が0MPaを超えるガス	図1-7	特定の液化ガス ①液化シアン化水素 ②液化ブロムメチル ③液化酸化エチレン

※**「常用の温度」**とは、**通常運転状態での最高温度。**

※ 圧力は、**ゲージ圧力**、単位は、**MPa（メガパスカル）**。

※**「現にその圧力」**とは、**現状の運転時の圧力。**

図1-3　圧縮ガス

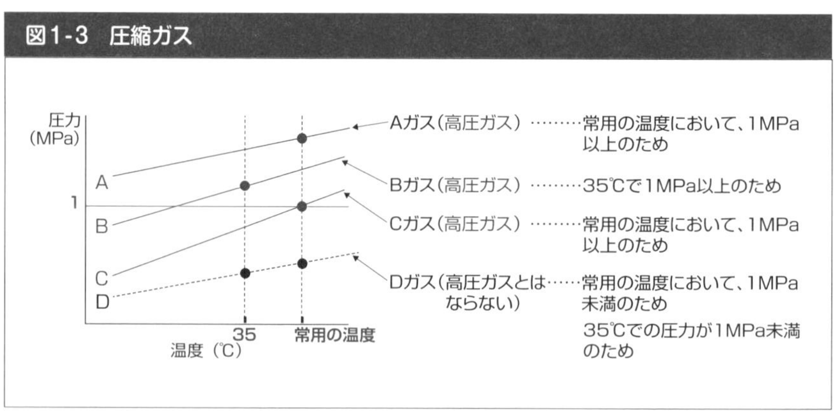

☞ ●**圧縮アセチレンガス**は、**次の①、②のいずれかのガス**をいいます（2号）（図1-4）。

①**常用の温度**で、**0.2MPa以上**となる圧縮ガスであって、**現にその圧力**が**0.2MPa以上**のガス。

②**温度15℃で圧力が0.2MPa以上**となるガス。

圧縮アセチレンガスは、**自己分解性の危険性が高い**ため、条件を厳しくして規定しています。……**参考**

解説 解釈……「常用の温度」と「現にその圧力」は前1号の圧縮ガスと同じ。

図1-4　圧縮アセチレンガス

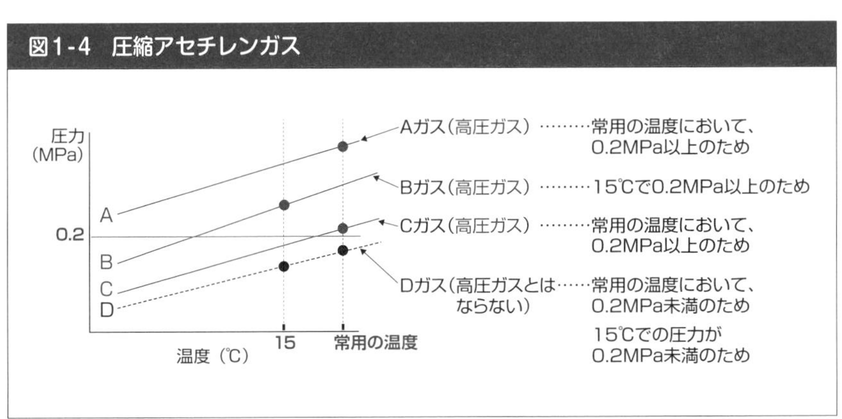

■2　液化ガス（法2条3、4号）

☞ ●**液化ガス（特定の液化ガスを除く）**とは、**次の①、②のいずれかのガス**をいいます（3号）（図1-5）。

①**常用の温度**で、**0.2MPa以上**となる液化ガスであって、**現にその圧力**が**0.2MPa以上**のガス。

②**圧力が0.2MPa以上となる温度が35℃以下**のガス。

図1-5　液化ガス

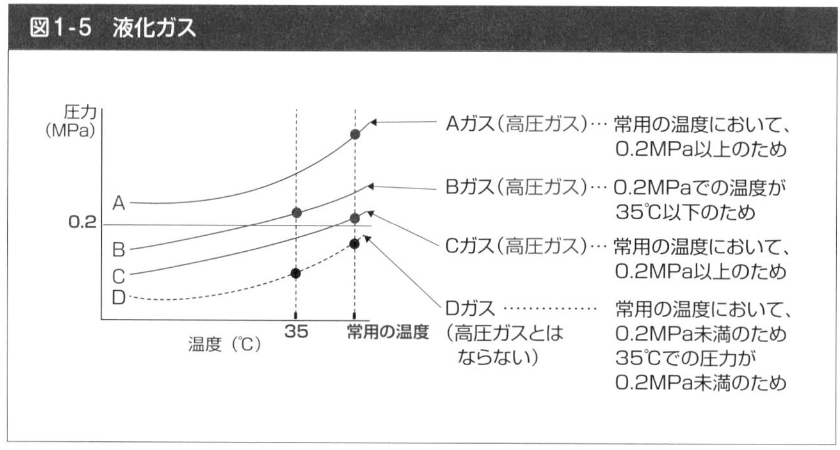

解説　解釈

1「常用の温度」と「現にその圧力」は、前1号の圧縮ガスと同じです。

2 ①と②のいずれかであればよいため、温度35℃において圧力が0.2MPa以上となれば、常用の温度で0.2MPa未満、又は、現にその圧力が2MPa未満であっても**高圧ガス**となります。

3 液化ガスとは、現に液体であって次のいずれかに該当するものをいいます（法2条、通達）。

①大気圧における沸点が40℃以下のもの

②大気圧における沸点が40℃を超える液体が、その沸点以上かつ1MPa以上の状態にあるもの

4 **液化ガス**……**フルオロカーボン**、**アンモニア**、**二酸化炭素**、塩素、二酸化硫黄、液化石油ガス、酸素、窒素、アルゴンなど

5 容器内で、液相部と気相部（圧縮ガス）を有する場合には、その全体を**「液化ガス」**として扱います（図1-6）。

図1-6　液化ガス（例）

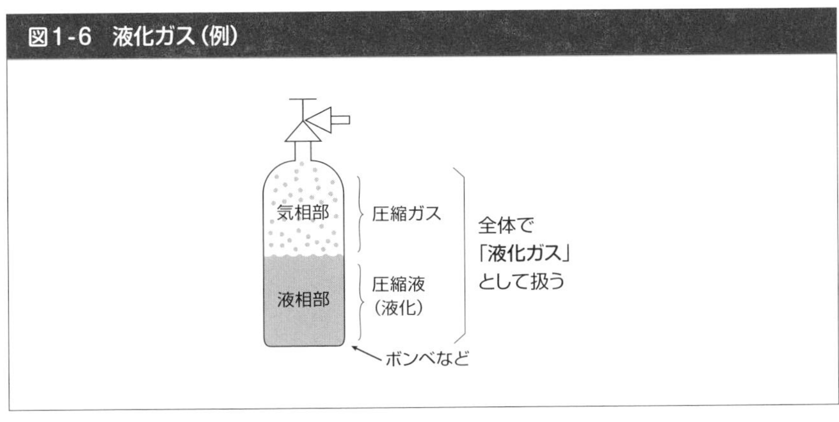

●**特定の液化ガス**とは、温度35℃で、圧力0MPaを超える液化ガス（以下の①②③）をいいます。（4号）➡施行令1条（図1-7）……**参考**

①液化シアン化水素
②液化ブロムメチル
③液化酸化エチレン（施行令1条1、2、3号）

上記の**特定の液化ガス**は、いずれも、**毒性ガス及び可燃性ガスであり危険性が高い**ため、条件を厳しくして規定しています。……**参考**

図1-7　特定の液化ガス

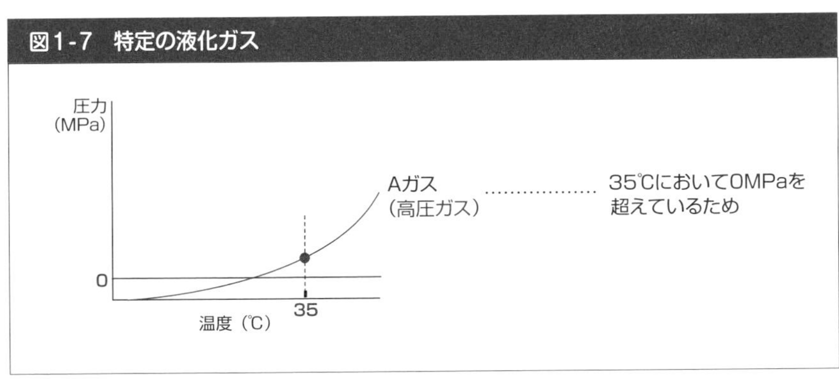

「圧縮ガス」と「液化ガス（特定の液化ガス以外）」の高圧ガスの定義（圧力と温度の値）を整理して理解しておきましょう。

Theme

3 高圧ガス保安法の適用除外

重要度：★★★

高圧ガスであっても高圧ガス保安法の適用を受けない場合は、「適用除外」といいます。

1 高圧ガス保安法の適用除外

1 他の法律で規制しているものや、2 小容量の冷凍装置や、災害の恐れや危険性が少ないものは**高圧ガス保安法を適用しない**（**適用除外**）ように規定しています。

■1 他の法律で規制を受けているもの（二重規制の防止）（法3条1号〜7号）……（具体例は省略）参考

■2 小容量の冷凍装置や災害の恐れや危険性が少ない高圧ガス製造設備や容器（法3条8号）➡施行令2条3項

1）冷凍装置に関係するものや容器等（施行令2条3項）……以下抜粋

☞ ①**冷凍能力**が**3トン未満**の冷凍設備内の高圧ガス
……**すべての冷媒**（3号）（第2章表2-2）。

☞ ②**冷凍能力**が**5トン未満**の冷凍設備内の高圧ガス
……**不活性のフルオロカーボン、二酸化炭素の場合**（4号）（詳細は第2章表2-2）。

③不活性のフルオロカーボン回収装置（ただし、35℃において5MPa以下）（7号）
……**参考**

④内容積1リットル以下の液化ガスで、35℃において0.8MPa以下（ただし、不活性フルオロカーボン（可燃性は除く）は2.1MPa以下（8号）。……**参考**
……R12、R22、R134a、R404A、R407Cなどの「サービス缶」が該当。
……**参考**

冷凍装置に直接に関係する「適用除外」の中で、冷凍装置の「法定冷凍トンの大きさ」と「冷凍種類」で規定していることが多く出題されています。

⑤高圧ガスであって、ガス容積が0.15m^3以下で経済産業大臣が、定めたもの（9号）。……**参考**

⑥内容積1デシリットル以下の容器及び密閉しない容器（2項）……ライター など。……**参考**

⑦上記1）以外のもの（施行令2条3項1号、2号、5号、6号）……（省略）**参考**

高圧ガス保安法の適用除外の冷凍装置として「冷媒種類」と「冷凍能力」の大きさを整理して理解しておきましょう。

Question **問題を解いてみよう**

以下の質問に○か×で解答してください。

問　（1 章 総則）

1　高圧ガス保安法は、高圧ガスによる災害を防止して公共の安全を確保するために、高圧ガス製造、貯蔵、販売、移動その他の取扱及び消費の規制をすることのみを定めている。

2　圧縮ガス（圧縮アセチレンガスを除く）は、35℃において圧力が1MPa で、現在の圧力が 0.9MPa のものは、高圧ガスではない。

3　液化ガスは、32℃において圧力が 0.2 MPa であり、現在の圧力が0.1MPa のものは、高圧ガスではない。

4　1 日の冷凍能力が 4 トンの冷凍設備は、ガスの種類により、高圧ガス法の適用を受けない。

Answer 答え合わせ

1 × 高圧ガス保安法の目的は、「高圧ガスによる災害を防止するため、高圧ガスの製造、貯蔵、販売、移動その他の取扱及び消費並びに容器の製造及び取扱を規制するとともに、民間事業者及び高圧ガス保安協会の保安に関する自主的な活動を促進し、もって公共の安全を確保することを目的とする。」（法1条）と規定されている。

よって、民間事業者及び高圧ガス保安協会の保安に関する自主的な活動を促進することも目的としているため、記述は誤りである。

2 × 「圧縮ガス（圧縮アセチレンガスを除く）は、①常用の温度において圧力が1MPa以上となり、現にその圧力が1MPa以上であるもの。②温度35℃において、圧力が1MPa以上であるもの。」（法2条1号）と規定されている。

よって、①、②のいずれかに該当するものは高圧ガスであるため、記述は誤りである。

3 × 「液化ガスは、①常用の温度において圧力が、0.2MPa以上となり、現にその圧力が0.2MPa以上であるもの。②圧力が0.2MPaとなる場合の温度が35℃以下もの。」（法2条3号）と規定されている。

①、②のいずれかに該当するものは、高圧ガスである。

よって、設問のガスは、32℃において圧力が0.2 MPaであり高圧ガスとなるため、記述は誤りである。

4 × 「1日の冷凍能力が5トン未満の冷凍設備内の高圧ガスである二酸化炭素及びフルオロカーボン（不活性のものに限る）は、高圧ガス法の適用を受けない。」（施行令2条3項4号）。ただし、冷媒が、不活性以外のフルオロカーボン、アンモニア、その他のガスの場合は、「3トン未満では適用を受けない。」（施行令2条3項3号）が、「4トンでは適用を受ける。」と規定されている。

よって、冷媒の種類により適用を受けないとの記述は誤りである。

第2章

事業
（法　第二章 事業）

高圧ガスの製造等を取り扱う者の施設基準及びその取扱い方法などについて、行政による規制があります。

Theme

1 冷媒ガスの区分、定義

法規上の冷媒ガスの区分と定義が規定されています。
ブラインと二次冷媒の違いも理解しておきましょう。

重要度：★★★

1 冷媒ガスの区分と定義

太字は冷凍装置の現状での主要な使用冷媒を示します（表2-1）。

■1 可燃性ガス

可燃性ガス：可燃性を有するガスで、危険性が高い（一般則2条1項1号、冷凍則2条1項1号）……**アンモニア**、**イソブタン**、エタン、エチレン、クロルメチル、水素、ノルマルブタン、**プロパン**、プロピレン、他

■2 毒性ガス

毒性ガス：毒性を有するガスで、危険性が高い（一般則2条1項2号、冷凍則2条1項2号）……**アンモニア**、クロルメチル、他

■3 不活性ガス

不活性ガス：他の物質と化学反応を起こしにくい化学的に安定したガスで、規制が最も少ない（一般則2条1項4号、冷凍則2条1項3号）

①**フルオロカーボン**

・冷凍則2条1項3号で定義……下記

R12、R13、R13B1、R22、R114、R116、R124、R125、**R134a**、**R401A**、R401B、R402A、R402B、**R404A**、R407A、R407B、**R407C**、R407D、R407E、**R410A**、R401B、R413A、R417A、R422A、R422D、R423A、R500、R502、R507A、R509A

②**二酸化炭素**（一般則2条4号、冷凍則2条1項3号）

③**特定不活性ガス**（一般則2条1項4の2号、冷凍則2条1項3の2号）……**R32**、**R1234yf**、**R1234ze**

冷媒ガスの区分と定義のそのものの出題はされていません。

・**微燃性**があり、「可燃性ガス」と区分して規制されています。
・前記の①フルオロカーボンや②二酸化炭素と同じ不活性ガスとして規定する内容と区別して規定する内容があります。

■4　不活性以外のフルオロカーボン：微燃性があり、「不活性のフルオロカーボン」より、危険性が高い（冷凍則2条1項1号イ、ロ）。

……「不活性以外のガス」とも表記

R143a（可燃性／爆発下限界7%）、R152a（可燃性／爆発下限界4%）

表2-1　ガスの区分定義

冷媒の種類	冷媒名（太字は現状での主要な使用冷媒）
可燃性ガス	**アンモニア**、**イソブタン**、エタン、エチレン、クロルメチル、水素、ノルマルブタン、**プロパン**、プロピレン
	不活性ガス以外のフルオロカーボン（下記に該当するガス） ・爆発限界の下限が10%以下のもの（R143a、R152aなど） ・爆発限界の上限と下限の差が20%以上のもの
毒性ガス	**アンモニア**、クロルメチル
不活性ガス	**フルオロカーボン** ……**R22、R134a、R404A、R407C、R410Aなど**
	二酸化炭素
	特定不活性ガス……**R32、R1234yf、R1234ze**

2　二次媒体の区分、定義

■1　ブライン

間接式冷凍装置において、冷媒ガスで冷却し、循環させて被冷却物を冷却するための熱媒となる**気液の相変化をしない流体**をいい、法規上は水もブラインと同様に扱います。

……塩化カルシウム、塩化ナトリウム、エチレングリコール、プロピレングリコールなど。

■2　二次冷媒

間接式冷凍装置において、冷媒ガスで冷却し、循環させて被冷却物を冷却するための熱媒となる**気液の相変化をする流体**をいいます。……**二酸化炭素**など。

Theme

2 高圧ガス製造施設の定義

重要度：★★☆

高圧ガス製造施設内の設備の用語の定義を、冷凍設備を例として説明します。

1 高圧ガス製造施設

■1 製造施設（冷凍施設）（図2-1）

「製造施設」（冷凍施設）とは、**冷凍設備及び建物（機械室、管理棟など）、換気設備、消火設備、警戒標など冷凍設備の運転や保安に関するすべての施設**をいいます。

■2 製造設備（冷凍設備）（図2-1）

製造設備（冷凍設備）とは、**冷媒設備及び電気設備、冷却塔、冷却水設備、ブライン設備、除害設備など冷凍のために高圧ガスを製造するための設備**をいいます。

①**移動式製造設備**（冷凍則2条1項4号）……**参考**

地盤面に対して移動できる設備：カークーラ、冷凍冷蔵車など。

②**定置式製造設備**（冷凍則2条1項5号）（図2-1）

移動式製造設備以外の設備：パッケージエアコン、冷蔵庫用冷凍装置、ブライン冷凍装置など。

「冷凍設備」「冷媒設備」「冷凍施設」「事業所」などの用語そのものの出題はされていません。

■3　冷媒設備（冷凍則2条1項6号）（図2-1）

冷媒設備とは、**冷凍設備**（圧縮機、凝縮器、蒸発器、附属機器、冷媒配管など）のうち、**冷媒ガスが通る部分**です。一般に冷凍設備を冷凍装置又は冷凍製造施設などともいいます。

なお、暖房運転時の設備も含みます。また、冷水、ブラインなどが通る部分（ブラインポンプ、配管など）は**冷媒設備**ではなく**製造設備（冷凍設備）**となります。

■4　事業所と冷凍設備（図2-1）

一般の「事業所」の場合、第三者の道路などで分離されていないなど、敷地内にある工場、事業所などは一事業所として扱います。

しかし、**冷凍設備**の場合は、**1つの冷媒設備が設置されている場所**をいいます。つまり、**1つの工場内に独立した冷媒設備がある場合には、それぞれ「1つの冷媒設備」が1つの「事業所」**となります。

■5　1つの冷媒設備

1つの「冷媒設備」とは、以下の場合となります。

①冷媒ガスが配管によって共通となっている冷凍設備
②同一の架台上に設備された（ユニット化された）冷凍設備
③ブラインが共通している2つ以上の冷凍設備
……ただし、2つ以上のブラインでつながれた冷媒設備を「1つの冷媒設備」としても、分割してもよい（図2-1）。
④二元以上の冷凍方式の冷凍設備
⑤モータ等、圧縮機の動力設備を共通している冷凍設備

■6 「専用機械室」(冷凍則36条2項イ(2))(図2-1)

製造設備(冷凍設備)を設置する専用の室をいいます。

図の例では、**冷媒設備AとBはブラインが共通しているため「1つの冷媒設備」(1つの事業所)**となり、**設備Cと設備D**と合わせて合計**「3つの事業所」**となります。

図2-1　製造施設(冷凍施設)内の設備・事業所(例)

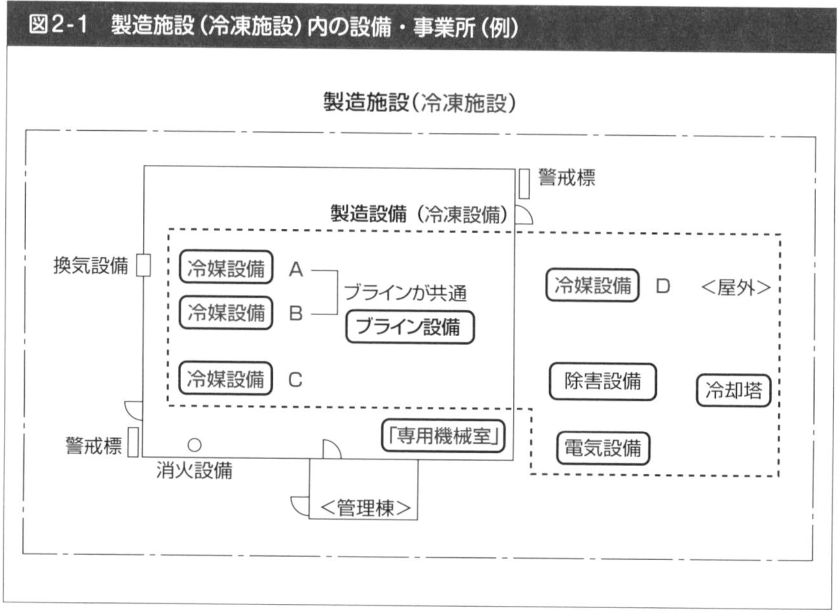

Theme 3 製造の許可等

重要度：★★★

高圧ガスの製造者は、その規模別に事業所ごとに、知事等に許可申請又は届出をしなければなりません。
各製造者ごとの冷媒種類と法定能力トンを整理して理解しておきましょう。

1 製造の許可等

■1 第一種製造者（法5条1項）➡冷凍則3条、施行令4条

第一種製造者は、**事業所**ごとに、知事等に**許可**を受けなければなりません。許可を受けた者を**「第一種製造者」**といいます（表2-2）（図2-2）。

[冷凍設備の場合]（法5条1項2号）➡冷凍則3条、施行令4条

☞ ①1日の冷凍能力（法定能力トン）

- 不活性のフルオロカーボン、二酸化炭素……**50**トン以上
- 不活性ガス以外のフルオロカーボン、アンモニア……**50**トン以上
- その他のガス……**20**トン以上

②許可申請の書類（図2-4）……参考

- 高圧ガス製造許可申請書、製造計画書（冷凍則3条2項）

■2 第二種製造者（法5条2項）➡冷凍則4条、施行令4条

☞ **第二種製造者**は、**事業所**ごとに、事業開始（製造開始）の日の**20**日前までに知事等に**届出**をしなければなりません。届け出て製造を行う者を**「第二種製造者」**といいます（表2-2）（図2-2）。

[冷凍設備の場合]（法5条2項2号）➡冷凍則4条、施行令4条

第一種・第二種製造者、その他の製造者、適用除外、指定設備の「許可」、「届出」等の規定（冷媒の種類、冷凍トン、他）に関して多く出題されています。

☞ ①1日の冷凍能力（法定能力トン）

・不活性のフルオロカーボン、二酸化炭素……**20**トン以上**50**トン未満

・不活性ガス以外のフルオロカーボン、アンモニア……**5**トン以上**50**トン未満

・その他のガス……**3**トン以上**20**トン未満

②届出の書類（図2-5）……参考

・高圧ガス製造届出書、製造施設等明細書（冷凍則4条2項）

■3　その他の製造者（法13条）➡冷凍則15条

☞ **その他の製造者**とは、第一種製造者、第二種製造者に該当しない以下の製造者をいいます。届出は**不要**です（表2-2）（図2-2）。

①1日の冷凍能力（法定能力トン）

・不活性のフルオロカーボン、二酸化炭素……**5**トン以上**20**トン未満

・不活性ガス以外のフルオロカーボン、アンモニア……**3**トン以上**5**トン未満

■4　適用除外（法3条8号）➡施行令2条3項

適用除外は、災害のおそれがない高圧ガスを使った以下の冷凍設備が該当します。届出は**不要**です（表2-2）（図2-2）。

①1日の冷凍能力（法定能力トン）

・不活性のフルオロカーボン、二酸化炭素……**5**トン未満

・不活性ガス以外のフルオロカーボン、アンモニア、その他ガス……**3**トン未満

■5　指定設備（法5条1号、法56条の7）➡施行令15条、冷凍則56条、57条

☞ **指定設備**とは、公共の安全の維持又は災害の発生の防止に支障を及ぼすおそれがないものとして政令で定めた設備です。その認定を受けた設備を「**認定指定設備**」といいます（表2-2）（図2-2）。

この「認定指定設備」は、1日の冷凍能力（法定能力）によらず知事等の許可は不要で、50トン以上の場合のみ第二種製造者による**届出**を必要とします（図3-1）。

指定設備とは、冷凍のための**不活性ガス**で、**ユニット型**と規定されています（冷凍則57条）。

指定設備の定義、取扱い規定や技術上の基準などは第4章でまとめて説明します。

表2-2　許可等の区分（冷凍設備）

製造者等（区分）	許可等	・不活性のフルオロカーボン ・二酸化炭素	・不活性以外のフルオロカーボン（R143a、R152a） ・アンモニア	・その他のガス（可燃性ガス等）
第一種製造者	許可	50トン以上	50トン以上	20トン以上
第二種製造者	届出	20トン以上 50トン未満	5トン以上 50トン未満	3トン以上 20トン未満
（認定指定設備）	届出	50トン以上	—	—
その他の製造者	届出不要	5トン以上 20トン未満	3トン以上 5トン未満	—
適用除外	届出不要	5トン未満	3トン未満	3トン未満

（数値は1日の冷凍能力）

図2-2　許可等の区分（冷凍設備）

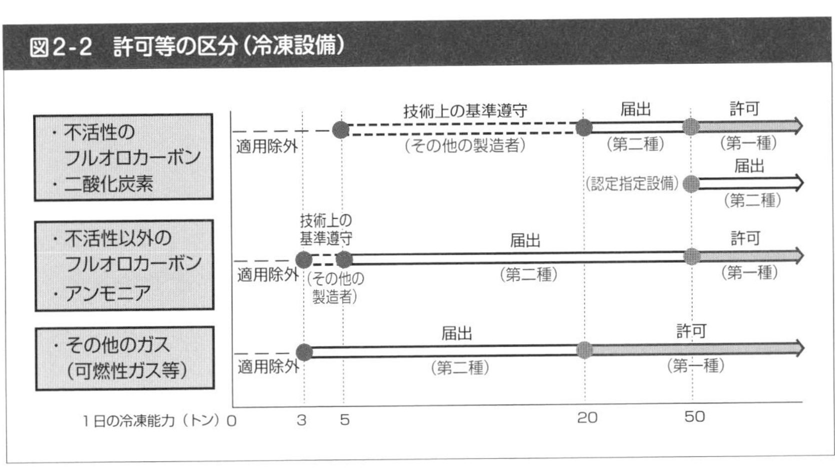

Theme

冷凍能力の算定基準

冷凍設備の規模の基準となる1日の冷凍能力（法定能力）の算出基準は、冷凍設備ごとに異なります。

重要度：★★★

1 冷凍能力の算定基準

■1 遠心式圧縮機の製造設備（冷凍則5条1号）

圧縮機の定格出力1.2kWを1日の冷凍能力1トンとします。

……圧縮量のピストン押しのけ量の計算がしにくいなどのため、動力を基準としています。……**参考**

算出式：R＝P/1.2

ここで、R：1日の冷凍能力（トン）

P：圧縮機の定格出力（kW）

■2 吸収式冷凍設備（冷凍則5条2号）

発生器を加熱する1時間の入熱量27,800kJをもって**1日の冷凍能力1トン**とします。

……発生器の入熱量の約1/2（27,800×1/2）＝13,900kJ/h……**参考**

……（1日本冷凍トン）が有効の冷凍能力になると想定した値です。……**参考**

算出式：R＝Q/27,800

ここで、R：1日の冷凍能力（トン）

Q：発生器を加熱する1時間の入熱量（kJ/h）

冷凍設備ごとの冷凍能力算出基準に関して多く出題されています。

☞ ■3　自然環流式及び循環式冷凍設備（冷凍則5条3号）

算出式：R=<u>Q</u>×<u>A</u>

ここで、R：1日の冷凍能力（トン）

Q：**冷媒ガスの種類に応じて表で決められた値**

A：**蒸発部又は蒸発部の冷媒ガスに接する側の表面積（m²）**

・**自然環流式冷凍設備**：蒸発部及び凝縮器が冷媒通路により接続され、冷媒ガスの液化と蒸発のサイクルを繰り返すものをいいます。……**参考**

・**自然循環式冷凍設備**：蒸発部及び凝縮器が冷媒配管により接続され、冷媒ガスの液化と蒸発のサイクルを繰り返すものをいいます。……**参考**

■4　往復式等その他の圧縮機を使用する製造設備（冷凍則5条4号）

算出式：R=<u>V</u>/<u>C</u>

ここで、R：**1日の冷凍能力（トン）**

V：**ピストン押しのけ（相当）量**（m^3/h）

①多段圧縮方式、多元冷凍方式……$V_H+0.08V_L$

②回転ピストン型圧縮機方式……$60\times0.785\,tn\,(D^2-d^2)$

③その他の方式……圧縮機の標準回転数速度における1時間のピストン押しのけ量の値

C：**冷媒ガスの種類に応じて定められた数値**

V_H：標準回転数における最終段又は最終元の1時間のピストン押しのけ量（m^3/h）

V_L：標準回転数における最終段又は最終元の前の気筒（圧縮機）の1時間のピストン押しのけ量（m^3/h）

ここで、上式中のt、n、D、dの記号説明は省略。

■5　往復式等その他の圧縮機を使用する製造設備により、自然循環式冷凍設備の冷媒ガスを冷凍する製造設備（冷凍則5条5号）

算出式：R=<u>V</u>/<u>C</u>（上記4）と同じ。

Theme

5 第一種製造者の規制

第一種製造者の主要な規定項目(9項目)があります。
第一種製造者の各規定を理解しておきましょう。

重要度:★★★

1 製造の許可等

事業所ごとに、知事等に**許可**を受けなければなりません(法5条1項)。

2 許可の欠格事由……参考

以下の者は**許可**を受けられません(法7条)。

①許可を取り消されてから2年経過しない者(1号)
②刑の執行後2年経過しない者(2号)
③成年被後見人(3号)
④役員で上記の①②③に該当する者がいる場合(4号)

3 許可の基準

下記の**技術上の基準**に適合している場合は、**許可**を与えなければなりません(法8条)。

①設置基準(仮称)(法8条1号)

「製造施設」(製造のための施設)の位置、構造及び設備が**技術上の基準に適合**していること。

②作業基準(仮称)(法8条2号)

製造の方法が技術上の基準に適合していること。

4 許可の取消し……参考

第一種製造者は正当な事由がない以下の場合には、**許可**を取り消されます（法9条）。

①許可後、1年以内に製造を開始しない。
②1年以上、製造を休止している。

5 承継

■1　承継（法10条）

☞　**相続**、**合併**又は**分割**（第一種製造者の許可に係る事業所を承継させるものに限る）があった場合にその地位を**承継**します（1項）（表2-3）。

譲渡（全部又は一部の引渡し）を受けた者は**許可**を受けます。

表2-3　承継規定

	相続、合併、分割	譲渡等
第一種製造者の**許可**	○	—（全部又は一部）
第二種製造者の製造の**届出**	○	○（全部）

■2　知事等への届出（法10条）➡冷凍則10条

☞　地位を**承継**した者は、遅滞なく、書面を添えて、知事等にその旨を**届出**（第一種製造事業承継届書）しなければなりません（2項）。

●「製造施設」「製造の方法」「承継」「製造施設等の変更」「完成検査」「製造等の廃止等の届出」、以上に関して多く出題されています。

6　製造施設及び製造方法

■1 「製造施設」の技術上の基準（法11条1項）➡冷凍則6条、7条、8条

「製造施設」の位置、構造及び設備は、**技術上の基準に適合するように維持**しなければなりません。……詳細は第2章Theme 8でまとめて説明。

■2 製造の方法の技術上の基準（法11条2項）➡冷凍則9条

製造の方法に係る**技術上の基準に従って製造**しなければなりません。

●**製造の方法に係る技術上の基準**（冷凍則9条1～4号）

☞ ①**安全弁の元弁**（安全弁に付帯して設けた止め弁）は**常に全開**にしておきます。ただし、**修理**又は**清掃**（**「修理等」**という）は除きます（1号）。

☞ ②**製造施設**は、**1日1回以上**、設備の**異常の有無を点検**し、異常があるときは、修理その他の危険を防止する措置を取ります（2号）。

☞ ③設備の修理及びその後の製造は以下とします（3号）。

☞ イ．**「修理等」**（修理又は開放して清掃）をするときに、**作業計画**と**作業責任者**を定め、その**監視下**で行う、又は**異常時**に直ちにその責任者に**通報**するための措置を取ります（3号イ）。

ロ．**可燃性ガス**、**毒性ガス**の設備の**「修理等」**をするときは、**危険を防止する措置**を取ります（3号ロ）。

☞ ハ．**設備を開放して「修理等」**をするときは、**他の部分からのガス漏れを防止する措置**を取ります（3号ハ）。

☞ ニ．**修理後**は、正常な**作動確認**をしてから製造できます（3号ニ）。

④製造設備の**バルブ**の操作時は、**過大な力を加えないように措置します**（4号）。

■3 製造の施設などが技術上の基準に適合していない場合（法11条3項）

製造施設又は製造の方法が技術上の基準に適合していないと認められた場合は、知事等は、基準に適合するように製造のための施設を修理、改造、もしくは移転し、又は、適合するように製造すべきことを命じることができます。

7 製造施設の変更工事

■1 第一種製造者の変更工事の許可（法14条1、2項）➡冷凍則16条、17条（図2-8）

「製造施設」の**設備変更工事（「特定変更工事」）**（仮称）（**施設の位置、構造の変更工事、設備の変更工事**）や**その他の変更**（仮称）（**高圧ガスの種類の変更、製造の方法の変更**）をしようとするときは、知事等に対して**変更許可**（高圧ガス製造施設等変更許可申請書）を受けなければなりません（法14条1項）➡（冷凍則16条）。

☞ ただし、**軽微な変更の工事**は、除きます。……**変更許可は不要。**

軽微な変更の工事とは、以下の6項目（冷凍則17条の1項1～6号）を指します。

①**独立した製造設備の撤去工事**（1号）。

②**製造設備の取替え工事**で、**冷凍能力の変更を伴わない場合（その他の変更工事）**（2号）。……**冷凍能力の20%以内**の増減も**完成検査を要しません**（冷凍則23条）。

ただし、**以下は軽微な変更の工事**とはなりません。

……つまり、**完成検査を要します。**

（イ）**耐震設計構造物の適用を受ける製造設備**。

（ロ）**可燃性ガス・毒性ガス設備**。

（ハ）冷媒設備に係る**切断、溶接**を伴う工事。

……フランジ、ボルトを使用して同一の設備や部品交換を行う場合などは軽微な変更となります。

③**製造設備以外の製造施設の取替え工事**（3号）。……冷却塔などの交換

☞ ④**「認定指定設備」**の設置工事（4号）。

⑤**指定設備認定証が無効にならない認定指定設備の変更**（5号）。

……同一設備や部品の交換など。

⑥**試験研究施設**（ただし、冷凍能力の変更のない）**の変更工事**（軽微なものと認められた場合）（6号）。

■2 軽微な変更の工事の届出（法14条2項）➡冷凍則17条2項

軽微な変更の工事をしたときは、完成後、遅滞なく知事等に**届出**（高圧ガス製造施設軽微変更届書、他）をしなければなりません（冷凍則17条2項）。

図2-3　第一種製造者の変更工事の流れ……参考

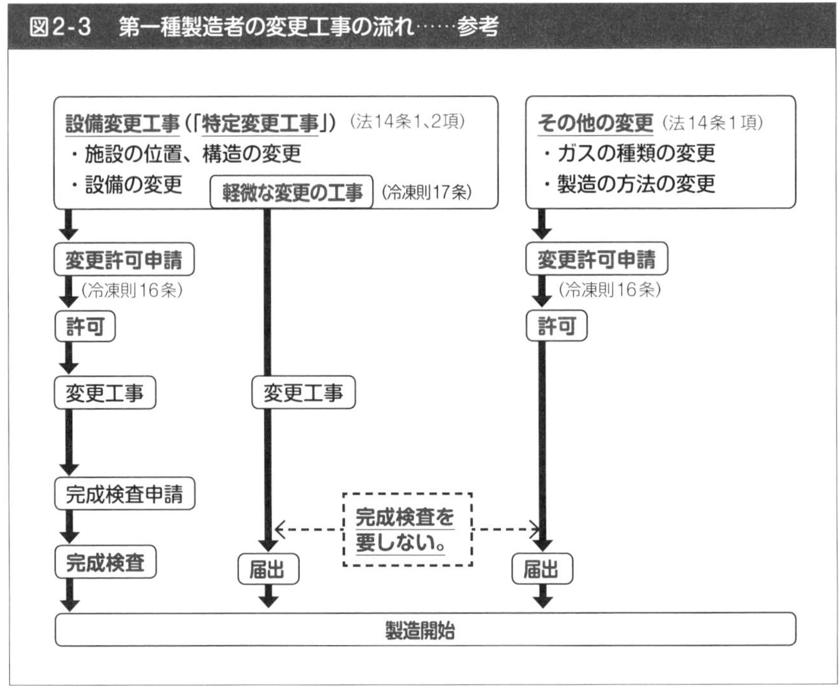

8　完成検査

完成検査とは、高圧ガス製造施設の完成後、**技術上の基準に適合しているかどうかの現地検査**です。……参考として図2-4、図2-6、図3-1、図3-2

☞ ■1　完成検査後に使用可能（法20条1項）➡冷凍則21条、22条

第一種製造者が許可を受けた高圧ガス製造施設などが完成した後、知事等の**完成検査**を受け、**技術上の基準に適合**していると認められた場合に使用できます。
工事完成後、申請書（製造施設完成検査申請書）を**提出**しなければなりません（冷凍則21条1、2項）。

☞ **「協会」又は「指定完成検査機関」が行う完成検査**を受け、**技術上の基準に適合**していると認められた場合で、**届出**（高圧ガス保安協会完成検査受験届書又は指定検査機関受験届書）をした場合には使用できます（冷凍則22条1、2、3項）。

☞ ■2　譲渡施設（施設の全部又は一部の引渡しを受けた施設）（法20条2項）

許可を受けた**譲渡施設**で、既に完成検査を受けて、技術上の基準に適応していると認められ検査の記録を**届出**をした場合には使用することができます。

☞ ■3　特定変更工事（法20条3項）➡冷凍則22条3項

「特定変更工事」が完成したときは、新設と同じく知事等の**完成検査**を受けなければ使用できません。

ただし、**「協会」**又は**「指定完成検査機関」**の検査を受け、**届出**をした場合には使用できます（1号）。➡冷凍則22条3項

また、**認定完成検査実施者**（自ら完成検査ができる者：冷凍則46条）が検査記録を知事等に**届出**をした場合に使用できます（2号）。

☞ ■4　完成検査を要しない変更の工事（冷凍則23条）

冷凍能力の**変更**が所定の範囲（**変更前の冷凍能力の20%以内**：告示）である変更工事は、**完成検査を要しません。**

ただし、**以下の場合**は除きます。

①**耐震設計構造物の適用を受ける製造設備**
②**可燃性ガス**、**毒性ガス**を冷媒とする冷凍設備
③冷媒設備に係る**切断**、**溶接**を伴う工事

9　製造等の廃止等の届出

製造等の廃止等（**開始**又は**廃止**）をしたときは、遅滞なく、知事等に**届出**をしなければなりません（法21条1、3項）。➡冷凍則29条

☞ ■1　高圧ガスの製造の開始又は廃止の届出（冷凍則29条）

①**第一種製造者**…高圧ガスの製造を**開始**したときは、遅滞なく、その旨を知事等に**届出**（高圧ガス製造開始届書）しなければなりません（1項）。
②**第一種・第二種製造者**…高圧ガスの製造を**廃止**したときは遅延なく、その旨を知事等に**届出**（高圧ガス製造廃止届書）しなければなりません（2項）。

Theme 6

第二種製造者の規制

第二種製造者の主要な規定項目（5項目）があります。
第二種製造者の各規定を理解しておきましょう。

重要度：★★☆

1　製造の許可等

事業所ごとに、高圧ガスの**製造開始日の20日前まで**に、知事等に**届出**なければなりません（法5条2項）。

2　承継

■1　承継（法10条の2）

事業の全部の譲渡又は**相続**、**合併**もしくは**分割**（その事業の全部を承継させるものに限る）があった場合にその地位を**承継**します（1項）（表2-3）。

■2　知事への届出（法10条の2）➡冷凍則10条の2

地位を**承継**した者は、遅滞なく、書面を添えて、知事等にその旨を**届出**（第二種製造事業承継届書）をしなければなりません（2項）。

第二種製造者の規制に関して、そのものの出題はほとんどありませんが、第一種との違いとして出題されています。

3　製造施設及び製造の方法

■1　「製造施設」の技術上の基準（法12条1項）➡冷凍則11条、12条、13条、14条

☞　**「製造施設」**の位置、構造及び設備は、**技術上の基準に適合するように維持**しなければなりません。……詳細基準は、第2章Theme8でまとめて説明。

■2　製造の方法の技術上の基準（法12条2項）➡冷凍則14条

製造の方法に係る**技術上の基準に従って製造**しなければなりません。

☞ 1）**製造設備の設置（又は変更の工事）**が完成したときは、**以下のいずれか**を実施した後でなければ製造できません（冷凍則14条1号）。

①酸素以外のガスによる**試運転**

②許容圧力以上の圧力による**気密試験**

☞ 2）冷凍則9条**《製造の方法に係る技術上の基準》**の**1号から4号の基準**（認定指定設備は冷凍則9条3項ロを除く）**に適合**しなければなりません（冷凍則14条2号）。……第一種製造者の基準と同じ。

■3　「製造施設」又は製造の方法などが技術上の基準に適合していない場合（法12条3項）

・前記の第一種製造者と同じ。

4　製造施設の変更

■1　「製造施設」の変更工事の届出（法14条4項）➡冷凍則18条、19条

設備変更工事（仮称）、**その他の変更**（仮称）をしようとするときは、あらかじめ、知事等に**届出**（高圧ガス製造施設等変更届書）をしなければなりません（法14条4項）➡冷凍則18条1、2項（図2-7）。

ただし、**軽微な変更の工事**は、除きます。……**届出は不要**です。

軽微な変更の工事とは、以下の5項目（冷凍則19条の1～5号）です。

①独立した製造設備の**撤去工事**(1号)。

②製造設備の取替えの工事で、**冷凍能力の変更を伴わない場合**(2号)。

ただし、**以下は軽微な変更の工事**とはなりません。

- **耐震設計構造物の適用を受ける製造設備。**
- **可燃性ガス、毒性ガス。**
- 冷媒設備に係る**切断、溶接**を伴う工事。

③**製造設備以外の製造施設の取替え工事**(3号)。

④**認定証が無効にならない認定指定設備の変更**(4号)。

⑤**試験研究施設**(ただし、冷凍能力の変更のない)の変更工事(軽微なものと認められたもの)(5号)。

図2-4　第二種製造者の変更工事の流れ……参考

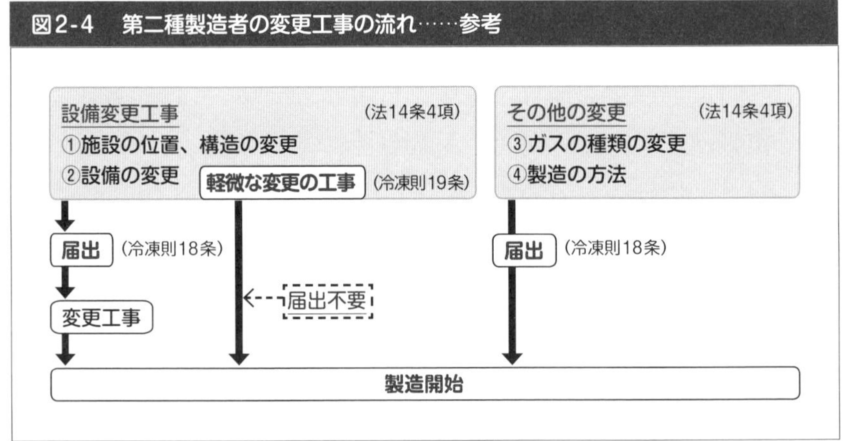

5　製造等の廃止等の届出

■1　製造等の廃止等の届出(法21条3項)➡冷凍則29条2項

高圧ガスの製造の事業及び**製造**を**廃止**したときは、遅滞なく、その旨を知事等に**届出**(高圧ガス製造廃止届書)をしなければなりません(冷凍則29条2項)。

Theme 7 製造施設の技術上の基準

重要度：★★★

第一種、第二種製造者の製造施設の技術上の基準は詳細に規定されています。
第一種製造者の製造施設（定置式製造設備）の技術上の基準の18項目を理解しておきましょう。

1 製造施設の技術上の基準

第一種製造者（法11条）及び**第二種製造者**（法12条）は、いずれも製造施設が技術上の基準に適合するように維持し、高圧ガスを製造しなければなりません。

なお、**定置式製造設備**と**移動式製造設備**に分けて規定されていますが、ここでは**第一種製造者の定置式製造設備**について述べます（表2-4）。

移動式製造設備は、過去の試験問題に出題されていないために省きます。

■1 第一種製造者の定置式製造設備（認定指定設備は除く）（冷凍則7条1項）（表2-4）

☞ ①**引火性**、**発火性のたい積した場所**及び**火気の付近にない**こと。ただし、火気に対して**安全な措置**を講じた場合は、この限りではない。

……圧縮機、油分離器、凝縮器、受液器、配管など**すべての冷媒設備**について規定（1号）。

②**製造施設の外部から見やすいように、警戒標**を掲げること（2号）。

……「係員以外の立入禁止」、「火気厳禁」、「冷凍機械室」などの看板他。

☞ ③**可燃性ガス**、**毒性ガス**、**特定不活性ガス**の設備を設置する部屋は、**ガスが漏えいしたときに、滞留しない構造**とすること（3号）。

……所定の面積の開口部や機械換気装置などの設置。

製造施設の技術上の基準に関して、第一種製造者（定置式製造設備）について出題されています。移動式製造設備については、ほとんど出題されていません。

④製造設備は、**振動、衝撃、腐食等により漏れないもの**であること（4号）。

……振れ止め、可とう管、防振装置などの設置、塗装措置など。

☞ ⑤**凝縮器**（**縦置円筒形の胴の長さ5m以上**）、**受液器**（**内容積5,000リットル以上**）及び配管並びにこれらの支持構造物及び基礎（**「耐震設計構造物」**）の設計基準により地震の影響に対して安全な構造であること（5号）。

・冷媒設備に係る配管（外径45mm以上のものに限る）で以下のもの

……耐震設計基準の告示

・内容積3m²以上

・凝縮器及び受液器に接続されているもの

☞ ⑥冷媒設備及び配管以外の部分は、以下の**圧力試験**又は**「協会」**が行う試験に合格したものであること（6号）。

……試験方法の詳細内容は、1編　第13章を参照。

・**気密試験**……冷媒設備は、許容圧力以上。

・**耐圧試験**……配管以外の部分（設備）は、

・許容圧力の1.5倍以上の液圧試験（液体など）。

・許容圧力の1.25倍以上の気体圧試験（空気や窒素など）。

上記試験圧力の許容圧力とは、設計圧力又は許容圧力のいずれか低い圧力とする。

☞ ⑦**冷媒設備**（**圧縮機**（圧縮機が**強制潤滑方式**で潤滑圧力に対する**保護装置**を有するものは除く）**の油圧系統を含む**）には、**圧力計**を設けること（7号）。

……吐出し圧力計、吸込み圧力計など。

☞ ⑧冷媒設備は、**許容圧力を超えた場合**に、直ちに許容圧力以下に戻すことができる**安全装置**（高圧遮断装置、安全弁、破裂板など）を設けること（8号）。

☞ ⑨前号の**安全装置**（安全弁、破裂板）には、**放出管**を設けること。また**放出管の開口部の位置は、放出するガスの性質に応じた適切な位置**とする。

ただし、以下の場合は除く（9号）。

㋑大気に放出することがないもの

㋺不活性ガス（特定不活性ガスは除く）の冷凍設備

㋩吸収式アンモニア冷凍機

⑩**吸収式アンモニア冷凍機**とは、以下の基準に適合したもの（9の2号）。……抜粋

㋑冷媒量が25kg以下。

㋺1つの架台上に一体に組み立てたもの。

その他㋩～㋷の条件が規定されている。……省略

☞ ⑪**受液器の液面計**は、**丸形ガラス管液面計以外**のもの（反射型液面計など）を使用すること。ただし、**可燃性ガス**、**毒性ガス**の冷媒設備に限る（10号）。

☞ ⑫**受液器のガラス管液面計**を設ける場合には、**破損を防止するための措置**を講じ、**破損による漏えいを防止するための措置**（自動閉止する止め弁や手動弁など）を講じる。ただし、**可燃性ガス**、**毒性ガス**の冷媒設備に限る（11号）。

☞ ⑬**可燃性ガス**の製造施設には、**消火設備**を適切な箇所に設置すること（12号）。

☞ ⑭**毒性ガス**の冷媒設備の**受液器**で、**内容積が1万リットル以上**のものの周囲には、液状のガスが漏えいした場合にその**流出を防止するための措置**（コンクリートによる**防液堤**など）を講じる（13号）。

☞ ⑮**可燃性ガス（アンモニアは除く）**の冷媒設備では、電気設備は、設置場所、ガスの種類に応じた**防爆性能**（防爆機器など）を有する構造とすること（14号）。

☞ ⑯**可燃性ガス**、**毒性ガス**、**特定不活性ガス**の製造施設には、漏えいガスが滞留するおそれのある場所に、漏えいガスを**検知**し、かつ**警報設備**を設ける。
ただし、**吸収式アンモニア冷凍機**は除く（15号）。

☞ ⑰**毒性ガス**の製造施設には、漏えいしたときに、安全かつすみやかに除害する措置（**除害設備**など）を講じること。……**保護具**（空気呼吸器、防爆マスク、保護手袋、保護長靴、保護衣など）も必要となる。
ただし、**吸収式アンモニア冷凍機**は除く（16号）。

☞ ⑱製造施設に設けた**バルブ**、**コック**（操作ボタンも含む）には、作業員が**適切に操作できるような措置**を講じること。……バルブの開閉方向表示など
（操作ボタンなどを操作することなく、**自動制御で開閉するバルブ、コックは除く**）（17号）。

■2　第二種製造者の定置式製造設備（認定指定設備は除く）（冷凍則12条1項）（表2-4）……参考

第一種製造者の1、2、3、4、6、8、9、10、11、12、14、15、16、17号が同じく適用されます。

■3　定置式製造設備で「認定指定設備」の技術上の基準……（省略）参考

■4　その他製造（者）に係る技術上の基準（法13条）➡冷凍則15条……（省略）参考

表2-4　製造設備の技術上の基準（第一種製造者、第二種製造者）…定置式製造設備

号	定置式製造設備	第一種製造者（冷凍則7条）			第二種製造者（冷凍則12条）			備考
		右のガス以外	可燃性ガス	毒性ガス	右のガス以外	可燃性ガス	毒性ガス	
1	引火性・発火性のたい積場所、火気の付近に設置しない	●	●	●	●	●	●	圧縮機、配管などすべての冷媒設備
2	警戒標の掲示	●	●	●	●	●	●	
3	漏えいガスの滞留しない構造	−	●	●	−	●	●	可燃性・毒性・特定不活性ガスのみ
4	振動、衝撃、腐食等により漏れないもの	●	●	●	●	●	●	
5	凝縮器、受液器などの地震対策	●	●	●	−	−	−	凝縮器（5m以上）、受液器（5,000リットル以上）に適用
6	気密試験、耐圧試験に合格したもの	●	●	●	●	●	●	
7	圧力計の設置	●	●	●	−	−	−	
8	許容圧力に戻す安全装置の設置	●	●	●	●	●	●	高圧遮断装置、安全弁、破裂板など
9	安全弁、破裂板等の放出管の設置	−	●	●	−	●	●	大気に放出しないもの、不活性ガス（特定不活性ガスは除く）、吸収式アンモニア冷凍機は除く
10	受液器には丸形ガラス管以外の液面計を使用	−	●	●	−	●	●	可燃性・毒性ガスのみ
11	受液器のガラス管液面計の破損防止、破損時の漏えい防止	−	●	●	−	●	●	可燃性・毒性ガスのみ
12	消火設備の設置	−	●	−	−	●	−	可燃性ガスのみ
13	受液器（1万リットル以上）の冷媒液の流出防止の措置	−	−	●	−	−	−	毒性ガスのみ
14	電気設備の防爆性能の構造	−	●	−	−	●	−	可燃性ガス ただし、アンモニアは除く
15	冷媒ガス漏れ検知と警報設備	−	●	●	−	●	●	可燃性・毒性・特定不活性ガスのみ、ただし、吸収式アンモニア冷凍機は除く
16	除害設備の設置	−	−	●	−	−	●	毒性ガスのみ、ただし、吸収式アンモニア冷凍機は除く
17	バルブ等の適切な操作ができる措置	●	●	●	●	●	●	自動制御の開閉式は除く

※**移動式製造設備**（冷凍則8、13条）では、**第一種、第二種**とも上記の、**2,3,4,6,7,8,10,11,12号が同じく適用**されます。……**参考**

※表中の3、15号の適用ガスに**特定不活性ガス**が含まれます。

Theme

8 高圧ガスの貯蔵、販売、輸入、移動、廃棄

重要度：★★★

上記の各技術上の基準が決められています。
貯蔵、販売、輸入、移動、廃棄に関わる各種の規定を理解しておきましょう。

1 高圧ガスの貯蔵

「高圧ガスの貯蔵」とは、高圧ガスを**貯槽**や**容器**などにより貯蔵する場合をいいます。

■1 高圧ガスの貯蔵（法15条）➡冷凍則20条、27条2号

高圧ガスの貯蔵は、技術上の基準に従って行われなければなりません。

ただし、①**第一種製造者が許可を受けたところに従って貯蔵する高圧ガス**又は②**定められた容積以下の高圧ガス**については、この限りではありません（1項）。

以下の場合には、**貯蔵の規制**を受けません。

①**容積**は、**0.15m³以下**である（一般則19条1項）。

☞ ②**液化ガス**（すべての液化ガス）であるときは、**質量10kgをもって容積1m³**とみなす。（一般則19条2項）…›**液化ガスでは、1.5 kgで0.15m³以下**となります（一例）。

■2 技術上の基準に適合していない場合（法15条）……（省略）参考

高圧ガスの貯蔵、移動、廃棄に関する「技術上の基準」について多く出題されています。

■3　貯蔵の方法に係る技術上の基準（冷凍則20条、27条2号）

冷凍設備には、**転落、転倒等による衝撃を防止する措置**を講じ、かつ、**粗暴な取扱い**をしてはいけません（冷凍則27条2号）。

■4　貯蔵の方法に係る技術上の基準（一般則18条）

Ⅰ.貯槽により貯蔵する場合の基準（1号）……（省略）**参考**

Ⅱ.**容器により貯蔵する場合の基準**（2号）……抜粋

☞ 1) **可燃性ガス**、**毒性ガス**の「**充填容器等**」の貯蔵は、**通風のよい場所**とする。（2号イ）……ここで、「**充填容器等**」とは**充填容器**及び**残ガス容器**をいう。

2) **容器置場**及び「**充填容器等**」は、以下の基準（2号ロ）に適合すること（一般則6条2項8号イ～チの抜粋）。

☞ ①**充填容器**及び**残ガス容器**に**区分**して容器置場に置く（8号イ）。

②**可燃性ガス**、**毒性ガス**、**特定不活性ガス**、酸素の「**充填容器等**」は、それぞれ**区分**して容器置場に置く（8号ロ）。

③容器置場には、**計量機等作業に必要な物以外の物**は置かない（8号ハ）。

④容器置場の**周囲2メートル以内**においては、**火気の使用**を禁じ、かつ、**引火性**又は**発火性の物**を置かないこと（**不活性ガス（特定不活性ガスは除く）を除く**）。ただし、**容器置場との間に有効に遮る措置（障壁など）を講じた場合**は、この限りではない（8号ニ）。

☞ ⑤「**充填容器等**」（超低温容器、低温容器を除く）は、**常に40℃以下**に保つこと（8号ホ）。

☞ ⑥「**充填容器等**」（内容積5リットル以下は除く）には、**転落、転倒等による衝撃及びバルブの損傷を防止する措置**を講じ、かつ、**粗暴な取扱い**をしないこと（8号ト）。

☞ ⑦**可燃性ガス**の**容器置場**には、**携帯電燈以外の燈火**を携えて立ち入らないこと（8号チ）。

☞ 3) 貯蔵は、**船**、**車両**もしくは**鉄道車両に固定**し、又は**積載した容器により貯蔵しない**こと（2号ホ）。……**すべての冷媒**に適用

Ⅲ.高圧ガスを燃料とする車両に固定した燃料装置用容器により貯蔵する場合（3号）。……（省略）**参考**

2 高圧ガスの販売

冷凍設備での**「高圧ガスの販売」**とは、**冷媒ガスを容器に充填して販売、導管（高圧ガスを通す管）による販売、高圧ガスを封入した冷凍設備を販売すること**をいいます。ここで、上記の冷凍設備は、**冷凍能力20トン以上（不活性のフルオロカーボン、二酸化炭素、アンモニア**の場合は**50トン以上**）が適用されます。

■1　販売の事業の届出（法20条の4）➡冷凍則26条

☞　**ガスの販売の事業を営もうとする者**は、**事業所ごとに、事業開始の20日前**までに、知事等に**届出**（高圧ガス販売事業届書）なければなりません。

ただし、以下の場合は除きます。……**届出を要しない。**

①第一種製造者（冷凍のための高圧ガス製造を除く）が事業所内で販売するとき（1号）。……**参考**

②医療用の圧縮酸素、その他の政令（施行令6条）で定める常時容積5m^{3}未満の販売所で販売するとき（2号）。……**参考**

■2　販売事業等の技術上の基準（法20条の6）➡冷凍則27条

「販売業者等」は、以下の**技術上の基準**（冷凍則27条）に従って販売しなければなりません（法20条の6）。

①**冷媒設備の引渡しは、外面に腐食、割れ、すじ、しわ等がなく**、かつ、**冷媒漏れがない**もの（冷凍則27条1号）。

②冷媒設備には**転落、転倒等による衝撃を防止する設備**を講じ、**粗暴な取扱い**をしないこと（冷凍則27条2号）。

③高圧ガスの引渡し先の保安状況を明記した台帳を備えること（冷凍則27条3号）。……**参考**

3 高圧ガスの輸入

「高圧ガスの輸入」とは、一般的に以下の方法があります。( )内は、対象物。

①容器、タンクコンテナでの輸入（容器と高圧ガス）

②タンカーで輸入し、導管で陸上の貯槽に移送（高圧ガス）

③緩衝(かんしょう)装置又は、冷凍機等に封入された状態で輸入（高圧ガス）

輸入の対象となるのは、**高圧ガスとその容器**の両方であり、冷凍機等での輸入は、**充填されている高圧ガスのみ**となります。

■1　輸入検査（法22条1項）➡冷凍則31条、31条の3

高圧ガスを輸入した者は、**高圧ガス**及び**その容器**につき、知事等の**輸入検査**を受け、**技術上の基準**（「輸入検査技術基準」）に適合していると認められなければ移動できません（1項）。……内容物確認試験又は同等以上の試験に合格すること。

ただし、以下の場合を除きます（1項1～4号）。

「協会」又は、「指定輸入検査機関」の検査を受け、輸入検査技術基準に適合し、知事等に届出した場合（1号）……（2～4号は省略）**参考**

■2　輸入検査報告（法22条2項）➡冷凍則31条の4

「協会」又は、「指定輸入検査機関」は、検査記録を知事等に報告、提出しなければなりません（冷凍則31条の4の1、2項）。……**参考**

■3　輸入検査の方法（法22条4項）➡冷凍則32条

「内容物確認試験」は、高圧ガスの圧力、成分等を分析、記録等により検査します（冷凍則32条）。……**参考**

4　高圧ガスの移動

「高圧ガスの移動」とは、高圧ガスの位置をⅠ.車両（タンクローリー）、**Ⅱ.車両積載（容器）**、Ⅲ.導管による運送、輸送などで、A地点からB地点に移すことをいい、**冷凍機の移動は対象外**となります。

■1　移動（法23条）➡一般則48条、49条、50条、51条

高圧ガスを移動するには、その**容器**について、**保安上必要な措置**を講じなければなりません（1項）。

車両（道路運送車両）により高圧ガスを移動するときは、**積載方法**及び**移動方法**について以下の**技術上の基準**に従います（2項）。

■2　保安上の措置及び技術上の基準（一般則48条、49条、50条、51条）

……以下抜粋

Ⅰ.車両に固定した容器による移動（一般則49条）

……車両（タンクローリー等）による移動……（省略）**参考**

Ⅱ.その他の場合による移動（一般則50条）

……**「充填容器等」を車両（トラック等）に積載して移動時の保安上の措置及び技術上の基準**（以下1号～14号の抜粋）

☞ ①**車両の見やすい箇所**に**警戒標**を掲げる。ただし、**内容積が25リットル以下のみの容器（毒性ガスを除く）**を積載した車両であって、その**合計が50リットル以下の場合は除く**（1号）。……**毒性ガス（アンモニア）は、内容積によらず警戒標は必要。**

②**「充填容器等」**の温度は、**常に40℃以下**に保つこと（2号）。

③**一般複合容器等で15年を経過したもの**は移動に使用しない（3号）。

☞ ④内容積が5リットル以下のものを除き、**「充填容器等」**には、**転落、転倒等による衝撃、バルブの損傷を防止する措置**を講じ、かつ**粗暴な取扱い**をしないこと（5号）。

⑤以下の容器等は、**同一車両に積載しない**（6号）。

イ.「充填容器等」と消防法に規定する危険物

ロ.塩素の「充填容器等」とアセチレン、アンモニア、水素の「充填容器等」

⑥**可燃性ガス**と**酸素**の**「充填容器等」**とを**同一車両に積載するとき**は、**バルブが相互に向き合わない**ようにすること（7号）。

☞ ⑦**毒性ガス**の**「充填容器等」**には、**木枠**又は**パッキン**を施すこと（8号）。

☞ ⑧**可燃性ガス**、**特定不活性ガス**、酸素、三フッ化窒素を移動するときは、**消火設備**並びに**「災害発生防止の応急措置に必要な資材や工具」**を携帯すること。ただし、**内容積が25リットル以下の容器で、合計50リットル以下の場合は除く**（9号）。

☞ ⑨**毒性ガス**を移動するときは、毒性ガスの種類に応じた**防毒マスク、手袋、その他の保護具**並びに**災害発生を防止のための必要な資材、薬剤、工具等**を携行すること（10号）。

☞ ⑩**可燃性ガス、毒性ガス、特定不活性ガス**又は酸素を移動するとき、高圧ガスの名称、性状及び災害防止のために必要な**注意事項を記載した書面（イエローカード（黄色のシート）**を**運転者に交付**し、**携帯**させ、これを**遵守**させること。ただし、**毒性ガスを除き25リットル以下の容器**で、注意事項を示したラベルが貼り付けされているもので、**合計50リットル以下の場合を除く**（14号）。➡一般則49条1項22号

Ⅲ.**導管（ホース等）による移動**（一般則51条）……（省略）**参考**

高圧ガスの移動（充填容器等を車両（トラック等）に積載して移動）したときの技術上の基準（多数あり）をほぼすべて理解しておきましょう。

5 高圧ガスの廃棄

「高圧ガスの廃棄」とは、**高圧ガスでない状態にして放出したり、燃焼させたりすること**です。

☞ ■1 高圧ガスの廃棄（法25条）➡冷凍則33条、34条、一般則61条、62条

高圧ガスの廃棄は、**廃棄の場所**、**数量**、**廃棄の方法**について**技術上の基準**に従って行われなければなりません（法25条）。

☞ ■2 廃棄に係る技術上の基準に従う高圧ガス（冷凍則33条）

廃棄に係る高圧ガスは、**可燃性ガス**、**毒性ガス**、**特定不活性ガス**です。

原則として、**可燃性ガスは燃焼**させて、**毒性ガス（アンモニアなど）は、「除害装置」で除害して放出**します。……**参考**

☞ ■3 廃棄に係る技術上の基準（冷凍則34条）

①**可燃性ガス**、**特定不活性ガス**の廃棄は、**火気を取り扱う場所**又は**引火性**もしくは**発火性の物のたい積した場所**及び**その付近を避け**、かつ、大気中に放出するときは**通風のよい場所**で、**少量ずつ**放出すること（1号）。

②**毒性ガス**を大気中に放出して廃棄するときは、**危険**又は**損害を他に及ぼすおそれのない場所**で、**少量ずつ**すること（2号）。

■4 廃棄に係る技術上の基準（一般則62条1～8号）

前記、冷凍則34条の①と②と同じ規定（2、3号）があり、その他の規定（1、4、5、6、7、8号）は省略。……**参考**

Question

問題を解いてみよう

以下の質問に○か×で解答してください。

問1　（2章 事業…製造許可、届出、承継など）

1　フルオロカーボン（不活性のもの）冷媒で、1日の冷凍能力（冷凍トン）が45トンの設備で、高圧ガスを製造する者は、知事等の許可を受けなければならない。

2　1日の冷凍能力が100トンの認定指定設備で高圧ガスを製造する者は、50トン以上のため、知事等の許可が必要となる。

3　アンモニア冷媒で、1日の冷凍能力が50トンの設備は、知事等の許可を受けなければならない。

4　フルオロカーボン（不活性のもの）冷媒で、1日の冷凍能力が60トンの設備で、高圧ガスを製造する者は、第二種製造者である。

5　往復式等、遠心式圧縮機以外の圧縮機を使用する製造設備の1日の冷凍能力の算定は、圧縮機のピストン押しのけ量のみを基準とする。

問2　（2章 事業…第一種、二種製造者の技術上の基準など）

1　圧縮機、凝縮器、受液器、その配管などは、どんな場合でも引火性又は発火性の物をたい積した場所及び火気の付近にあってはならない。

2　第一種製造者において、内容積が5,000リットル以上の受液器及び配管並びにその支持構造物及び基礎を所定の耐震設計構造物の設計の基準により地震の影響に対して安全な構造としなければならないが、その冷媒は、毒性ガスに限られる。

3　第一種製造者において、冷媒設備の圧縮機の油圧系統以外にはすべてに圧力計を設ける。

4　冷媒設備に自動制御装置を設けている場合は、圧力が許容圧力を超えた場合に圧力を戻す安全装置は設けなくてもよい。

5　安全装置のうち安全弁、破裂板には、放出管を設ける場合に、放出管の開口部の位置の規定はない。

6　冷媒設備の修理等をするときは、修理等の作業計画及び作業責任者を定め、責任者の監視の下に行うこと又は異常があったときに直ちにその責任者に通報するための措置を取ること。

問3　(2章 事業…製造施設の変更工事など)

1　第一種製造者は、製造する高圧ガスの種類を変更したとき又は軽微な変更の工事をしたときは、遅滞なく、知事等に届け出なければならない。

2　第一種製造者は、製造のための施設の位置、構造若しくは設備の変更の工事をしようとするときは、知事等の許可を受けることなく、知事等に届け出ればよい変更の工事がある。

3　第一種製造者が所有するアンモニアの製造設備で、冷凍能力の変更はなく、切断、溶接を伴わない設備の変更の工事をする場合は、完成後遅滞なく、知事等に届け出ればよい。

4　第一種製造者とブラインを共通する指定認定設備を増設する変更の工事は、知事等の許可が必要である。

問4　(2章 事業…完成検査など)

1　第一種製造者は、製造施設の特定変更工事が完成したときは、知事等の完成検査又は協会、指定完成検査機関のいずれかが行う完成検査を受ければ使用できる。

2　第一種製造者は、製造施設の特定変更工事が完成したときは、知事等の完成検査を受ければ使用できる。

3　第一種製造者は、製造施設の特定変更工事が完成したときは、協会又は指定完成検査機関のいずれかが行う完成検査を受ければ使用できる。

4　第一種製造者は、製造施設の変更の工事について知事等の許可を受けた場合でも、完成検査を受けることなく使用できる変更工事がある。

問5　(2章 事業…高圧ガスの貯蔵・販売・輸入・移動・廃棄など)

1　液化ガスを貯蔵するとき、省令で定める技術上の基準に従う必要があるが、液化ガスで1.5kg以上の場合である。

2　アンモニアの充填容器及び残ガス容器は、それぞれ区分して置かなければならないが、不活性ガスには、この規定は適用されない。

3 可燃性ガス、特定不活性ガス、毒性ガスの充填容器等は、常に40℃以下に保つことが規定されているが、不活性ガスには、この規定は適用されない。

4 アンモニアの充填容器の貯蔵は、船、車両若しくは鉄道車両に固定し、又は積載した容器によりしないことと規定されているが、不活性ガスにはその規定は適用されない。

5 車両で移動するアンモニア冷媒の充填容器等（内容積が5リットル以下のものを除く）には、転落、転倒等による衝撃及びバルブの損傷を防止する措置を講じ、かつ、粗暴な取扱いをしないことになっているが、不活性ガスには、この規定は適用されない。

6 車両で移動するすべての高圧ガスの充填容器等には、木枠又はパッキンを施して容器等を固定することとなっている。

7 充填容器等を車両に積載して移動するときは、消火設備並びに災害発生防止のための応急措置に必要な資材及び工具等を携帯すること、との規定は、可燃性ガスのみ適用される。

8 アンモニア冷媒の充填容器等を車両で移動するときは、当該高圧ガスの名称、性状及び移動中の災害防止のために必要な注意事項を記載した書面を運転者に交付し、移動中携帯させ、これを遵守させなければならない。

Answer 答え合わせ

問1　正答　解説

1 × 「不活性のフルオロカーボンを冷媒ガスとする場合は、知事等の許可を受けるのは1日の冷凍能力が、50トン以上の設備である。」（法5条1項2号）、（施行令4条）と規定されている。
よって、45トンでは、許可が必要ではない。よって記述は誤りである。

2 × 「1日の冷凍能力が50トン以上（不活性のフルオロカーボン冷媒）は、第一種製造者に該当するので、知事等の許可を受けなければならない。」（法5条1項2号）、（冷凍則3条）、（施行令4条）。また「認定指定設備を受けた設備は、第二種製造者として、届出が必要である。」（法5条2項）、（施行令4条）と規定されている。よって、記述は誤りである。

3　○　「不活性以外のフルオロカーボン冷媒ガス、アンモニア冷媒ガスで、1日の冷凍能力が50トン以上は、第一種製造者となり、許可を受けなければならない。」（法5条2項）、（施行令4条）と規定されている。
よって、記述は正しい。

4　×　「フルオロカーボン（不活性のもの）冷媒ガスで、1日の冷凍能力が50トン未満の設備で、高圧ガスを製造する者は、第二種製造者である。」（法5条2項）、（冷凍則4条）、（施行令4条）と規定されている。
よって、60トンでは、第一種製造者となる（法5条1項2号）、（冷凍則3条）、（施行令4条）ため、記述は誤りである。

5　×　「往復式等その他の圧縮機を使用する製造設備の1日の冷凍能力の算定は、圧縮機の標準回転速度における1時間のピストン押しのけ量V（m^3）と冷媒種類による定数Cにより、次式により算出する。1冷凍トン＝V/C」（法5条3項）、（冷凍則5条4号）と規定されている。
よって、記述は誤りである。

問2　　正答　解説

1　×　「圧縮機、油分離器、凝縮器、及び受液器並びにこれらの間の配管は、引火性又は発火性の物（作業に必要なものを除く）をたい積した場所及び火気（当該製造施設内のものを除く）の付近にないこと。ただし、当該火気に対して安全な措置を講じた場合は、この限りではない。」（冷凍則7条1項1号）と規定されている。
よって、どんな場合でもという記述は誤りである。

2　×　「第一種製造者において、凝縮器（縦置円筒形で胴部の長さが5メートル以上のものに限る）、受液器（内容積が5,000リットル以上のものに限る）及び配管並びにこれらの支持構造物及び基礎（「耐震設計構造物」という）は、耐震設計構造物の設計の基準により地震の影響に対して安全な構造とすること。……一部省略」（冷凍則7条1項5号）と規定されている。ただし、この規定は、冷媒ガスの種類に関係なく、すべての冷媒ガスに適用される。
よって、毒性ガスに限られるとの記述は誤っている。

3　×　「冷媒設備（圧縮機（圧縮機が強制潤滑方式で、潤滑油圧に対する保護装置を有するものは除く）の油圧系統を含む）には、圧力計を設ける。」（冷凍則7条1項7号）と規定されている。
よって、上記の（　）内の条件を有する設備以外は、油圧計を含めて冷媒設備には圧力計を設置しなければならないため、記述は誤りである。

4　×　「冷媒設備には、冷媒ガスの圧力が許容圧力を超えた場合に直ちに許容圧力以下に戻すことができる安全装置を設ける。」（冷凍則７条１項８号）と規定されている。

よって、自動制御装置を設けている場合でも安全装置（高圧圧力スイッチ、安全弁、破裂板など）を設けなければならないので、記述は誤りである。

5　×　「安全装置（大気に冷媒ガスを放出することがないもの及び不活性ガスの冷媒設備並びに吸収式アンモニア冷凍機に設けたものは除く）のうち安全弁、破裂板には、放出管を設けること。放出管の開口部の位置は、放出する冷媒ガスの性質に応じた適切な位置であること。」（冷凍則７条１項９号）と規定されている。

よって、記述は誤りである。

6　○　「修理等をするときは、あらかじめ、修理等の作業計画及び作業責任者を定め、修理等は、当該作業計画に従い、かつ、当該責任者の監視の下に行うこと又は異常があったときに直ちにその旨を当該責任者に通報するための措置を講じること。」（冷凍則９条３号のイ）と規定されている。

よって、記述は正しい。

問3　正答 解説

1　×　「第一種製造者は、製造のための施設の位置、構造若しくは設備の変更の工事をし、又は製造をする高圧ガスの種類若しくは製造の方法を変更しようとするときは、知事等の許可を受けなければならない。」（法14条１項）と規定されている。ただし、軽微な変更の工事をしたときは、完成後遅滞なく、知事等に届け出なければならない。

よって、高圧ガスの種類を変更しようとするときは、知事等の許可を受けなければならないため、記述は誤りである。

2　○　「第一種製造者は、製造のための施設の位置、構造若しくは設備の変更の工事をし、又は製造をする高圧ガスの種類若しくは製造の方法を変更しようとするときは、知事等の許可を受けなければならない。ただし、軽微な変更の工事をしたときは、完成後遅滞なく、知事等に届け出なければならない。……一部省略」（法14条１項）と規定されている。よって、記述は正しい。

3　×　「第一種製造者は、製造のための施設の位置、構造若しくは設備の変更の工事をし、又は製造をする高圧ガスの種類若しくは製造の方法を変更しようとするときは、知事等の許可を受けなければならない。ただし、軽微な変更の工事をしたときは、この限りではない。」（法 14 条 1 項）とある。また、「第一種製造者に係る軽微な変更の工事等」（冷凍則 17 条 1 項）の中の 2 号で、「製造設備の取替え（可燃性ガス、及び毒性ガスは除く）の工事（冷媒設備に係る切断、溶接を伴う工事を除く）であって、当該設備の冷凍能力の変更を伴わないもの」と規定されている。

よって、アンモニア冷媒は、可燃性ガス、毒性ガスに該当するため、記述は誤っている。この場合は、知事等の許可が必要となる。

4　×　「第一種製造者に係る軽微な変更の工事等」（冷凍則 17 条 1 項）の中の 4 号で、「指定認定設備の設置は、軽微な変更の工事に該当する。」とあり、また、「軽微な変更の工事をしたときは、知事等に届出が必要である。」（冷凍則 17 条 4 項）と規定されている。

よって、記述は誤りである。この場合は、知事等への届出でよい。

問4　正答 解説

1　×　「第一種製造者は、製造施設の特定変更工事が完成したときは、知事等が行う完成検査を受け、技術上の基準に適合していると認められた後でなければ使用してはならない。ただし、協会又は指定完成検査機関が行う完成検査を受け、これらが技術上の基準に適合していると認められ、知事等に届け出た場合は、この限りではない。…一部省略」（法 20 条 3 項）と規定されている。

よって、協会又は指定検査機関の完成検査後、知事等に届け出ないと使用できないため、記述は誤っている。

2　×　「第一種製造者は、製造施設の特定変更工事が完成したときは、知事等が行う完成検査を受け、技術上の基準に適合していると認められた後でなければ使用してはならない。… 一部省略」（法 20 条 3 項）と規定されている。

よって、知事等の完成検査により、技術上の基準に適合していると認められた後でなければ使用できないため、記述は誤っている。

3　×　「第一種製造者は、製造施設の特定変更工事が完成したときは、知事等が行う完成検査を受け、技術上の基準に適合していると認められた後でなければ使用してはならない。ただし、協会又は指定完成検査機関が行う完成検査を受け、これらが技術上の基準に適合していると認められ、知事等に届け出た場合は、この限りではない。……一部省略」(法 20 条 3 項)と規定されている。
よって、協会又は指定検査機関の完成検査後、知事等に届け出ないと使用できないため、記述は誤っている。

4　○　「第一種製造者は、製造施設の特定変更工事が完成したときは、知事等が行う完成検査を受け、技術上の基準に適合していると認められた後でなければ使用してはならない。……一部省略」（法 20 条 3 項）と規定されているが、ただし書きとして、「完成検査を要しない変更工事」として、「製造設備の取替え（可燃性ガス、毒性ガスを冷媒とする冷凍設備を除く）の工事（冷媒設備に係る切断、溶接を伴う工事を除く）であって、当該の冷凍能力の変更が告示で定める範囲（20%以下）であるものとする。」（冷凍則 23 条）と規定がある。
よって、記述は正しい。

問5　正答 解説

1　○　「高圧ガスの貯蔵は、省令で定める技術上の基準に従ってしなければならない。ただし、第一種製造者が許可を受けたところに従って貯蔵する高圧ガス又は液化ガスで、定める容積以下の高圧ガスについては、この限りでない。」（法 15 条 1 項）とあり、その定める容積は、「貯蔵の規制を受けない容積は、0.15m^3 とする。」（一般則 19 条 1 項)、「液化ガスであるときは、質量 10kg をもって容積 1m^3 とみなす。」（一般則 19 条 2 項）と規定されている。
よって、液化ガスでは、(10 × 0.15 ＝） 1.5kg 以上であり、記述は正しい。

2　×　「充填容器及び残ガス容器は、それぞれ区分して容器置場に置くこと。」(一般則 6 条 2 項 8 号イ）と規定されている。
よって、この規定は、冷媒の種類の区分規定はなく、すべての冷媒に適用されるため、記述は誤っている。

3　×　「充填容器等は、常に 40℃以下に保つこと。」（一般則 6 条 2 項 8 号）が規定されている。
よって、規定は、冷媒の種類の区分規定はなく、すべての冷媒の充填容器等に適用されるため、記述は誤っている。

4　×　「容器による貯蔵は、船、車両若しくは鉄道車両に固定し、又は積載した容器によりしないこと。・・・一部省略」（一般則 18 条 2 号ホ）と規定されている。

よって、この規定は、冷媒の種類の区分規定はなく、すべての冷媒に適用されるため、記述は誤りである。

5　×　「充填容器等（内容積が 5 リットル以下のものを除く）には、転落、転倒等による衝撃及びバルブの損傷を防止する措置を講じ、かつ、粗暴な取扱いをしないこと。」（一般則 50 条 5 号）と規定されている。

よって、この規定は、冷媒の種類区分はなく、すべての冷媒に適用されるため、記述は誤りである。

6　×　「毒性ガスの充填容器等には、木枠又はパッキンを施すこと。」（一般則 50 条 7 号）と規定されている。

よって、この規定は、毒性ガスのみに適用されるために、記述は、誤りである。

7　×　「可燃性ガス、酸素又は三フッ化窒素の充填容器等を車両に積載して移動するときは、消火設備並びに災害発生防止のための応急措置に必要な資材及び工具等を携帯すること。」（一般則 50 条 8 号）と規定されている。

よって、この規定の対象は、可燃性ガスのみではないため、記述は誤りである。

8　○　車両に固定した容器による移動に係る技術上の基準として、「可燃性ガス、特定不活性ガス又は酸素の高圧ガスを移動するときは、当該高圧ガスの名称、性状及び移動中の災害防止のために必要な注意事項を記載した書面を運転者に交付し、移動中携帯させ、これを遵守させること。」（一般則 49 条 21 号）と規定されている。

よって、アンモニア冷媒は、可燃性ガスであるため、記述は正しい。

第3章

保安
（法　第三章 保安）

事業者が自ら行わなければならない保安上の措置、義務等を規定しています。

Theme

1 危害予防規程

重要度：★★★

第一種製造者のみに規定されており、保安上の措置と義務があります。
第一種製造者は危害予防規程の作成と届出の義務があること、及び記載すべき事項を理解しておきましょう。

1 危害予防規程

危害予防規程とは、事業者がその実情に合わせて**運転、維持、管理等に関して自ら作成**し、**社内（事業所内）の従業者に遵守させる義務**があります。

民間事業者の**社内規定**に相当し、自主憲法ともいえます。

■1 危害予防規程の制定と届出（法26条）➡冷凍則35条1項

☞ ①**第一種製造者**は、**危害予防規程**を事業者ごとに定め、知事等に**届出**（危害予防規程届書）なければなりません。**変更**した場合も**届出**なければなりません（1項）。……参考として図3-1、図3-2……**製造開始前**までに届出します（冷凍則35条1項）。ただし、**第二種製造者**は、**届出は不要**です。……参考として図3-1、図3-2

②知事等は、危害予防規程の変更を命じることができます（2項）。……**参考**

☞ ③**第一種製造者**及び**従事者**は、**規定を守らなければなりません**（3項）。

④知事等は、危害予防規程を守っていない場合は、遵守と措置の命令、又は勧告することができます（4項）。……**参考**

第一種製造者に課せられている危害予防規程の作成・届出の規定あり、また第二種製造者には課せられていないこと、及び危害予防規程の細目（11項）に関して、多く出題されています。

■2　危害予防規程の届出等（冷凍則35条2項）

危害予防規程に規定する細目は以下とします（2項）。

①第一種製造者の**「製造施設」の技術上の基準**及び**製造の方法の技術上の基準**に関すること（1号）。

☞ ②**保安管理体制**及び**冷凍保安責任者の行うべき職務の範囲**に関すること（2号）。

③製造施設の**安全な運転**及び**操作**に関すること（3号）。

④製造施設の**保安に係る巡視**及び**点検**に関すること（4号）。

⑤製造施設の**増設に係る工事**及び**修理作業の管理**に関すること（5号）。

☞ ⑥製造施設が**危険な状態となったときの措置**、**訓練方法**に関すること（6号）。
……**「危険な状態」**とは、火災や事故が発生した場合であり、**「訓練方法」**とは、従業者に対する定期的（1年に1回など）な社内訓練など。

⑦**大規模な地震**に係る**防災**及び**減災対策**に関すること（7号）。
……平成30年11月に追加（省令）3～8項は、**大規模地震**（南海トラフ地震など）**の特別措置法**の細目を定めています。……**参考**

☞ ⑧**協力会社の作業の管理**に関すること（8号）。
……「協力会社」とは、工事外注会社など。

☞ ⑨**従業者に対する規定の周知方法**及び**規定に違反した者に対する措置**に関すること（9号）。……**「周知方法」**とは、定期的な社内講習会の開催など。

☞ ⑩**保安に係る記録**に関すること（10号）。
……**「記録」**とは、保全、故障、事故、冷媒漏れなどの記録、保管など。

☞ ⑪**危害予防規程の作成**及び**変更の手続き**に関すること（11号）。

☞ ⑫前各号に掲げるもののほか**災害の発生の防止のために必要な事項**に関すること（12号）。

Theme

2 保安教育

第一種、第二種製造者等は、保安教育を実行する規定があります。それぞれ保安教育を実行しなければならないことを理解しておきましょう。

重要度：★★★

1 保安教育

保安教育とは、**「第一種製造者」**は、**従業者に対して保安に関する保安教育計画**を定め、**「第二種製造者等」は保安教育**を施し、公共の安全の維持、災害発生の防止を図ることです。……参考として図3-1、図3-2

■1 保安教育（法27条）

① **「第一種製造者」**は、従業者に対する**保安教育計画**を定めなければならない（1項）。……参考として図3-1、図3-2……**「知事等」への届出は不要。**

②**「知事等」**は、公共の安全の維持、災害発生の防止上十分でないと認めるときは、その変更を命じることができる（2項）。

③ **「第一種製造者」**は、**保安教育計画**を**忠実に実行**しなければならない（3項）。

④**「第二種製造者等」**（第二種製造者他）は、**従業者**に**保安教育**を施(ほどこ)さなければならない（4項）。……参考として図3-1、図3-2……**保安教育計画の作成は不要。**

⑤**「知事等」**は、**第一種製造者**が**保安教育計画**を忠実に実行していない場合又は**第二種製造者等**が**従業者**に**保安教育**を忠実に実行していない場合は、改善すべきことを勧告することができる（5項）。……**参考**

⑥ **「協会」**は、高圧ガスによる災害を防止するため、基準となるべき事項を作成し、これを公表しなければならない（6項）。……**参考**

第一種製造者は「保安教育計画」を定め実行し、第二種製造者は従業者に「保安教育」を施さなければならないとの規定があることが、出題されています。

Theme

3 冷凍保安責任者

重要度：★★★

冷媒の区分により、冷凍保安責任者、代理者を選任する規定があります。
第一種製造者等の冷凍保安責任者、代理者の規定を理解しておきましょう。

1 冷凍保安責任者

冷凍保安責任者とは、第一種製造者、第二種製造者の事業所で**冷凍設備の運転管理や保守の現場責任者として規定の資格を有する者**です。

☞ **冷凍設備の大きさ**(1日の**冷凍トン**)により、**選任条件**(**免状**と**経験**)が規定されています(表3-1)。……参考として図3-1、図3-2

■1 冷凍保安責任者の選任(法27条の4)➡冷凍則36条

「**第一種製造者等**」(第一種製造者、第二種製造者)は、**事業所**ごとに**製造保安責任者免状の交付を受けている者**で、**規定の高圧ガスの製造に関する経験を有する者**のうちから**冷凍保安責任者**を選任し、高圧ガスの製造に係る保安に関する職務を行わせなければなりません。

……**製造保安責任者**とは、冷凍機械責任者や他の責任者(有資格者)の総称です。

■2 製造施設の区分による冷凍保安責任者の選任(冷凍則36条1項)

☞ 「**第一種製造者等**」は、製造施設の区分に応じ、**製造施設ごとに**、それぞれ表の**製造保安責任者免状の交付を受けている者**であって、**高圧ガスの製造に関する経験を有する者**のうちから**冷凍保安責任者**を選任しなければなりません(表3-1)。

この場合に、**2つ以上の製造施設が設備の配置等から見て一体として管理**されているものとして設計されていて、かつ、**同一の計器室**において制御されているときは、同一の製造施設とみなし、これらの製造施設のうち**冷凍能力が最大である製造施設の区分として冷凍保安責任者を選任**することができます。……**参考**

「冷凍保安責任者」の選任規定に関して多く出題されています。

表3-1　冷凍保安責任者の製造施設の区分、他		
製造施設の区分 (1日の冷凍能力)	「製造保安責任者免状」の 交付を受けている者	高圧ガスの製造に関する「経験」
300トン以上	・**第一種冷凍機械責任者**免状	1日の冷凍能力が**100トン以上**の製造施設を使用して製造する高圧ガスの製造に関する**1年以上の経験**
100トン以上300トン未満	・**第一種冷凍機械責任者**免状 ・**第二種冷凍機械責任者**免状	1日の冷凍能力が**20トン以上**の製造施設を使用して製造する高圧ガスの製造に関する**1年以上の経験**
100トン未満	・**第一種冷凍機械責任者**免状 ・**第二種冷凍機械責任者**免状 ・**第三種冷凍機械責任者**免状	1日の冷凍能力が**3トン以上**の製造施設を使用して製造する高圧ガスの製造に関する**1年以上の経験**

■3　冷凍保安責任者の選任の必要のない施設

Ⅰ.**第一種製造者**(冷凍則36条2項)

1.製造設備が**可燃性ガス**、**毒性ガス(アンモニアは除く)以外**で、以下の要件〈(イ)～(チ)〉を満たすもの。……俗にいう、**「ユニット型」**(仮称)になります。

ここで、アンモニア冷媒で、**二酸化炭素を冷媒ガスとする自然循環式冷凍設備の冷媒ガスを冷凍する施設**では、**アンモニア製造設備の部分**に限ります(1号)。

(イ)**機器製造業者の事業所**において次の事項が行われているもの(1号イ(1)～(5))。

①冷媒設備と圧縮機用原動機を**1つの架台上に一体に組み立てる**もの(1)。

②**アンモニア冷媒**で、冷媒設備と圧縮機用原動機を**ケーシング内に収納**してあるもの。……ただし、**「専用機械室」**に設置してある場合は除く(2)。

③**アンモニア冷媒**で、製造施設(空冷式凝縮器に限る)にあって、**凝縮器に散水する散水口**を設けてあるもの(3)。

④冷媒ガスの配管が完了してあり、**気密試験**が実施されているもの(4)。

⑤冷媒ガスを封入して、**試運転**を行って、保安を確認してあるもの(5)。

(ロ)**アンモニア冷媒**で、**ブライン**又は**二酸化炭素**の冷却による**自然循環式冷凍設備**(1号ロ)。

(ハ)圧縮機の高圧側圧力が許容圧力を超えたときに運転を停止する**高圧遮断装置**の他に、以下の**自動制御機器**を設けているもの(1号ハの(1)～(7))。

①**開放型圧縮機**には、**低圧圧力遮断装置**を設けているもの(1)。

②**開放型圧縮機**には、**強制潤滑装置**を有する圧縮機で油圧が異常低下した場合に、停止する**油圧保護遮断装置**を設けているもの（2）。

③動力装置に、**過負荷保護装置**を設けているもの（3）。

④液体冷却器に、**凍結防止装置**を設けているもの（4）。

⑤水冷式凝縮器に、**冷却水断水保護装置**を設けているもの（5）。

⑥空冷式及び蒸発式凝縮器で、**凝縮器用送風機**が運転されなければ圧縮機が稼働しない装置を設けているもの。……ただし書きは省略（6）。

⑦暖房用電熱器を内蔵するエアコンディショナなどで、**過熱防止装置**を設けているもの（7）。

（ニ）**アンモニア冷媒設備**において、前記（ハ）の他に、以下の**自動制御装置**を設けるもの（1号ニの（1）～（8））。

①**ガス漏えい検知警報設備**と連動して作動する**除害設備**（スクラバー式又は散水式）（1）。

②**感震器**と連動して作動し、かつ手動により復帰する**緊急停止装置**（2）。

③**ガス漏えい検知警報設備**に**通電**されていないと**冷凍装置が作動しない装置**（3）。

④**ガス漏えい検知警報設備**。

「専用機械室」又はケーシング内（4）、圧縮機又は発生器（緊急停止装置付）（5）、受液器又は凝縮器出口配管の近傍（緊急停止装置付）（6）。

⑤**容積圧縮式圧縮機の吐出しガス温度**により**高温遮断装置**（7）。

⑥**吸収式冷凍設備（直焚式発生器）**において、発生器内の溶液温度が設定温度以上になった場合に運転を停止する**溶液高温遮断装置**（8）。

（ホ）**アンモニア冷媒設備**において、1日の冷凍能力が**60トン未満のもの**（1号ホ）。

（ヘ）**冷凍設備の運転**に当たり、**止め弁の操作を必要としない**もの（1号ヘ）。

（ト）**分割搬入して再組立て時に、溶接や切断などが不要**なもの（1号ト）。

（チ）**製造設備の変更**に当たって、台数、位置、寸法、冷凍能力が**製造時と同一**のものと共に、部品の種類が**製造時と同等**のもの（1号チ）。

2.R114の製造設備（2号）。

Ⅱ.**第二種製造者**（冷凍則36条3項）

☞ 1.1日の冷凍能力が**3トン以上**（①**不活性のフルオロカーボン、二酸化炭素**にあっては**20トン以上**。②**アンモニア**又は**不活性以外のフルオロカーボン**にあっては、**5トン以上20トン未満**）のものを使用して高圧ガスを製造する者（1号）。

2.**アンモニアを**冷媒ガスとする**「ユニット型」**（仮称）は、1日の冷凍能力が**20トン以上50トン未満**のものを使用して高圧ガスを製造する者（2号）。

■4　冷凍保安責任者の選任等の届出（法27条の4）➡冷凍則37条

☞ **「第一種製造者等」**は、**冷凍保安責任者**を**選任**し、知事等に**届出**（冷凍保安責任者届出書、製造保安責任者免状の写し）をしなければなりません。**解任のときも同じ**とします（2項）。

■5　保安統括者等の職務等（法32条）……以下抜粋

☞ **冷凍保安責任者**（保安統括者）は、**高圧ガスの製造に係る保安に関する業務を統括管理**（6項）及び**法律に基づく命令**又は**危害予防規定の実施のための指示**に従わなければならない（10項）。

■6　保安統括者等の代理者（法33条）➡冷凍則39条

☞ **冷凍保安責任者**（「保安統括者等」）**が旅行、疾病などにより、職務を行うことができなくなった場合にその代行をさせる冷凍保安責任者の代理者をあらかじめ選任**しなければなりません（1項）。

■7　冷凍保安責任者の代理者の選任等（冷凍則39条）

☞ ①**「第一種製造者等」**は、**製造保安責任者免状の交付を受けている者**であって、**高圧ガスの製造に関する経験を有する者**のうちから、**冷凍保安責任者の代理者**を選任しなければなりません（1項）。

☞ ②**「第一種製造者等」**は、**冷凍保安責任者の代理者を選任**したときは、遅滞なく知事等に**届出**（冷凍保安責任者代理者届書、製造保安責任者免状の写し）をしなければなりません。**解任**のときも同じとします（2項）。

Theme

保安検査

第一種製造者は「特定施設」について定期的な保安検査が必要です。「特定施設」の保安検査、及び保安検査の不要な設備の規定を理解しておきましょう。

重要度：★★★

1 保安検査

保安検査とは、高圧ガスの爆発、その他災害が発生するおそれがある製造施設（冷凍施設）では設備の故障や劣化などによる災害の発生を未然に防止するために**定期的**に**第三者機関（「協会」**等）が設備の検査をすることです。

■1 保安検査（法35条）➡冷凍則40条、41条、42条、43条

☞ 1. **第一種製造者**は、**「特定施設」**（高圧ガスの爆発その他災害が発生するおそれがある製造設備）について、**定期**に知事等が行う**保安検査**を受けなければなりません。……参考として図3-1,図3-2。ただし、以下①、②の場合は除きます（**他の機関などによる検査**）（1項）。➡冷凍則40条

☞ ①**「協会」**又は**「指定保安検査機関」**が行う**保安検査**を受け、知事等に**届出**た場合。（1項1号）➡冷凍則41条……**冷凍保安責任者**の職務ではない。

☞ ②**「認定保安検査実施者」**（自ら特定施設に係る保安検査を行うことができる者）が、その認定に係る特定施設について、技術上の基準に適合していると認めたときに、**検査の記録**を知事等に**届出**（保安検査記録届書）た場合（1項2号）。

☞ 2. **保安検査**は、**技術上（施設の位置及び構造、設備）の基準に適合しているかどうか**について行います（2項）。

「特定施設」の保安検査の実施者と検査期間、及び保安検査不要な設備に関して多く出題されています。

☞ 3.**「協会」**又は**「指定保安検査機関」**は、**保安検査**を行ったときは、遅滞なく、その結果を知事等に**報告**しなければなりません(3項)。

……「協会」等は、検査記録を提出(冷凍則42条1、2項)。

4.**保安検査の方法**は、経済産業省で定めます(4項)。

……開放・分解、各部の損傷・変形及び異常の発生状況を確認するための十分な方法並びに、作動検査及び機能・作動の状況を確認するために十分な方法で行わなければなりません(冷凍則43条)。……**参考**

■2 特定施設の範囲等(冷凍則40条)……抜粋

☞ 1.**以下の製造施設**は、**保安検査は不要**です。

①**ヘリウム**、**R21**、**R114を冷媒ガス**とする製造施設(1項1号)。

②製造施設のうち**「認定指定設備」の部分**(1項2号)。

☞ 2.知事等が行う**保安検査**は、**3年以内**に少なくとも**1回以上**行います(2項)。

3.第一種製造者は、**製造施設完成検査証**の交付を受けた日、又は前回の**保安検査証**の交付を受けた日から2年11月を超えない日までに知事等に提出(保安検査申請書)しなければなりません(3項)。……**参考**

Theme 5

定期自主検査

自主的に設備を点検する「定期自主検査」の規定があります。
定期自主検査の必要な設備と実施方法を理解しておきましょう。

重要度：★★★

1 定期自主検査

☞ **定期自主検査**とは、製造施設の**冷凍保安責任者など**が**設備の点検など**を行う検査です。**技術上の基準に適合しているかどうか**について**自ら定期的に自主検査**（**定期自主検査**）を行い、その**検査記録を作成**し、**保存**しなければなりません（法35条の2）。……**届出は不要、保存期間の規定はありません。**

■1 定期自主検査（法35条の2）➡冷凍則44条、44条の2

1.**定期自主検査を行う製造施設**（冷凍則44条）……参考として図3-1、図3-2。

☞ ①**第一種製造者**……**すべての冷凍装置**（「ユニット型」も含む）。

☞ ②**第二種製造者**……以下の設備。

☞ （イ）**「指定設備」**（法56条の7）。

（ロ）冷凍能力が**20トン以上**（**アンモニア**又は**不活性以外のフルオロカーボン**）のもの（冷凍則44条1項）。

（ハ）冷凍能力が**50トン以上**（**アンモニアで「ユニット型」**）のもの。
……**20トン以上50トン未満は除く**（冷凍則44条2項）。

定期自主検査の対象設備（認定指定設備他）と1年に1回以上の検査、記録、保存の規定に関して出題されています。

2.**検査実施方法**(冷凍則44条)

☞ ①**技術上の基準**(耐圧試験は除く)に適合しているかどうかの**検査を1年に1回以上**行わなければなりません(3項)。……施設の位置、構造及び設備が技術上の基準に適合していることの検査(法8条1項1号、法12条1項)。

☞ ②**冷凍保安責任者**(**代理者**も可)が**監督**して行わなければなりません(4項)。

■2 検査記録内容(冷凍則44条5項)

①**検査をした製造施設**(1号)

②**検査方法及び結果**(2号)

③**検査年月**(3号)

☞ ④**監督者氏名**(4号)

■3 電磁的方法による保存(冷凍則44条の2)……**参考**

①電磁的方法により記録、作成・保存することができます(1項)。

②上記により保存するときは電子計算機等を用いて直ちに表示できるようにしなければなりません(2項)。

Theme 6 危険時の措置及び届出

重要度：★★★

製造施設が危険な状態になったときの措置と届出の規定があります。製造施設等が危険になったときの措置と届出の規定を理解しておきましょう。

1 危険時の措置及び届出

高圧ガスの製造施設等が**危険な状態になったときの措置及び届出**について規定されています（法36条）。

■1 危険時の措置（法36条1項）➡冷凍則45条

①**高圧ガスの製造施設**、貯蔵所、特定高圧ガスの消費施設又は**高圧ガスを充填した容器が危険な状態となったとき**は、その**所有者**又は**占有者（事業者）**は、**直ちに災害の発生防止のための応急の措置**を講じなければなりません（1項）。

☞ ②**製造施設等が危険な状態になったとき**は、直ちに**応急の措置**を行うとともに、**製造作業を中止**し、冷媒設備内の**ガスを安全な場所に移し**、又は大気中に**安全に放出し**、**特に必要な作業員のほかは退避**させます（冷凍則45条1号）。

☞ ③前項②の**措置を講ずることができないとき**は、**従業者**又は**必要に応じて付近の住民に退避するように警告**します（冷凍則45条2号）。

■2 危険発見者の届出（法36条）

☞ 上記の事態を**発見した者**（通報者、一般人も含む）は、直ちに、その旨を**「知事等」**又は**警察官**、**消防吏員**、**消防団員**、**海上保安官**に**届出**なければなりません（2項）。

危険な状態になったときの措置と発見者の届出先に関して出題されています。

Theme 7

火気等の制限

製造施設等での火気の取り扱い、発火物の携帯しての立ち入りが禁止されています。

重要度：★★★

1 火気等の制限

高圧ガス製造施設等に、**何人も**事業者等の承諾を得ないで指定する場所での**火気の取り扱いの禁止及び発火、発火しやすい物の携帯禁止**を規定されています。

■1 火気の取り扱いの制限（法37条）

☞ **何人（冷凍保安責任者、従業者、一般人等）**も第一種製造者、第二種製造者他の所有者若しくは占有者他が**指定する場所**（火気使用禁止場所）で**火気**を**取り扱ってはなりません**（1項）。

■2 発火しやすい物を携帯しての立入り禁止（指定する場所）（法37条）

何人も第一種製造者、第二種製造者他の所有者若しくは占有者他の承諾を得ないで、**発火しやすい物**を携帯して**指定する場所**（火気使用禁止場所）に**立ち入ってはなりません**（2項）。

高圧ガス製造施設内は、何人も火気の取り扱いや、火気等の持ち込みが禁止されていることを理解しておきましょう。ここで「何人も」とは、施設の所有者、占有者、冷凍保安責任者、従業員、一般人等も含みすべての人を指します。

火気の取り扱いの制限に関して出題されています。

図3-1　冷媒ごとの規制表（1）……通常（非ユニット型）設備、認定指定設備……参考

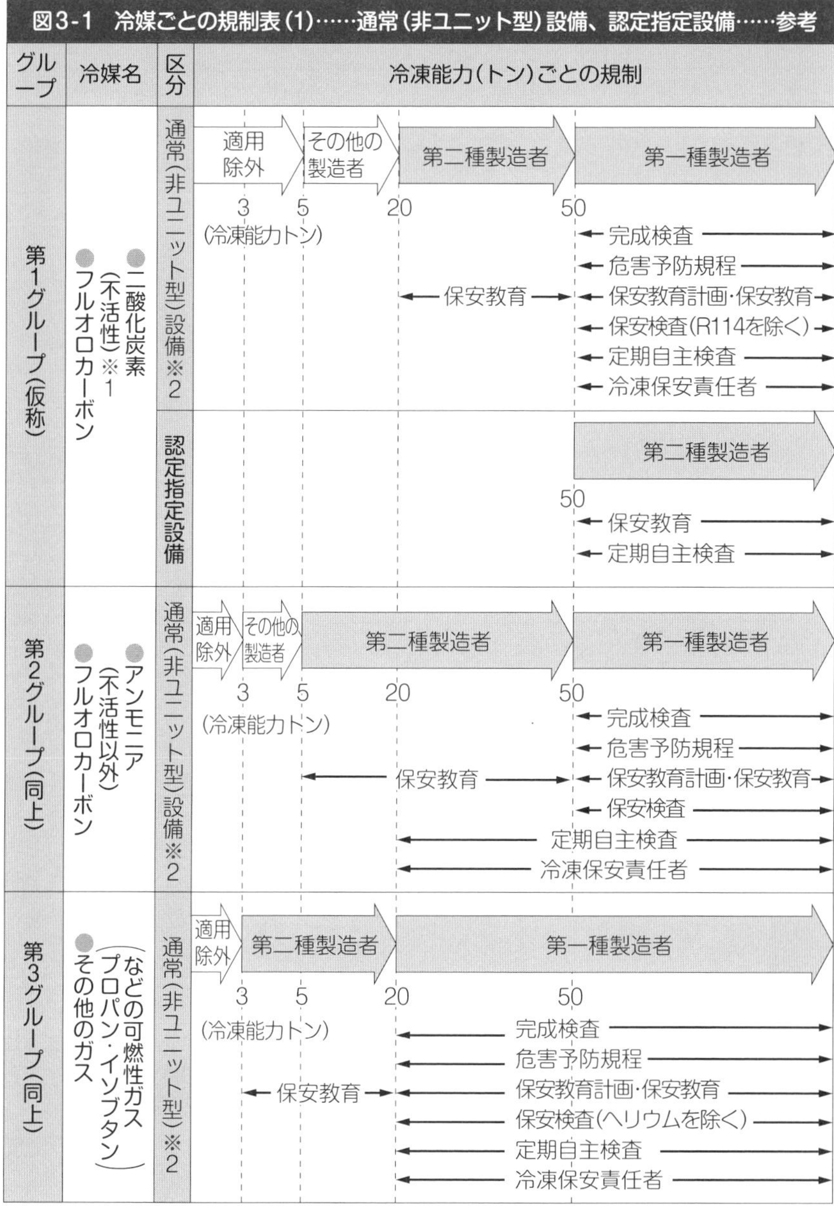

※1 **・不活性のフルオロカーボン**：R12,R13,R13B1,R22,R114,R116,R124,R125,R134a,R401A,R401B,R402A,R402B,R404A,R407A,R407B,R407C,R407D,R407E,R410A,R410B,R413A,R417A,R422A,R422D,R423A,R500,R502,R507A,R509A

・特定不活性ガス：R32,R1234yf,R1234ze

※2 **通常（非ユニット型）設備**：**「ユニット型」と「認定指定設備」以外の設備**をいう。

図3-2　冷媒ごとの規制表(2)……ユニット型……参考

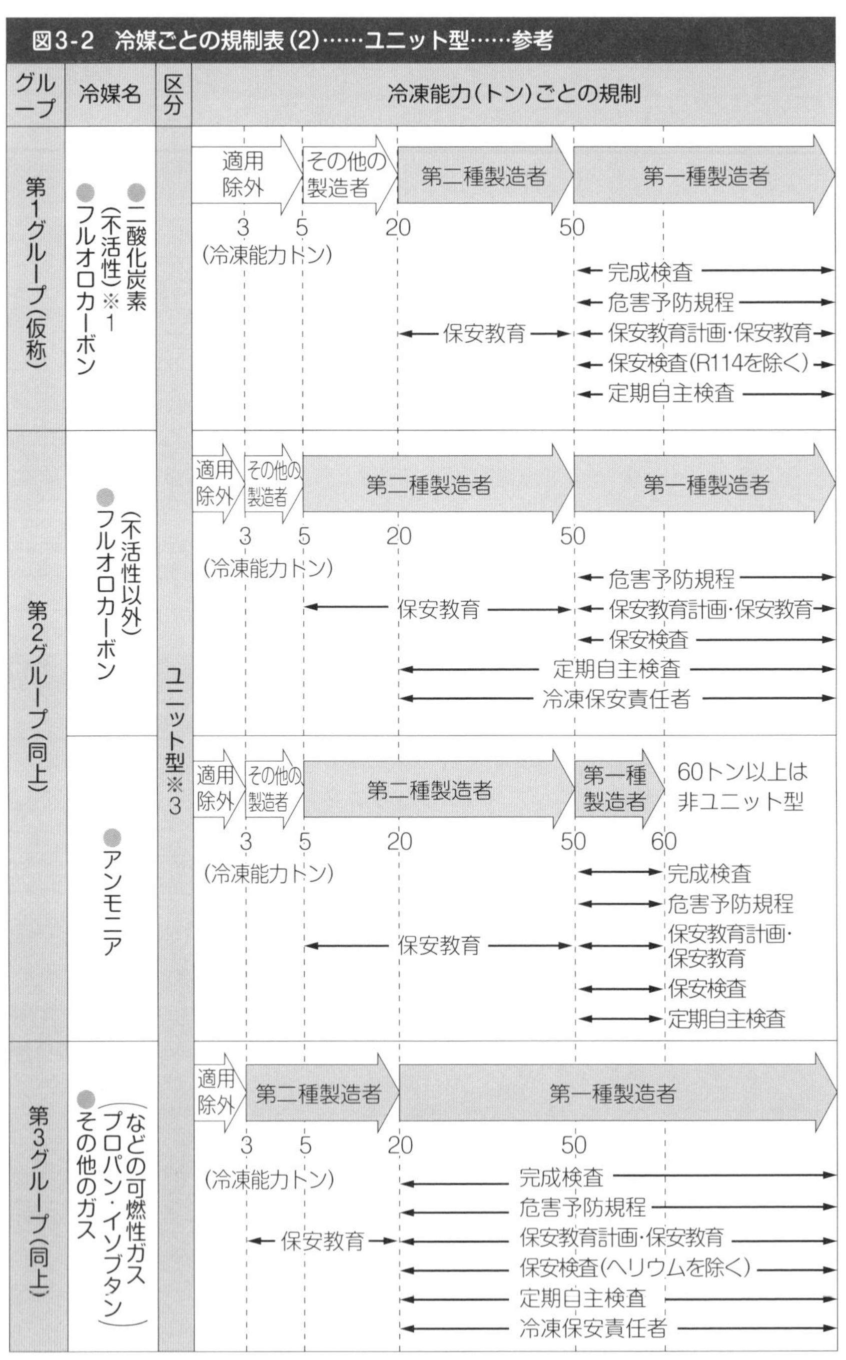

※3 **ユニット型**：可燃性ガス、毒性ガス（アンモニアを除く）の製造設備は、ユニット型の適用を受けない。

Question 問題を解いてみよう

以下の質問に○か×で解答してください。

問1 （3 章 保安…危害予防規程など）

1 第一種製造者は、省令で定める事項について記載した危害予防規程を定め、知事等に届け出なければならないが、変更したときは、届出の必要はない。

2 危害予防規程で定めるべき事項として、製造施設が危険な状態になったときの措置及び訓練の方法に関することが規定されている。

3 危害予防規程で定めるべき事項として、自社の従業員や冷凍保安責任者のみの管理に関することが規定されている。

4 危害予防規程で定めるべき事項として、従業者に対する当該危害予防規程の周知方法及び当該予防規程に違反した者に対する措置に関することが規定されている。

問2 （3 章 保安…保安教育など）

1 第一種製造者等は、その従業者に対する保安教育計画を定め、知事等にその計画を届け出た後に、保安教育計画を実行しなければならない。

2 第二種製造者等は、その従業者に対する保安教育計画を定め、保安教育を実行しなければならない。

問3 （3 章 保安…冷凍保安責任者、代理者など）

1 1 日の冷凍能力が 120 トンの製造設備で冷凍保安責任者を選任するとき、製造保安責任者免状の種類は、第三種冷凍機械責任者となる。

2 第二種製造者であっても、冷凍保安責任者及び代理者を選任する必要がない場合がある。

3 冷凍保安責任者が旅行、疾病その他の事故によってその職務を行うことができない場合に、直ちに、製造保安責任者免状を有する者のうちから代理者を選任し、その職務を代行させるために、知事等に届け出なければならない。

4　第一種製造者又は第二種製造者は、冷凍保安責任者を選任又は解任したときは、遅滞なく知事等に届け出なければならないが、その代理者の選任又は解任したときは、届出はなくてもよい。

問4　(3 章 保安…保安検査など)

1　第一種製造者であっても、知事等又は協会若しくは指定検査機関が行う保安検査を受ける必要がない製造施設がある。

2　製造施設で、認定指定設備の部分でも、保安検査を受ける必要がある。

3　保安検査は、知事等が行うことが規定されているため、他の機関等の検査はできない。

4　保安検査は、特定施設が製造のための施設の位置、構造及び設備並びに製造の方法に係る技術上の基準に適合しているものであるかどうかについて行う。

問5　(3 章 保安…定期自主検査など)

1　定期自主検査は、第一種製造者は実施しなければならないが、認定指定設備は実施する必要はない。

2　定期自主検査は、第一種製造者において、製造施設の技術上の基準に適合しているかどうかについて行わなければならないが、耐圧試験については除かれている。

3　定期自主検査は、製造施設の技術上の基準に適合しているかどうかについて、3 年以内に少なくとも 1 回以上行わなければならない。

4　定期自主検査を行うときは、その選任した冷凍保安責任者に自主検査の実施について監督を行わせなければならない。

問6 (3章 保安…危険時の措置及び届出など)

1 高圧ガスの製造のための施設等や充填容器が危険な状態となったときは、その施設、充填した容器の所有者又は占有者は、直ちに、省令で定める災害の発生防止のための応急の措置を講じなければならない。

2 高圧ガスの製造のための施設等や充填容器が危険な状態となったときは、その事態を発見した者は、直ちに、知事等又は警察官、消防吏員若しくは消防団員若しくは海上保安官に届け出なければならない。

3 高圧ガスの製造のための施設等や充填容器が危険な状態となったときは、省令で定める災害の発生防止のため、直ちに、応急の措置を行うとともに製造の作業を中止し、冷凍設備内のガスを安全な場所に移し、又は大気中に安全に放出し、この作業に特に必要な作業員のほかは避難させること。

4 高圧ガスの製造のための施設等や充填容器が危険な状態となったとき、災害の発生防止のための応急の措置を講じることができないときは、従業者又は必要に応じ付近の住民に退避するよう警告する必要がある。

問7 (3章 保安…火気等の制限など)

1 第一種製造者、第二種製造者等の所有者若しくは占有者等が指定する場所で火気を取り扱ってはならない。ただし、その従業者は除かれる。

2 何人も、第一種製造者、第二種製造者等の所有者又は占有者等の承諾を得ないで、発火しやすい物を携帯して、規定する場所に立ち入ってはならない。

Answer

答え合わせ

問1　正答　解説

1　×　「第一種製造者は、省令で定める事項について記載した危害予防規程を定め、省令で定めるところにより、知事等に届け出なければならない。これを変更したときも、同様とする。」（法 26 条 1 項）と規定されている。
よって、変更したときも、届出が必要となるため、記述は誤りである。

2　○　危害予防規程で定めるべき事項として、「製造施設が危険な状態になったときの措置及び訓練の方法に関すること。」（冷凍則 35 条 2 項 6 号）と規定されている。
よって、記述は正しい。

3　×　危害予防規程で定めるべき事項として、「協力会社の作業の管理に関すること。」（冷凍則 35 条 2 項 7 号）と規定されている。
よって、自社の従業者だけではなく、協力会社の作業の管理に関することが規定されているため、記述は誤りである。

4　○　危害予防規程で定めるべき事項として、「従業者に対する当該危害予防規程の周知方法及び当該予防規程に違反した者に対する措置に関すること。」（冷凍則 35 条 2 項 8 号）と規定されている。
よって記述は正しい。

問2　正答　解説

1　×　「第一種製造者等は、その従業者に対する保安教育計画を定めなければならない。」（法 27 条 1 項）、「第一種製造者等は、保安教育計画を忠実に実行しなければならない。」（法 27 条 3 項）と規定されている。
よって、その計画を知事等に届け出る規定はないため、記述は誤りである。

2　×　「第二種製造者等は、その従業者に保安教育を施さなければならない。」（法 27 条 4 項）と規定されている。
よって、保安教育計画の定めはなく、保安教育を施すことのみが規定されているため、記述は誤りである。

問3

正答 解説

1　×　「第一種製造者等は、製造施設の区分（表）に応じ、製造施設ごとに、製造保安責任者免状（表）の交付を受けている者であって、高圧ガスの製造に関する経験（表）を有する者のうちから、冷凍保安責任者を選任しなければならない。」（冷凍則36条1項）と規定している。
その区分は、第三種冷凍機械責任者免状は100トン未満、第二種冷凍機械責任者免状は100トン以上300トン未満と規定されており、120トンは、第二種冷凍機械責任者免状が必要となる。
よって記述は誤っている。

2　○　冷凍保安責任者の選任等は、「第二種製造者であって、法5条の2項2号に規定する者（1日の冷凍能力が省令で定める値以下の者及び製造のための施設が省令で定める施設である者その他省令で定める者を除く）。」（法27条の4、1項2号）と規定している。
また、冷凍則36条3項では、「冷凍保安責任者を選任する必要のない第二種製造者の規定がある。」よって、この規定に該当する場合は、冷凍保安責任者及び代理者の選任を必要としない。
よって記述は正しい。

3　×　保安統括者等（冷凍保安責任者も含む）の代理者は、「あらかじめ、保安統括者等（前記に同じ）の代理者を選任し、保安統括者等（前記に同じ）が旅行、疾病その他の事故によってその職務を行うことができない場合に、その職務を代行させるために、知事等に届け出なければならない。……一部省略」（法33条1項）と規定している。
よって、冷凍保安責任者が、職務を行うことができない場合に備えて、あらかじめ、代理者を選任し、届け出ておくことが必要なため、記述は誤りである。

4　×　「第一種製造者又は第二種製造者は、保安統括者を選任したときは遅滞なく、省令で定めるところにより、知事等に届け出なければならない。これを解任したときも、同様とする。」（冷凍則37条）
よって、代理者を選任又は解任したときも、知事等に届け出なければならないため、記述は誤りである。

問4

正答 解説

1 ○ 「第一種製造者は、高圧ガスの爆発その他災害が発生するおそれがある製造のための施設（「特定施設」という）について、省令で定めるところにより、定期に、知事等（ただし、協会若しくは指定検査機関が行う保安検査を受け、知事等に届け出た場合は除く）が行う保安検査を受けなければならない。……一部省略」（法35条1項）とある。ただし、この規定から除かれる施設として、冷凍則40条1項1号「ヘリウム、R21、又はR114を冷媒ガスとする製造施設」及び同2号「製造施設のうち認定指定設備の部分」が規定されている。

よって、記述は正しい。

2 × 設問1と同じく、法35条1項、冷凍則40条1項2号により、「認定指定設備は、特定施設から除かれる。」と規定されている。

よって、記述は誤りである。

3 × 「第一種製造者は、高圧ガスの爆発その他災害が発生するおそれがある製造のための施設（「特定施設」という）について、省令で定めるところにより、定期に、知事等（ただし、協会若しくは指定検査機関が行う保安検査を受け、知事等に届け出た場合は除く）が行う保安検査を受けなければならない。……一部省略」（法35条1項）とある。ただし、「特定施設のうち省令で定めるものについて、省令で定めるところにより、協会又は大臣の指定する者（「指定保安検査機関」という）が行う保安検査を受け、知事等に届け出た場合は、その限りではない。」（法35条1項1号）と規定されている。

よって、記述は誤りである。

4 × 「保安検査は、法8条1号（「特定施設の、製造のための施設の位置、構造及び設備が省令で定める技術上の基準に適合するものであること。」）の技術上の基準に適合しているかどうかについて行う。」（法35条2項）と規定されている。

よって、製造の方法に係る技術上の基準に適合しているかどうかについて行うものではないため、記述は誤っている。

問5 正答 解説

1 × 定期自主検査について、「第一種製造者、法56条の7、2項の認定を受けた設備（認定指定設備）を使用する第二種製造者若しくは第二種製造者であって1日の冷凍能力が省令で定める値（冷凍則44条1、2項）以上である者であって、省令で定めるものについて、省令で定めるところにより、定期的に、保安のための自主検査を行い、その記録を作成し、これを保存しなければならない。‥‥‥一部省略」（法35条2）と規定されている。
よって、第一種製造者は必ず定期自主検査を実施しなければならず、認定を受けた設備（認定指定設備）を使用する第二種製造者も、定期自主検査を受けなければならないため、記述は誤りである。

2 ○ 「定期自主検査は、第一種製造者の製造施設にあっては、省令で定める技術上の基準（耐圧試験に係るものを除く）に適合しているか、又は第二種製造者の製造施設にあっては、第二種製造者の省令で定める技術上の基準（耐圧試験に係るものを除く）に適合しているかどうかについて、1年に1回以上行わなければならない。」（冷凍則44条3項）と規定している。
よって、耐圧試験に係るものは除かれているため、記述は正しい。

3 × 「定期自主検査は、第一種製造者、指定認定設備、第二種製造者の製造施設が技術上の基準に適合しているかどうかについて、1年に1回以上行わなければならない。‥‥‥一部省略」（法35条の2）と規定している。
よって、3年以内に少なくとも1回以上ではなく、1年に1回以上行わなければならないため、記述は誤りである。
なお、「3年以内に少なくとも1回以上行わなければならない。」というのは、保安検査の基準である。

4 ○ 「第一種製造者（冷凍保安責任者の選任を不要とした者は除く）又は第二種製造者（冷凍保安責任者の選任を不要とした者は除く）は、定期自主検査を行うときは、その選任した冷凍保安責任者に当該自主検査の実施について監督を行わせなければならない。」（冷凍則44条4項）と規定されている。
よって、記述は正しい。

問6

正答 解説

1 ○ 「高圧ガスの製造のための施設等や充填容器が危険な状態となったときは、その施設、充填した容器の所有者又は占有者は、直ちに、省令で定める災害の発生の防止のための応急の措置を講じなければならない。……一部省略」（法 36 条 1 項）と規定されている。
よって、記述は正しい。

2 ○ 「高圧ガスの製造のための施設等や充填容器が危険な状態となったときは、その事態を発見した者は、直ちに、知事等又は警察官、消防吏員若しくは消防団員若しくは海上保安官に届け出なければならない。」（法 36 条 2 項）と規定されている。
よって、記述は正しい。

3 ○ 「高圧ガスの製造のための施設等や充填容器が危険な状態となったときは、省令で定める災害の発生防止のため、直ちに、応急の措置を行うとともに製造の作業を中止し、冷凍設備内のガスを安全な場所に移し、又は大気中に安全に放出し、この作業に特に必要な作業員のほかは避難させること。……一部省略」（冷凍則 45 条 1 号）と規定されている。
よって、記述は正しい。

4 ○ 「高圧ガスの製造のための施設等や充填容器が危険な状態となったとき、災害の発生防止のための応急の措置を講じることができないときは、従業者又は必要に応じ付近の住民に退避するよう警告すること。」（冷凍則 45 条 2 号）と規定されている。
よって、記述は正しい。

問7

正答 解説

1 × 「何人も、第一種製造者、第二種製造者等の所有者若しくは占有者等が指定する場所で火気を取り扱ってはならない。……一部省略」（法 37 条 1 項）と規定されている。
よって、「何人も」という規定であり、従業者も含まれるため、記述は誤っている。

2 ○ 「何人も、第一種製造者、第二種製造者等の所有者若しくは占有者等の承諾を得ないで、発火しやすい物を携帯して、規定する場所に立ち入ってはならない。……一部省略」（法 37 条 2 項）と規定されている。
よって、記述は正しい。

容器等・雑則
（法　第四章 容器等）

第一節 容器及び容器の附属品

高圧ガスを充填するための容器の製造、検査等、充填できる条件、充填できる高圧ガスなどについて規定しています。

第三節 指定設備

指定設備とは、高圧ガス製造設備のことで、大型、大容量の設備であっても、公共の安全維持に支障がなく災害のおそれがないものと認められた設備（認定指定設備）であり、各種の基準が緩和されています。

第四節 冷凍機器

冷凍設備に用いる機器を製造（製作）する事業を行う者（「機器製造業者」という）は、技術上の基準に従って製造しなければなりません。

（法 第五章 雑則）

雑則

Theme

1 容器の定義

高圧ガスを充填する「容器」の定義と種類があり、その定義をしています。
「容器」の用語の定義を理解しておきましょう。

重要度：★☆☆

1 適用範囲

■1 高圧ガスを充填するための容器（容器則1条）

「容器」とは、**高圧ガスを充填する容器（附属品を含み、**以下**「容器」**という）であって、**地盤面に対して移動することができるもの**です。……移動できないものは、**「貯槽」**といいます。

「容器保安規則」は、この容器に関する規定です。

2 用語定義

■1 容器名称の定義（容器則2条）……抜粋（図4-1）

①継目なし容器

内面に0パスカルを超える圧力を受ける部分**（耐圧部分）**に**溶接部を有しない容器**（1号）。

②溶接容器

耐圧部分に溶接部を有する容器（2号）。

③超低温容器……**参考**

温度が-50℃以下の液化ガス（冷媒等）を充填することができる容器であって、断熱材で被覆することにより容器内のガスが常用の温度を超えて上昇しないような措置を講じてあるもの（3号）。……**冷凍設備に関係しない。**

「容器」そのものの出題はありませんが、種類と定義の概要を理解することが必要です。

④低温容器

断熱材で被覆し、又は**冷凍設備**で冷却することにより、容器内のガスの温度が常用の温度を超えて上昇しないような措置を講じてあり、**液化ガス（冷媒等）を充填することができる容器**であって、超低温容器を除く（4号）。

⑤ろう付け容器

耐圧部分がろう付けにより接合された容器（5号）。

⑥「**再充填禁止容器**」

高圧ガスを一度充填した後、**再度高圧ガスを充填することができないものとして製造された容器**（6号）。

上記の容器で**②溶接容器**、**③超低温容器**、**⑤ろう付け容器**を「**溶接容器等**」といいます（容器則24条1号）。

図4-1　容器の種類（定義）

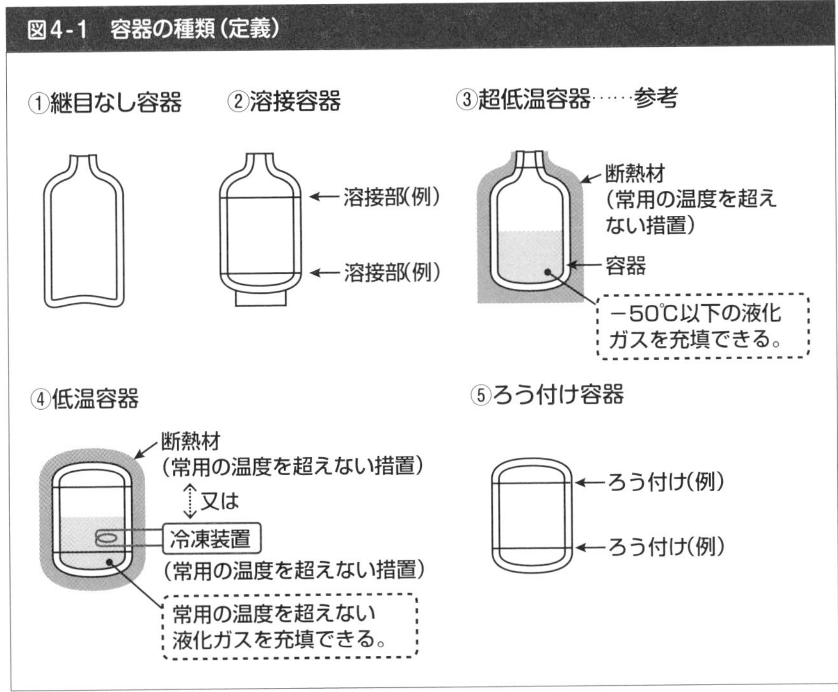

高圧ガスを充填する「容器」の種類と定義の概要を理解しておきましょう。

Theme 2 容器及び容器の附属品

容器、及び容器の附属品の製造、検査、再検査等の規定について説明します。
高圧ガスを充填する容器等の規定を理解しておきましょう。

重要度：★★★

1 製造の方法

■1 容器製造業者の製造の方法（法41条）➡容器則3条

「容器」の製造の事業を行う者（「容器製造業者」という）は、**技術上の基準に従って容器を製造**しなければなりません（1項）。

2 容器検査

■1 容器検査、譲渡等（法44条1項）➡容器則6条（図4-2）

容器を製造又は**輸入した者**は、経済産業大臣、協会又は経済産業大臣が指定する者（**「指定容器検査機関」**という）が行う**容器検査**を受け、これに合格したものとして**刻印**又は**標章の掲示**（薄板に規定の内容を打刻したものを見やすい箇所に溶接などする方式）（**「刻印等」**という）がされているものでなければ**譲渡**又は**引渡し**てはなりません。ただし、**以下の容器は除きます**（1項）。……**参考**

① **「登録容器製造業者」**（登録を受けた容器製造業者）**が製造した容器**であって、**刻印等**がされているもの（1号）。
② **「外国登録容器製造」**の製造容器で**刻印等**がされているもの（2号）。
③輸出その他で定める用途に供するもの（2号）。
④高圧ガスを充填して**輸入された容器**であって、**充填してあるもの**（3号）。

●容器の刻印等、表示の規定の中から2～3項目が出題されています。
●容器再検査期間（溶接容器等）の規定が出題されています。

■2　容器の明示（法44条2項）……参考

容器検査を受けようとする者は、高圧ガスの種類、圧力を明らかにしなければなりません。

■3　再充填禁止容器（法44条3項）

「再充填禁止容器」とは、一度充填した後、再度高圧ガスを充填することができないものとして製造した容器をいいます。

容器検査を受けようとする者は、再充填禁止容器である旨を明らかにしなければなりません。

■4　容器検査の合格（法44条4項）➡容器則7条……参考

容器検査において、ガスの種類、圧力、規格に適合しているときは、合格とします。

図4-2　容器・附属品の検査の流れ……参考

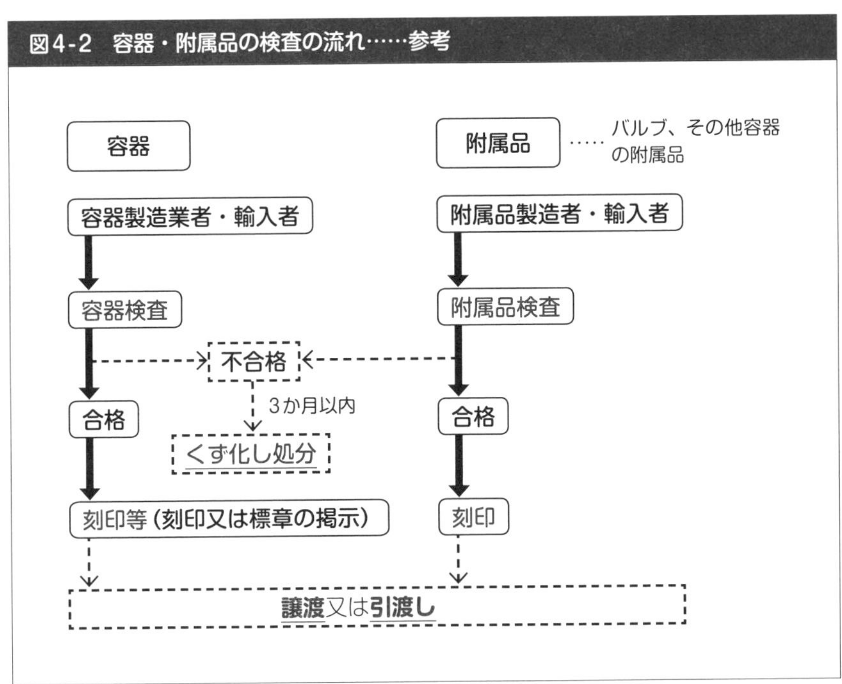

3 刻印等

■1 刻印等（法45条）➡容器則8条

☞ 容器が**容器検査**に合格した場合は、**「刻印等」**（**刻印**又は**標章の掲示**）をしなければなりません（1項、2項）。

■2 「刻印等」の方式（容器則8条1項1～15号）

……以下抜粋（図4-3）

①**検査実施者の名称の符号**（1号）

②**容器製造業者の名称又はその符号**（2号）

☞ ③**充填すべき高圧ガスの種類**（3号）

⑤**容器の記号及び番号**（5号）

☞ ⑥**内容積**（記号：V、単位：リットル）（6号）

⑦**容器の質量**（附属品を含まない）（記号：W、単位：kg）（7号）

☞ ⑨**容器検査**に合格した**年月**（9号）

☞ ⑪**耐圧試験圧力**（記号：TP、単位M：メガパスカル）（11号）

⑫**最高充填圧力**（記号：FP、単位M：メガパスカル）（12号）

図4-3　容器の刻印等及び表示（例）……参考

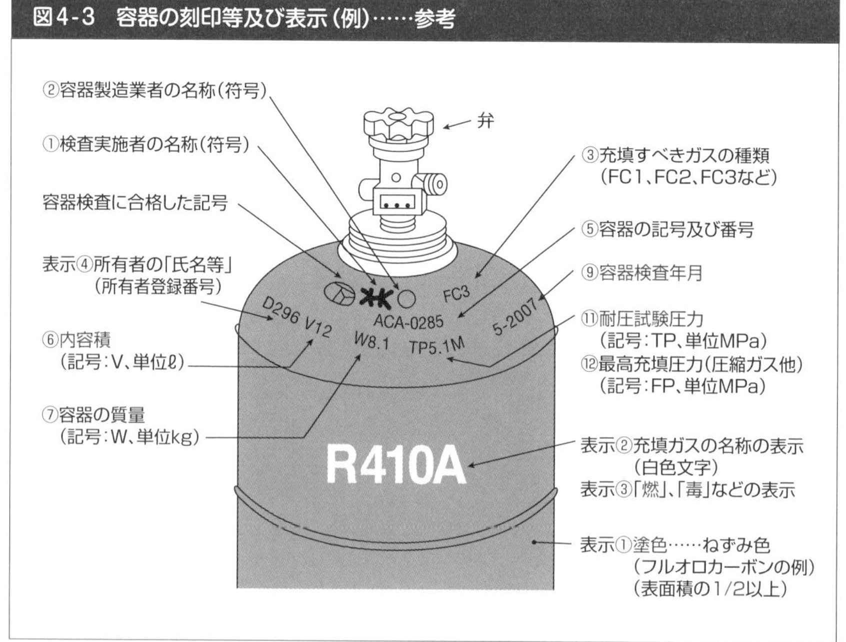

4　表示

■1　表示（法46条）……抜粋➡容器則10条、10条3項

容器の所有者は、遅滞なく容器に規定の**表示**をしなければなりません。表示が滅失したときも同様とします（法46条1項）。

■2　表示の方式（容器則10条）……以下抜粋（図4-3）

☞ 表示①**高圧ガスの種類**に応じて、**塗色**を容器の外面の見やすい箇所に、**容器の表面積の二分の一以上**に行うものとします（1号）。

（塗色）　・**液化炭酸ガス**……**緑色**

☞　・**液化アンモニア**……**白色**

☞　・**その他の種類の高圧ガス**……**ねずみ色**……（例）フルオロカーボン冷媒

表示②**高圧ガスの名称**を明示します（2号イ）。

☞ 表示③**可燃性ガス**は、**「燃」**（赤色）、**毒性ガス**は、**「毒」**（黒色）の文字を表示します（2号ロ）。

表示④**所有者の「氏名等」**（氏名又は名称、住所、電話番号）を明示します（3号）。

5　充填

■1　高圧ガスを充填する容器の規定（法48条1項）➡容器則19条、27条

高圧ガスを充填する場合は以下のいずれかに該当するものであることとします（1項1～5号）。……（以下抜粋）**参考**

①「刻印等」又は「自主検査刻印等」がされているものであること（1号）。

②所定の表示がされてあること（2号）。➡法46条

③バルブを装置してあること（3号）。

④容器検査若しくは容器再検査後、定める期間を経過した容器又は損傷を受けた容器は、容器再検査を受け、合格し、かつ、刻印等がされているものであること（5号）。

容器は、**使用時に各種の損傷や表面の腐食等により、強度が低下**していきます。この低下状態を確認するために、**一定期間ごと**に**再検査**が必要となります（容器則24条）。

■2　容器再検査の期間（容器則24条1項1～8号）

容器再検査期間は、以下で規定されています（表4-1）。……抜粋

☞ ①**「溶接容器等」**（溶接容器、超低温容器、ろう付け容器）（1項1号）

…**「経過年数」**（製造後の経過年数）**20年未満**は**5年**、**20年以上**は**2年**。

②**一般継目なし容器**（1項3号）……**5年**

③一般複合容器（1項4号）……3年……**参考**

表4-1　容器再検査の期間（抜粋）

	起算日からの「経過年数」	
	20年未満	20年以上
①「溶接容器等」（1号）（溶接容器、超低温容器、ろう付け容器）	**5年**	**2年**
②一般継目なし容器（3号）	5年	
③一般複合容器（4号）	3年	

■3　容器に充填する高圧ガス（法48条4項……抜粋）➡容器則22条

☞　容器に充填する高圧ガスは、**「刻印等」又は「自主検査刻印等」に表示された種類の高圧ガス**であり、かつ、以下の条件のもの。

①**圧縮ガス**：表示の**圧力以下**のもの（1号）。

☞ ②**液化ガス**：表示の**内容積に応じて計算した質量以下**のもの（2号）。

〔液化ガスの質量Gの計算〕（容器則22条）

G＝V/C　・V：容器の内容積（リットル）

・C：液化ガスの種類による定数（リットル/kg）

6　容器再検査

■1　容器再検査（法49条）……1～6項の抜粋➡容器則25条、26条、37条、37条2項……参考

容器再検査は、規定の方法により行い、合格した「容器以外」のものには「刻印」を、「容器」には「標章の掲示」を行う（3項、4項）。

7　附属品検査

■1　附属品の検査（法49条の2、49条の3）➡容器則13条、18条……参考

①**「附属品」**（バルブ、安全弁、緊急遮断装置など）**を製造**又は**輸入した者**は、容器検査と同等の規定とします（容器則13条）。

②**「附属品」が検査に合格した場合**は容器と同等の刻印をしなければなりません（容器則18条）。

8　附属品再検査

■1　附属品の再検査（法49条の4）➡容器則28条、29条、38条

☞ ①**附属品の製造者**、又は**輸入者**は**附属品再検査**を受け、合格したときは**刻印**しなければなりません（3項）。➡容器則38条

②附属品再検査の期間（容器則27条）……（省略）**参考**

9　くず化その他の処分

容器検査、容器再検査に合格しなかった容器、附属品検査、附属品再検査に合格しなかった附属品又は**廃棄する容器・附属品**は、その状態で廃棄すると再使用のおそれがあり、危険であるため、**くず化**し、**処分**（**容器等、附属品を切断、せん断などして再使用できないように処分すること**）しなければなりません。

■1　くず化その他の処分の規定（法56条）……抜粋

①容器検査に合格しなかった容器は使用することができないようにくず化し、処分すべきことを命ずることができます（1項）。……**参考**

②容器検査に合格しなかった容器は、遅滞なく「報告」しなければなりません（2項）。……**参考**

③容器再検査に合格しなかった容器は、3か月以内に、刻印等がされなかったときは、遅滞なく、くず化し、処分しなければなりません（3項）。……**参考**

④附属品についても、①、②の規定に準用します（4項）。……**参考**

☞ ⑤**容器**、又は**附属品を廃棄する者**は、**くず化**し、使用することができないように**処分**します（5項）。

Theme

重要度：★★★

指定設備

指定設備は、一般の設備より各種の基準が緩和された規定となっています。
指定設備の認定、技術上の基準、指定設備認定証が無効となる規定を理解しておきましょう。

1 指定設備の認定

■1 指定設備の認定（法56条の7）➡施行令15条、冷凍則56条

高圧ガスの製造設備（製造に係る貯蔵も含む）で、**公共の安全の維持**又は**災害の発生の防止に支障を及ぼすおそれがない**として、**政令で定める設備**（「**指定設備**」という）を**製造する者**、**指定設備を輸入する者**、**外国において本邦に輸出される指定設備を製造する者**は、経済産業大臣、協会又は経済産業大臣が指定する者（「指定設備認定機関」という）が行う**認定**を受けることができます（1項）。

■2 指定設備の認定（法56条の7）➡冷凍則57条

指定設備の申請が行われた場合には、「指定設備認定機関等」（経済産業大臣、協会又は指定設備認定機関）は、**技術上の基準に適合するとき**は、**認定**を行うものとします。認定を受けた設備を**「認定指定設備」**といいます（2項）。

■3 指定設備（施行令15条）

冷凍のため**不活性ガス**を圧縮し、又は液化して高圧ガスを製造する設備で、**ユニット型**であり、**経済産業大臣が定めるもの**（以下のいずれにも該当する設備）をいいます（2号）。

ガス（冷媒）の区分、定義のそのものの出題はされていません。

●**経済産業大臣が定めるもの**……「高圧ガス保安法」施行令関係告示6条2項1～4号

①**定置式製造設備**（1号）

②**不活性のフルオロカーボン**（2号）

③冷媒充填量が**3,000kg未満**（3号）

④1日の冷凍能力が**50トン以上**（4号）

■4　指定設備に係る技術上の基準（冷凍則57条）

①**「事業所」（製造業者の事業所）**において、第一種製造者及び第二種製造者が設置する場合に、それぞれの**基準に適合して製造**されていること（1号）。

②**ブラインを共通に使用する以外には、他の設備と共通に使用する部分がない**こと（2号）。

③**「事業所」**において、**脚上**又は**1つの架台上に組み立てられている**こと（3号）。

☞ ④**「事業所」**で行う**耐圧試験**、**気密試験**に合格するものであること（4号）。

☞ ⑤**「事業所」**において**試運転**を行い、**分割されずに搬入**されるものであること（5号）。

⑥冷媒設備のうち直接風雨にさらされる部分及び外表面に結露のおそれがある部分には、**銅**、**銅合金**、**ステンレス鋼**、その他**耐腐食性材料**を使用し、又は**耐腐食処理**を施していること（6号）。

⑦冷媒設備に係る配管、管継手、バルブの接合は、**溶接**又は**ろう付け**によること。ただし、溶接又はろう付けによることが適当でない場合には、**フランジ接合**、**ねじ接合継手**に代えることができる（7号）。

⑧**凝縮器が縦置き円筒形**の場合は、**胴部の長さが5m未満**であること（8号）。

⑨**受液器**は、**内容積が5,000リットル未満**であること（9号）。

⑩**安全装置に、破裂板を使用しない**こと（10号）。

⑪液状の冷媒ガスが充填され、かつ、冷媒設備の他の部分から隔離されることのある容器であって、**内容積300リットル以上**のものには、同一の切換弁に接続された**2つ以上の安全弁**を設けること（11号）。

☞ ⑫**日常の運転操作**に必要となる冷媒ガスの**止め弁**には、**手動式のものを使用しない**こと（12号）。

☞ ⑬**自動制御装置**を設けること（13号）。

⑭**容積圧縮式圧縮機**には、**吐出冷媒ガス温度**が設定温度以上になると、**圧縮機の運転を停止する装置**が設けられていること（14号）。

2 指定設備認定証の無効

■1 認定指定設備の変更工事、移設等（冷凍則62条）

☞ 認定指定設備に**変更の工事**又は**「移設等」**を行ったときは、**指定設備認定証**は**無効**となります。ただし、**以下の場合は除きます**（1項）。

①変更の工事が**同等の部品への交換のみ**である場合（1号）。

②**移設等**を行った場合で、「指定設備認定機関等」の調査を受け、**認定指定設備基準適合書の交付**を受けた場合（2号）。

☞ ■2 認定指定設備の変更工事、移設等の場合の返納（冷凍則62条）

認定指定設備に**変更の工事**又は**「移設等」**を行ったときは、上記①②を除き、**指定設備認定証**を**返納**しなければなりません（2項）。

■3 指定設備認定証の記載……参考

指定設備認定証に変更の工事内容及び工事の年月日又は移設等を行った年月日を記載しなければなりません（3項）。……上記1項のただし書の場合……**参考**

Theme

4 冷凍機器の製造

重要度：★★★

冷凍設備の機器の製造についての規定があります。
機器の製造に係る技術上の基準を理解しておきましょう。

1 冷凍設備に用いる機器の製造

■1 機器製造業者の製造（法57条）➡冷凍則63条、64条

☞ 冷凍設備に用いる機器の製造事業を行う者（「**機器製造業者**」という）は、**技術上の基準**に従って製造をしなければなりません（法57条）。

■2 冷凍設備に用いる機器の指定（冷凍則63条）

☞ 冷凍設備に用いる機器（「**機器**」という）であって、1日の冷凍能力が**3トン以上**（**不活性のフルオロカーボン、二酸化炭素**では、**5トン以上**）に適用され、**技術上の基準**に従って製造されなければなりません。……**届出は不要**。

■3 機器の製造に係る技術上の基準（冷凍則64条1～4号）……（以下抜粋）

参考

①「**機器**」の冷媒設備（冷凍能力が**20トン未満のものを除く**）**に係る容器**（**ポンプ又は圧縮機を除く**）は規定に適合することとします（1号）。

②「**機器**」**の気密試験、耐圧試験に合格したもの**であることとします（2号）。

冷凍能力３トン以上の機器は、技術上の基準に従って製造しなければなりません。この規定に関して出題されています。

Theme 5

帳簿、事故届

重要度：★★★

製造施設の異常を帳簿に記載し、事故発生時には届出をするといった規定があります。
第一種製造者等は、設備の異常を帳簿に記載し、第一種製造者・第二種製造者等は、事故発生時には届出するといった義務があることを理解しておきましょう。

1　帳簿

■1　帳簿（法60条）➡冷凍則65条、容器則71条

「第一種製造者等」は、**帳簿**を備え、**所定の事項**（容器則71条）を**記載**し、**保存**しなければなりません（1項、2項）。……**第二種製造者は、帳簿の規定はありません。**

■2　帳簿の規定（冷凍則65条）

☞　**第一種製造者**は、事業所ごとに、製造施設に**異常があった年月日**及び**措置**を記載した**帳簿**を備え、記載した日から**10年間保存**しなければなりません（冷凍則65条）。

■3　帳簿の記載事項（容器則71条）……（省略）参考

2　事故届

■1　事故届（法63条）

☞　**「第一種製造者等」**、**「第二種製造者等」**は、次に掲げる場合は、**遅滞なく**、その旨を**「知事等」**又は**警察官**に**届出**（「事故届書」）しなければなりません（1項）。

①高圧ガスについて**災害が発生したとき**（1項1号）。

☞　②**高圧ガス**又は**容器**（充填容器・残ガス容器とも）を**喪失**し、又は**盗まれた**とき。（1項2号）➡冷凍則68条

異常発生時の帳簿記載と保存に関して出題されています。

問題を解いてみよう

以下の質問に○か×で解答してください。

問1　(第4 章 容器等…容器など)

1　容器に刻印すべき項目として、高圧ガスの種類、容器の内容積、容器の質量、容器検査の合格年月、などがある。

2　附属品を製造した者は、附属品検査を受け、これに合格したものでなければ、譲渡し、引き渡してはならない。合格した附属品には、刻印される。

問2　(第4 章 容器等…指定設備など)

1　認定指定設備の冷凍設備は、規定の気密試験及び規定の耐圧試験又はこれらと同等以上の試験に合格するものでなければならないが、その試験を行うべき場所は定められていない。

2　認定指定設備に変更工事を施したとき、又は認定指定設備の移設等を行ったときは、指定設備認定証は無効とされることがある。

問3　(第4 章 容器等…冷凍機器の製造など)

1　冷凍設備に用いる機器のうち、省令で定めるものの製造の事業を行う者（機器製造業者）は、所定の技術上の基準に従ってその機器を製造しなければならない。

2　冷凍設備に用いる機器のうち、省令で定めるものの製造の事業を行う者（機器製造業者）が、所定の技術上の基準に従って製造しなければならない機器には、1 日の冷凍能力が 5 トン以上の不活性のフルオロカーボン、二酸化炭素の冷凍設備、3 トン以上のアンモニアの冷凍設備の機器が含まれる。

問4　（第4章 帳簿・事故届など）

1　第一種製造者、第二種製造者は、高圧ガスについて、災害が発生したとき、遅滞なく、知事等又は警察官に届け出なければならない。

2　第一種製造者、第二種製造者、その他高圧ガス又は容器を取り扱う者は、災害が発生したときは、遅滞なく、知事等又は警察官に届け出なければならないが、容器を喪失したとき、届け出る規定はない。

Answer 答え合わせ

問1　正答 解説

1　○「経済産業大臣、協会、指定容器検査機関は、容器が容器検査に合格した場合において、速やかに、省令で定めるところにより、その容器に、刻印をしなければならない。……一部省略」（法 45 条 1 項）。

「刻印しようとする者は、容器の厚肉の部分の見やすい箇所に、明瞭に、かつ、消えないように各号に掲げる事項を刻印しなければならない。」（容器則 8 条 1 項）。

「刻印項目として、1. 検査実施者の名称の符号、2. 容器製造業者の名称又は符号、3. 高圧ガスの種類、4. 容器の記号、5. 内容積、6. 容器の質量、7. 検査合格年月、など。……一部省略」（容器則 8 条 1 項各号）と規定されている。

よって、記述は正しい。

2　○「バルブその他の容器の附属品で省令で定めるものの製造又は輸入をした者は、経済産業大臣、協会、指定容器検査機関が省令で定める方法により行う附属品検査を受け、これに合格したものでなければ、当該附属品を譲渡し、引き渡してはならない。」（法 49 条の 2、1 項）。

「経済産業大臣、協会、指定容器検査機関は、附属品が附属品再検査に合格したときは、速やかに、省令で定めるところにより、その附属品に、刻印しなければならない。」（法 49 条の 3、1 項）と規定されている。

よって、記述は正しい。

問2

正答 解説

1　×　「指定設備の冷凍設備に係る技術上の基準（冷凍則57条1～14号）の中の1つとして、4号の事業所で行う冷凍則7条1項6号（定置式製造設備の技術上の基準）に規定する試験に合格するものであること。」（冷凍則57条4号）と規定されている。
よって、この試験は、事業所で行うと規定しているため、記述は誤りである。

2　○　「認定指定設備に変更工事を施したとき、又は認定指定設備の移設等を行ったときは、当該認定指定設備に係る指定設備認定証は無効とする。ただし、次に掲げる場合にあっては、この限りではない。……（1号）当該変更の工事が同等の部品への交換のみである場合、（2号）認定指定設備の移設等を行った場合であって、指定設備認定証を交付した指定設備認定機関等により調査を受け、認定指定設備技術基準適合書の交付を受けた場合。……一部省略」（冷凍則62条1項1、2号）と規定されている。
よって、記述は正しい。

問3

正答 解説

1　○　「もっぱら冷凍設備に用いる機器（「機器」という）であって、省令で定めるものの製造の事業を行う者（「機器製造業者」という）は、その機器を用いた設備が法8条1号、法12条1項（第一種製造者、第二種製造者の冷凍設備）の技術上の基準に適合することを確保するように省令で定める技術上の基準に従ってその機器を製造しなければならない。」（法57条）と規定されている。
よって、記述は正しい。

2　○　法57条（冷凍機器に用いる機器の製造）の省令で定めるものは、「1日の冷凍能力が3トン以上（不活性フルオロカーボン、二酸化炭素にあっては、5トン以上）の冷凍機とする。」（冷凍則63条）と規定されている。
よって、不活性フルオロカーボン、二酸化炭素は5トン以上、アンモニアは3トン以上となるため、記述は正しい。

問4

正答 解説

1　○　「第一種製造者、第二種製造者、その他高圧ガス又は容器を取り扱う者は、(1号) 高圧ガスについて、災害が発生したとき、遅滞なく、知事等又は警察官に届け出なければならない。」(法63条1項) と規定されている。よって、記述は正しい。

2　×　「第一種製造者、第二種製造者、その他高圧ガス又は容器を取り扱う者は、(2号) 高圧ガス又は容器を喪失し、又は盗まれたときは、遅滞なく、知事等又は警察官に届け出なければならない。」(法63条1項) と規定されている。

よって、高圧ガス又は容器を喪失したり、盗まれたときは、届け出なければならないため、記述は誤りである。

高圧ガス保安法に基づく「冷凍関係法規体系」及び「過去問題出題年度表」

高圧ガス保安法に基づく「冷凍関係法規体系」及び「過去問題出題年度表(5年間)」(3種冷凍)

・出題数：2014～2020年度での出題数
・関連出題年度：○内のNo.は、出題番号を示す。…例：①は問題1を、⑳は問題20を示す。

作成　2022年7月

法・施行令・省令の区分								出題数	法令内容(要約)		関連出題年度・問題番号				
高圧ガス保安法……章、節				・冷凍則 ・又はその他の法令					項目	要約・要点(抜粋)	2016	2017	2018	2019	2020
●法の項目 No.本文の章、項	条	項	号	条	項	号					H28	H29	H30	R1	R2
第一章 総則															
●目的 1.高圧ガス保安法の目的 (図1-1)	1							7	目的他	高圧ガスによる災害を防止し、公共の安全を確保することを目的とする ・高圧ガスの取扱い者に対する各種の規制 ・自主的活動の促進(民間事業者と高圧ガス保安協会)	①	①	①	①	①
●定義 2.高圧ガスの定義 (表1-1) (図1-2) (図1-3) (図1-4) (図1-5) (図1-6) (図1-7)	2		1					7	圧縮ガス	常用の温度で、1MPa以上、現に1MPa以上	①	①	①	①	①
								5		35℃で、1MPa以上	①		①	①	
			2						圧縮アセチレンガス	常用の温度で、0.2MPa以上、現に0.2MPa以上					
										15℃で、0.2MPa以上					
			3					4	液化ガス	常用の温度で、0.2MPa以上、現に0.2MPa以上	①	①		①	
								7		0.2MPa以上で35℃以下	①	①	①	①	①
			4	施行令1条 1,2,3号					特定の液化ガス	液化シアン化水素 / 35℃で、1MPa以上					
										液化ブロムメチル / 35℃で、1MPa以上					
										液化酸化エチレン / 35℃で、1MPa以上					

●適用除外 3.高圧ガス保安法の適用除外	3		1〜7							二重規制防止		他の法規との二重規制はしない…ボイラー規制など7項目					
			8					施行令2条3項3号	**4**	**冷凍装置**		冷凍トン：**3トン未満（すべての冷媒）**			②		②
								同上4号	**2**	**同上**		冷凍トン：**3トン以上5トン以下(不活性のフルオロカーボン)**	②	②			
								同上7号		フルオロカーボン回収装置		35℃で、5MPa以下の場合のみ					
								同上1,2,5,6号		その他のガス、液化ガスなど		省略					
								同上9号		高圧ガス		内容積$0.15m^3$以下					
第二章 事業																	
1.冷媒ガスの区分、定義（表2-1）								一般則2条1項 1,2,4,4の2号		**可燃性ガス、毒性ガス、不活性ガス、特定不活性ガス**など							
2.高圧ガス製造施設の定義（図2-1）				2	1	1				**可燃性ガス**	**(可燃性ガス)**	**アンモニア、イソブタン、プロパン、**他					
											(不活性以外のフルオロカーボン)	R143a、R152a					
						2				**毒性ガス**		**アンモニア、**他					
						3				**不活性ガス**	**(二酸化炭素、他)**	**二酸化炭素**					
											(フルオロカーボン)	**R134a、R410A、R404A、R407C、**他					
						3の2				**特定不活性ガス**	**(フルオロカーボン)**	**R32**					
											(フルオロオレフィン)	**R1234yf、R1234ze**					

						4			移動式製造設備	地盤面に対して移動することができる設備					
						5			定置式製造設備	移動式製造設備以外の設備					
						6			冷媒設備	冷凍設備のうち、冷媒が通る部分					
●**製造の許可等** 3.製造の許可等 （表2-2） （図2-2）	5	1	1、2	3	1、2			**2**	**「許可」**…以下の冷媒と冷凍トンによる	**第一種製造者…事前申請（事業所ごとに許可）**	②				
					施行令4条			**6**	**・不活性のフルオロカーボン** **・二酸化炭素**	冷凍トン：**50トン以上…「認定指定設備」は除く**	②	②	②		
								4	**・不活性以外のフルオロカーボン・アンモニア**	冷凍トン：**50トン以上**	②			②	
									・その他のガス （可燃性ガス等）	冷凍トン：**20トン以上**					
		2	1	4	1、2			**4**	**「届出」**	**第二種製造者…製造開始20日前まで（事業所ごとに届出）**		⑧		⑧	⑧
					施行令4条			**4**	**・不活性のフルオロカーボン** **・二酸化炭素**	冷凍トン：**20トン以上50トン未満**	⑧		⑧	⑧	
								2	**・不活性以外のフルオロカーボン・アンモニア**	冷凍トン：**5トン以上50トン未満**				⑧	
								2	**・その他のガス** （可燃性ガス等）	冷凍トン：**3トン以上20トン未満**				⑧	
		3		5					**冷凍能力の算定基準**	冷凍装置の種類、形式などによる（以下1～5号）				⑧	
						1		**7**	**遠心式**	**原動機出力　1.2kW＝**1冷凍トン	⑦	⑦	⑦	⑦	⑦
						2		**3**	**吸収式**	**発生器加熱入熱量27,800kJ/h** ＝1冷凍トン		⑦		⑦	
						3		**1**	**自然環流式及び自然循環式**	**蒸発器表面積他**　1冷凍トン＝ **$Q \times A$（冷媒定数Q×蒸発器表面積A）**					

						4		10	往復式等その他の圧縮機	**ピストン押しのけ量（m^3/h）他** 1冷凍トン＝**V/C（ピストン押しのけ量V**／**冷媒定数C）**	⑦⑦	⑦	⑦⑦	⑦	⑦⑦
						5			往復式等その他の圧縮機により自然循環式	同上					
●許可の基準 5の3.許可の基準	8		1	6,7,8					**第一種製造者**	**「製造施設」が技術上の基準に適合**している場合は、「許可」を与える（下記の法11条1項）					
			2	6、9					同上	**「製造の方法」が技術上の基準に適合**している場合は、「許可」を与える（下記の11条2項）					
●承継 5の5.承継 6の2.承継 （表2-3）	10	1						**3**	**第一種製造者**	**相続、合併又は分割の場合**は、**地位を「承継」**		③		③	
		2		10				**1**	同上	承継後に**「届出」**				③	
	10の2	1		10の2					**第二種製造者**	**事業の全部の譲渡又は相続、合併若しくは分割した場合**は、**地位を「承継」**					
		2							**同上**	承継後に「届出」					

●製造のための施設及び製造の方法 5の6.製造施設及び製造の方法 8の1.製造施設の技術上の基準（表2-4）	11	1		6					第一種製造者	**「製造施設」**及び**「製造の方法」**は**技術上の基準**に適合					
				7	1				「定置式製造設備」	**「製造施設」の技術上の基準**（以下1～17号）					
						1		**7**	冷媒設備は、**引火性・発火性のたい積した場所、火気の付近に設置しない**、ただし、**安全な措置を講じた場合は除く**		⑰	⑰	⑰	⑰	⑰
						2			**「警戒標」**の掲示…施設の外部から見やすい場所						
						3		**6**	**冷媒ガス漏えい時、滞留しない構造…可燃性・毒性・特定不活性ガス**		⑮	⑮	⑮		⑮
						4			振動、衝撃、腐食等により漏れないもの						
						5		**7**	**凝縮器（縦置円筒、長さ5m以上）、受液器（5,000リットル以上）**、配管、支持金物等…「耐震設計構造物」の設計基準に従う		⑰	⑰	⑰	⑱	⑱
						6		**9**	**気密試験（許容圧力以上）、耐圧試験（液圧：同1.5倍**、又は**気体圧：同1.25倍以上）の実施**…**「協会等」の実施も可**		⑰	⑰	⑰	⑰⑱	⑰⑱
						7		**7**	冷媒設備（**圧縮機**（強制潤滑方式で、油圧保護装置を有するものを除く）**の油圧系を含む**）には、**「圧力計」**を設置		⑱	⑱	⑱	⑱	⑱
						8		**6**	**「安全装置」**の設置…**許容圧力以下に戻す装置**（安全弁、破裂板など）		⑱	⑱	⑱	⑰	
						9		**6**	**「安全装置」**（安全弁、破裂板）には、**「放出管」**の設置、及び**「放出管の開口部の位置」**などはガスの性質に応じて適切に…**（イ）大気に放出しない、（ロ）不活性ガス、（ハ）吸収式アンモニア冷凍機は除く**		⑮	⑮	⑮	⑮	
						9の2			**吸収式アンモニア冷凍機**の規定…屋外設置、充填量25kg以下、1つの架台上で一体組立て、溶接配管（フランジも可）、高温遮断装置（発生器）の設置、などの規定（イ～リ）…省略						
						10		**6**	**受液器の液面計**は、**「丸形ガラス管液面計」**以外のもの…**可燃性・毒性ガス**			⑮	⑮	⑯	⑮
						11		**6**	**受液器の「ガラス管液面計」**は、①**破損を防止する措置**、②**破損による漏えいを防止する措置…可燃性・毒性ガス**		⑮	⑮	⑮		⑮

					12		7	**「消火設備」**の設置…**可燃性ガス**		⑯	⑯	⑯	⑮	⑯
					13		7	**受液器（毒性ガス、1万リットル以上）**…周囲に**流出防止措置**の設置		⑯	⑯	⑯	⑯	⑯
					14		2	**可燃性ガス（アンモニアは除く）**の施設の**電気設備**…**防爆性能**の構造						
					15		3	**「ガス漏えい検知・警報設備」**の設置…**可燃性・毒性・特定不活性ガス施設（吸収式アンモニア冷凍機は除く）**				⑯	⑯	⑮
					16		4	**毒性ガスの**施設には、**「除害設備」、「保護具」**などを設置…**吸収式アンモニア冷凍機は除く**		⑯	⑯		⑮	⑯
					17		6	**バルブ、コックは、適切な操作ができる措置…ボタン操作なしで自動制御での開閉式は除く**		⑱	⑱	⑱		⑰
				2				**「定置式製造設備」**の**「認定指定設備」**規定	技術上の基準…前記、冷凍則7条1項 の1、2、3、4、6、7、8、11、15、17号に同じ					
			8					**「移動式製造設備」**	「製造施設」の技術上の基準（以下1～2号）					
					1			「製造施設」は、引火性、発火性の物をたい積した場所、火気の付近にないこと						
					2			前記、冷凍則7条1項の2、3、4、6、7、8、10、11、12号に同じ						
	2		9					**「製造の方法」の技術上の基準**（以下1～4号）						
					1		7	**「安全弁の元弁」は、常に全開**…「修理等」時は除く		⑲	⑲	⑲	⑲	⑲
					2		7	異常の有無の点検は、**1日1回以上**…すべての設備（認定指定設備も含む）		⑲	⑲	⑲	⑲	⑲
					3のイ		3	**「修理等」時…作業計画と作業責任者を定め、その監視下で実施又は異常時は責任者に通報するため措置**			⑲		⑲	
					3のロ			**「修理等」時の危険防止措置…可燃性・毒性ガス**						

						3の八		**3**	**開放して「修理等」時…他の部分からの漏れの防止措置**		⑲				⑲
						3の二		**1**	**修理完了時…正常な作動を確認後に製造**				⑲		
						4			**バルブ操作時…過大な力を加えない措置**						
●同上 6の3.製造施設及び製造の方法（表2-4）	12	1		11				**3**	**第二種製造者**	**「製造施設」**及び**「製造の方法」の技術上の基準**に適合	⑧				⑧
				12	1				「定置式製造設備」	「製造施設」（認定指定設備は除く）の技術上の基準（以下）…第一種の5、7、13号を除く1～17号に同じ					
						1			冷媒設備は、引火性・発火性の物の場所、火気の付近に設置しない、ただし、安全な措置を講じた場合は除く						
						2			「警戒標」の掲示…施設の外部から見やすい場所						
						3			冷媒ガス漏えい時、滞留しない構造…可燃性・毒性・特定不活性ガス						
						4			振動、衝撃、腐食等により漏れないもの						
						6			気密試験（許容圧力以上）、耐圧試験（同1.5倍、又は1.25倍以上）の実施…「協会等」の実施も可						
						8			「安全装置」の設置…許容圧力以下に戻す装置（安全弁、破裂板など）						
						9			「安全装置」の安全弁、破裂板には、「放出管の設置」、及び「放出管の開口部の位置」などは、ガスの性質に応じて適切に…（イ）大気に放出しない、（ロ）不活性ガス、（ハ）吸収式アンモニア冷凍機は除く						
						9の2			吸収式アンモニア冷凍機の規定…屋外設置、充填量25kg以下、1つの架台上で一体組立て、溶接配管（フランジも可）、高温遮断装置（発生器）の設置、などの規定（イ～リ）…省略						
						10			受液器の液面計は、「丸形ガラス管液面計」以外のもの…可燃性・毒性ガス						

				11			受液器の「ガラス管液面計」は、破損による漏えいを防止する措置…可燃性・毒性ガス						
				12			「消火設備」の設置…可燃性ガス						
				14			可燃性ガス（アンモニアは除く）の施設の電気設備…「防爆性能」の構造						
				15			「ガス漏えい検知・警報設備」の設置…可燃性・毒性・特定不活性ガス（吸収式アンモニア冷凍機は除く）						
				16			毒性ガスの施設には、「除害設備」、「保護具」などを設置…吸収式アンモニア冷凍機は除く						
				17			バルブ、コックは、適切な操作ができる措置…ボタン操作なしで自動制御での開閉は除く						
			2				「定置式製造設備」の「認定指定設備」規定	技術基準は、前記、冷凍則12条1項 の1、2、3、4、6、7、8、11、15、17号に同じ					
		13					「移動式製造設備」	「製造施設」の技術上の基準（以下）					
							「製造施設」…冷凍則8条1項に同じ	引火性・発火性の物をたい積した場所、火気の付近にないこと					
							前記、冷凍則12条	2、3、4、6、7、8、10、11、12号に同じ…省略					
2		14					**「製造の方法」の技術上の基準**（以下1、2号）…以下の1、2号は、第一種に同じ						
				1		**4**	**製造設備の設置、変更工事の完成後、**酸素以外のガスで**試運転又は気密試験後**に製造できる			⑧	⑧	⑧	
				2	1		「安全弁の元弁」は、常に全開…「修理等」時は除く						
					2		異常の有無の点検は、「1日1回以上」…すべての設備（認定指定設備も含む）						
					3のイ		「修理等」時…作業計画と作業責任者を定め、その監視下で実施 異常時は通報						

							3の口		「修理等」時の危険防止措置…可燃性・毒性ガス						
							3の八		開放して「修理等」時…他の部分からの漏れの防止措置						
							3の二		修理完了時…正常な作動を確認後に製造可能						
							4		バルブ操作時…過大な力を加えない措置						
	13			15					その他製造の技術上の基準						
					1				設置又は変更工事後	試運転又は気密試験の実施					
					2				特定不活性ガス	冷媒漏れ時燃焼防止措置					
●製造のための施設等の変更 5の7. 製造施設の変更 （図2-3） 5.4 製造施設の変更 （図2-4）	14	1、2		16				**14**	**第一種製造者**	**「製造施設」の変更（特定変更工事）その他の変更（冷媒の種類、製造の方法）は「許可」、ただし、「軽微な変更の工事」は「届出」**	⑭	③⑭	③⑭	③⑭ ⑭	③⑭
				17					**「軽微な変更の工事」**	以下の1～6号					
						1			独立した設備の撤去工事						
						2		**4**	**取替え工事**…**冷凍能力の変更が告示の範囲内（20％以内）で、切断、溶接はなし（耐震構造物及び可燃性・毒性ガスは除く）**		⑭			⑭	⑭
						3			製造設備以外の設備の取替え工事						
						4		**1**	**「認定指定設備」の設置工事**				⑭		
						5			指定設備認定証が無効とならない変更工事						
						6			試験研究施設…冷凍能力の変更はなし						
		3							同上の許可の基準	設備の技術上の基準は「許可」の基準を準用					
		4		18					**第二種製造者**	**「製造施設」の変更は、あらかじめ「届出」、ただし「軽微な変更の工事」は、「届出」不要**					

				19				「軽微な変更の工事」	第一種の4号を除く1～6号に同じ					
●**貯蔵** 8の1.高圧ガスの貯蔵	15	1		20				**高圧ガスの貯蔵**	技術上の基準に従う。ただし、**以下の容積以下は規制を受けない**					
					一般則19条1項			**高圧ガス**の場合	容積…**0.15**m^3**以下**					
					一般則19条2項			**3**	**液化ガス**の場合	**10kgで1**m^3とみなす、よって**重量1.5kg以下**			④	④
				27		2			貯蔵の方法に係る技術上の基準	転落、転倒等による衝撃を防止する措置と粗暴な取扱いをしない				
					一般則18条1号				貯槽による貯蔵の基準	省略				
					一般則18条2号イ			**3**	**「充填容器等」（充填容器・残ガス容器）による貯蔵の基準**	**通風の良い場所**に貯蔵…**可燃性・毒性ガス**		④		④	④
					一般則18条2号ロ				一般則6条2項8号（以下イ～チの抜粋）	**容器置場、「充填容器等」の基準**					
								3	**イ．充填容器と残ガス容器は区分して置く**		④		④	④	
									ロ．可燃性・毒性・特定不活性ガス、酸素の「充填容器等」は区分して置く						
									ハ．容器置場に、計量器等作業に必要なもの以外を置かない						
									ニ．周囲2m以内の火気の使用禁止、引火性、発火性の物を置かない…不活性ガス（特定不活性ガスは除く）、空気を除く						
								5	**ホ．「充填容器等」**は、**常に40℃以下**に保つ		④			④	④
								2	**ト．「充填容器等」**は、**転落、転倒等による衝撃を防止する措置**を講じ、**粗暴な取扱いをしない**…5リットル以下のものは除く			④			
								2	**チ．「容器置場」**には、**携帯電燈以外の燈火の持ち込み禁止**…**可燃性ガス**				④		
					一般則18条2号ホ			**6**	**「容器」での貯蔵**	**貯蔵は、船、車両に固定し、積載した容器は、不可**	④	④	④	④	④

●**完成検査** 5の8.完成検査 (図3-1) (図3-2)	20	1		21	1、2				**第一種製造者**	完成後、知事等の**「完成検査」を申請**、技術上の基準に適合し、使用可能					
				22	1、2、3				知事等以外の検査	「協会」又は「指定完成検査機関」の検査と「届出」で使用可能					
		2						**1**	**「許可」**を受けた**「譲渡施設」**(全部又は一部の引渡しを受けた施設)	**「完成検査」**を受け、技術上の基準に適合し、検査記録の**「届出」**で使用可能		③			
		3		22	3			**5**	**「特定変更工事」**	**「完成検査」**を受け、**技術上の基準に適合し「届出」**で使用可能		⑭	⑭		⑭
			1	22	3			**4**	**知事等以外の検査**	**「協会」又は「指定完成検査機関」の「完成検査」**を受け、技術上の基準に適合し、**「届出」**で使用可能	⑭	⑭			⑭
			2	22	3				「認定完成検査実施者」の検査	検査記録を知事等に「届出」で使用可能					
				23				**4**	**完成検査を要しない変更工事**	**製造設備(耐震設計構造物を除く)の取替え工事(切断・溶接工事は除く)**で、**冷凍能力の変更が告示の範囲内**(20%以内)…**可燃性・毒性ガスは除く**		⑭			⑭
		4		24					知事等への報告	協会等は、完成検査後、知事等に報告					
		5		25					完成検査の方法	経済産業省の省令で定める					
●**販売事業の届出** 8の2.高圧ガスの販売	20の4							**3**	**高圧ガスの販売事業者**	販売事業者ごとに、**事業開始の20日前まで「届出」**		③			③
				26	1、2				高圧ガスの販売事業の届出	「高圧ガス販売事業届書」を知事等に提出					
			1						届出不要	第一種製造者で、事業所内での販売					

			2		施行令6条 1～6号				同上	医療用の圧縮酸素及び政令で定める高圧ガスの販売…常時$5m^3$未満					
	20の6	1							販売業者等	技術上の基準による（以下1～3号）					
				27		1			冷媒設備の引渡しは、外面に腐食、割れ、すじ、しわ等がなく、ガス漏えいしていないもの						
						2			転落、転倒等による衝撃を防止する措置を講じ、粗暴な取扱いをしない						
						3			高圧ガスの保安状況を明記した台帳を備える						
●**製造等の廃止等の届出** 5の9.製造等の廃止等の届出 6の5.製造等の廃止等の届出	21	1		29	1			**2**	**第一種製造者**	**製造の開始**時は遅滞なく知事等に**「届出」**を提出	③		③		
		2、3		29	2				第一種製造者・ 第二種製造者	製造の廃止時は遅滞なく知事等に「届出」を提出					
●**輸入検査** 8の3.高圧ガスの輸入	22	1		31					高圧ガスの輸入検査	輸入した高圧ガス、その容器は、「輸入検査」を受け、技術上の基準の適合した場合に移動できる					
			1～4						輸入検査不要	「指定輸入検査機関」の検査、「届出」の場合					
		3		31の3					技術上の基準	内容物確認試験又は同等以上の試験に合格					
		4		32					輸入検査の方法	「内容物確認試験」…ガスの圧力、成分等を分析、記録					

項目	条	項		規則	号	重要度	内容					
●移動 8の4.高圧ガスの移動	23	1、2					移動する容器の保安上必要な措置と車両による移動の技術上の基準に従う					
				一般則49条…省略			Ⅰ.車両に固定した容器による移動時の技術上の基準等…車両(タンクローリー等)で移動					
				一般則50条(号)			Ⅱ.その他の場合の移動時の技術上の基準等…**車両(充填容器等)で移動**…以下1～14号の抜粋					
					1	**6**	**車両の見やすい位置**に**「警戒標」**を掲げる…**毒性ガスを除く25リットル以下(合計50リットル以下)**は除く	⑤		⑤	⑤	⑤
					2		「充填容器等」は、常に40℃以下に保つ					
					3		一般複合容器等で刻印日から15年を経過したものは使用しない					
					5	**4**	**「充填容器等」**は、**転落、転倒、衝撃やバルブの損傷を防止する措置**を講じ、**粗暴な取扱いはしない**…5リットル以下は除く	⑤	⑤	⑤		⑤
					6		**同一車両に積載しない**…「充填容器等」と消防法の危険物他					
					7		バルブが相互に向き合わないように積載…25リットル以下(毒性ガスは除く)(合計50リットル以下)は除く					
					8	**3**	**「充填容器等」**は**木枠又はパッキン**を施す…**毒性ガス**				⑤	
					9	**2**	**「消火設備」**並びに**「災害発生防止の応急措置に必要な資材工具」**を携帯…**可燃性・特定不活性ガス**、ただし、**25リットル以下(合計50リットル以下)は除く**	⑤		⑤		
					10	**3**	**防毒マスク、手袋、保護具、災害発生防止用の応急措置に必要な資材、薬剤、工具を携帯…毒性ガス**		⑤	⑤		⑤
					14	**4**	**高圧ガスの名称、性状及び注意事項の書面(「イエローカード」)を運転者に交付し、携帯、遵守**させる…**可燃性・特定不活性・毒性ガス**(一般則49条1項22号に準用)		⑤		⑤	
				一般則51条…省略			Ⅲ.導管(ホース等)による移動…省略					

●**廃棄** 8の5.高圧ガスの廃棄	25							**4**	**高圧ガス廃棄の基準**	**廃棄の場所、数量、廃棄の方法**の技術上の基準に従う	③		③	③	③
				33				**5**	**規定の高圧ガス**	**可燃性ガス、毒性ガス、特定不活性ガス**	③		③	③	③
				34		1		**1**	**技術上の基準**	**可燃性・特定不活性ガス**…**火気の場所、引火性・発火性の物をたい積した場所**及び**その近辺を避け、通風の良い場所**で**少量ずつ放出**			③		
						2			同上	毒性ガス…危険又は損害を他に及ぼすおそれのない場所で少量ずつ放出					
第三章 保安															
●**危害予防規程** 1.危害予防規程 (図3-1) (図3-2)	26	1		35	1			**6**	**第一種製造者**	**「危害予防規程」**を定め、**製造開始前までに「届出」、変更時も同じ** **…第二種は不要**	⑫		⑫	⑫	⑫
					2				記載内容(以下1～11号)…細目						
						1			「製造施設」及び「製造の方法」の技術上の基準						
						2		**1**	**保安管理体制、冷凍保安責任者の職務の範囲**						
						3			安全な運転、操作						
						4			保安に係る巡視、点検						
						5			増設に係る工事、修理作業の管理						
						6		**2**	**危険な状態となったときの措置、訓練方法**		⑫		⑫		
						7		**2**	**協力会社の作業の管理**			⑫		⑫	
						8		**3**	**従業者に対する規定の周知方法、違反者に対する措置**				⑫		
						9		**2**	**保安に係る記録**		⑫				
						10		**2**	**本規定の作成、変更の手続き**			⑫			⑫
						11			災害の発生の防止に必要な事項						

					3〜8				大規模地震特別措置法に指定された地域の事業所はその細目を定め、提出						
		2							知事等	内容の変更を命じることができる					
		3						**1**	**規程の遵守**	**第一種製造者、従業者は、規定を守る**		⑫			
		4							知事等	規定を守らない場合は、命令と勧告					
●保安教育 2.保安教育 (図3-1) (図3-2)	27	1						**7**	**第一種製造者**	**「保安教育計画」を定める**…ただし、**届出は不要**	⑬	⑬	⑬	⑫	⑫
		2							同上	知事等…不十分な場合は変更を命じることができる					
		3						**4**	**同上**	**従業者に「保安教育計画」を忠実に実行**…作成は不要		⑬	⑬	⑫	
		4							**第二種製造者等**	**従業者に「保安教育」**を施す					
		5							第一種・第二種製造者等	実行していない場合…実行と教育の改善を勧告できる					
		6							「協会」の役割	「協会」は、計画を定め基準となるべき事項を作成し公表					
●冷凍保安責任者 3.冷凍保安責任者 (表3-1) (図3-1) (図3-2)	27の4	1	1、2						**冷凍保安責任者の選任**	事業所ごとに、製造施設の区分（冷凍トン）に応じて、**製造保安責任者免状と経験**を有する者から選任					
				36	1			**7**	**「第一種製造者等」**の施設区分（第一種、第二種製造者）	・**100トン未満…1種、2種、3種冷凍機械責任者免状、経験必要** ・**100以上300トン未満…1種、2種冷凍機械責任者免状、経験必要** ・**300トン以上…1種冷凍機械責任者免状、経験必要**	⑨	⑨	⑨	⑨	⑨

					2	1、2			第一種製造者で保安責任者の選任を必要としない施設	可燃性・毒性ガス（アンモニアは除く）以外で、各種の規定（イ～チ項目）の設備…「ユニット型」、R114冷凍設備など					
					3	1、2		3	第二種製造者で保安責任者の選任を必要としない施設	冷凍トン：3トン以上…以下の条件 ・不活性のフルオロカーボン、二酸化炭素：20トン以上 ・アンモニア、不活性以外のフルオロカーボン：5トン以上20トン未満 ・アンモニア：20トン以上50トン未満（「ユニット型」）			⑧	⑧	
		2		37				2	保安責任者の選任等の届出	「第一種製造者等」…選任、解任時も同じく「届出」	⑨		⑨		
●保安統括者等の職務等	32	1～10						1	「保安統括者等」の職務（冷凍保安責任者他）	冷凍保安責任者は、製造に係る保安に関する業務を管理（6項）		⑩			
										冷凍保安責任者は、法律に基づく命令又は危害予防規定の実施のための指示に従う（10項）				⑨	
●保安統括者等の代理者	33	1						5	「保安統括者等」の代理者の選任（冷凍保安責任者他）	冷凍保安責任者は、その「代理者」を選任し、冷凍保安責任者が旅行、疾病、事故によって、職務ができない場合に代行させる…あらかじめ選任	⑨	⑨	⑨	⑨	
				39	1			1	「第一種製造者等」の選任	冷凍保安責任者の選任と同じ					
		2						1	代理者	職務代行時は「保安統括者等」とみなす					⑨
		3			2			5	選任、解任の届出	選任、解任も冷凍保安責任者と同じく「届出」	⑨	⑨	⑨		⑨

●**保安検査** 4. 保安検査 （図3-1） （図3-2）	35	1							第一種製造者	**「特定施設」**は、定期的に知事等の**「保安検査」**を受ける					⑩
				40	1	1、2		**5**	**「保安検査」の不要な設備**	ヘリウム、R21、**R114の製造施設** **「認定指定設備」の部分**	⑩	⑩	⑩		
					2			**3**	**保安検査期間**	**3年以内に少なくとも1回**			⑩	⑩	
					3				保安検査申請	交付から、2年11月を超えない日までに提出					
			1	41	1～5			**5**	**知事等の検査以外**	**「協会」、「指定保安検査機関」**の検査後**「届出」**した場合	⑩	⑩			⑩
			2						同上	「認定保安検査実施者」の検査記録を「届出」した場合					
		2						**2**	**保安検査**	**技術上の基準**（施設の位置、構造、設備）**に適合**していることの検査			⑩	⑩	⑩
		3		42	1、2			**1**	**保安検査の報告**	「協会」、「指定保安検査機関」は検査の結果を**「報告」**、記録を**「提出」**				⑩	
		4		43	1				保安検査の方法	開放、分解などによる損傷・異常の発生状況の確認、作動検査など					
●**定期自主検査** 5. 定期自主検査 （図3-1） （図3-2）	35の2							**3**	**第一種製造者及び第二種製造者で定めた冷凍設備**	**「定期自主検査」を自ら行い、検査記録、保存…届出は不要、保存期間の規定なし**				⑪	⑧⑪
				44	1、2			**8**	**第二種製造者で、定期自主検査を受ける製造施設**	**第二種製造者** **・「指定設備」** **・不活性以外のフルオロカーボン、アンモニア…20トン以上** **・アンモニア…50トン以上のユニット型**	⑧⑪	⑧			⑧⑪
					3			**10**	**定期自主検査の方法**	**技術上の基準**に適合していること、**年1回以上**実施…**耐圧試験は不要**	⑪	⑪⑪	⑪⑪	⑪	⑪

項目	法条	項	号	規則条	項	号		出題数	事項	内容					
					4			**3**	**監督者**	**冷凍保安責任者が監督を実施**	⑩		⑪		
					5	1			検査記録事項(1～4号)	製造施設					
						2				検査方法及び結果					
						3				検査年月日					
						4		**3**		**検査の監督者氏名**	⑪	⑪		⑪	
				44の2	1				電磁的方法による保存	電磁的方法による記録、作成、保存も可					
					2				同上	保存時、電子計算機等により直ちに表示					
●危険時の措置及び届出 6.危険時の措置及び届出	36	1							**危険時の措置**	施設、容器などが危険な状態になったときは、災害発生の防止のため、応急措置をとる					
				45		1		**2**	**同上…応急措置他**	製造施設が**危険な状態**になったときは、直ちに**応急措置**を行うと共に**製造作業を中止**し、**ガス移動・放出**し、**特に必要な作業員のほかは退避させる**			⑬	⑬	
						2		**3**	**同上…避難警告他**	前項の**措置を講ずることができないとき**は、**従業者**又は**必要に応じて付近の住民を退避するように警告**			⑬	⑬	
		2						**6**	**危険発見者の届出**	上記の事態を**発見した者**は、**知事等又は警察官、消防吏員、消防団員、海上保安官に「届出」**	⑬	⑬	⑬	⑬	⑬
●火気等の制限 7.火気等の制限	37	1						**1**	**火気の使用制限** (第一種・二種製造者他)	**何人(従業者も)**も、指定場所での**火気の取扱いは不可**					
		2							発火物を携帯しての立入りの禁止(第一種・二種製造者他)	何人も、発火物を携帯して立ち入ってはならない					

第四章 容器等 第一節 容器及び容器の附属品													
●製造の方法 2の1.製造の方法	41						「容器製造業者」	容器は、技術上の基準で製造					
				容器則3条			製造の技術上の基準	1〜5号…省略					
●容器検査 2の2.容器検査 (図4-2)	44						容器検査	容器を製造又は輸入した者は、「協会」、「指定容器検査機関」の容器検査後「譲渡」、「引渡し」ができる					
				容器則6条			容器検査の方法	1〜4号…省略					
●刻印等 2の3.刻印等 (図4-3)	45	1、2				**1**	**容器検査した容器**	**刻印**又は**標章の掲示**(**「容器等」**)をしなければならない					⑥
				容器則8条 1項…抜粋 (号)			**容器への刻印の方式**(以下)	容器検査に合格した場合は、見やすい箇所に、明瞭に消えないように、刻印					
					1		検査実施者の名称の符号						
					2		容器製造業者の名称又は符号						
					3		充填ガスの種類						
					5		容器の記号及び番号						
					6	**1**	**容器の内容積**…V　リットル				⑥		
					9	**1**	**容器検査の合格年月**			⑥			
●表示 2の4.表示 (図4-3)	46	1	1、2				容器への表示(下記)	容器の所有者は遅滞なく表示、滅失したときも同様					
				容器則 10条 1項 (号)	1	**6**	**高圧ガス種類、塗色**	高圧ガスの種類により塗色を容器の外面の見やすい箇所に**容器面積の2分1以上**を塗色する(以下は色例) **・液化アンモニア:白色** **・液化炭酸ガス:緑色** **・その他のガス(フルオロカーボン):ねずみ色**		⑥	⑥	⑥	⑥

						2号イ	1	**高圧ガスの名称**					⑥	
						2号ロ	2	**高圧ガスの区分表示**	・**可燃性ガス…「燃」**の文字表示 ・**毒性ガス…「毒」**の文字表示	⑥				⑥
						3号		容器所有者	容器所有者の「氏名等」(氏名、住所、電話)を表示					
		2						容器の輸入者	容器を輸入した者は合格したときは、遅滞なく、表示、滅失時も同様					
	47	1			容器則11条			容器を譲り受けた者	容器に表示、滅失時も同様					
●充填 2の5.充填 (表4-1)	48	1	1、2、3					高圧ガス容器の充填規定	刻印等又は自主検査刻印等、表示他					
			5		容器則24条		5	**「経過年数」による再検査期間**	**定める期間を経過した容器、損傷を受けた容器は、再検査**(下記は一例)を受け、刻印等 **「溶接容器等」:20年未満は5年、20年以上は2年**	⑥	⑥	⑥		
		4	1					**充填ガス規定と液化ガスの質量の計算**	**刻印等された種類の高圧ガス**で ①**圧縮ガス…表示圧力以下**⑭⑮ ②**液化ガス…質量(G=V/C)以下**					
			2		容器則22条		2							
●容器再検査 2の6.容器再検査	49	3			容器則37条			再検査容器	再検査で合格した容器は、刻印					
●附属品検査 2の7.附属品検査 (図4-2)	49の2	1						附属品検査	容器と同じ					
					容器則13条			容器の附属品	バルブ、安全弁、緊急しゃ断装置など					
	49の3	1			容器則18条			刻印	容器と同等					

項目	条	項			関係法令		事項	内容					
●**附属品再検査** 2の8.附属品再検査	49の4	3			容器則38条	**1**	**再検査品**	**再検査附属品は、刻印**	⑥				
●**くず化その他の処分** 2の9.くず化その他の処分 (図4-2)	56	1					検査に合格しなかった容器等	「くず化」し、処分を命じることができる					
		2					同上	遅滞なく報告する					
		3					同上	3か月以内に、遅滞なく「くず化」し、処分する					
		4					附属品再検査に不合格	附属品も前記1,2,3項に同じ					
		5				**2**	廃棄、処分	容器、附属品の廃棄は、「くず化」し、使用不可になるように処分する				⑥	⑥
第四章 容器等 第三節 指定設備													
●**指定設備の認定** 3.指定設備	56の7	1					**「指定設備」**	高圧ガス製造設備のうち、公共の安全の維持又は災害発生防止に支障を及ぼすおそれがないものと定める設備					
							指定設備の認定	指定設備の製造者、輸入者などは、「指定設備認定機関」が行う認定を受けることができる					
				56			認定申請	「指定設備認定機関等」に申請…許可申請は不要					
					施行令15条2号		政令で定める設備	①不活性ガス、②ユニット型で経済産業大臣が定めたもの					
							経済産業大臣が定めたもの	①「定置式製造設備」、②不活性ガス、③冷媒3,000kg未満、④冷凍能力50トン以上					
		2					認定(技術上の基準(以下1～14号))	技術上の基準に適合するときは認定					

57		1			「事業所」(製造業者の事業所)において基準に適合して製造						
		2			ブラインを共通に使用する以外に他の設備と共通の設備がない						
		3			事業所で、脚上又は架台上に組み立てられている						
		4		**5**	**耐圧試験、気密試験に合格…事業所で実施**		⑳	⑳	⑳		
		5		**6**	**事業所内で試運転し、分割されずに搬入**		⑳	⑳	⑳		⑳
		6			風雨にさらされる部分、他…耐腐食性材料を使用し又は耐腐食処理を施す						
		7			配管等は、溶接又はろう付けを原則…フランジ継手、ねじ継手も使用可能						
		8			凝縮器(縦置き円筒形)…胴部長さ5m未満						
		9			受液器の内容積…5,000リットル未満						
		10			安全装置に、破裂板は使用しない						
		11			内容積が300リットル以上(液状ガス)、切替弁で接続された場合は、2つ以上の安全弁						
		12		**2**	**日常操作する止め弁**…**手動式は使用しない**					⑳	⑳
		13		**1**	**自動制御装置を設置**					⑳	
		14			容積圧縮式圧縮機…吐出しガス温度が高温で停止する装置						
62	1			**5**	**指定設備認定証の無効**	**変更工事、移設等**により、無効となる	⑳	⑳		⑳	
		1			無効にならない場合	同等部品への交換					
		2			同上	移設等…指定認定設備技術基準適合書の交付を受けた場合					
	2			**4**	**指定設備認定証の返納**	認定が無効となった場合		⑳	⑳		⑳

第四章 容器等 第四節 冷凍機器															
●冷凍設備に用いる機器の製造 4.冷凍機器の製造	57							**3**	**「機器製造業者」**	**冷凍機器（「機器」）**は**技術上の基準で、製造**			②	②	②
				63				**3**	**「機器」（冷凍設備に用いる機器）**	**冷凍トン：3トン以上（不活性のフルオロカーボンは、5トン以上）の冷凍機**	③			②	②
				64					**「機器」製造の技術上の基準**	以下1～4号					
						1のイ～ル			冷凍トン：20トン未満のものを除く容器（ポンプ、圧縮機を除く）…材料、構造、溶接部の機械試験、非破壊試験などに適合すること						
						2			気密試験、耐圧試験に合格するもの						
						3			振動、衝撃、腐食等により冷媒が漏れないこと						
						4			「機器」の材料及び構造が基準に適合すること						
第五章 雑則															
●帳簿 5の1.帳簿	60	1							帳簿の記載事項と保存	「第一種製造者等」…定める事項を帳簿に記載、保存					
				65				**5**	**帳簿**	**「第一種製造者等」…異常があった年月、措置を帳簿に記載、記載した日から10年間保存**	⑬	⑬		⑬	⑬
●事故届 5の2.事故届	63	1		68				**3**	**「事故届書」の提出**	**「第一種製造者等」、「第二種製造者等」**は、遅滞なく**知事等**又は**警察官に「届出」**		⑬	⑬		
			1						「届出」	災害発生時					
			2					**3**	**同上**	**高圧ガス、容器の喪失又は盗難時**			⑬	⑬	⑬
		2							報告内容	災害発生日時、場所、原因、ガス種類、数量、被害程度などの報告					
				68の2					知事等の報告	事故内容を産業保安監督部長に「報告」、期限までに「提出」					

模擬問題

保安管理技術

（制限時間90分）

Question

問題を解いてみよう

次の設問について、正しいと思われる最も適切な答えを、その問の下に掲げてある①、②、③、④、⑤の選択肢の中から1個選びなさい。

問1　次のイ、ロ、ハ、ニの記述のうち、冷凍の原理について正しいものはどれか。

イ. 潜熱とは、物質が液体から蒸気に変化するとき、及び蒸気から液体に変化するときに、出入りする熱量である。

ロ. 冷凍装置では、必ず凝縮負荷は冷凍能力と圧縮動力の和となる。

ハ. 絶対圧力は、絶対真空をゼロとして、測定圧力を表示したもので、ゲージ圧力に大気圧を加えた値となる。

ニ. 比エンタルピーとは、冷凍サイクル中の冷媒の各状態でその冷媒1kgが保有している熱量（エネルギー量）であり、単位はkJである。

① イ、ロ　② イ、ロ、ハ　③ ロ、ハ
④ イ、ロ、ニ　⑤ ハ、ニ

問2　次のイ、ロ、ハ、ニの記述のうち、冷凍サイクル、熱の移動について正しいものはどれか。

イ. 等比エントロピー線とは、断熱圧縮線ともいい、圧縮行程で、外部との熱の出入りや圧縮機内部での熱（エネルギー）の変化もないと仮定した理論的な圧縮変化（断熱圧縮変化）をするときに、たどって変化する曲線である。

ロ. 圧縮機での圧縮過程で、内部で何の動力損出もないと仮定した理論的な冷媒1kg当たりの動力を圧縮仕事量といい、理論断熱圧縮動力は、冷媒循環量と圧縮仕事量の積で算出できる。

ハ. 熱伝導による伝熱量（熱伝導量）ϕは、熱伝導率λ、伝熱面積A、温度差$\varDelta t$、物体の厚さδに比例する。
式$\phi = \lambda \cdot A \cdot \varDelta t \cdot \delta$で算出できる。

ニ. 熱交換器（蒸発器や凝縮器など）の伝熱量算出時の温度差$\varDelta t$に平均温度差$\varDelta t_m$を使用するが、正確な温度差は、対数平均温度差$\varDelta t_{lm}$である。

①イ、ロ　②イ、ロ、ハ　③ロ、ハ
④イ、ロ、ニ　⑤ハ、ニ

問3　次のイ、ロ、ハ、ニの記述のうち、冷凍能力、成績係数などについて正しいものはどれか。

イ. 圧縮機内部では断熱効率と機械効率の2つが同時に作用し、その総合的な効率を全断熱効率といい、断熱効率と機械効率の和となる。

ロ. 実際の圧縮機軸動力は、理論断熱圧縮動力を全断熱効率で除した値である。

ハ. 蒸発温度が低下（凝縮圧力は同じとして）すると、冷凍能力も圧縮動力も小さくなるが、冷凍能力が大幅に小さくなるため、成績係数は下がる。

ニ. 過熱度が大きくなると、圧縮機吸込み蒸気の比体積が小さくなるため、一般に、冷凍能力、圧縮動力、凝縮負荷は、小さくなる。

①イ、ロ　②イ、ロ、ハ　③ロ、ハ
④イ、ロ、ニ　⑤ハ、ニ

問4　次のイ、ロ、ハ、ニの記述のうち、冷媒、ブラインについて正しいものはどれか。

イ. 標準沸点（沸点）が低い冷媒は、一般的に同じ温度で、圧力も低い。

ロ. 非共沸混合冷媒は、蒸発するときは標準沸点（沸点）の低い冷媒が多く蒸発し、凝縮するときは沸点の高い冷媒が多く凝縮するため、蒸発時、凝縮時とも、液相と気相の成分割合が変化する。

ハ. 冷媒が漏れた場合、アンモニア冷媒は空気より軽く、機械室の天井面に溜り、フルオロカーボン冷媒は空気より重いため、床面（下部）に溜まる。

ニ. 有機ブラインである、エチレングリコール、プロピレングリコールの実用温度は、－30℃程度である。

①イ、ロ　②イ、ロ、ハ　③ロ、ハ
④ロ、ハ、ニ　⑤ハ、ニ

問5　次のイ、ロ、ハ、ニの記述のうち、圧縮機について正しいものはどれか。

イ.　スクリュー式は、高圧力比に不向きで、遠心式は、高圧力比に適していると同時に、大型・大容量に適している。

ロ.　多気筒の往復式圧縮機の容量制御装置は、吸込み板弁を押上げ棒で開放して圧縮しないようにし、2、4、6……気筒ずつ開放するため、段階的な容量制御となる。

ハ.　往復式圧縮機の吐出し板弁から冷媒漏れが生じると、吐き出した高温ガスがシリンダ内に戻り、再度圧縮するため、吐出しガス温度が上昇し、油の劣化や吸込みガスの温度上昇、吐出しガスの温度上昇、過熱度の上昇などの不具合が生じる。

ニ.　オイルフォーミングとは、クランクケース内の油に冷媒ガスが溶け込んだ状態で起動したとき、溶け込んだ冷媒が激しく蒸発して、油を泡立たせてしまう現象であり、油上がり、油不足、油圧縮、オイルハンマなどの不具合を発生する。圧縮機の停止時の油温低下時や液戻り時に発生しやすい。

①イ、ロ　　②イ、ロ、ハ　　③ロ、ハ
④ロ、ハ、ニ　　⑤ハ、ニ

問6　次のイ、ロ、ハ、ニの記述のうち、凝縮器について正しいものはどれか。

イ.　不凝縮ガスが冷凍装置内に混入すると、凝縮圧力上昇が発生し、圧縮動力が大きくなるが、成績係数は変わらない。

ロ.　アプローチとは、冷却塔の出口水温と外気の湿球温度の差をいう。

ハ.　空冷式凝縮器のフィンの前面風速は、1～3m/sが一般的である。

ニ.　蒸発式凝縮器の冷却能力は、外気の湿球温度が低いほど凝縮圧力・温度は低下する。

①イ、ロ　　②イ、ロ、ハ　　③ロ、ハ
④ロ、ハ、ニ　　⑤ロ、ニ

問13　次のイ、ロ、ハ、ニの記述のうち、据付け及び試験などについて正しいものはどれか。

イ. 多気筒圧縮機では、その基礎重量を圧縮機、電動機などの合計質量の2～3倍程度とする。

ロ. 耐圧試験の試験圧力は、液圧試験では、設計圧力又は許容圧力の1.5倍以上と規定されている。

ハ. 気密試験の試験圧力は、設計圧力又は許容圧力のいずれか低い圧力以上と規定されている。

ニ. 非共沸混合冷媒を充填する場合は、液又はガスで充填する。

①イ、ハ　②イ、ロ、ハ　③ハ、ニ
④ロ、ハ、ニ　⑤イ、ハ、ニ

問14　次のイ、ロ、ハ、ニの記述のうち、冷凍装置の運転管理について正しいものはどれか。

イ. 運転の休止（長期停止）時は、ポンプダウン後にそのまま停止する。

ロ. 冷蔵庫の負荷が増加した場合は、蒸発圧力は変化しないが、蒸発器の出入りの温度差が増大し、凝縮圧力が上昇する。

ハ. 圧縮機の吐出し圧力が上昇した場合は、冷凍能力は変化しないが、圧縮機軸動力が増加し、成績係数が低下する。

ニ. 圧縮機吸込み圧力が低下した場合は、冷媒循環量が減少し、冷凍能力、圧縮機軸動力が低下し、成績係数が低下する。

①イ、ハ　②イ、ロ、ハ　③ハ、ニ
④ロ、ハ、ニ　⑤ニ

問7　次のイ、ロ、ハ、ニの記述のうち、蒸発器について正しいものはどれか。

イ. 乾式プレートフィンコイル蒸発器では、空気の流れ方向と冷媒の流れ方向は同じにするのが一般的である。

ロ. 冷却器の蒸発温度と被冷却流体との平均温度差は、一般に冷蔵・冷凍用では通常5～10K、空調用では15～20Kとする。

ハ. ホットガス方式のデフロスト用の熱量は、冷媒の顕熱と凝縮潜熱の両方を利用する。

ニ. 水やブライン冷却器の凍結事故を防止する方式は、サーモスタット方式のみである。

①イ、ロ　②イ、ロ、ハ　③ロ、ハ
④ロ、ハ、ニ　⑤ロ、ニ

問8　次のイ、ロ、ハ、ニの記述のうち、自動制御機器について正しいものはどれか。

イ. 自動膨張弁は、高圧冷媒液を低圧部に絞り膨張させる、冷凍負荷に応じて流量を調整する、という2つの機能がある。

ロ. 温度自動膨張弁においてクロスチャージ方式は、冷凍装置の冷媒と異なる特殊な媒体が感温筒内にチャージされている。

ハ. 温度膨張弁の感温筒内の媒体が抜けた場合は、膨張弁は全開になる。

ニ. 吸入圧力調整弁は、圧縮機の吸込み圧力が所定の圧力よりも下がるのを防止する弁である。

①イ、ロ　②イ、ロ、ハ　③ロ、ハ
④ロ、ハ、ニ　⑤ロ、ニ

問9　次のイ、ロ、ハ、ニの記述のうち、附属機器について正しいものはどれか。

イ. 高圧受液器の役割は、運転状態の変化による冷媒量の変化を一時的に吸収することと、設備の修理、交換時に冷媒を回収することの2つである。

ロ. 油分離器は、一般にすべての冷凍装置に設置する。

ハ. 液ガス熱交換器は、凝縮液の過冷却と、圧縮機の吸込み蒸気を適度に過熱することが同時にできる。

ニ. サイトグラスは、一般に冷媒充填量不足や冷媒の充填時の適正量と水分混入状態が判断できる。

①イ、ハ　②イ、ロ、ハ　③ロ、ハ
④イ、ハ、ニ　⑤ロ、ニ

問10　次のイ、ロ、ハ、ニの記述のうち、冷媒配管について正しいものはどれか。

イ. 吐出し配管の管径（管口径）は、ガス速度が油を運ぶ速度以上になるように決定する。

ロ. 2台以上の圧縮機が並列運転している場合は、すべての吐出し配管に逆止め弁を設置する。

ハ. 二重立ち上がり管は、圧縮機の吸込み配管の立ち上がり配管で冷媒液を戻すための配管である。

ニ. 複数台の並列設置の蒸発器では、各蒸発器に独立した立ち上がり配管を設置する。

①イ、ハ　②イ、ロ、ハ　③ロ、ハ
④ロ、ハ、ニ　⑤イ、ロ、ニ

問11　次のイ、ロ、ハ、ニの記述のうち、安全装置などにつ
ものはどれか。

イ. 圧縮機用安全弁は、法令冷凍能力が5トン以上の圧縮機に
け義務が規定されている。

ロ. 圧力容器用安全弁の口径は、ピストン押しのけ量と冷媒の
定数で決められる。

ハ. 液封を防止する方法として、安全弁、破裂板、溶栓、圧力
がある。

ニ. 限界濃度とは、冷凍装置からの冷媒漏れ時に機械室内の冷
す濃度値であり、冷媒充填量（全量）を室内容積で除した値

①イ、ハ　②イ、ロ、ハ　③ロ、ニ
④ハ、ニ　⑤イ、ハ、ニ

問12　次のイ、ロ、ハ、ニの記述のうち、圧力容器などについ
ものはどれか。

イ. 鋼材の弾性限度とは、応力-ひずみ線図において、引張応力
関係が正比例しなくなるが、引張力を除くとひずみがゼロ
点である。

ロ. 円筒胴圧力容器の接線方向の応力は、長手方向の応力の2倍

ハ. 円筒胴圧力容器の使用板厚は、設計圧力、胴の内径、材料の
溶接継手の効率によって、算出することができる。

ニ. 溶接継手の効率とは、容器の溶接継手の種類、溶接部の放
験の長さによって決まる値である。

①イ、ハ　②イ、ロ、ハ　③ハ、ニ
④ロ、ハ、ニ　⑤イ、ロ、ニ

問15 次のイ、ロ、ハ、ニの記述のうち、冷凍装置の保守管理について正しいものはどれか。

イ. フルオロカーボン冷媒の冷凍装置内に、不凝縮ガスが混入したときは、ガスパージャや放出弁（空気抜き弁）から放出する。

ロ. 冷媒充塡量が不足すると、吐出しガスの温度が上昇する。

ハ. アンモニア冷凍装置に少量の水分が侵入したときでも、大きな不具合となる。

ニ. 冷凍負荷が急激に増大しても、液戻りは発生しない。

① イ、ハ　② ロ　③ ハ、ニ
④ ロ、ハ、ニ　⑤ ニ

Answer 答え合わせ

問1 正解：②

イ ○
ロ ○
ハ ○
ニ × 単位は、kJではなく、**kJ/kg**であり、1 **kg**当たりのエネルギー（熱量）である。

問2 正解：④

イ ○
ロ ○
ハ × **熱伝導による伝熱量（熱伝導量）*φ***は、**熱伝導率*λ*、伝熱面積*A*、温度差*Δt*に比例し、物体の厚さ*δ*に反比例**する。
式$\phi = \lambda \cdot A \cdot \Delta t / \delta$で算出できる。
ニ ○

問3 正解：③

イ × **全断熱効率**は、**断熱効率と機械効率の積**となる。
ロ ○
ハ ○
ニ × 過熱度が大きくなると、圧縮機吸込み蒸気の**比体積が大きくなる。**

問4 正解：④

イ × 標準沸点（沸点）が低い冷媒は、一般的に同じ温度で、**圧力は高い。**
ロ ○
ハ ○
ニ ○

問5 正解：④

イ × **スクリュー式は、高圧力比に適し、遠心式は、高圧力比に不向き**であるが、大型・大容量に適している。
ロ ○
ハ ○
ニ ○

問6 正解：⑤

イ × 冷凍能力はほとんど変わらず、圧縮動力が大きくなるため、**成績係数が低下する。**
ロ ○
ハ × **前面風速は、1.5～2.5m/s**が一般的である。
ニ ○

問7 正解：③

イ × **空気の流れ方向と冷媒の流れ方向は逆方向（向流）**にするのが一般的である。
ロ ○
ハ ○
ニ × サーモスタット方式と**蒸発圧力調整弁方式**がある。

問8　正解：①

イ　○

ロ　○

ハ　×　膨張弁は**全閉**になる。

ニ　×　圧縮機の吸込み圧力が所定の圧力よりも**上がる**のを防止する弁である。

問9　正解：④

イ　○

ロ　×　油分離器は、**大型のフルオロカーボン、低温のフルオロカーボン、などに設置し、小型の冷凍装置には一般に設置しない。**

ハ　○

ニ　○

問10　正解：⑤

イ　○

ロ　○

ハ　×　二重立ち上がり管は、圧縮機の吸込み配管の立ち上がり配管で**油を戻すための配管**である。

ニ　○

問11　正解：③

イ　×　圧縮機用安全弁は、法令冷凍能力が**20トン以上**の圧縮機には、取り付け義務が規定されている。

ロ　○

ハ　×　液封を防止する方法として、安全弁、破裂板、圧力逃がし装置があり、**溶栓は使用できない。**

ニ　○

問12　正解：⑤

イ　○

ロ　○

ハ　×　円筒胴圧力容器の使用板厚は、設計圧力、胴の内径、材料の引張応力、溶接継手の効率、**腐れしろ**によって、算出することができる。

ニ　○

問13　正解：②

イ　○

ロ　○

ハ　○

ニ　×　非共沸混合冷媒を充填する場合は、**液**で充填する。

問14　正解：⑤

イ　×　**ゲージ圧力で10kPa程度の圧力にしてから停止する。**

ロ　×　冷蔵庫の負荷が増加した場合は、**蒸発圧力が上昇**する。

ハ　×　圧縮機の吐出し圧力が上昇した場合は、**冷凍能力**は低下する。

ニ　○

問15　正解：②

イ　×　「フロン排出抑制法」により**禁止されている。**回収機で回収するか、適正な処置をする。

ロ　○

ハ　×　**少量の水分では大きな不具合とはならない。**

ニ　×　冷凍負荷が急激に増大すると、**液戻りが発生することがある。**

模擬問題

法令

（制限時間60分）

Question

問題を解いてみよう

次の設問について、高圧ガス保安法に係る法令上正しいと思われる最も適切な答えを、その問の下に掲げてある①、②、③、④、⑤の選択肢の中から1個選びなさい。

なお、経済産業大臣が危険のおそれがないと認めた場合等における規定は適用しない。

(注) 試験問題中、「都道府県知事等」とは、都道府県知事又は高圧ガス保安法に関する事務を処理する指定都市の長をいい、知事等とした。

問1　次のイ、ロ、ハの記述のうち、正しいものはどれか。

イ. 高圧ガス保安法は、高圧ガスによる災害を防止するため、高圧ガスの製造、貯蔵、販売、移動その他の取扱及び消費並びに容器の製造及び取扱を規制するとともに、民間事業者及び高圧ガス保安協会の保安に関する自主的な活動を促進し、もって公共の安全を確保することを目的とする。

ロ. 圧縮ガス（圧縮アセチレンガスを除く）のうち、35℃において圧力が0.9MPaで、現在の圧力が1.0MPaのものは、高圧ガスである。

ハ. 液化ガスのうち、32℃において圧力が0.2MPaであり、現在の圧力が0.1MPaのものは、高圧ガスではない。

①イ　②イ、ロ　③イ、ハ　④ロ、ハ　⑤イ、ロ、ハ

問2　次のイ、ロ、ハの記述のうち、冷凍サイクル、熱の移動について正しいものはどれか。

イ. 1日の冷凍能力が3トン未満の冷凍設備は、ガスの種類にかかわらず、高圧ガス法の適用を受けない。

ロ. フルオロカーボン（不活性のもの）冷媒で、1日の冷凍能力（冷凍トン）が50トンの設備で高圧ガスを製造する者は、知事等の許可を受けなければならない。

ハ. アンモニア冷媒で、1日の冷凍能力が45トンの設備は、知事等の許可を受けなければならない。

①イ　②イ、ロ　③イ、ハ　④ロ、ハ　⑤イ、ロ、ハ

問3　次のイ、ロ、ハの記述のうち、正しいものはどれか。

イ. 第一種製造者は、軽微な変更をしたときは、遅滞なく、知事等に届け出なければならない。

ロ. 高圧ガスの販売の事業を営もうとする者は、販売所ごとに、事業の開始の20日前までに遅滞なく、知事等に届け出なければならない。

ハ. 第一種製造者は、高圧ガスの製造を開始したときは、遅滞なく、知事等に届け出なければならないが、廃止したときも同じく届け出なければならない。

①イ　②イ、ロ　③イ、ハ　④ロ、ハ　⑤イ、ロ、ハ

問4　次のイ、ロ、ハの記述のうち、冷凍のための製造設備を持つ事業所における冷媒ガスの補充用としての容器による高圧ガス（質量が1.5kgを超えるもの）の貯蔵の方法に係る技術上の基準について、一般高圧ガス保安規則上、正しいものはどれか。

イ. 可燃性ガス、毒性ガス、特定不活性ガスの充填容器等は、常に40℃以下に保つことが規定されているが、不活性ガスは、この規定から除かれている。

ロ. 可燃性ガス、特定不活性ガスの容器置場には、携帯電燈以外の燈火を携えて立ち入ってはならない。

ハ. 容器の貯蔵は、船、車両若しくは鉄道車両に固定し、又は積載した容器により行わないことと規定されている。

①イ　②イ、ロ　③イ、ハ　④ロ、ハ　⑤イ、ロ、ハ

問5　次のイ、ロ、ハの記述のうち、車両に積載した容器（内容積が49リットル以下のもの）による冷凍設備の冷媒ガスの補充用としての容器による高圧ガスの移動に係る技術上の基準について、一般高圧ガス保安規則上正しいものはどれか。

イ. 高圧ガスの充填容器等を車両に積載して移動するとき、車両の見やすい箇所に警戒標を掲げなければならないのは、毒性ガスである。

ロ. 車両で移動するアンモニア冷媒の充填容器等（内容積が5リットル以下のものを除く）には、転落、転倒等による衝撃及びバルブの損傷を防止する措置を講じ、かつ、粗暴な取扱いをしないことになっている。

ハ. 毒性ガスの充填容器等を車両に積載して移動するときは、当該毒性ガスの種類に応じた防毒マスク、手袋その他の保護具並びに災害発生防止のための応急措置に必要な資材、薬剤及び工具等を携帯することと規定されている。

①イ　②イ、ロ　③イ、ハ　④ロ、ハ　⑤イ、ロ、ハ

問6　次のイ、ロ、ハの記述のうち、冷凍設備の冷媒ガスの補充用の高圧ガスを充填するための容器（再充填禁止容器は除く）について、正しいものはどれか。

イ. 容器に刻印すべき項目として、高圧ガスの種類、容器の内容積、容器の質量、容器検査の合格年月、などがある。

ロ. 液化アンモニアを充填する容器に表示する塗色として、白色と規定されている。

ハ. 溶接容器において、再検査期間は、製造した後の経過年数に関係なく、5年と定められている。

①イ　②イ、ロ　③イ、ハ　④ロ、ハ　⑤イ、ロ、ハ

問7　次のイ、ロ、ハの記述のうち、冷凍能力の算定基準について冷凍保安規則上正しいものはどれか。

イ. 遠心式圧縮機を使用する製造設備の1日の冷凍能力（冷凍トン）の算定は、圧縮機の原動機の定格出力（kW）を基準とする。

ロ. 吸収式冷凍装置を使用する製造設備の1日の冷凍能力の算定は、発生器を加熱する熱量と冷媒充填量を基準とする。

ハ. 往復式など、遠心式圧縮機以外の圧縮機を使用する製造設備の1日の冷凍能力の算定は、圧縮機のピストン押しのけ量と冷媒種類による定数を基準とする。

①イ　②イ、ロ　③イ、ハ　④ロ、ハ　⑤イ、ロ、ハ

問8　次のイ、ロ、ハの記述のうち、冷凍のため高圧ガスの製造をする第二種製造者について、正しいものはどれか。

イ. 第二種製造者は、製造設備の設置又は変更の工事が完成したときは、試運転又は許容圧力以上の圧力で行う気密試験を行った後に製造できる。

ロ. 第二種製造者であっても、冷凍保安責任者及び代理者を選任する必要がない場合がある。

ハ. 第二種製造者のうちには、製造施設について定期自主検査を行わなければならない者がある。

①イ　②イ、ロ　③イ、ハ　④ロ、ハ　⑤イ、ロ、ハ

問9　次のイ、ロ、ハの記述のうち、冷凍保安責任者を選任しなければならない第一種製造者に係る事業所における冷凍保安責任者及びその代理者について、正しいものはどれか。

イ. 1日の冷凍能力が90トンの製造設備で冷凍保安責任者を選任するとき、冷凍保安責任者免状の種類は、第三種冷凍機械責任者となる。

ロ. 冷凍保安責任者が旅行、疾病その他の事故によってその職務を行うことができない場合に、直ちに、冷凍保安責任者免状を有する者のうちから代理者を選任し、その職務を代行させるために、知事等に届け出なければならない。

ハ. 第一種製造者又は第二種製造者は、保安統括者を選任又は解任したときは、遅滞なく知事等に届け出なければならない。また、その代理者の選任又は解任をしたときも同様である。

①イ　②イ、ロ　③イ、ハ　④ロ、ハ　⑤イ、ロ、ハ

問10　次のイ、ロ、ハの記述のうち、冷凍のため高圧ガスの製造をする第一種製造者（認定保安検査実施者であるものを除く）が受ける保安検査について、正しいものはどれか。

イ. 製造施設で、R114冷凍設備、認定指定設備の部分は、保安検査を受ける必要がない。

ロ. 保安検査は、1年以内に少なくとも、1回以上受けなければならない。

ハ. 保安検査は、特定施設が製造のための施設の位置、構造及び設備並びに製造の方法に係る技術上の基準に適合しているものであるかどうかについて行う。

①イ　②イ、ロ　③イ、ハ　④ロ、ハ　⑤イ、ロ、ハ

問11　次のイ、ロ、ハの記述のうち、冷凍のため高圧ガスの製造をする第一種製造者（冷凍保安責任者を選任しなければならない者に限る）が行う定期自主検査について、正しいものはどれか。

イ. 定期自主検査は、第一種製造者は実施しなければならないが、認定指定設備も実施する必要がある。

ロ. 定期自主検査は、製造施設の技術上の基準に適合しているかどうかについて、1年以内に少なくとも1回以上行わなければならない。

ハ. 第一種製造者、第二種製造者が定期自主検査を行うとき、その選任した冷凍保安責任者に自主検査の実施について監督を行わせる規定はない。

①イ　②イ、ロ　③イ、ハ　④ロ、ハ　⑤イ、ロ、ハ

問12　次のイ、ロ、ハの記述のうち、冷凍のため高圧ガスの製造をする第一種製造者が定めるべき危害予防規程について、正しいものはどれか。

イ. 第一種製造者は、省令で定める事項について記載した危害予防規程を定め、知事等に届け出なければならないが、変更したときも同じく届出が必要である。

ロ. 危害予防規程で定める事項に、製造施設が危険な状態になったときの措置及び訓練の方法に関することは規定されている。

ハ. 危害予防規程で定める事項に、従業者に対する当該危害予防規程の周知方法及び当該予防規定に違反した者に対する措置に関することが規定されている。

①イ　②イ、ロ　③イ、ハ　④ロ、ハ　⑤イ、ロ、ハ

問13　次のイ、ロ、ハの記述のうち、冷凍のため高圧ガスの製造をする第一種製造者について、正しいものはどれか。

イ. 第一種製造者等は、その従業員に対する保安教育計画を定め、知事等にその計画を届け出た上で、保安教育計画を実行しなければならない。

ロ. 高圧ガスの製造のための施設等、充填容器が危険な状態となったときは、その施設、充填した容器の所有者又は占有者は、直ちに、省令で定める災害の発生の防止のための応急の措置を講じなければならない。

ハ. 第一種製造者は、事業所ごとに、製造施設に異常があった年月日及びそれに対して取った措置を記載した帳簿を備え、記載の日から10年間保存しなければならない。

①イ　②イ、ロ　③イ、ハ　④ロ、ハ　⑤イ、ロ、ハ

問14　次のイ、ロ、ハの記述のうち、冷凍のため高圧ガスの製造をする第一種製造者（認定完成検査実施者である者は除く）が行う製造施設について、正しいものはどれか。

イ. 第一種製造者は、製造施設の特定変更工事が完成したときは、知事等の完成検査を受け技術上の基準に適合していると認められた後に使用できる。

ロ. 第一種製造者は、製造施設の特定変更工事が完成したときは、協会又は指定完成検査機関のいずれかが行う完成検査を受け、知事等に届出なければ使用できない。

ハ. 第一種製造者は、製造施設の変更の工事について知事等の許可を受けた場合でも、完成検査を受けることなく使用できることがある。

①イ　②イ、ロ　③イ、ハ　④ロ、ハ　⑤イ、ロ、ハ

問15　次のイ、ロ、ハの記述のうち、製造施設がアンモニアを冷媒ガスとする定置式製造設備（吸収式アンモニア冷凍機であるものを除く）である第一種製造者の製造施設に係る技術上の基準について冷凍保安規則上正しいものはどれか。

イ． 製造施設が設置されている機械室は、アンモニア冷媒ガスが漏れたときに滞留しない構造としなければならないのは、圧縮機などの機器設備である。

ロ． 安全装置のうち安全弁、破裂板には、放出管を設けるが、放出管の開口部の位置の規定がある。この規定は可燃性ガス、特定不活性ガス、毒性ガス冷凍設備のみの場合である。

ハ． 受液器の液面計は、丸形ガラス管液面計以外を使用すること、という規定は、可燃性ガス、毒性ガスを用いた冷凍設備のみの場合である。

①イ　②イ、ロ　③イ、ハ　④ロ、ハ　⑤イ、ロ、ハ

問16　次のイ、ロ、ハの記述のうち、製造施設がアンモニアを冷媒ガスとする定置式製造設備（吸収式アンモニア冷凍機であるものを除く）である第一種製造者の製造施設に係る技術上の基準について、冷凍保安規則上正しいものはどれか。

イ． 製造施設には、その規模に応じて、適切な消火設備を設置することになっている。

ロ． 受液器で、内容積が5,000リットル以上のものの周囲には、流出を防止する措置を講じる。

ハ． 製造施設には、漏えいガスが滞留するおそれのある場所に、漏えいを検知し、かつ警報する設備を設けなければならない。

①イ　②イ、ロ　③イ、ハ　④ロ、ハ　⑤イ、ロ、ハ

問17　次のイ、ロ、ハの記述のうち、製造施設が定置式製造設備である第一種製造者の製造施設に係る技術上の基準について、冷凍保安規則上正しいものはどれか。

イ. 圧縮機、凝縮器、受液器、その配管などは、引火性又は発火性の物をたい積した場所及び火気の付近にあってはならないという旨の定めは、不活性ガスを冷媒とする製造施設にも適用される。

ロ. 第一種製造者において、内容積が5,000リットル以上の受液器及び配管並びにその支持構造物及び基礎を、所定の耐震設計構造物の設計の基準により、地震の影響に対して安全な構造としなければならないが、この規定は、すべての冷媒ガスに適用される。

ハ. 冷媒設備は、許容圧力以上の気密試験及び配管以外の部分の規定の耐圧試験又は経済産業大臣がこれらと同等以上のものと認めた協会が行う試験に合格すれば使用できる。

①イ　②イ、ロ　③イ、ハ　④ロ、ハ　⑤イ、ロ、ハ

問18　次のイ、ロ、ハの記述のうち、製造施設が定置式製造設備である第一種製造者の製造施設に係る技術上の基準について、冷凍保安規則上正しいものはどれか。

イ. 冷媒設備の圧縮機の油圧系統以外にはすべてに圧力計を設ける。

ロ. 冷媒設備に自動制御装置を設けている場合でも、圧力が許容圧力を超えた場合に圧力を戻す安全装置は設けなくてはならない。

ハ. 製造設備に設けたバルブ又はコック（操作ボタン等を使用することなく自動制御で開閉されるバルブ又はコックを除く）には、作業員が適切に操作できるような措置を講じること。

①イ　②イ、ロ　③イ、ハ　④ロ、ハ　⑤イ、ロ、ハ

問19　次のイ、ロ、ハの記述のうち、第一種製造者の製造の方法に係る技術上の基準について、冷凍保安規則上正しいものはどれか。

イ. 冷凍設備の安全弁に付帯して設けた止め弁（元弁）は、安全弁の修理又は清掃のとき以外は常に全開にしておかなければならない。

ロ. 高圧ガスの製造は、製造する高圧ガスの種類及び製造設備の態様に応じ、1日1回以上、異常の有無を点検しなければならないが、自動制御装置で自動運転している設備も同じである。

ハ. 冷媒設備の修理等をするとき、修理等の作業計画及び作業責任者を定め、責任者の監視の下に行うこと又は異常があったときに直ちにその責任者に通報するための措置を取ること。

①イ　②イ、ロ　③イ、ハ　④ロ、ハ　⑤イ、ロ、ハ

問20　次のイ、ロ、ハの記述のうち、認定指定設備について冷凍保安規則上正しいものはどれか。

イ. 認定指定設備の冷凍設備は、規定の気密試験及び規定の耐圧試験又はこれらと同等以上の試験に合格するものでなければならないが、その試験を行うべき場所は事業所と規定している。

ロ. 認定指定設備の冷凍設備は、事業所において試運転を行い、使用場所に分割されずに搬入されるものであることが必要である。

ハ. 認定指定設備に変更工事を施したとき、又は認定指定設備の移設等を行ったときは、指定設備認定証は無効とされることがある。

①イ　②イ、ロ　③イ、ハ　④ロ、ハ　⑤イ、ロ、ハ

問1　正解：②

イ　○　（法1条）

ロ　○　（法2条1号）

ハ　×　「液化ガスのうち、1常用の温度において圧力が、0.2MPa以上となり、現にその圧力が0.2MPa以上であるもの。2圧力が0.2MPaとなる場合の温度が35℃以下もの。」（法2条3号）が高圧ガスと規定されている。
1、2のいずれかに該当するものは、高圧ガスである。
よって、設問のガスは、32℃において圧力が0.2MPaであるので2に該当し、高圧ガスとなるため、記述は誤りである。

問2　正解：②

イ　○　（政令2条3項3号）

ロ　○　（法5条1項2号）、（政令4条）、（法5条2項）

ハ　×　「不活性以外のフルオロカーボン冷媒ガス、アンモニア冷媒ガスで、1日の冷凍能力が50トン以上は、第一種製造者となり、許可を受けなければならない。」（法5条2項、冷凍則4条、政令4条）と規定されている。
よって、45トンでは「許可」は不要であり、記述は誤りである。

問3　正解：⑤

イ　○　（法14条1項）

ロ　○　（法20条の4）

ハ　○　（法21条1項）

問4　正解：④

イ　×　「充填容器等は、常に40℃以下に保つこと。」（一般則6条2項8号）と規定されている。
よって、この規定には、冷媒の種類区分はなく、すべての冷媒の充填容器等に適用されるため、記述は誤っている。

ロ　○　（一般則6条2項8号ト）

ハ　○　（一般則18条2号ホ）

問5　正解：④

イ　×　車両に固定した容器以外における移動に係る技術上の基準として、「充填容器等を車両に積載して移動するとき（容器の内容積が25リットル以下である充填容器等（毒性ガスに係るものを除く）のみを積載した車両であって、当該積載容器の合計が50リットル以下である場合を除く）は、当該車両の見やすい箇所に警戒標を掲げること。……一部省略」（一般則50条1号）と規定されている。
よって、この規定には、冷媒の種類区分はなく、すべての冷媒に適用されるため、記述は誤りである。

ロ　○　（一般則50条4号）

ハ　○　（一般則50条9号）

問6　正解：②

イ　○　(法45条1項、容器則8条1項)

ロ　○　(容器則10条1項)

ハ　×　「高圧ガスを容器に充填する場合は、その容器は、次の各号のいずれにも該当するものでなければならない。」(法48条1項)。

「容器検査若しくは容器再検査を受けた後又は省令で定める期間を経過した容器にあっては、容器再検査を受け、これに合格し、かつ、次条（法49条3項：容器再検査）の刻印又は同条4項の標章の掲示がされているものであること。」(法48条1項5号)。

「容器則48条1項5号の再検査期間として、容器検査合格月、容器再検査合格月の前月の末日から起算して、溶接容器、超低温容器及びろう付け容器（溶接容器等）については、経過年数20年未満のものは5年、経過年数20年以上のものは2年。……一部省略」(容器則24条1項1号)、なお、一般継目なし容器については、5年（同条3号）と規定されている。

よって、溶接容器は、経過年数により再検査期間が異なるため、記述は誤りである。

問7　正解：③

イ　○　(法5条3項、冷凍則5条1号)

ロ　×　「吸収式冷凍設備を使用する製造設備は、発生器を加熱する1時間の入熱量27,800kJをもって1日の冷凍能力1トンとする。」(法5条3項、冷凍則5条2号)と規定されている。

よって、冷媒充填量の規定はないため、記述は誤りである。

ハ　○　(法5条3項、冷凍則5条4号)

問8　正解：⑤

イ　○　（法14条1号）

ロ　○　（法5条2項2号、法27条の4、1項2号）

ハ　○　（冷凍則44条1、2項）

問9　正解：③

イ　○　（法32条6項、法27条の4、冷凍則36条1項）

ロ　×　保安統括者等（冷凍保安責任者も含む）の代理者は、「あらかじめ、保安統括者等（前記に同じ）の代理者を選任し、保安統括者等（前記に同じ）が旅行、疾病その他の事故によってその職務を行うことができない場合に、その職務を代行させるために、知事等に届け出なければならない。……一部省略」（法33条1項）と規定している。
よって、冷凍保安責任者が、職務を行うことができない場合に備えて、あらかじめ、代理者を選任し、届け出ておく必要があり、記述は誤りである。

ハ　○　（法27条の2項、法27条の5項、法33条3項）

問10　正解：③

イ　○　（法35条1項、冷凍則40条1項1号）

ロ　×　「第一種製造者は、高圧ガスの爆発その他災害が発生するおそれがある製造のための施設（「特定施設」という）について、省令で定めるところにより、定期に、知事等が行う保安検査を受けなければならない（ただし、協会若しくは指定検査機関が行う保安検査を受け、知事等に届け出た場合は除く）。……一部省略」（法35条1項）。この規定における定期については、冷凍則40条2項で「知事等が行う保安検査は、3年以内に、少なくとも1回以上行うものとする。」（冷凍則40条2項）と規定されている。
よって、3年以内に受けなければならないため、記述は誤りである。

ハ　○　（法35条2項）

問11　正解：②

イ　○　（法35条の2）

ロ　○　（冷凍則44条3項）

ハ　×　「定期自主検査は、第一種製造者（冷凍保安責任者の選任を不要とした者は除く）又は第二種製造者（冷凍保安責任者の選任を不要とした者は除く）は、自主検査を行うときは、その選任した冷凍保安責任者に当該自主検査の実施について監督を行わせなければならない。」（冷凍則44条4項）と規定されている。
よって、記述は誤りである。

問12　正解：⑤

イ　○　（法26条1項）

ロ　○　（法35条2項6号）

ハ　○　（冷凍則35条2項8号）

問13　正解：④

イ　×　「第一種製造者等は、その従業員に対する保安教育計画を定めなければならない。」（法27条1項）、「第一種製造者等は、保安教育計画を忠実に実行しなければならない。」（法27条3項）と規定されている。
よって、その計画を知事等に届け出る規定はないため、記述は誤りである。

ロ　○　（法36条1項）

ハ　○　（法60条1項、冷凍則65条）

問14　正解：⑤

イ　○　（法20条3項）

ロ　○　（法20条3項）

ハ　○　（法20条3項、冷凍則23条）

問15　正解：④

イ　×　「圧縮機、油分離器、凝縮器、もしくは受液器又はこれらの間の配管（可燃性ガス、毒性ガス、特定不活性ガスのものに限る）を設置する室は、冷媒ガスが漏えいしたとき滞留しない構造とすること。」（冷凍則7条1項3号）と規定されている。

よって圧縮機などの機器のみではなく、配管などの冷媒設備のすべてが対象のなるため、記述は誤りである。

ロ　○　（冷凍則7条1項9号）

ハ　○　（冷凍則7条1項10号）

問16　正解：③

イ　○　（冷凍則7条1項12号）

ロ　×　第一種製造者において、「毒性ガスの受液器で、その内容積が1万リットル以上のものの周囲には、液状のガスが漏えいした場合にその流出を防止するための措置を講じる。」（冷凍則7条1項13号）と規定されている。

よって、内容積は5,000リットル以上ではなく、1万リットル以上であり、記述は誤りである。

ハ　○　（冷凍則7条1項15号）

問17　正解：⑤

イ　○　(冷凍則7条1項1号)
ロ　○　(冷凍則7条1項5号)
ハ　○　(冷凍則7条1項6号)

問18　正解：④

イ　×　「冷媒設備 (圧縮機 (圧縮機が強制潤滑方式で、潤滑油圧に対する保護装置を有するものは除く) の油圧系統を含む) には、圧力計を設ける。」(冷凍則7条1項7号) と規定されている。
よって、上記の (　) 内の条件を有する設備以外は、油圧系統を含めて冷媒設備には圧力計を設置しなければならないため、記述は誤りである。

ロ　○　(冷凍則7条1項8号)
ハ　○　(冷凍則7条1項17号)

問19　正解：⑤

イ　○　(冷凍則9条1号)
ロ　○　(冷凍則9条2号)
ハ　○　(冷凍則9条3号のイ)

問20　正解：⑤

イ　○　(法56条の7、冷凍則57条4号)
ロ　○　(法56条の7、冷凍則57条5号)
ハ　○　(冷凍則62条1項1、2号)

索引

第1篇　保安管理技術

あ行

か行

さ行

た行

な行

は行

ま行

や行

ら行

アルファベット

数字・記号

第2篇　法令

あ行

か行

さ行

た行

な行

は行

や行

ら行

●参考文献

第１編　保安管理技術

1.「初級　冷凍受験テキスト（令和元年 11 月　第８次改訂)」（公益社団法人　日本冷凍空調学会）発行

2.「図解　冷凍設備の基礎」（ナツメ社）発行

3.「技能検定　冷凍空気調和機器施工（1 級・2 級対応）」（オーム社）発行

第２編　法令

1.「高圧ガス保安法にもとづく　冷凍関係法規集」（高圧ガス保安協会）発行

2.「高圧ガス保安法概要」（高圧ガス保安協会）発行

3.「冷凍関係手続マニュアル（第一種製造者用）」（一般社団法人　神奈川県高圧ガス保安協会）発行

●鈴木　輝明（すずき　てるあき）

【略歴】

昭和22年（1947年）　千葉県生まれ

昭和46年（1971年）　芝浦工業大学工学部機械工学第二学科　卒業

昭和46年（1971年）　株式会社東洋製作所（現三菱重工冷熱株式会社）　入社

平成19年（2007年）　株式会社東洋製作所　定年退職

現在　技術専門校（冷凍設備、空調設備）講師
「冷凍機械責任者」資格取得・検定講習講師
「冷凍機械責任者」資格取得・講師
「冷凍空気調和機器施工技能士」資格取得・講師
技術コンサルタント（冷凍、空調関係）
企業内社員研修（冷凍・空調の新入社員教育他）

・資格

第一種冷凍空調技士，設備士（空調部門），第二種冷凍機械責任者，1級管工事施工管理技士，二級ボイラー技士など

・主な著書

『図解　冷凍設備の基礎』　ナツメ社

『技能検定　冷凍空気調和機器施工（1級・2級対応）』オーム社

『第1・2種冷凍機械責任者試験　模範解答集』（学識）電気書院

『冷凍関係手続マニュアル（第一種製造者用，第二種製造者用）』神奈川県高圧ガス保安協会（編集委員長）

【校閲】

・持丸　潤子

【イラスト】

・キタ　大介／加藤　華代

これ1冊で最短合格

第3種冷凍機械責任者

標準テキスト&問題集

発行日　2022年8月20日　　第1版第1刷

著　者　　鈴木　輝明

発行者　斉藤　和邦

発行所　株式会社　秀和システム

〒135-0016

東京都江東区東陽2-4-2　新宮ビル2F

Tel 03-6264-3105（販売）Fax 03-6264-3094

印刷所　三松堂印刷株式会社　　Printed in Japan

ISBN978-4-7980-6798-8 C3050